·普通高等教育“十三五”规划教材·

测量学

SURVEYING

蒋辉 主编

西安交通大学出版社
XI'AN JIAOTONG UNIVERSITY PRESS

内容简介

本书是根据高等学校土木与建筑类各专业"测量学"课程的教学改革需要和"测量学"教学大纲及国家最新测量规范编写，主要介绍了测量学的基本知识、基本理论以及测量仪器的构造和使用方法，控制测量、地形图的常识和使用方法，大比例尺地形图的测绘，建筑工程施工测量，道桥与桥梁工程施工测量以及地下工程施工测量知识。本书较多地融入了当前最新的测绘技术和仪器以及工程中的实用方法，如电子数字水准仪、全站仪、全球卫星定位系统(GPS)以及数字化测图等。

本书可作为高等学校土木与建筑类各专业的通用教材，也可用作自学考试和电大、函大教学参考书，并可供土木与建筑工程技术人员学习参考。

图书在版编目(CIP)数据

测量学 / 蒋辉主编. —西安：西安交通大学出版社，2018.8（2020.3重印）
ISBN 978-7-5693-0852-5

Ⅰ.①测… Ⅱ.①蒋… Ⅲ.①测量学—高等学校—教材
Ⅳ.①P2

中国版本图书馆 CIP 数据核字(2018)第 200721 号

书　　名 测量学
著　　者 蒋　辉
责任编辑 贺彦峰

出版发行 西安交通大学出版社
（西安市兴庆南路 10 号　邮政编码 710049）
网　　址 http://www.xjtupress.com
电　　话 (029)82668357　82667874(发行中心)
(029)82668315(总编办)
传　　真 (029)82668280
印　　刷 陕西日报社

开　　本 787mm×1092mm　1/16　**印张** 16.75　**字数** 406 千字
版次印次 2018 年 9 月第 1 版　2020 年 3 月第 2 次印刷
书　　号 ISBN 978-7-5693-0852-5
定　　价 38.00 元

读者购书、书店添货、如发现印装质量问题，请与本社发行中心联系、调换。
订购热线：(029)82665248　(029)82665249
投稿热线：(029)82668284
读者信箱：medpress@126.com

前 言 PREFACE

本书是在南京工业大学测绘工程教研室2005年编写出版的《测量学》教材基础上修订而成，全书共14章，内容包括：绪论、水准测量、角度测量、距离测量、全站仪的使用、测量误差基本知识、控制测量、全球定位系统、地形图的基本知识和应用、大比例尺地形图的测绘、测设的基本工作、建筑工程施工测量、道路与桥梁施工测量以及地下工程施工测量等。编者结合多年来的教学研究、学术交流和工程实践以及教材使用意见对一些章节的内容进行了适当的删减补充，较多地融入了当前最新的测绘技术和仪器以及工程中的实用方法，如电子数字水准仪、全站仪、全球卫星定位系统（GPS）以及数字化测图等，力求能够将当代测绘学科的最新技术和仪器更好地普及应用到各类工程建设中，更加注重工程的实用性。

全书由蒋辉统稿，参加编写的有南京工业大学李明峰（第1章）、刘三枝（第2章）、高俊强（第3章）、束蝉方（第4章）、吴继忠（第5、8章）、蒋辉（第6、9、10、11、12章）、郑国才（第7章）、严伟标（第11章）、潘庆林（第13、14章）、湖南财政经济学院胡灿（第9章）。

尽管我们尽了很大的努力，但书中还可能存在不少缺点和错误，恳请读者批评指正。

编 者

2018年5月于南京

目 录 CONTENTS

第1章 绪 论

1.1 测量学概述

测量学是研究地球的形状和大小以及确定地面点位的科学。其内容包括测定和测设两部分。测定是指利用测量仪器和工具,通过测量、计算和绘图,获得描述地面点绝对位置或相对位置的数据或成果,包括点的坐标或高程、两点间的距离或方位、描述整个地形情况的地形图等。测设是指按照一定的测量方法,把设计图纸上规划设计好的建(构)筑物的平面位置和高程标定在实地上,作为施工的依据。

1.1.1 测量学的分类

按照研究的范围和对象的不同,测量学可分为大地测量学、普通测量学、摄影测量与遥感、海洋测量学、工程测量学及地图制图学等。

1. 大地测量学

大地测量学是研究地球的形状与大小、地球的重力场和地面点几何位置的测量方法及地球整体与局部运动的理论和技术的科学。在大地测量学中,测定地球大小是指测定地球椭球的大小;研究地球的形状是指研究大地水准面的形状和地球椭球的扁率;测定地面点的几何位置是指测定以地球椭球面为参考面的地面点位置;研究地球重力场是指利用地球的重力作用研究地球的形状。

2. 普通测量学

普通测量学是研究地球表面小区域内测绘工作的基本理论、技术和方法的学科。由于范围较小,在研究过程中不考虑地球曲率的影响。普通测量学也叫做地形测量学。

3. 摄影测量与遥感

摄影测量与遥感是研究利用航天、航空、地面的摄影和遥感信息进行测量的方法和理论的学科。由于航天技术和电子计算机技术的发展,现代遥感技术可以提供比化学摄影所获得的相片更为丰富的信息,因此在摄影测量中引进了遥感技术,促进了航天测绘的发展。

4. 海洋测量学

海洋测量学是以海岸和海底地形为对象，研究海洋定位、测定大地水准面、海底地形、海洋重力、海洋磁力、海洋环境等自然和社会信息的地理分布及其海图编制的理论和技术的学科。

5. 工程测量学

工程测量学是研究在工程建设和自然资源开发各个阶段进行测量工作的理论和技术的学科。工程测量学是测绘学在国民经济和国防建设中的直接应用，包括建设与开发项目规划设计、施工兴建和运营管理等三个阶段的各种测量。

6. 地图制图学

地图制图学是研究利用测量的数据资料，编制、印刷、出版地图、地形图和专题图的理论和方法的学科。地图是测绘工作的重要产品形式，地图制图学为生产国标的地图产品提供理论、技术和方法。

1.1.2 测量技术的发展

1. 测量技术的历史发展

测量学是一门古老而又年轻的学科。我国古代大禹治水、古埃及尼罗河泛滥后农田边界整理就已经使用了简单的测量工具和方法。

据历史记载，我国测量工作始于公元前 7 世纪前后。西汉初期的《地形图》是我国目前发现的最早的地图。到了西晋，裴秀就提出了绘制地图的 6 条原则，即《制图六体》，它是世界上最早的制图理论。早期的地图不论是精度和内容，还是制图的手段都是很低的，随着人们对自然界的认识不断深入，生产力水平不断发展，测绘科学也不断发展和进步。17 世纪，荷兰人汉斯发明了望远镜，克服了测绘工作者的视觉局限，是测绘科学发展史上一次较大的变革。1903 年，飞机的出现和摄影测量理论的发展，航空摄影技术开始应用于测绘领域，极大地推动了测绘科学的发展。

2. 测量技术的现代发展

20 世纪中期，随着电子、计算机和空间科学等技术的迅速发展，测量学从理论到手段都发生了根本变化，形成了以“3S”技术为代表的现代测量技术。

1957 年，苏联成功发射人类历史上第一颗人造地球卫星。20 世纪 80 年代，美国的全球定位系统（GPS）问世，因其具有全球、全天候、快速、高精度、不受通视条件限制等优点，GPS 技术被广泛应用于大地测量、工程测量、地形测量，以及导航、通信、定位等军事和管理领域。目前，全球卫星导航系统（GNSS）包含了美国的 GPS、中国的 BDS（北斗系统）、俄罗斯的 GLONASS 和欧盟的 Galileo 等系统（如图 1 - 1 所示）。

20 世纪 70 年代末，遥感技术趋于成熟，并在资源勘查、环境监测、自然灾害预警、军事等领域得到广泛应用，摄影测量发展为摄影测量与遥感。目前，遥感技术正向高光谱、超光谱遥感方向发展，其应用前景更为广阔。

随着计算机的发展，20 世纪 80 年代出现了地理信息系统（GIS），因其具有数据综合、模拟与分析评价等技术优势，已被广泛应用在社会、经济、军事等领域。随着网络技术的迅速发展，GIS 正朝着一个可运行的、分布式的、开放的、网络化的全球 GIS 发展，其中三维 GIS、移动 GIS 和 WebGIS 已经成为 GIS 的发展趋势和研究热点。

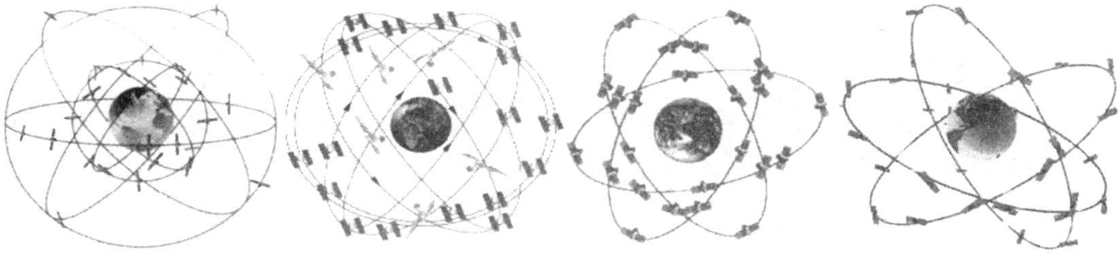

(a) BDS　(b) GPS　(c) GLONASS　(d) Galileo

图1-1 全球卫星导航系统

1.1.3 测量技术的应用

测量作为了解自然和改造自然的重要手段，不仅是国民经济建设中一项基础性、前期和超前期的工作，而且在国防建设和科学研究中起着十分重要的作用，应用十分广泛。

1. 地形测图

通过测量和绘图，可以形成各种比例尺的现状地形图或专题图，为建筑设计、城镇规划、市政工程、城市交通与旅游、土地与房地产开发、农业、林业、防灾等提供测绘资料。例如，为了出让某地块的使用权，必须标明其地理位置、地形、面积以及与周围建筑的关系等，这些要素可通过地形图简便、直观地表示出来；要设计一条道路，必须根据地形图设计出最佳路线；土木工程的设计和工程土方量的计算必须依赖现状地形图；农业与林业的调查与规划，必须根据地形图估算现有各类农作物或树林所占面积；城市的交通和旅游在很大程度上反映了城市的现代化进程和投资环境，绘制现时性强的交通图和旅游图是进行城市交通规划设计和开发城市旅游业的基础性工作，实现城市智能化交通管理必须以城市现时电子交通图为基础。

2. 定线、拨地、勘察测量

按照规划设计部门的要求，进行道路规划定线、拨地测量以及各种土木工程的勘察测量，直接为建设工程项目的设计与施工服务。规划定线、拨地测量可确保规划实施的准确性和完整性，勘察测量可保证地质勘察报告的准确性，为提高建设工程项目的经济效益和社会效益提供测量依据。

3. 施工测量

在各项土木工程如建筑物、构筑物、道路、桥梁、地铁、过江隧道等的施工中，测量工作贯穿着全过程，起着十分重要的作用。点位平面位置、高程、轴线位置的误差，都会影响工程的质量。若误差较大，则可能造成工程质量不合格，甚至造成重大经济损失，带来严重的社会影响。

4. 变形监测

在工程施工过程和运营管理阶段，对高层、大型建(构)筑物进行沉降、位移、倾斜等变形观测，可以检验设计方案的可行性和施工过程的严密性，确保建（构）筑物的安全，并为建（构）筑物结构和地基基础的研究提供多种可靠的测量数据。变形监测是否规范、及时、准确，将直接关系到工程的质量和经济效益，是各项土木工程、交通工程建设中不可缺少的一项重要工作。

5. 国防建设

测绘地理信息科学在国防建设和科学研究中发挥着十分重要的作用：军事地图的制作、空间武器和人造卫星的发射，都必须依靠准确和全面的测绘与计算 GNSS 导航定位技术、航天遥感技术（RS）、基于 GIS 的军事情报分析与辅助决策系统已成为现代化战争的必备技术武器。

6. 科学研究

随着人类活动范围的扩大，研究地球和外部空间已成为开发自然资源、提高人民生活质量、保证人民生命安全的前沿性工作。探索星际奥秘、研究地极周期性运动和地壳形变、预报地震及其他自然灾害等，都要应用精密测量技术和建立系统的测绘资料库。只有不断发展与应用测绘技术，使测绘能提供更多、更准确、更及时的信息服务，才能加快人类探索自然、开发自然与应用自然的步伐。

1.2 地球的形状和大小

测量工作是在地球的自然表面上进行的，而地球的自然表面很不规则，既有高达 8844.43m 的珠穆朗玛峰，也有深至 11034m 的马里亚纳海沟。因此，要描述地面点的位置，采用地球自然表面是无法建立数学模型和直接描述的。

尽管地球的表面高低起伏悬殊，但对于平均半径为 6371km 的地球而言，这种高低起伏还是可以忽略不计的。此外，海洋面积约占地球表面总面积的 71%，陆地面积仅占 29%。因此，人们设想以一个静止不动的水面向陆地延伸，形成一个闭合的曲面包围整个地球，称这个闭合曲面为水准面。

水准面有无数个，其中通过平均海水面的一个水准面称为大地水准面，由大地水准面所包围的地球形体称为大地体（如图 1 - 2（a）所示）。大地水准面是测量工作的基准面。

水准面是受地球重力影响而形成的重力等势面，其特点是水准面上任意一点的铅垂线（重力作用线）都垂直于该点的曲面。铅垂线是测量工作的基准线。

由于地球内部质量分布的不均匀，重力的大小和方向也受其影响，故引起了铅垂线方向的改变，致使大地水准面成为一个有微小起伏的复杂曲面（如图 1 - 2（b）所示），它是一个物理概念的曲面。若将地球表面的图形投影到这个复杂曲面上，则其测量计算或地形绘图工作都是非常困难的。为此，人们经过几个世纪的观测和计算，选用一个既非常接近大地体，又能用数学式表示的规则几何形体来代表地球的形状。该几何形体是由一个椭圆 *NWSE* 绕其短轴 *NS* 旋转而成的形体，称为地球椭球或旋转椭球（如图 1 - 2（c）所示）。

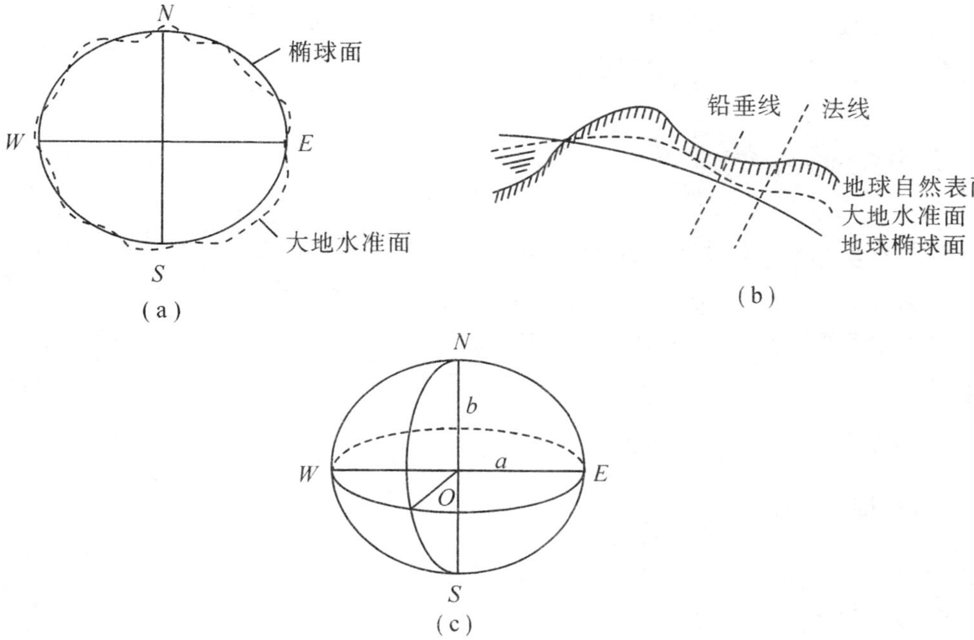

图1－2 大地水准面与地球椭球

地球椭球的形状和大小取决于椭圆的长半径 a 、短半径 b 及扁率 α ，其关系式为

$$\alpha = \frac{a-b}{a} \tag{1-1}$$

中华人民共和国成立初期，我国完成了北京天文原点的测定，采用了克拉索夫斯基椭球参数（见表1－1），并与苏联1942年坐标系进行联测，建立了“1954年北京坐标系”，大地原点位于苏联的普尔科沃。

为了适应我国经济建设和国防建设发展的需要，在1972—1982年期间，我国以陕西省西安市泾阳县永乐镇某点为大地原点（东经108°55′，北纬34°32′），采用国际上通用的IAG－75地球椭球参数（见表1－1），进行了大地定位和全国天文大地网联合平差，建立了新的全国统一坐标系“1980年国家大地坐标系”。

随着社会的进步，国民经济建设、国防建设、社会发展和科学研究等对国家大地坐标系提出了新的要求，迫切需要采用原点位于地球质量中心的坐标系统作为国家大地坐标系。2000国家大地坐标系（简称CGCS2000）是一种地心坐标系，其坐标原点在地球质心，采用的椭球参数：长半轴 a ＝6 378 137m，α ＝1∶298.257 222 101。我国自2008年7月1日起启用2000国家大地坐标系。

表1－1 地球椭球几何参数

椭球名称	年 代	长半径 a/m	短半径 b/m	扁 率 f
克拉索夫斯基	1940	6 378 245	6 356 863	1∶298.3
IAG－75	1975	6 378 140	6 356 755.288 2	1∶298.257
WGS－84	1984	6 378 137	6 356 752.314 2	1∶298.257 223 563

目前，旧坐标系的成果仍然在一些领域应用着，实际存在着1954北京坐标系、新

1954 北京坐标系、1980 国家大地坐标系、2000 国家大地坐标系并存的局面。因此，在实际测量中，特别要注意坐标系统的转换和统一。

1.3 地面点位的确定

测量工作的实质是确定地面点的位置，地面点的空间位置需要用三维表示。对于空间大地测量而言，通常是采用三维空间直角坐标表示；对于常规测量研究和应用而言，通常是用二维的平面（或球面）坐标和一维的高程来表示。二维平面（或球面）坐标分为地理坐标、高斯平面直角坐标和独立平面直角坐标等三种；高程系统则分为国家高程基准和相对高程基准两种。

1.3.1 地理坐标

地理坐标是表示地面点在球面（水准面）上的位置，用经度和纬度表示。按照基准面和基准线及求算坐标方法的不同，地理坐标又分为天文地理坐标和大地地理坐标两种。

1. 天文地理坐标

天文地理坐标是表示地面点在大地水准面上的位置，用天文经度 λ 和天文纬度 φ 表示（如图 1－3 所示）。天文经度和天文纬度是用天文测量的方法直接测定的。

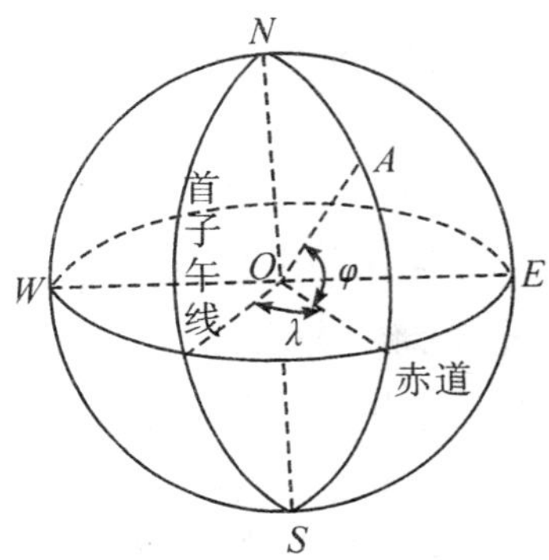

图 1－3　天文地理坐标

2. 大地地理坐标

大地地理坐标是表示地面点在地球椭球面上的位置，用大地经度 L 和大地纬度 B 表示。大地经度和大地纬度则根据大地测量所得数据推算求得。经度是从首子午线（首子午面）向东或向西自 0°起算至 180°，向东者为东经，向西者为西经；纬度是从赤道（赤道面）向北或向南自 0°起算至 90°，分别称为北纬和南纬。我国国土均在北纬，例如，南京市中心区的大地地理坐标为东经 118°47′、北纬 32°03′。

1.3.2 高斯平面直角坐标

地理坐标只能确定地面点在大地水准面或地球椭球面上的位置，不能直接用于测图和工程测量。测量的最佳计算基准面是平面，而地球椭球面是一个曲面，不能简单地展开为平面，应按照一定的数学方法将其展开成平面，从而建立其平面直角坐标系。我国是采用高斯投影来实现这一目标的。

首先，将地球按经线分为若干带，称为投影带。投影带按照规定经差的不同分为 6°带和 3°带两种。6°带是从首子午线（零子午线）开始，自西向东每隔 6°划为一带，每带均有统一编排的带号，用 N 表示，位于各投影带中央的子午线称为中央子午线，中央子午线经度 $L_0=6N-3$（如图 1－4 所示）。3°带是由东经 1°30′开始，自西向东每隔 3°划为一带,其带号用 n 表示,中央子午线经度 $L'_0=3n$。我国国土所属范围大约为6°带的第13号带至第23号带,即带号 N 为13~23。相应地,在3°带中大约为第24号带至第46号带,即带号 n 为24~46。

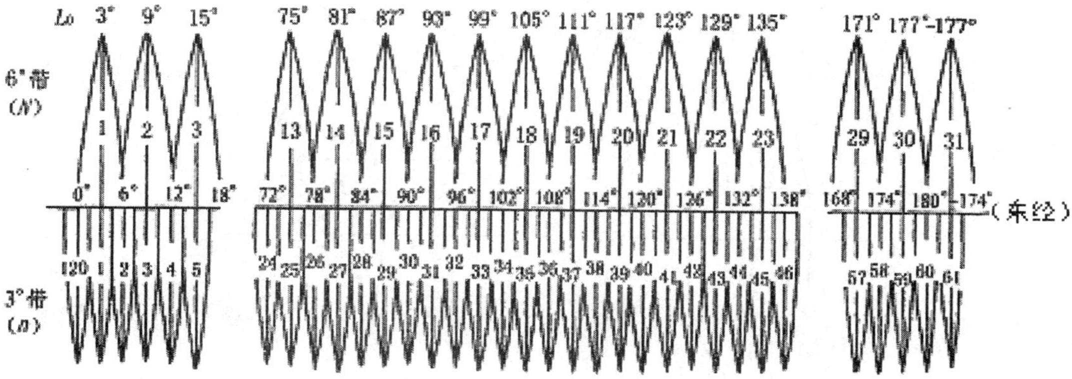

图1-4 投影分带与6°(3°)带

确定某点所在投影带带号的计算公式为

6°带:$N=(L+3°)/6°$(四舍五入取整数值) (1-2)

3°带:$n=L/3°$(四舍五入取整数值) (1-3)

例如,陕西省泾阳县永乐镇处于东经108°55′,在6°带中,$N=(108°55'+3°)/6=19$(四舍五入取整数值),$L_0=6N-3=6\times19-3=111°$;在3°带中,$n=36$,$L'_0=108°$。同理,南京市处于东经118°47′,则有 $N=20$,$L_0=117°$;$n=40$,$L'_0=120°$。

高斯投影的几何解释是,设想将一个横椭圆柱体套在椭球外面,使横椭圆柱的轴心通过椭球的中心,并与椭球面上某投影带的中央子午线相切,然后将中央子午线附近(即本带东、西边缘子午线构成的范围)椭球面上的点、线投影到横椭圆柱面上(如图1-5所示)。然后,顺着过南北极的母线将圆柱面剪开,并展开为平面,这个平面称为高斯投影平面。在高斯投影平面上,中央子午线和赤道的投影是两条相互垂直的直线。我们规定中央子午线的投影为高斯平面直角坐标系的 x 轴,赤道的投影为高斯平面直角坐标系的 y 轴,两轴交点 o 为坐标原点,并令 x 轴上原点以北为正,y 轴上原点以东为正,由此建立了高斯平面直角坐标系(如图1-6(a)所示)。在该图中,地面点 A、B 在高斯平面上的位置,可用高斯平面直角坐标 x_a、y_a,x_b、y_b 来表示。

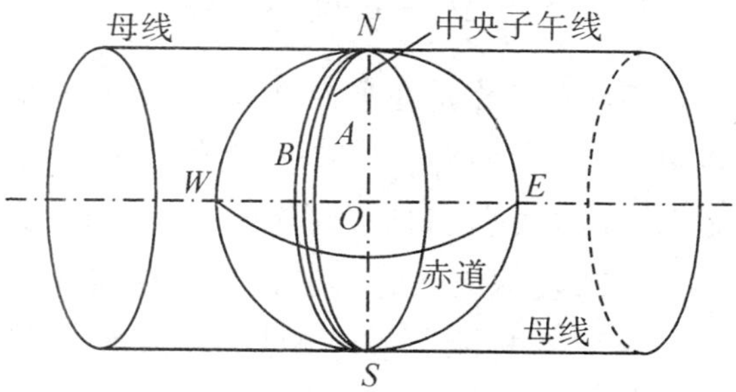

图1-5 高斯平面直角坐标的投影

由于我国国土全部位于北半球(赤道以北),故我国国土上全部点位的 x 坐标值均为正值,而 y 坐标值则有正有负。为了避免 y 坐标值出现负值,我国规定将每带的坐标原点向西移500km(如图1-6(b)所示)。由于各投影带上的坐标系是采用相对独立的高斯平面直角坐标系,为了能正确区分某点所处投影带的位置,规定在横坐标 y 值前面冠以投影带带号。

例如，在图 1－6(a)中，B 点位于高斯投影 6°带的第 20 号带内($N=20$)，其真正横坐标 $y_b=-124\ 625.723$m，按照上述规定，y 值应改写为 $y_b=20\ 375\ 374.277$m。

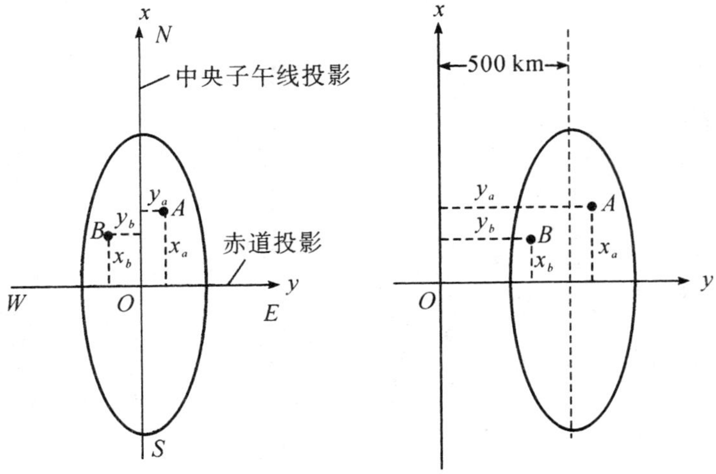

(a) (b)

图 1－6 高斯平面直角坐标

高斯投影是正形投影，一般只需将椭球面上的方向、角度及距离等观测值经高斯投影的方向改化和距离改化后，归化为高斯投影平面上的相应观测值，然后在高斯平面直角坐标系内进行平差计算，从而求得地面点位在高斯平面直角坐标系内的坐标。

1.3.3 独立平面直角坐标

若测量工作是在半径不大于 10km 的范围内进行，可以将该测区的球面看作平面，直接将地面点沿铅垂线方向投影至水平面，用平面直角坐标来表示该点的投影位置。在实际测量中，一般将坐标原点选在测区的西南角，使测区内的点位坐标均为正值(第一象限)，并以该测区的子午线(或磁子午线)的投影为 x 轴，向北为正，与之相垂直的为 y 轴，向东为正，由此建立了该测区的独立平面直角坐标系(如图 1－7 所示)。

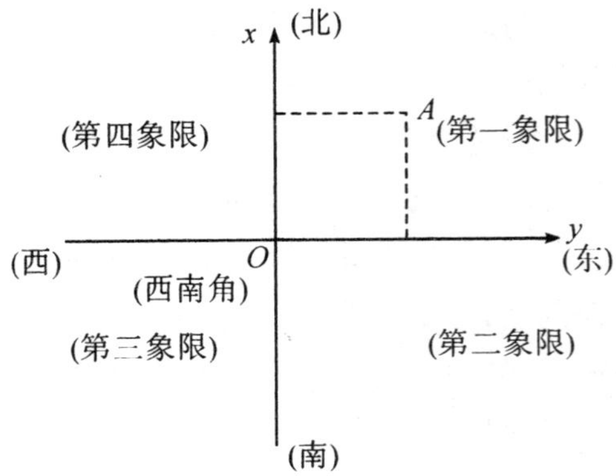

图 1－7 独立平面直角坐标

上述三种坐标系是以不同的方式表示地面点的平面位置，它们之间是相互联系的，可以相互转换。例如，独立平面直角坐标通过平移和旋转也可转换成高斯平面直角坐标。其转换公式为

$$\begin{pmatrix} x \\ y \end{pmatrix} = \begin{pmatrix} x_0 \\ y_0 \end{pmatrix} + \begin{pmatrix} \cos\alpha & -\sin\alpha \\ \sin\alpha & \cos\alpha \end{pmatrix} \begin{pmatrix} x' \\ y' \end{pmatrix} \tag{1-4}$$

式中，(x_0, y_0)为平移参数，α 为旋转参数。

1.3.4 直线定向

为了要描述两地面点之间的相对关系，必须确定两点间的水平距离和两点间直线与标准方向之间的关系。确定直线与标准方向之间的关系（水平角度）称为直线定向。

1.标准方向

1）真子午线方向

通过地球表面某点的真子午面的切线方向，称为该点真子午线方向。真子午线方向用天文测量方法或用陀螺经纬仪测定。

2）磁子午线方向

磁子午线方向是在地球磁场的作用下，磁针自由静止时其轴线所指的方向。磁子午线方向可用罗盘仪测定。

3）坐标纵轴方向

对于6°带或3°带投影得到的高斯平面直角坐标系，以该带的中央子午线的投影作为坐标纵轴，因此，该带内的直线定向采用该带的坐标纵轴方向作为标准方向。若采用假定坐标系，则用假定的坐标纵轴（ x 轴）作为标准方向。

2.方位角

测量工作中，常采用方位角表示直线的方向。由标准方向的北端起，顺时针方向量到某直线的夹角，称为该直线的方位角。方位角的取值范围为0°～360°。

方位角可以真方位角、磁方位角或坐标方位角表示。由真子午线方向的北端起算的方位角称为真方位角，用 A 表示；由磁子午线方向的北端起算的方位角称为磁方位角，用 A_m 表示；由坐标纵轴方向的北端起算的方位角称为坐标方位角，用 α 表示。

如图1－8所示，若标准方向 ON 为真子午线，则 A_1 、A_2 、A_3 、A_4 分别为直线 $O1$ 、$O2$ 、$O3$ 、$O4$ 的真方位角。若 ON 为磁子午线方向，则各角分别为相应直线的磁方位角。若 ON 为坐标纵轴方向，则各角分别为相应直线的坐标方位角。

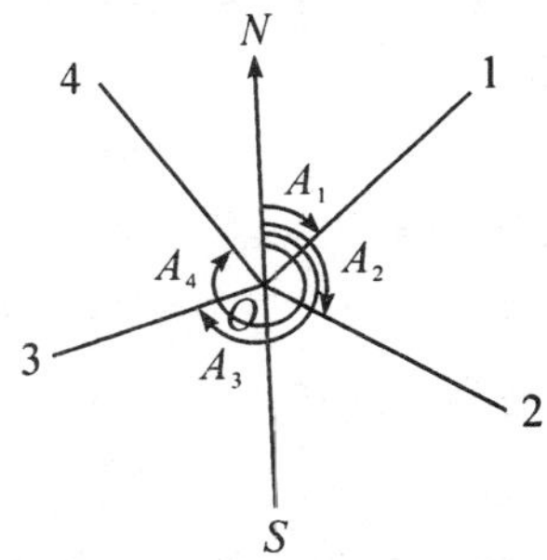

图1－8　直线方位表示方法

3.几种方位角之间的关系

1）真方位角与磁方位角之间的关系

由于地磁南北极与地球的南北极并不重合，因此，过地面上某点的真子午线方向与磁子午线方向常不重合，两者之间的夹角称为磁偏角。（如图1－9中的 δ ）。磁针北端偏于真子午线以东称东偏，偏于真子午线以西称西偏。直线的真方位角与磁方位角之间可用下式进行换算：

$$A = A_m + \delta \tag{1-5}$$

式中，δ 东偏取正值，西偏取负值。我国磁偏角的变化大约在＋6°到－10°之间。

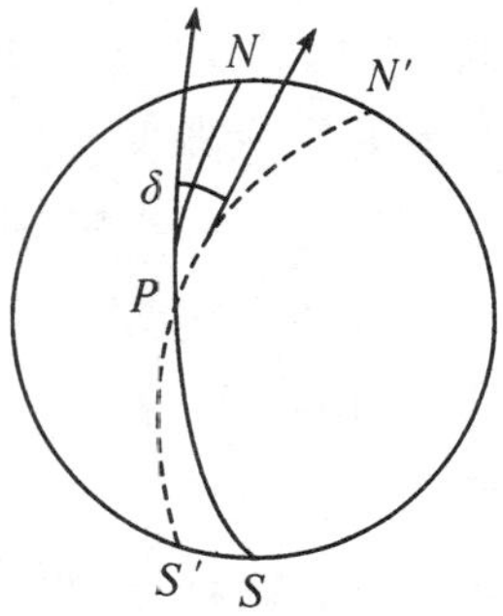

图1－9　磁偏角

2)真方位角与坐标方位角之间的关系

中央子午线在高斯投影平面上是一条直线,作为该带的坐标纵轴,而其他子午线投影后为收敛于两极的曲线(如图1-10所示)。地面点(如1-10中的点 M、N)的真子午线方向与中央子午线的夹角称为子午线收敛角,用 γ 表示。γ 角有正有负。在中央子午线以东地区,各点的坐标纵轴偏在真子午线的东边,γ 为正值;在中央子午线以西地区,γ 为负值。某点的子午线收敛角 γ,可由该点的高斯平面直角坐标为引数,在测量计算用表中查到。也可近似地用下式计算:

$$\gamma = (L - L_0)\sin B \tag{1-6}$$

式中,L_0 为中央子午线的经度,L、B 为计算点的经纬度。

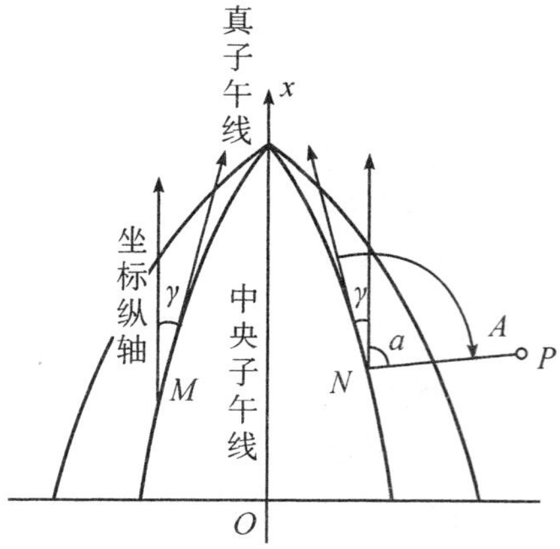

图1-10 子午线收敛角

真方位角 A 与坐标方位角之间的关系,如图1-10所示,可用下式进行换算

$$A_{12} = \alpha_{12} + \gamma \tag{1-7}$$

3)坐标方位角与磁方位角之间的关系

若已知某点的磁偏角 δ 与子午线收敛角 γ,则坐标方位角与磁方位角之间的换算式为

$$\alpha = A_m + \delta - \gamma \tag{1-8}$$

1.3.5 高程系统

中华人民共和国成立初期,我国以青岛验潮站多年的观测资料求得黄海平均海水面,作为我国的大地水准面(即高程基准面),由此建立了"1956年黄海高程系",并在青岛市观象山上建立了国家水准基点,水准基点高程 H =72.289m。通过随后30多年对验潮站观测资料的积累和计算,验潮站观测资料的积累与计算,更加精确地确定了黄海平均海水面,1987年开始启用"1985国家高程基准",此时测定的国家水准基点高程 H = 72.260m。根据国家测绘总局[1987]198号文件通告,此后全国都应以"1985国家高程基准"作为统一的国家高程系统。现在仍在使用的"1956年黄海高程系统"及其他高程系统(如吴淞高程系统)均应统一到"1985国家高程基准"的高程系统上。在实际测量中,特别要注意高程系统的统一。

地面点的高程分为绝对高程(海拔)和相对高程两种。地面点的绝对高程是指地面点到大地水准面的铅垂距离,通常简称为该点的高程,一般用 H 表示。例如,在图1-11中,地面点 A、B 的高程分别为 H_A、H_B。在个别测区,若远离已知国家高程控制点或为便于施工,也可以假设一个高程起算面(即假定水准面),此时地面点到假定水准面的铅垂距离,称为该点的假定高程或相对高程。在图1-11中,A、B 两点的相对高程为 H'_A、H'_B。

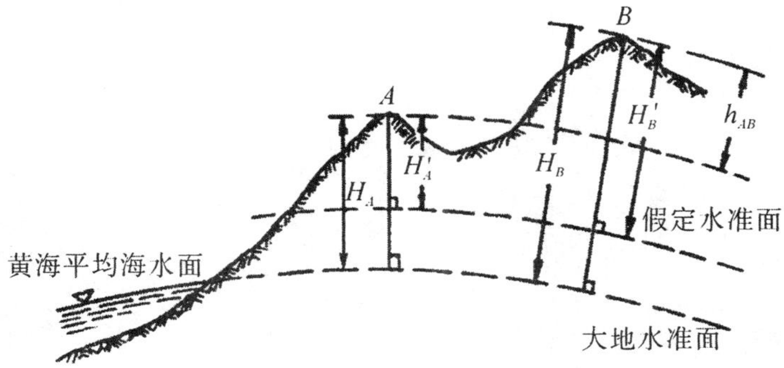

图1－11　高程和高差

地面上两点间的高程之差称为高差，一般用 h 表示。在图1－11中，A、B 两点间的高差 h_{AB} 为

$$h_{AB} = H_B - H_A = H'_B - H'_A \tag{1-9}$$

式中，h_{AB} 有正有负，下标 AB 表示 A 点至 B 点的高差。上式也表明两点间高差与高程起算面无关。

综上所述，通过测量与计算，求得了表示地面点位置的三个量 x、y、H，那么地面点的空间位置就可以确定了。

1.4 测量工作概述

测量工作的主要任务是测绘地形图和施工放样，本节简述测图和放样的过程，为学习后面各章建立初步的概念。

1.4.1 控制点与必要起算数据

在通常情况下，测量工作的第一步是根据测区地形和有关规范在地面上布设若干点，埋设标志，由这些点构成几何图形，然后测定点与点之间的相对位置关系。这种几何图形称为控制网，组成控制网的点称为控制点。控制点的点位精度相对较高，是作为后续应用或测量的基准。

控制点分为平面控制点和高程控制点。一般情况下，两种控制点并置，便于应用。但对于大地垂直形变监测和工程垂直变形监测等而言，只涉及点的高程，故只需设立高程控制点(水准点)。按照控制点精度和用途的不同，控制点分为国家等级控制点、GNSS控制点、工程控制网控制点、图根控制点等。不同等级和用途的控制点，其制作材料、埋设方法以及表示符号都不相同，图1－12列出了部分控制点的外形和符号形式。

对于测量控制网而言，测量的最终目标就是要确定控制点的坐标和高程。无论采用何种坐标系，都必须有起算点，即应具备已知的点位坐标和高程。测量中必要的已知点坐标和高程称为必要起算数据。。平面控制网必须具备两个点的坐标，或一个点的坐标、一条边的方位和一条边的长度；高程控制网必须具备一个点的高程。

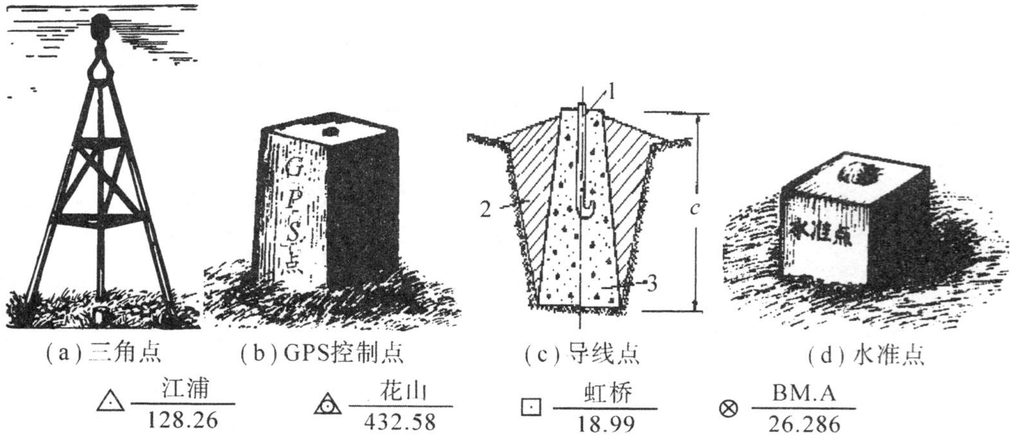

图1－12　控制点符号

1.4.2 测量的基本工作

测量工作的实质是为了确定点的位置。碎部测量是将地面上的点位测定后标绘到图纸上或为用户提供测量数据与成果，而施工放样则是把设计图上的建(构)筑物点位测设到实地上，作为施工的依据。确定点的位置实际上是根据已知点坐标或高程，通过测定已知点到未知点的距离、角度及高差计算求得的，所有要测定的数据都离不开距离、角度及高差这三个基本观测量。因此，距离测量、角度测量和高差测量(水准测量)是测量的三项基本工作。

1.4.3 测量工作的基本原则

地球表面形态复杂多样，在测量工作中将其分为地物和地貌两大类。地面上固定性物体，如河流、房屋、道路、湖泊等称为地物；地面的高低起伏形态，如山岭、谷地和陡崖等称为地貌。地物和地貌统称为地形。

由于地形和环境的复杂多样以及测量手段的限制，要在某一个点上测绘出该测区全部地形或者放样出建筑物的全部位置是不可能的。另一方面，任何测量工作都会产生不可避免的误差，而且随着测量的深入，误差会积累。所以，每点(站)上的测量都应采取一定的程序和方法，遵循测量的基本原则，以防误差积累，保证测绘成果的质量。

因此，在实际测量工作中应当遵守以下基本原则：

(1)在测量布局上，应遵循“由整体到局部”的原则；

(2)在测量精度上，应遵循“由高级到低级”的原则；

(3)在测量程序上，应遵循“先控制后碎部”的原则；

(4)在测量过程中，应遵循“随时检查，杜绝错误”的原则。

1.4.4 控制测量的概念

遵循“先控制后碎部”的测量原则，就是先进行控制测量，测定测区内若干个具有控制意义的控制点的平面坐标和高程,作为测绘地形图或施工放样的依据。控制测量分为平面控制测量和高程控制测量。平面控制测量的形式有导线测量、三角测量、交会定点及 GNSS 测量等,其目的是确定测区中一系列控制点的坐标(x , y);高程控制测量的形式有水准测量、光电测距三角高程测量等,其目的是测定各控制点间的高差,从而求出各控制点高程 H 。

1.4.5 碎部测量的概念

碎部测量就是以控制点为依据,测定控制点至碎部点(地形的特征点)之间的水平距离、高差及其相对于某一已知方向的角度,来确定碎部点的位置。运用碎部测量的方法,在测区内测定一定数量的碎部点位置后,按一定的比例尺和图式符号将这些碎部点位标绘在图纸上,绘制成图。

1.4.6 施工放样的概念

施工放样(测设)是把设计图上建(构)筑物位置在实地标定出来,作为施工的依据。为了使地面定出的建筑物位置成为一个有机联系的整体,施工放样同样需要遵循“先控制后碎部”的基本原则。施工放样常用的方法为极坐标法,此外还有直角坐标法、方向(角度)交会法和距离交会法等。

由于施工控制网是一个整体,并具有相应的精度和密度,因此不论建(构)筑物的范围多大,由各个控制点放样出的建(构)筑物各个点位位置,也必将联系为一个整体。

同样,根据施工控制网点的已知高程和建筑物的图上设计高程,可用水准测量方法测设出建(构)筑物的实地设计高程。

习题 1

1. 何谓大地水准面? 它有什么特点和作用?

2. 何谓直线定线? 标准方向有几种? 什么是坐标方位角?

3. 测量上的平面直角坐标系和数学上的平面直角坐标系有什么区别?

4. 何谓高斯投影? 高斯平面直角坐标系是怎样建立的?

5. 已知某点位于高斯投影 6°带第 20 号带,若该点在该投影带高斯平面直角坐标系中的横坐标 $y = -306579.210$m,写出该点不包含负值且含有带号的横坐标 y 及该带的中央子午线经度 L_0 。

6. 何谓绝对高程、相对高程及高差?

7. 某宾馆首层室内地面 ±0.000 的绝对高程为 45.300m,室外地面设计高程为 -1.500m,女儿墙设计高程为 +88.200m,问室外地面和女儿墙的绝对高程分别为多少?

8. 已知地面上 A 点的磁偏角为 -3°10′,子午线收敛角为 +1°05′,由罗盘仪测得直线 AB 的磁方位角为为 63°45′,试求直线 AB 的坐标方位角 α_{AB} ,并绘出关系略图。

第2章　水准测量

高程是确定地面点位置的要素之一，也是各类工程建设的设计、施工与管理等阶段最常用到的测量数据。测定地面点高程的工作称为高程测量。高程测量是测量的基本工作之一。高程测量按所使用的仪器和施测方法的不同，可以分为水准测量、三角高程测量和 GPS 高程测量等。其中水准测量是目前高程测量中最基本和精度较高的一种方法。本章主要介绍水准测量。

2.1 水准测量原理

水准测量通常是从一个高程已知的点出发，利用水准仪提供的一条水平视线，测出两点间的高差，从而由已知点高程推求未知点高程。

如图 2－1 所示，设已知 A 点高程为 H_A，要用水准测量方法确定未知点 B 的高程 H_B，若能测出 A、B 两点间的高差 h_{AB}，则 B 的高程 $H_B = H_A + h_{AB}$，因此我们在 A、B 两点间安置水准仪，并分别在 A、B 两点上竖立带有刻划的水准尺，根据水准仪提供的水平视线在 A 点水准尺上读数为 a，在 B 点的水准尺上读数为 b，则 A、B 两点间的高差为

$$h_{AB} = a - b \tag{2-1}$$

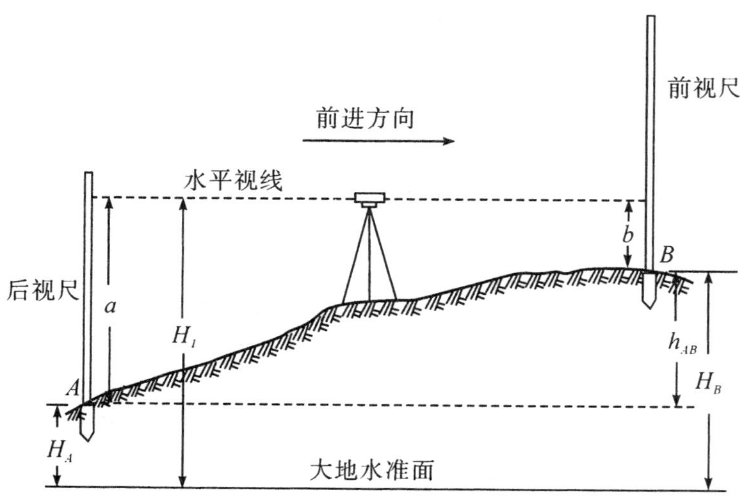

图 2－1　水准测量原理

水准测量是有方向性的，设按如图 2-1 中箭头所示前进方向由 A 点向 B 点进行水准测量，则规定 A 点为后视点，其水准尺读数 a 为后视读数；B 点为前视点，其水准尺读数 b 为前视读数。由此可见，两点之间的高差一定是“后视读数”减“前视读数”。如果 $a > b$，则高差 $h_{AB} > 0$，表示 B 点比 A 点高；如果 $a < b$，则高差 $h_{AB} < 0$，表示 B 点比 A 点低。

在计算和书写高差 h_{AB} 时，一定要注意 h_{AB} 的正负号和下标 AB 的写法：h_{AB} 表示 A 点至 B 点的高差，h_{BA} 则表示 B 点至 A 点的高差，两个高差应该是绝对值相同而符号相反，即

$$h_{AB} = -h_{BA} \tag{2-2}$$

测得 A、B 两点间高差 h_{AB} 后，则未知点 B 的高程 H_B 为

$$H_B = H_A + h_{AB} = H_A + (a - b) \tag{2-3}$$

用式(2-3)计算未知点 B 的高程 H_B，称为高差法。由图 2-1 可以看出，B 点高程也可以通过水准仪的视线高程 H_i（也称为仪器高程）来计算，视线高程 H_i 等于 A 点的高程加 A 点水准尺上的后视读数 a，即

$$H_i = H_A + a \tag{2-4}$$

则

$$H_B = (H_A + a) - b = H_i - b \tag{2-5}$$

当安置一次水准仪后，附近有若干个相距不远的未知点需要测定高程时，则用式(2-5)计算较为方便，这种方法称为视线高法。即每一个测站上测定一个视线高程作为该测站的常数，分别减去各待测点上的前视读数，即可求得各待测点的高程。这在建筑工程中经常用到。

2.2 水准测量仪器及其操作

水准仪是水准测量的主要仪器。按水准仪所能达到的精度，分为 DS_{05}、DS_1、DS_3 等几种等级(型号)。“D”和“S”为“大地”和“水准仪”汉语拼音的第一个字母，通常在书写时可省略字母“D”；下标“05”“1”“3”等数字表示该类仪器的精度，见表 2-1。我国目前常用的 S_{05} 型和 S_1 型水准仪属于精密水准仪，配有相应的精密水准尺。水准仪上配置光学测微器，可以在水准尺上估读至 0.01mm，水准器有较高的灵敏度，望远镜也有较高的放大倍数，仪器的结构稳定，受外界影响小。精密水准尺是在木质或金属尺身槽内，引张一根铟瓦合金钢带，在带上标有分划线，数字注在周边木尺或金属上，尺上两排分划彼此错开，分划宽度有 10mm 和 5mm 两种。精密水准仪用于国家一、二等水准测量、大型工程建筑物施工及变形测量以及地下建筑测量、城镇与建(构)筑物沉降观测等。S_3 型水准仪称为普通水准仪，用于国家三、四等及普通水准测量。本节主要介绍 S_3 型水准仪及其使用。

表 2-1　常用水准仪系列及精度表

水准仪系列型号	S_{05}	S_1	S_3
每千米往返测高差中数的中误差	≤0.5mm	≤1mm	≤3mm

2.2.1 S_3 型水准仪的构造

水准仪是能够提供一条水平视线，并能照准离水准仪有一定距离处的水准尺读取尺上读数的仪器。图 2－2 为 S_3 型微倾式水准仪，它主要由望远镜、水准器和基座三部分组成。仪器的上部有望远镜、水准管、水准管气泡观察窗、圆水准器、目镜及物镜对光（调焦）螺旋、制动螺旋、微动及微倾螺旋等，通过仪器竖轴与仪器基座相连。望远镜和水准管连成一个整体，转动微倾螺旋可以调节水准管连同望远镜一起相对于支架作上下微小转动，使水准管气泡居中，从而使望远镜视线精确水平。由于用微倾螺旋使望远镜上、下倾斜有一定限度，可先调整脚螺旋使圆水准器气泡居中，粗略定平仪器。

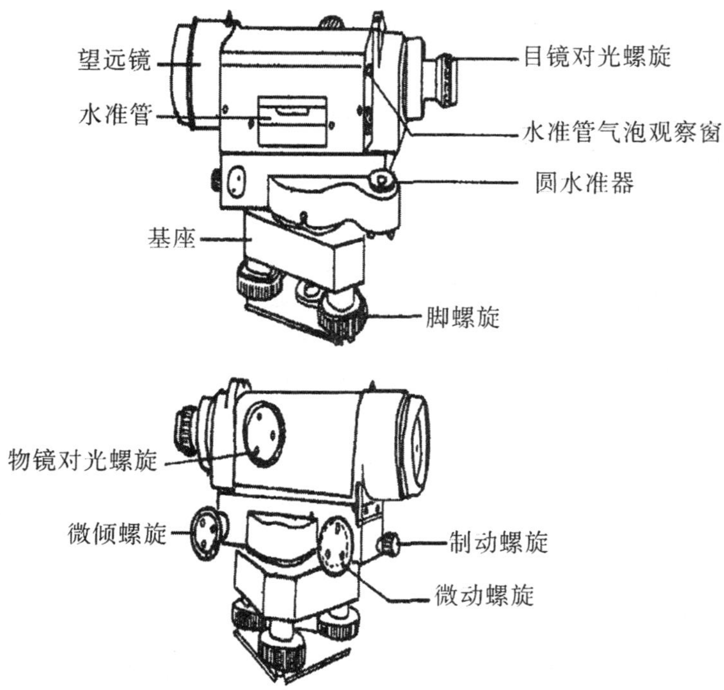

图 2－2　S_3 型水准仪

整个仪器的上部可以绕仪器竖轴在水平方向旋转。水平制动螺旋和微动螺旋用于控制望远镜在水平方向转动。松开制动螺旋，望远镜可在水平方向任意转动；只有当旋紧制动螺旋后，微动螺旋才能使望远镜在水平方向上作微小转动，以精确瞄准水准尺。

1）望远镜

望远镜是用来精确瞄准远处水准尺和提供视线进行读数的设备。如图 2－3(a) 所示，它主要由物镜、目镜、调焦透镜及十字丝分划板等组成。十字丝分划板是用来准确瞄准目标用的，构造如图 2－3(b) 所示，中间一根长横丝称为中丝，与之垂直的一根丝称为竖丝，在中丝上下对称的两根与中丝平行的短横丝称为上、下丝（又称视距丝）。在水准测量时，用中丝在水准尺上进行前、后视读数，用以计算高差；用上、下丝在水准尺上读数，用以计算水准仪至水准尺的距离（视距）。

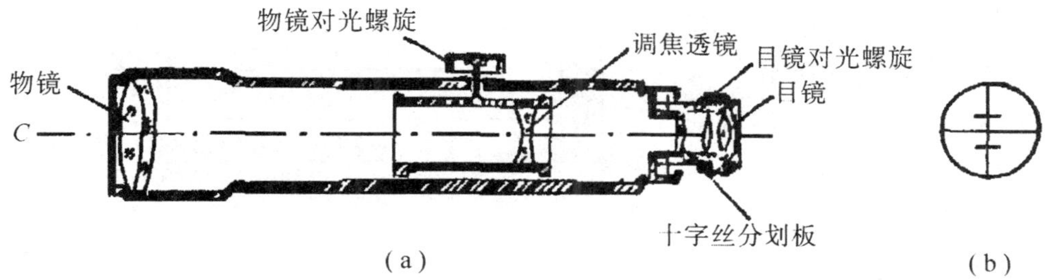

图 2-3　望远镜的构造

望远镜瞄准的水准尺经过物镜的作用形成一个倒立而缩小的实像。调节物镜对光螺旋即可带动调焦透镜在望远镜筒内前后移动，从而将不同距离的目标清晰地成像在十字丝平面上。调节目镜对光螺旋可使十字丝像清晰，再通过目镜，便可看到同时放大了的十字丝和水准尺影像。从望远镜内所看到目标影像的视角与观测者直接用眼睛观察该目标的视角之比称为望远镜的放大率（放大倍数）。S_3型水准仪望远镜放大率一般不小于 28 倍。

通过物镜光心与十字丝交点的连线 CC 称为望远镜视准轴，视准轴的延长线即为视线，它是瞄准目标的依据。

由于物镜调焦螺旋调焦不完善，可能使目标形成的实像与十字丝分划板平面不完全重合，此时当观测者眼睛在目镜端略作上、下少量移动时，就会发现目标的实像与十字丝平面之间有相对移动，这种现象称为视差。测量作业中不允许存在视差，因为它不利于精确地瞄准目标与读数，所以在观测中必须消除视差。消除视差的方法：首先应按操作程序依次调焦，先进行目镜调焦，旋转目镜调焦螺旋使十字丝清晰；再瞄准目标进行物镜调焦，转动物镜调焦螺旋使目标像清晰，当观测者眼睛在目镜端作上、下少量移动时，发现目标与十字丝平面之间没有相对移动，则表示视差不存在；否则应重新进行物镜调焦，直至无相对移动为止。在检查视差是否存在时，观测者眼睛应处于松弛状态，不宜紧张，且眼睛在目镜端上下移动量不宜大，仅作很少量微动，否则会引起错觉而误认为视差存在。

2）水准器

水准器是水准仪上置平仪器的重要部件。它是利用液体受重力作用后使气泡居为最高处的特性，指示水准器的水准轴位于水平或竖直位置，从而使水准仪获得一条水平视线的一种装置。水准器分水准管和圆水准器两种，前者精度较高，用于精确置平仪器，称为"精平"；后者精度较低，用于粗略置平仪器，称为"粗平"。

（1）水准管。

水准管由圆柱状玻璃管制成，其纵向内壁研磨成具有一定半径的圆弧（圆弧半径一般为 7～20m），内装酒精或乙醚，加热密封冷却后形成一小长气泡，因气泡较轻，故处于管内最高处。

水准管内圆弧中点 O 称为水准管零点，通过零点 O 的圆弧切线 LL，称为水准管轴，如图 2-4（a）所示。水准管表面刻有 2mm 间隔的分划线，并与零点 O 相对称。当气泡的中点与水准管的零点重合时，称为气泡居中，表示水准管轴水平。若保持视准轴与水准管轴平行，则当气泡居中时，视准轴也应位于水平位置。通常根据水准气泡两端距水准管两端刻划的格数相等的方法来判断水准气泡精确居中，如图 2－4(b)所示。

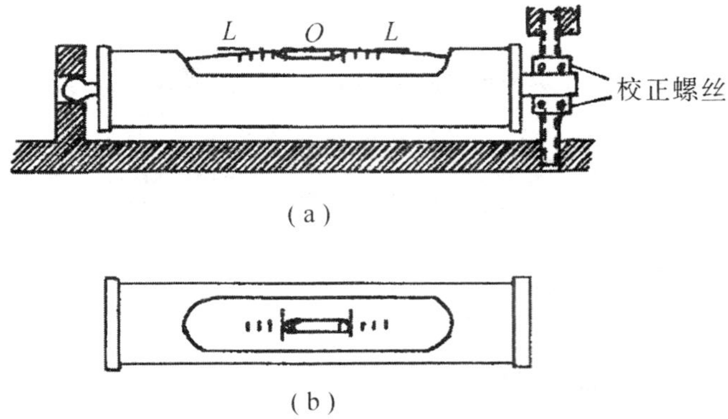

图 2－4 水准管

水准管上两相邻分划线间的圆弧(弧长为 2mm)所对的圆心角，称为水准管分划值 τ(或灵敏度)。用公式表示为

$$\tau'' = \frac{2}{R}\rho'' \qquad (2-6)$$

式中，$\rho'' = 206265''$为弧秒值；R 为水准管圆弧半径(mm)。

上式说明分划值 τ'' 与水准管圆弧半径 R 成反比。R 愈大，τ'' 愈小，水准管灵敏度愈高，则仪器置平的精度也愈高；反之置平精度就低。S_3 型水准仪水准管的分划值一般为 20″/2mm，说明气泡移动一格(2mm)，水准管轴倾斜 20″。

为了提高水准管气泡居中精度，在水准管上方安装有一组符合棱镜，如图 2－5 所示。通过符合棱镜的折光作用，把水准管气泡两端的影像反射到望远镜旁的水准管气泡观察窗内。当气泡两端的两个半像符合成一个圆弧时，就表示水准管气泡居中，如图 2－5(a)所示；若两个半像错开，则表示水准管气泡不居中，如图 2－5(b)所示。此时可转动位于目镜下方的微倾螺旋，使气泡两端的半像严密吻合(即气泡居中)，达到仪器的精确置平。这种配有符合棱镜的水准器，称为符合水准器。它不仅便于观察，同时可以使气泡居中精度提高一倍。

(2)圆水准器。

圆水准器用于初步整平仪器，它是将一圆柱形的玻璃盒装嵌在金属框内，如图 2－6 所示。圆水准器顶面的内壁磨成圆球面，顶面中央刻有一个小圆圈，其圆心 O 称为圆水准器的零点，过零点 O 的法线 $L'L'$，称为圆水准轴。由于它与仪器的旋转轴(竖轴)平行，所以当圆气泡居中时，圆水准轴处于竖直(铅垂)位置，表示水准仪的竖轴也大致处于竖直位置了。S_3水准仪圆水准器分划值一般为 8′～10′。由于分划值较大，则灵敏度较低，只能用于水准仪的粗略整平，为仪器精确整平创造条件。

3) 基座

基座的作用是支承仪器的上部，并通过连接螺旋使仪器与三角架相连。基座由轴座、脚螺旋、底板和三角形压板构成。仪器上部的竖轴插入基座的轴座连为一个整体，通过中心连接螺旋与三脚架相连。脚螺旋用于调节圆水准器使水准仪粗略整平。

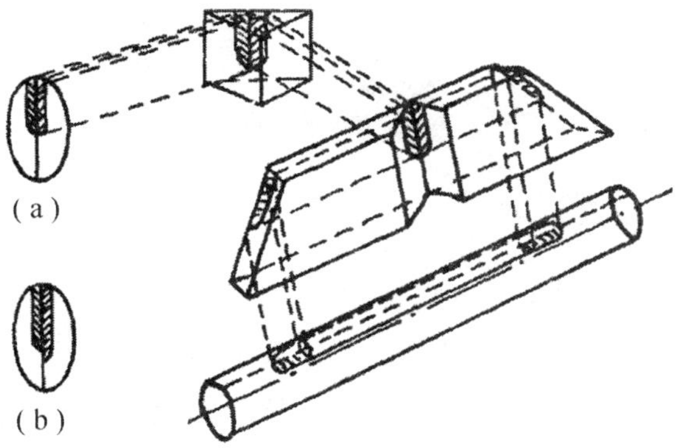

图 2-5　水准管与符合棱镜

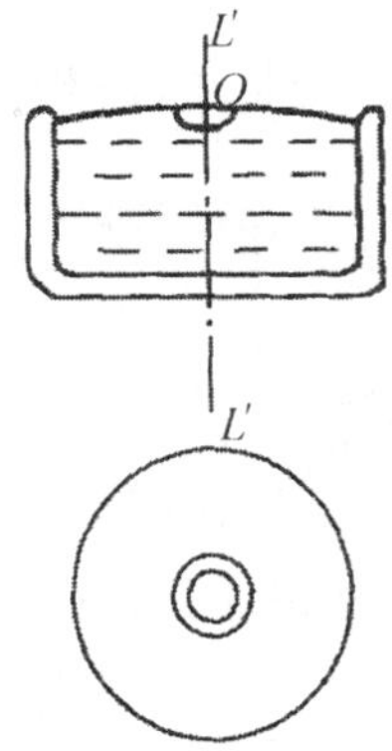

图 2-6　圆水准器

2.2.2 水准尺、尺垫和三脚架

水准尺是水准测量时使用的重要工具之一。水准尺一般用不易变形且干燥的优良木材或玻璃钢制成，要求尺长稳定，刻划准确，长度从 2m 至 5m 不等。根据它们的构造，常用的水准尺可分为直尺（整体尺）和塔尺两种，如图 2-7 所示。直尺中又有单面分划尺和双面（红黑面）分划尺。水准尺尺面每隔 1cm 涂有黑白或红白相间的分格，每分米处注有分米数，其数字有正写和倒写两种，分别与水准仪的正像望远镜或倒像望远镜配合使用。

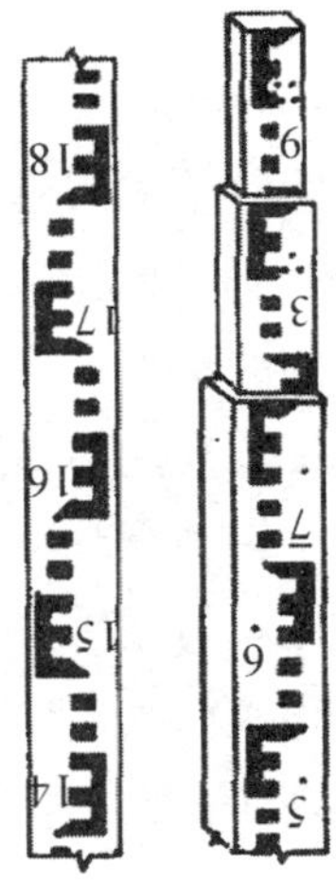

图 2-7　水准尺

双面水准尺的两面均有刻划，多用于三、四等水准测量。一面为黑白分划，称为“黑面尺”（也称主尺）；另一面为红白分划，称为“红面尺”。通常用两根尺组成一对进行水准测量。两根尺的黑面尺尺底刻划均从零开始，而红面尺尺底刻划，一根从固定数值 4.687m 开始，另一根从固定数值 4.787m 开始，此数值称为零点差（或红黑面常数差）。水平视线在同一根水准尺上的黑面与红面的读数之差称为尺底的零点差，可作为水准测量时读数的检核。

塔尺是由三节较短的直尺套接而成，不用时套装在最下一节之内，长度仅 2m。如把三节全部拉出可达 5m，形状呈塔形。塔尺携带方便，但应注意塔尺的连接处，务必使套接准确稳固。塔尺一般用于地形起伏较大，精度要求较低的工程水准测量和地形测量。

尺垫是在作为临时立尺点处放置水准尺用的，如图 2-8 所示，尺垫一般由三角形的铸铁制成，下面有三个尖脚，便于使用时将尺垫踩入土中，使之稳固。上面有一个突起的半球体，水准尺竖立于球顶最高点。在精度要求较高的水准测量中，临时立尺点处必须放置尺垫，以防止观测过程中尺子下沉或位置发生变化而影响读数。

图 2-8　尺垫

三脚架是水准仪的附件，用以安置水准仪，由木质（或金属）制成。脚架一般可伸缩，便于携带及调整仪器高度，使用时用中心连接螺旋与水准仪器基座固紧。

2.2.3 水准仪的使用

水准仪的使用包括仪器安置、粗略整平、瞄准水准尺、精确整平和读数记录等操作步骤。

1）安置仪器

测量中将安置仪器的位置称为测站。水准测量时应将测站设置在离前后两个立尺点距离接近相等、土质比较坚实、便于观测者操作仪器的位置。安置仪器时首先在测站打开三脚架，按观测者的身高调节三脚架腿的高度，三脚架架脚与地面大约成70°左右，三个脚尖成等边三角形。为便于整平仪器，应使三脚架的架头大致水平，并将三脚架的三个脚尖踩实，使脚架稳定。然后从仪器箱中取出水准仪，平稳地安放在三脚架头上，一手握住仪器，一手立即将三脚架连接螺旋旋入仪器基座的中心螺孔内，适度旋紧，防止仪器从架头上摔下来。

2）粗略整平

粗略整平简称粗平，即初步地整平仪器。通过调节三个脚螺旋使圆水准器气泡居中，从而使仪器的竖轴大致铅垂。具体作法：如图2－9(a)所示，外围三个圆圈为脚螺旋，中间为圆水准器，虚线圆圈代表气泡所在位置。首先用双手按箭头所指方向转动脚螺旋1、2，使圆气泡移到这两个脚螺旋连线方向的中间，然后再按图2－9(b)中箭头所指方向，用左手转动脚螺旋3，使圆气泡居中（即位于小黑圆圈中央）。在整平的过程中，气泡移动的方向与左手大拇指转动脚螺旋时的移动方向一致。

3）瞄准水准尺

瞄准水准尺简称瞄准。首先将望远镜对着明亮的背景，转动目镜对光螺旋对目镜进行调焦，使望远镜内的十字丝像十分清晰（此后瞄准目标时一般不需要再调节目镜对光螺旋）。然后松开制动螺旋，转动望远镜，用望远镜筒上方的缺口和准星瞄准水准尺，大致进行物镜调焦使在望远镜内能看到水准尺的像。此时立即制紧制动螺旋，转动水平微动螺旋，使十字丝的竖丝对准水准尺或靠近水准尺的一侧，如图2－10所示，可检查水准尺在左右方向是否倾斜。再转动物镜对光螺旋进行仔细调焦，使水准尺的分划像十分清晰，并注意消除视差。

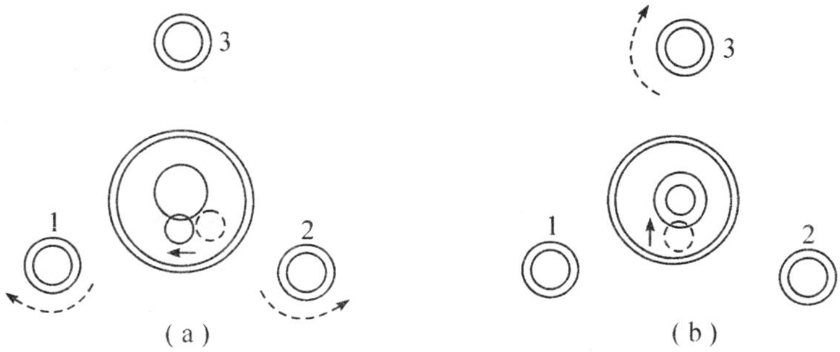

图2－9　圆水准器整平

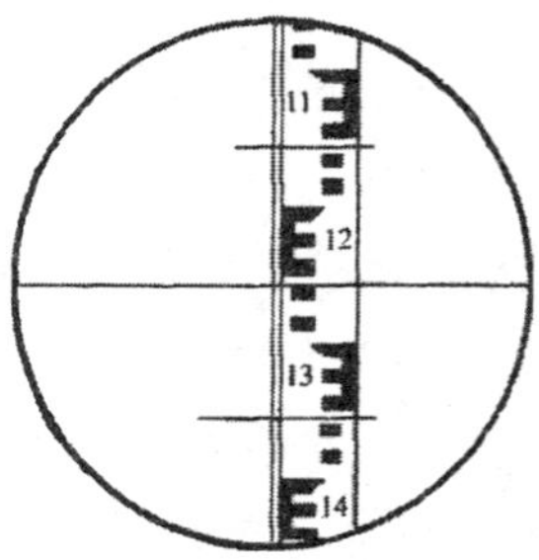

图2－10　瞄准水准尺与读数

4）精确整平

精确整平简称精平。转动位于目镜下方的微倾螺旋，从气泡观察窗内看到符合水准气泡严密吻合(气泡居中),如图 2－11 所示。此时视线即为水平视线。

由于粗略整平不很完善(因圆水准器灵敏度较低),故当瞄准某一目标精平后,仪器转到另一目标时,符合水准气泡将会有微小的偏离(不吻合)。因此在进行水准测量中,务必记住每次瞄准水准尺进行读数时,都应先转动微倾螺旋,使符合水准气泡严密吻合后,才能在水准尺上读数。

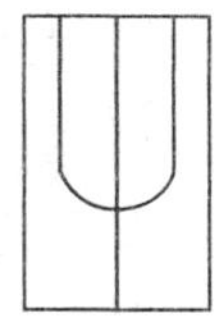

图 2－11　水准气泡的符合

5) 读数记录

读数记录可简称读数。仪器精平后,应立即用十字丝的中丝在水准尺上读数。对于倒像望远镜,读数时应从上往下读,即从小数向大数读。观测者应先估读水准尺上毫米数(小于一格的估值),然后读出米、分米及厘米值,一般应读出四位数。如图 2－10 中水准尺的中丝读数为 1.259m,其中末位 9 是估读的毫米数,如果以 mm 为单位,可读记为 1259。读数应迅速、果断、准确。读数后应立即重新检视符合水准气泡是否仍旧居中,如仍居中,则读数有效;否则应重新使符合水准气泡居中后再读数。记录者应准确无误地将读数记入记录手簿相应栏内,并清晰地回报数字。

2.3 普通水准测量及其成果整理

2.3.1 水准点

水准点就是高程控制点,是按规范要求在地面埋没标志并用水准测量的方法测定其高程的固定点。水准测量通常从某一已知高程的水准点开始,经过一定的水准路线,测定各待定点的高程,作为地形测量和施工测量的高程依据。水准点应按照水准测量等级,根据地区气候条件与工程需要,每隔一定距离埋设不同类型的永久性或临时性水准标志或标石,水准点标志或标石可埋设于土质坚实、稳固的地面或地表冰冻线以下合适处,必须便于长期保存又利于观测与寻找。国家等级永久性水准点埋设形式如图 2－12 所示,一般用钢筋混凝土或石料制成,标石顶部嵌有不锈钢或其它不易锈蚀的材料制成的半球形标志,标志最高处(球顶)作为高程起算基准。有时永久性水准点的金属标志(一般宜铜制)也可以直接镶嵌在坚固稳定的永久性建筑物的墙脚上,称为墙上水准点,如图 2－13 所示。

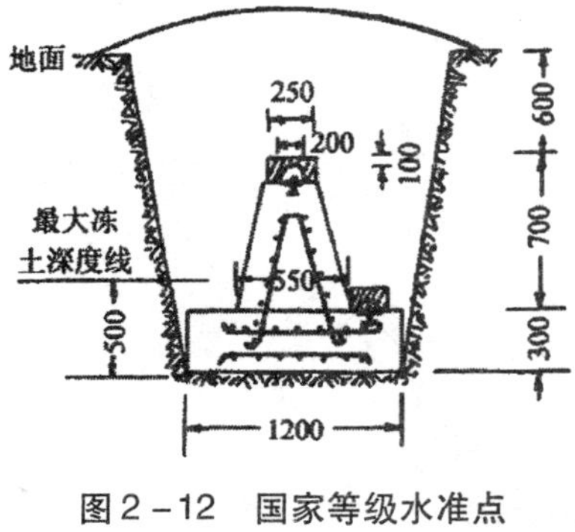

图 2－12　国家等级水准点

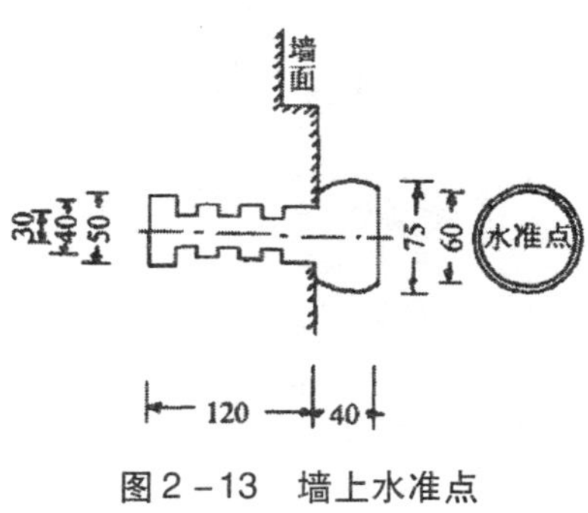

图 2－13　墙上水准点

各类建筑工程中常用的永久性水准点一般用混凝土或钢筋混凝土制成，如图 2－14(a)所示，顶部设置半球形金属标志。临时性水准点可用大木桩打入地下，如图 2－14(b)所示，桩顶面钉一个半圆球状铁钉，也可直接把大铁钉(钢筋头)打入沥清等路面或在桥台、房基石、坚硬岩石上刻上记号(用红油漆示明)。

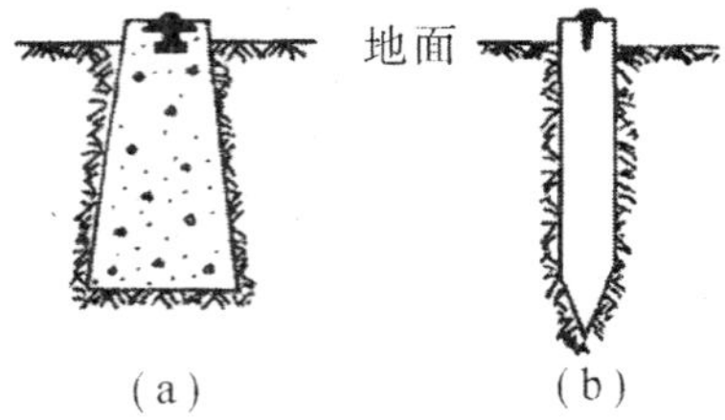

图 2－14　建筑工程水准点

埋设水准点后，为便于以后寻找，水准点应进行编号(编号前一般冠以“BM”字样，以表示水准点)，并绘出水准点与附近固定建筑物或其它明显地物关系的点位草图(在图上应写明水准点的编号和高程，称为点之记)，作为水准测量的成果一并保存。

2.3.2 水准路线

水准路线就是由已知水准点开始或在两已知水准点之间按一定形式进行水准测量的测量路线，根据测区已有水准点的实际情况和测量的需要以及测区条件，水准路线一般可布设如下几种形式。

1）支水准路线

从一个已知高程的水准点 BM. A 开始，沿待测的高程点 1、2 进行水准测量，称为支水准路线，如图 2－15(a)所示。为了检核支水准路线观测成果的正确性和提高观测精度，对于支水准路线应进行往返观测。

2）闭合水准路线

从一个已知高程的水准点 BM. A 开始，沿各待测高程点 1、2、3 进行水准测量，最后又回到原水准点 BM. A，称为闭合水准路线，如图 2－15(b)所示。

3）附合水准路线

从一个已知高程的水准点 BM. A 开始，沿各待测高程点 1、2、3 进行水准测量，最后附合至另一已知水准点 BM. B 上，称为附合水准路线，如图 2－15(c)所示。

(4) 水准网

若干条单一水准路线相互连接构成网形，称为水准网，如图 2－15(d)所示，单一水准路线相互连接的点称为结点，如图示的 E、F、G 点。

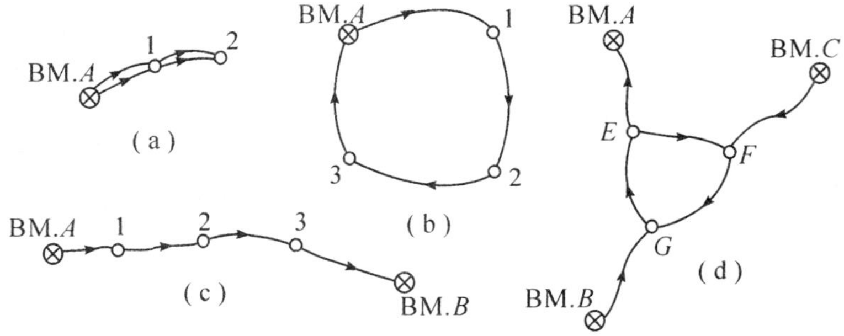

图 2－15　水准测量路线略图

2.3.3 普通水准测量方法

在实际水准测量中，A、B 两点间高差可能较大或相距较远，不可能安置一次（一测站）水准仪即能测定两点间的高差。此时可在沿 A 点至 B 点的水准路线上增设若干个作为传递高程的临时立尺点，称为转点，根据水准测量原理依次连续地在两个立尺点中间安置水准仪来测定相邻各点间高差，最后取各个测站高差的代数和，即求得两点间的高差值，这种方法称为连续水准测量。如图 2-16 所示，欲求 h_{AB}，在 A 点至 B 点水准路线上增设 $n-1$ 个临时立尺点（转点）$TP_1 \sim TP_{n-1}$，安置 n 次水准仪，依次连续地测定相邻两点间高差 $h_1 \sim h_n$，即

$$h_1 = a_1 - b_1$$
$$h_2 = a_2 - b_2$$
$$\cdots\cdots\cdots$$
$$h_n = a_n - b_n$$

则
$$h_{AB} = h_1 + h_2 + \cdots + h_n = \sum h = \sum a - \sum b \tag{2-7}$$

式中，$\sum a$ 为后视读数之和，$\sum b$ 为前视读数之和，则未知点 B 的高程为

$$H_B = H_A + h_{AB} = H_A + (\sum a - \sum b) \tag{2-8}$$

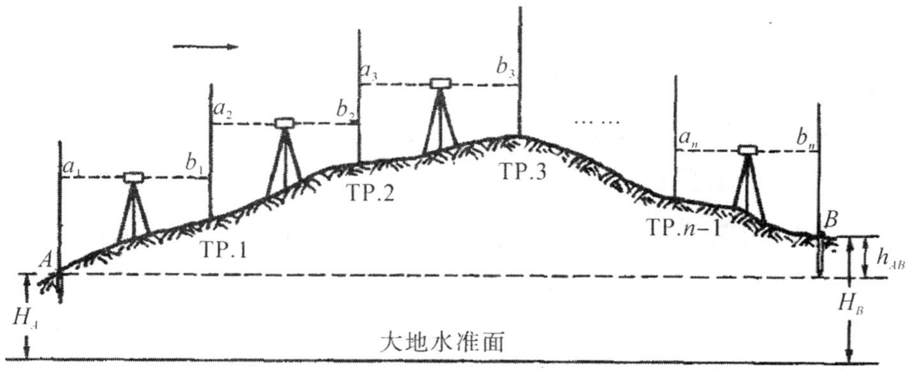

图 2-16　连续水准测量

A、B 两点间水准路线上增设的转点起着传递高程的作用。为了保证高程传递的正确性，在连续水准测量过程中，不仅要选择土质稳固的地方作为转点位置（宜安放尺垫），而且在相邻测站的观测过程中，要保持转点（尺垫）稳定不动；同时要尽可能保持各测站的前后视距大致相等；还要尽可能通过调节前、后视距离保持整条水准路线中的前视视距之和与后视视距之和相等，这样有利于消除（或减弱）地球曲率和仪器某些误差对高差的影响。

如图 2-17 所示，已知水准点 BM. A 高程 H_A = 18.166m，欲测定距水准点 BM. A 较远的 B 点高程，按普通水准测量的方法，由 BM. A 点出发共需设 5 个测站，连续安置水准仪测出各站两点之间的高差，观测步骤如下：

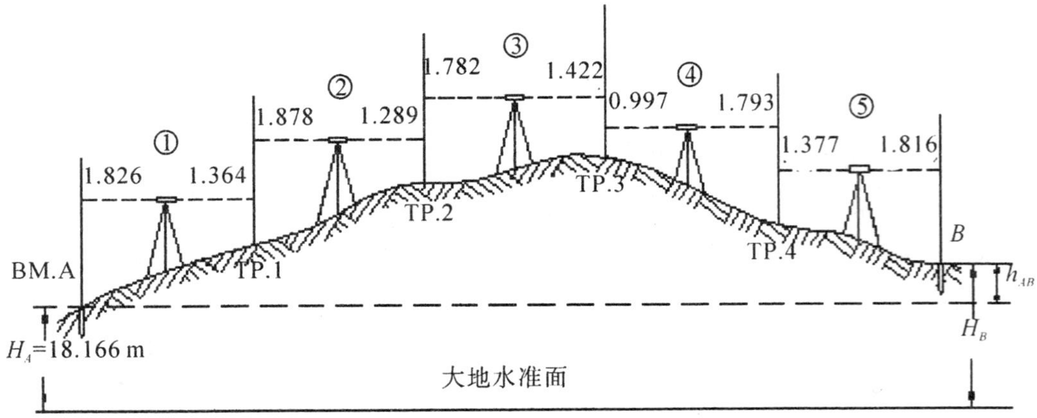

图2－17　普通水准测量略图

后司尺员在BM. A点立尺，观测者在测站①处安置水准仪，前司尺员在前进方向视地形情况，在距水准仪距离约等于水准仪距后视点BM. A距离处设转点TP. 1点安放尺垫并立尺。司尺员应将水准尺保持竖直且分划面（双面尺的黑面）朝向仪器；观测者经过粗平—瞄准—精平—读数的操作程序，后视已知水准点BM. A上的水准尺，读数为1826，前视TP. 1转点上水准尺，读数为1364；记录者将观测数据记录在表2－2相应水准尺读数的后视与前视栏内，并计算该站高差为+0.462m，记在表2－2高差栏中。至此，第①测站的工作结束。转点TP. 1上的尺垫保持不动，水准尺轻轻地转向下一站的仪器方向，水准仪搬迁至测站②，BM. A点司尺员持尺前进选择合适的转点TP. 2安放尺垫并立尺，观测者先后视转点TP. 1上水准尺，读数为1878，再前视转点TP. 2上水准尺，读数为1289，计算②站高差为+0.589m，读数与高差均记录在表2－2相应栏内。按上法依次连续进行水准测量，直至测到B点为止。

表2－2记录计算校核中，$\sum a - \sum b = \sum h$可作为计算中的校核，可以检查计算是否正确，但不能检核读数和记录是否有错误。读数和记录通常习惯以mm为单位，不足1m时前面要补0，如0997，高差和计算校核应以m为单位，计算时要注意小数点的位置。

在进行连续水准测量时，若其中任何一个后视或前视读数有错误，都将影响高差的正确性。对于每一测站而言，为了及时发现观测中的错误，可采用改变仪器高的方法或双面尺法进行检核。

1）两次仪器高法

在每一测站测得高差后，改变仪器高度（即重新安置与整平仪器）在10cm以上再测一次高差；或者用2台水准仪同时观测，当两次测得高差的差值在±5mm以内时，则取两次高差平均值作为该站测得的高差值。否则需要检查原因，重新观测。

2）双面尺法

仪器高度不变，读取每一根双面尺的黑面与红面的读数，分别计算双面尺的黑面与红面读数之差及黑面尺的高差$h_{黑}$与红面尺的高差$h_{红}$。若同一水准尺红面与黑面（加常数后）之差在±3mm以内，且黑面尺高差$h_{黑}$与红面尺高差$h_{红}$之差不超过±5mm，则取黑、红面高差平均值作为该站测得的高差值。当两根尺子的红黑面零点差相差100mm时，两个高差也应相差 100mm，此时应在红面高差中加或减 100mm 后再与黑面高差相比较。

表 2－2　普通水准测量记录手簿

测区＿＿＿＿＿＿　　仪器型号＿＿＿＿＿＿　　观测者＿＿＿＿＿＿

时间＿＿年＿月＿日　　天　气＿＿＿＿＿＿　　记录者＿＿＿＿＿＿

测站	点号	水准尺读数/mm		高差/m	高程/m	备注
		后视	前视			
Ⅰ	BM. *A*	1826		+0.462	18.166	已知点
	TP. 1		1364		18.628	转点高程可不计算
Ⅱ	TP. 1	1878		+0.589		
	TP. 2		1289		19.217	
Ⅲ	TP. 2	1782		+0.360		
	TP. 3		1422		19.577	
Ⅳ	TP. 3	0997		−0.796		
	TP. 4		1793		18.781	
Ⅴ	TP. 4	1377		−0.439		待定点
	B		1816		18.342	
计算检核	Σ	7.860	7.684	+0.176		
	$\Sigma a - \Sigma b = +0.176$					

注意在每站观测时，应尽力保持前后视距相等。视距可由上下丝读数之差乘以 100 求得。每次读数时均应使符合水准气泡严密吻合，每个转点均应安放尺垫，但已知或未知水准点上不能安置尺垫。

2.3.4 水准测量成果整理

测站校核只能检查每一个测站所测高差是否正确，而对于整条水准路线来说，还不能说明它的精度是否符合要求。例如在仪器搬站期间，转点的尺垫被碰动、下沉等引起的误差，在测站校核中无法发现，而水准路线的闭合差却能反映出来。因此，普通水准测量外业观测结束后，首先应复查与检核记录手簿，并按水准路线布设形式进行成果整理，其内容包括：水准路线高差闭合差计算与校核；高差闭合差的分配和计算改正后的高差；计算各点改正后的高程。

1）高差闭合差的计算与校核

（1）支水准路线。

如图 2－15(a)所示的支水准路线，沿同一路线进行了往返观测，由于往返观测的方向相反，因此往测和返测的高差绝对值相同而符号相反，即往测高差总和 $\sum h_{往}$ 与返测高差总和 $\sum h_{返}$ 的代数和在理论上应等于零；但由于测量中各种误差的影响，往测高差总和与返测高差总和的代数和不等于零，即为高差闭合差 f_h：

$$f_h = \Sigma h_{往} + \Sigma h_{返} \tag{2-9}$$

（2）闭合水准路线。

如图2－15（b）所示的闭合水准路线，因起点和终点均为同一点，构成一个闭合环，因此闭合水准路线所测得各测段高差的总和理论上应等于零，即 $\sum h_{理}$。设闭合水准路线实际所测得各测段高差的总和为 $\sum h_{测}$，其高差闭合差为

$$f_h = \Sigma h_{测} \tag{2-10}$$

（3）附合水准路线。

如图2－15（c）所示的附合水准路线，因起点BM. A 和终点BM. B 的高程 H_A、H_B 已知，两点之间的高差是固定值，因此附合水准路线所测得的各测段高差的总和理论上应等于起终点高程之差，即

$$\sum h_{理} = H_B - H_A \tag{2-11}$$

附合水准路线实测的各测段高差总和 $\Sigma h_{测}$ 与高差理论值之差即为附合水准路线的高差闭合差：

$$f_h = \sum h_{测} - \sum h_{理} \tag{2-12}$$

由于水准测量中仪器误差、观测误差以及外界的影响，使水准测量中不可避免地存在着误差，高差闭合差就是水准测量误差的综合反映。为了保证观测精度，对高差闭合差应作出一定的限制，即计算得高差闭合差 f_h 应在规定的容许范围内。当计算得高差闭合差 f_h 不超过容许值（即 $f_h \leqslant f_{h容}$）时，认为外业观测合格，否则应查明原因返工重测，直至符合要求为止。对于普通水准测量，规定容许高差闭合差 $f_{h容}$ 为

$$f_{h容} = \pm 40\sqrt{L} \quad (\text{mm}) \tag{2-13}$$

式中，L 为水准路线总长度，以km为单位。

在山丘地区，当每千米水准路线的测站数超过16站时，容许高差闭合差可用下式计算：

$$f_{h容} = \pm 12\sqrt{n} \quad (\text{mm}) \tag{2-14}$$

式中，n 为水准路线的测站总数。

2）高差闭合差的分配和计算改正后的高差

当计算出的高差闭合差在容许范围内时，可进行高差闭合差的分配，分配原则：对于闭合或附合水准路线，按与路线长度 L 或按路线测站数 n 成正比的原则，将高差闭合差反符号进行分配。用数学式子表示为

$$v_{h_i} = -\frac{f_h}{\sum L} \times L_i \tag{2-15}$$

或

$$v_{h_i} = -\frac{f_h}{\sum n} \times n_i \tag{2-16}$$

式中，$\sum L$ 为水准路线总长度，L_i 为第 i 测段的路线长；$\sum n$ 为水准路线总测站数，n_i 为第 i 测段路线站数；v_{h_i} 为分配给第 i 测段观测高差 h_i 上的改正数；f_h 为水准路线高差闭合差。

高差改正数计算校核式为 $\sum v_{h_i} = -f_h$，若满足则说明计算无误。

最后计算改正后的高差 $\hat{h}_i$，它等于第 i 测段观测高差 h_i 加上其相应的高差改正数 v_{h_i}，即

$$\hat{h}_i = h_i + v_{h_i} \tag{2-17}$$

对于支水准路线，采用往测高差减去返测高差后取平均值，作为改正后往测方向的高差，即

$$\hat{h}_i = \frac{h_{往} - h_{返}}{2} \tag{2-18}$$

3）计算各点改正后的高程

根据已知水准点高程和各测段改正后的高差 $\hat{h}_i$，依次逐点推求各点改正后的高程，作为普通水准测量高程的最后成果。推求到最后一点高程值应与闭合或附合水准路线的已知水准点高程值完全一致。

4）算例

如图2－18所示的附合水准路线，BM. A 和 BM. B 为已知水准点，1、2、3点为高程待定的水准点，按普通水准测量的方法测得各测段观测高差和测段路线长度分别标注在路线的上、下方。现将此算例高差闭合差的分配和改正后高差及高程计算成果列于表2－3中。

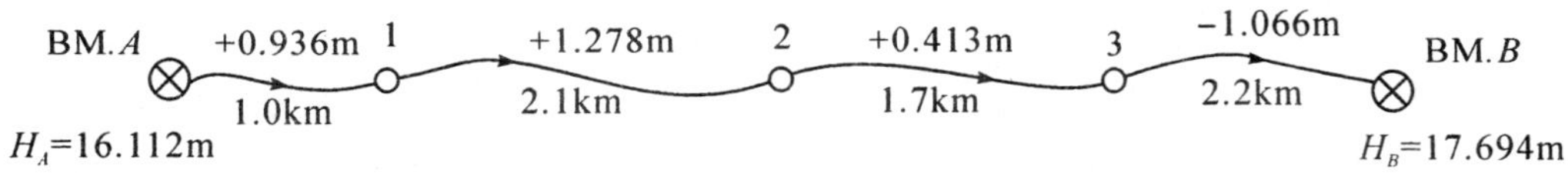

图2－18 附合水准路线略图

表2－3 附合水准路线测量成果计算表

点号	路线长度 L/km	观测高差 h_i/m	高差改正数 v_{h_i}/m	改正后高差 $\hat{h}_i$/m	高程 H/m	备注
BM. A					16.112	已知
	1.0	+0.936	+0.003	+0.939		
1					17.051	
	2.1	+1.278	+0.006	+1.284		
2					18.335	
	1.7	+0.413	+0.005	+0.418		
3					18.753	
	2.2	－1.066	+0.007	－1.059		
BM. B					17.694	已知
Σ	7.0	+1.561	+0.021	+1.582		
$f_h = \sum h_{测} - (H_B - H_A) = -21\text{mm}$			$f_{h容} = \pm 40\sqrt{L} = \pm 106\text{mm}$			
$v_{h_i} = -\dfrac{f_h}{\sum L} = -\dfrac{-21}{7.0} = +3\text{mm/km}$			$\sum v_{h_i} = +21\text{mm} = -f_h$			

表 2－3 中 $f_h \leqslant f_{h容}$，外业观测成果合格可用。

2.4 DS$_3$型水准仪的检验与校正

水准仪检验就是查明仪器各轴线是否满足应有的几何条件。只有这样水准仪才能真正提供一条水平视线，正确地测定两点间的高差。如果不满足几何条件，且超出规定的范围，则应进行仪器校正，所以校正的目的是使仪器各轴线满足应有的几何条件。

2.4.1 水准仪的轴线及其应满足的几何条件

如图 2－19 所示，水准仪的轴线主要有视准轴 CC，水准管轴 LL，圆水准轴 $L'L'$，仪器竖轴 VV。

根据水准测量原理，水准仪必须提供一条水平视线（即视准轴水平），而视线是否水平是根据水准管气泡是否居中来判断的，如果水准管气泡居中，而视线不水平，则不符合水准测量原理。因此水准仪在轴线构造上应满足水准管轴平行于视准轴这个主要的几何条件。

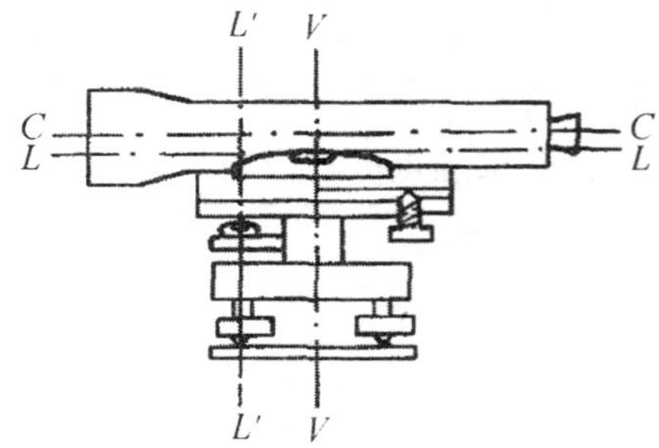

图 2－19　水准仪的轴线

此外，为了便于迅速有效地用微倾螺旋使符合气泡精确置平，应先用脚螺旋使圆水准器气泡居中，使仪器粗略整平，仪器竖轴基本处于铅垂位置，故水准仪还应满足圆水准轴平行于仪器竖轴的几何条件；为了准确地用中丝（横丝）进行读数，当水准仪的竖轴铅垂时，中丝应当水平。

综上所述，水准仪轴线应满足的几何条件：

（1）圆水准轴应平行于仪器竖轴（$L'L' /\!/ VV$）；

（2）十字丝中丝应垂直于仪器竖轴（即中丝应水平）；

（3）水准管轴应平行于视准轴（$LL /\!/ CC$）。

2.4.2 水准仪的检验与校正

1）圆水准轴平行于仪器竖轴的检验与校正

（1）检验方法。

安置水准仪后，转动脚螺旋使圆水准气泡居中，如图 2－20(a)所示，然后将仪器绕竖轴旋转 180°。如果圆气泡仍居中，则表示该几何条件满足，不必校正。如果圆气泡偏离中心，如图 2－20(b)所示，则表示该几何条件不满足，需要进行校正。

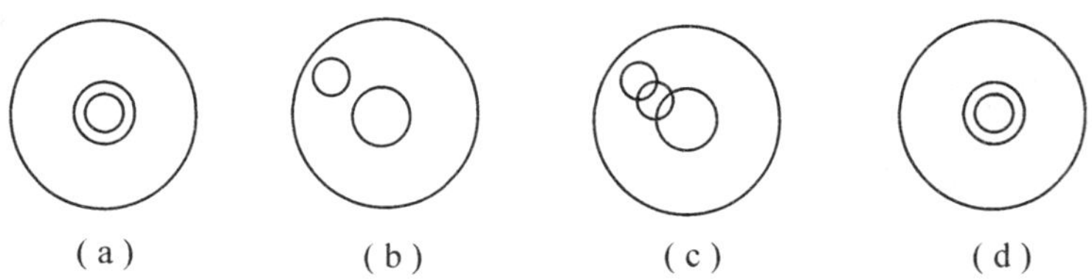

图 2－20　圆水准器的检校

(2) 校正方法。

水准仪不动,旋转脚螺旋,使气泡向圆水准器中心方向移动偏离值的一半,如图 2－20(c)粗线圆圈处;然后用校正针先稍松动一下圆水准器底下中间一个大一点的连接螺丝,如图 2－21 所示,再分别拨动圆水准器底下的三个校正螺丝,使圆气泡居中,如图 2－20(d)所示。校正完毕后,应记得把中间一个连接螺丝再旋紧。

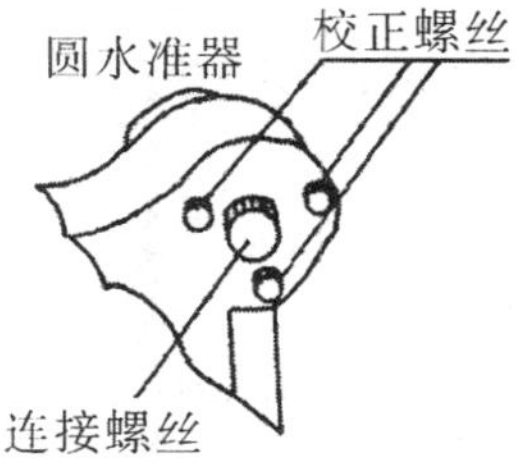

图 2－21　圆水准器校正螺丝

2) 十字丝中丝垂直于仪器竖轴的检验与校正

(1)检验方法。

若十字丝中丝已垂直于仪器竖轴,当竖轴铅垂时,中丝应水平,则用中丝的不同部位在水准尺上读数应该是相同的。安置水准仪整平后,用十字丝交点瞄准某一明显的点状目标 A ,固定制动螺旋,缓慢地转动微动螺旋,从望远镜中观测 A 点在左右移动时是否始终沿着中丝移动,如果始终沿着中丝移动,则表示中丝是水平的,否则需要校正。

(2)校正方法。

校正方法因十字丝装置的形式不同而异。如图 2－22 所示的形式,需旋下目镜端的十字丝环外罩,用螺丝刀松开十字丝环的四个固定螺丝,按中丝倾斜的反方向小心地转动十字丝环,直至中丝水平,再重复检验,最后固紧十字丝环的固定螺丝,旋上十字丝外罩。

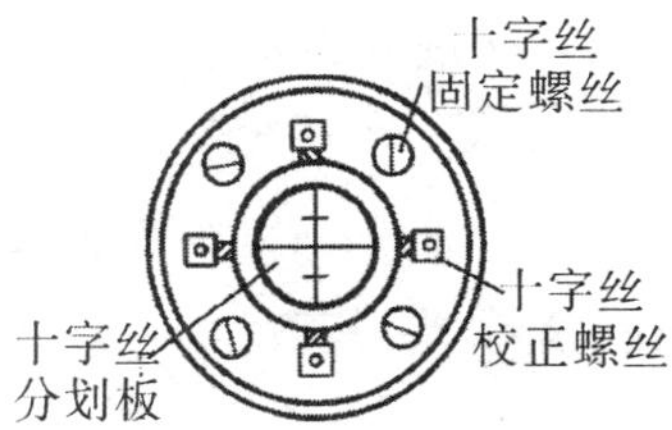

图 2－22　十字丝的检校

3) 水准管轴平行于视准轴的检验与校正

(1)检验原理。

设水准管轴不平行于视准轴,它们在竖直面内投影的夹角为 i ,称为 i 角误差,如图 2－23所示。当水准管气泡居中时,视准轴相对于水平线方向向上或向下倾斜了 i 角,则视线(视准轴)在尺上读数偏差为 x ,随着水准尺离开水准仪愈远,由此引起的读数误差也愈大。当水准仪至水准尺的前后视距相等时,即使存在 i 角误差,因在两根水准尺上读数的偏差 x_1 和 x_2 相等,则后前视读数相减所求高差不受 i 角影响,得到相当水平视线时的高差值。而前后视距不等时,所求高差必受 i 角影响,随着前后视距差距的增大,则 i 角误差对高差的影响也会随之增大。

(2)检验方法。

① 在平坦地区选择相距约 80m 的 A 、B 两点(可打下木桩或安放尺垫),并在 A 、B 两点中间选择一点 O ,且使 $D_A = D_B$,如图 2－23 所示。

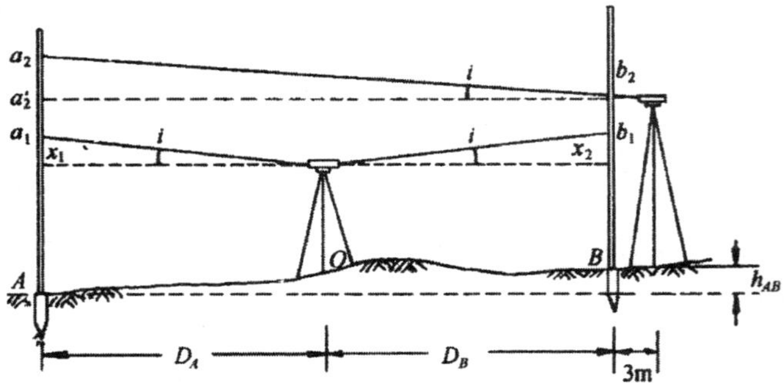

图2－23　水准管轴平行于视准轴的检验

② 将水准仪安置于 O 点处，分别在 A 、B 两点上竖立水准尺，读数为 a_1 和 b_1 ，则 A 、B 两点间高差 h_{AB} 为正确高差值。

$$h_{AB} = (a_1 - x) - (b_1 - x) = a_1 - b_1 \tag{2-19}$$

为了确保观测的正确性，也可用两次仪器高法测定高差 h_{AB} ，若两次测得高差之差不超过 3mm，则取平均作为最后结果。

③ 将水准仪搬到靠近 B 点处（约距 B 点 3m），整平仪器后，瞄准 B 点水准尺，读数为 b_2 ，再瞄准 A 点水准尺，读数为 a_2 ，则 A 、B 间高差 h_{AB}' 为

$$h_{AB}' = a_2 - b_2 \tag{2-20}$$

若 $h_{AB}' = h_{AB}$ 则表明水准管轴平行于视准轴，几何条件满足，若 $h_{AB}' \neq h_{AB}$ 则说明存在 i 角误差，其值为

$$i = \frac{h'_{AB} - h_{AB}}{D_{AB}} \rho'' \tag{2-21}$$

对于 S_3 水准仪，i 角绝对值不大于 20″，对于 i 角大于 20″ 的水准仪需要进行校正。

（3）校正方法。

水准仪在 B 点附近处不动，先计算视线水平时 A 尺（远尺）上应有的正确读数 a'_2 ：

$$a'_2 = b_2 + h_{AB} = b_2 + (a_1 - b_1) \tag{2-22}$$

当 $a_2 > a'_2$ ，说明视线向上倾斜；反之向下倾斜。瞄准 A 尺，旋转微倾螺旋，使十字丝中丝对准 A 尺上的正确读数 a'_2 ，此时符合水准气泡就不再居中了，但视线已处于水平位置。用校正针拨动位于目镜端的水准管上、下两个校正螺丝，如图 2－24 所示，使符合水准气泡严密居中。此时，水准管轴也处于水平位置，达到了水准管轴平行于视准轴的要求。

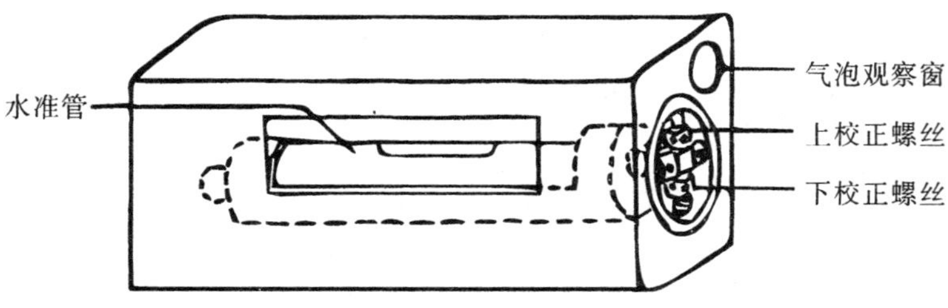

图2－24　水准管轴的校正

校正时，应先稍松动左右两个校正螺丝，再根据气泡偏离情况，遵循“先松后紧”规则，拨动上、下两个校正螺丝，使符合气泡居中，校正完毕后，再重新固紧左右两个校正螺丝，校正需反复进行，使 i 角合乎要求为止。

2.5 水准测量的误差及注意事项

由于水准测量中不可避免地存在误差。为了保证观测精度，测量人员要对水准测量误差产生的原因及控制误差在最小程度的方法有所了解。尤其是要避免误读尺上读数、错记读数、碰动脚架或尺垫等失误。

2.5.1 仪器误差

水准仪使用前，应按规定进行水准仪的检验与校正，以保证各轴线满足条件。但由于仪器检验与校正不甚完善以及其它方面的影响，使仪器尚存在一些残余误差，其中最主要的是水准管轴不完全平行于视准轴的误差（又称为 i 角残余误差）。

若保持一测站上前后视距相等，可消除 i 角残余误差对高差的影响。对于一条水准路线而言，也应保持前视视距总和与后视视距总和相等，同样可消除 i 角误差对路线高差总和的影响。

水准尺是水准测量重要工具，它的误差（刻划误差、尺长误差及尺弯曲等）也影响着水准尺的读数及高差的精度。因此，水准尺尺面应刻划准确、清晰与平直，有的水准尺上安装有圆水准器，便于尺子竖直，还应注意水准尺零点差。所以对于精度要求较高的水准测量，水准尺也应进行检定。

2.5.2 观测与操作者的误差

1）水准尺读数误差

此项误差主要由观测者瞄准误差、符合水准气泡居中误差以及估读误差等综合影响所致，这是一项不可避免的偶然误差。因此，观测者应认真读数与操作，以尽力能减少此项误差的影响。

2）水准尺竖立不直（倾斜）的误差

根据水准测量的原理，水准尺必须竖直立在点上，否则总会使水准尺上读数增大。这种影响随着读数增大，其影响也随之增大。例如，当水准尺竖立不直，倾斜了 $\alpha = 3°$，视线离开尺底（即尺上读数）为 2m，则对读数影响

$$\delta = 2^m \times (1 - \cos\alpha) \approx 2.7\text{mm}$$

因此，一般在水准尺上安装有圆水准器，扶尺者操作时应注意使尺上圆气泡居中，表明尺子竖直。如果水准尺上没有安装圆水准器，可采用摇尺法，使水准尺缓缓地向前、后倾斜，当观测者读取到最小读数时，即为尺子竖直时的读数。尺子左右倾斜可由仪器观

测者指挥司尺员纠正。

3）水准仪与尺垫下沉误差

有时,水准仪或尺垫处地面土质松软,以致水准仪或尺垫由于自重随安置时间而下沉(也可能回弹上升)。为了减少此类误差影响,观测与操作者应选择坚实地面安置水准仪和尺垫,并踩实三脚架和尺垫,观测时力求迅速,以减少安置时间。对于精度要求较高的水准测量,可采取一定的观测程序(后—前—前—后),可以减弱水准仪下沉误差对高差的影响,采取往测与返测观测并取其高差平均值,可以减弱尺垫下沉误差对高差的影响。

2.5.3 外界环境的影响

1）地球曲率和大气折光的影响

根据分析与研究,地球曲率和大气折光对水准尺读数的影响f,可用下式表示:

$$f \approx 0.43\frac{D^2}{R} \tag{2-23}$$

式中,D为水准仪至水准尺的距离;R为地球的半径。

若$D = 100m$,$R = 6371km$,则$f = 0.7$mm。这说明在水准测量中,即使视距很短,都应当考虑地球曲率和大气折光对读数的影响。

由式(2－23)推得,地球曲率和大气折光对两点间高差的影响δ_f为

$$\delta_f = f_A - f_B = 0.43\frac{(D_A - D_B)}{R} \tag{2-24}$$

式中,$D_A - D_B$为水准仪至A、B两点前后视距之差,显然当$D_A = D_B$时,则$\delta_f = 0$。表明保持前后视距相等,可以消除地球曲率和大气折光对水准测量高差的影响。

2）大气温度(日光)和风力的影响

当大气温度变化或日光直射水准仪时,由于仪器受热不均匀,会影响仪器轴线间的正常几何关系,如水准仪气泡偏离中心或三脚架扭转等现象。所以在水准测量时水准仪在阳光下应打伞防晒,风力较大时应暂停水准测量。

2.5.4 水准测量注意事项

水准测量是一项集观测、记录及扶尺为一体的测量工作,只有全体参加人员认真负责,按规定要求仔细观测与操作,才能取得良好的成果。归纳起来应注意如下几点:

1）观测

(1)观测前应认真按要求检校水准仪,检视水准尺;

(2)仪器应安置在土质坚实处,并踩实三脚架;

(3)水准仪至前、后视水准尺的视距应尽可能相等;

(4)每次读数前,注意消除视差,只有当符合水准气泡居中后才能读数,读数应迅

速、果断、准确，特别应认真估读毫米数；

（5）晴好天气仪器应打伞防晒，操作时应细心认真，做到“人不离仪器”，使之安全；

（6）只有当一测站记录计算合格后方能搬站，搬站时先检查仪器连接螺旋是否固紧，一手扶托仪器，一手握住脚架稳步前进。

2）记录

（1）认真记录，边记边回报数字，准确无误地记入记录手簿，严禁伪造和转抄；

（2）字体要端正、清楚，米位、分米位不准连环涂改，不准用橡皮擦改，如按规定可以改正时，应在原数字上划线后再在上方重写，厘米位、毫米位不能改正；

（3）每站应当场计算，检查符合要求后，才能通知观测者搬站。

3）扶尺

（1）扶尺员应认真竖立尺子，注意保持尺上圆气泡居中；

（2）转点应选择土质坚实处，并将尺垫踩实；

（3）水准仪搬站时，应注意保护好原前视点尺垫位置不受碰动。

2.6 自动安平水准仪

自动安平水准仪的构造特点是没有水准管和微倾螺旋，而只有一个圆水准器进行粗略整平。当圆水准气泡居中后，尽管仪器视线仍有微小的倾斜，但借助仪器内补偿器的作用，视准轴在数秒钟内自动成水平状态，从而读出视线水平时的水准尺读数值。不仅在某个方向上，而且在任何方向上均可读出视线水平时的读数。因此自动安平水准仪不仅能缩短观测时间，简化操作，而且对于施工场地地面的微小震动、松软土地的仪器下沉以及大风吹刮时的视线微小倾斜等不利状况，能迅速自动地安平，有效地减弱外界的影响，有利于提高观测精度。图 2－25 为国产 DSZ2 型自动安平水准仪外貌。

图 2－25　自动安平水准仪

使用自动安平水准仪时只要将仪器圆水准气泡居中（粗略整平），即可瞄准水准尺进行读数。一般圆水准器的分划值为 5′/2mm，补偿器作用范围约为 ±5′，所以只要使圆水准气泡居中并不越出圆水准器中央小黑圆圈范围，补偿器就会产生自动安平的作用。但使用自动安平水准仪仍应认真进行粗略整平。另外，由于补偿器相当于一个重力摆，不管是空气阻尼或者磁性阻尼，其重力摆静止稳定约需 2 ~ 4s，故瞄准水准尺约过几秒钟后再读数为好。目前，自动安平水准仪已广泛应用于测绘和工程建设中。

有的自平安平水准仪配有一个键或自动安平钮，每次读数前应按一下键或按一下钮才能读数，否则补偿器不会起作用。使用时应仔细阅读仪器说明书。

2.7 电子数字水准仪

电子数字水准仪是集电子光学、图像处理、计算机技术于一体的当代最先进的水准测量仪器。它具有速度快、精度高、使用方便、作业员劳动强度轻、便于用电子手簿记录、实现内外业一体化等优点，代表了当代水准仪的发展方向，具有光学水准仪无可比拟的优越性。

如图 2 - 26 为电子水准仪的基本构造，仪器大致分为自动水准和编码处理两个部分。

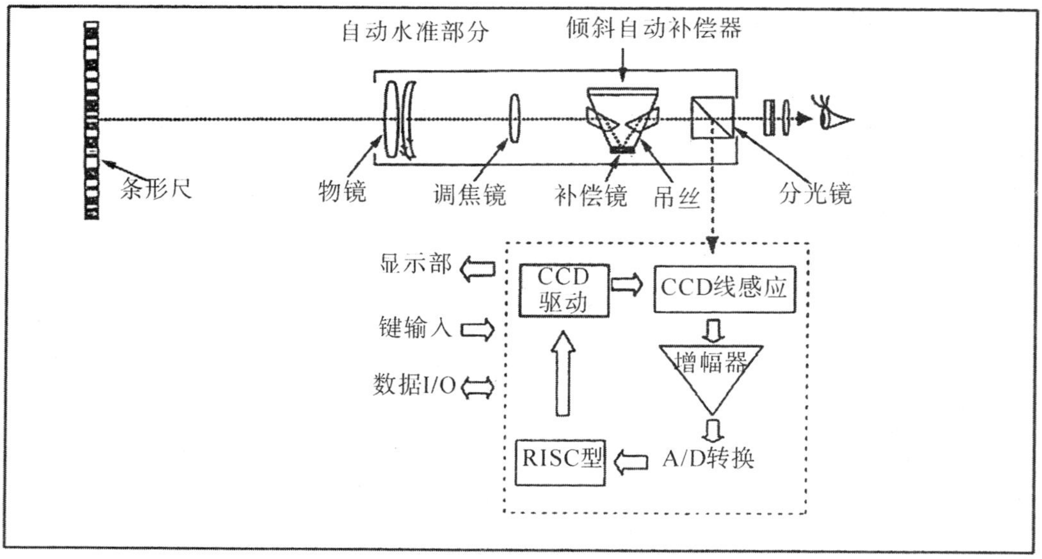

图 2 - 26　电子水准仪的基本构造

(1)自动水准部分中的自动倾斜补偿。如图 2 - 26 所示，仪器内置吊丝式自动倾斜补偿构造。

(2)分光。将所得图像通过分光构造分别给人眼和 CCD 信号处理。

(3)CCD 摄像感应。电子水准仪的应用往往会到达 100m 以上的距离。水准仪本身并不发射光信号，所以标尺一测的数据主要依靠外部光的照明和反射，这就需要 CCD 摄像系统有较强的反射光光亮适应能力。

(4)CPU。CPU 处理标尺反射数据。能有效降低信号因震动、光量带来的干扰。处理信号和对测量值的精密演算都在这个 CPU 上处理。

(5)标尺。一般标尺采用玻璃钢为材料,运用高精度(0.5mm/1m)印刷技术制作。油墨的采用也充分考虑了耐久性、光泽和非导电性的因素。

电子数字水准仪的操作方法十分简便。只要将望远镜瞄准标尺并调焦后,按测量键,数秒钟后即显示中丝读数;再按测距键,即可显示视距;按存储键可把数据存入内存存储器,仪器自动进行检核和高差计算。观测时,不需要精确夹准标尺分划,也不用在测微器上读数,可直接由电子手簿记录。

习题 2

1. 用水准仪测定 A 、B 两点间高差,已知 A 点高程为 $H_A=12.658\text{m}$,A 尺上读数为 1526mm,B 尺上读数为 1182mm,求 A 、B 两点间高差 h_{AB} 为多少? B 点高程 H_B 为多少?绘图说明。

2. 何谓水准管轴? 何谓圆水准轴? 何谓水准管分划值?

3. 何谓视准轴? 视准轴与视线有何关系?

4. 何谓视差? 产生视差的原因是什么? 视差应如何消除?

5. 水准测量中为什么要求前后视距相等?

6. 水准测量中设置转点有何作用? 在转点立尺时为什么要放置尺垫? 什么样的点不能放置尺垫?

7. S_3型水准仪有哪几条主要轴线? 它们之间应满足哪些几何条件? 为什么? 哪个是主要条件?

8. 水准测量中,怎样进行记录计算校核和外业成果校核?

9. 试计算表 2-4 中水准测量观测高差及 B 点高程。

表 2-4　水准测量观测记录手薄

测站	点号	水准尺读数		高差 /m	高程 /m	备注
		后视	前视			
I	BM. A	1874			22.718	已知
	TP. 1		0919			
Ⅱ	TP. 1	1727				
	TP. 2		1095			
Ⅲ	TP. 2	1186				
	TP. 3		1823			
Ⅳ	TP. 3	1712				
	B		1616			
计算检核	$\sum$					
	$\sum a-\sum b=$			$\sum h=$		

10. 在表 2-5 中进行附合水准测量成果整理,计算高差改正数、改正后高差和高程。

表 2－5　附合水准路线测量成果计算表

点号	路线长度 L/km	观测高差 h_i/m	高差改正数 v_{h_i}/m	改正后高差 $\hat{h}_i/m$	高程 $H(m)$	备注
BM. A					7.967	已知
	1.5	+4.362				
1						
	0.6	+2.413				
2						
	0.8	-3.121				
3						
	1.0	+1.263				
4						
	1.2	+2.716				
5						
	1.6	-3.715				
BM. B					11.819	已知
Σ						

$f_h=\sum h_{测}-(H_B-H_A)=$　　　　$f_{h容}=\pm 40\sqrt{L}=$

$v_{1km}=-\dfrac{f_h}{\sum L}=$　　　　$\sum v_{h_i}=$

11. 设进行水准仪的水准管轴平行于视准轴的检验与校正，仪器先放置在相距 80m 的 A、B 两固定点中间，精确测得 A、B 两点的高差 $h_1=-0.215$m；然后搬水准仪至 B 点附近，又测得 A 尺上读数 $a_2=1369$mm，B 尺上读数 $b_2=1606$mm。问：该水准管轴是否平行于视准轴？如果不平行，当水准管气泡居中时，视准轴是向上倾斜还是向下倾斜？i 角值是多少？如何进行校正？

第3章 角度测量

3.1 水平角和垂直角观测原理

3.1.1 水平角测量原理

水平角是指地面一点到两个目标点连线在水平面上投影的夹角，它也是过两条方向线的铅垂面所夹的两面角，其取值为 0°～360°。如图 3－1 所示，设 A、B、C 为地面上任意三点，将三点沿铅垂线方向投影到水平面上得到 A_1、B_1、C_1 三点，则直线 B_1A_1 与直线 B_1C_1 的夹角 β 即为地面上 BA 与 BC 两方向线间的水平角。为了测量水平角，应在过 B 点的上方水平地安置一个有刻度的圆盘，称为水平度盘，水平度盘的中心应位于过 B 点的铅垂线上；另外，经纬仪还应有一个能瞄准远方目标的望远镜，望远镜应可以在水平面和铅垂面内旋转，通过望远镜分别瞄准高低不同的目标 A 和 C，如其在水平度盘上的相应读数为 a 和 c，则水平角为

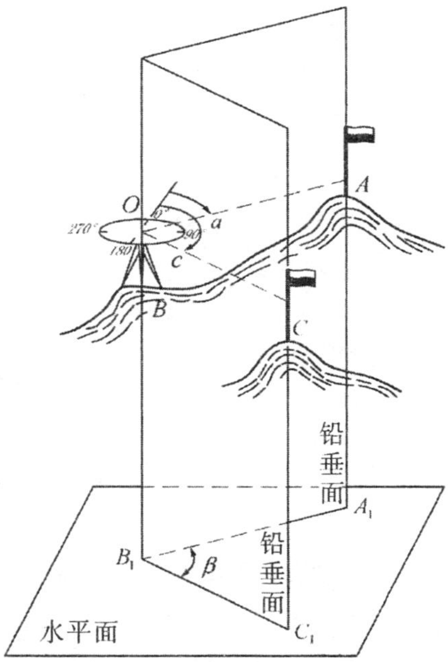

图 3－1 水平角测量原理

$$\beta = c - a \tag{3-1}$$

3.1.2 垂直角测量原理

垂直角是指在同一竖直面内，视线与水平线的夹角。视线在水平线上方的称为仰角，定义角值为正；视线在水平线下方的称为俯角，角值为负。垂直角也称为竖直角。垂直角的取值是 0°～±90°。

为了测量垂直角，经纬仪应在铅垂面内安置一个圆盘，称为竖直度盘或竖盘。垂直角也是两个方向在竖盘上的读数之差，与水平角不同的是，其中有一个是水平方向。水平方向的读数可以通过竖盘指标管水准器或竖盘指标自动补偿装置来确定。经纬仪设计时，一般使视线水平时的竖盘读数为 0° 或 90° 的倍数，这样，测量垂直角时，只要瞄准

目标，读出竖盘读数并减去仪器视线水平时的竖盘读数就可以计算出视线方向的垂直角。

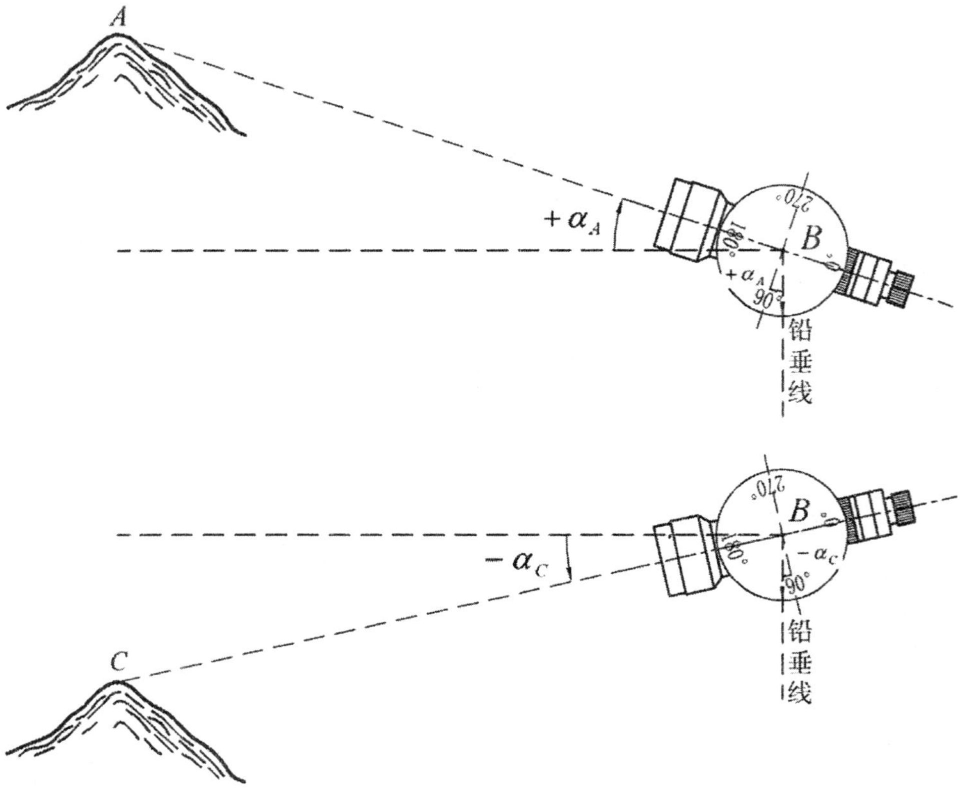

图 3-2　垂直角测量原理

3.2 经纬仪构造及使用

规范给出的国产光学经纬仪按其精度划分的型号有 DJ_{07}、DJ_1、DJ_2、DJ_6 等，其中字母 D、J 分别为“大地测量”和“经纬仪”汉语拼音的第一个字母，07、1、2、6 分别为该仪器一测回方向观测中误差的秒数。在城市和工程测量中，一般多使用 DJ_6 和 DJ_2 级经纬仪或全站仪。

3.2.1 DJ_6 型光学经纬仪

各种型号的 DJ_6 级光学经纬仪的基本构造是大致相同的，它主要由照准部、水平度盘和基座三部分组成。如图 3-3 所示为国产 DJ_6 型光学经纬仪的外貌，其外部结构及各部件名称如图下注。

1）基座

基座上有三个脚螺旋，一个圆水准气泡，用来粗平仪器。水平度盘旋转轴套套在竖轴套外围，拧紧轴套固定螺旋，可将仪器固定在基座上；旋松该螺旋，可将经纬仪水平度盘连同照准部从基座中拔出。

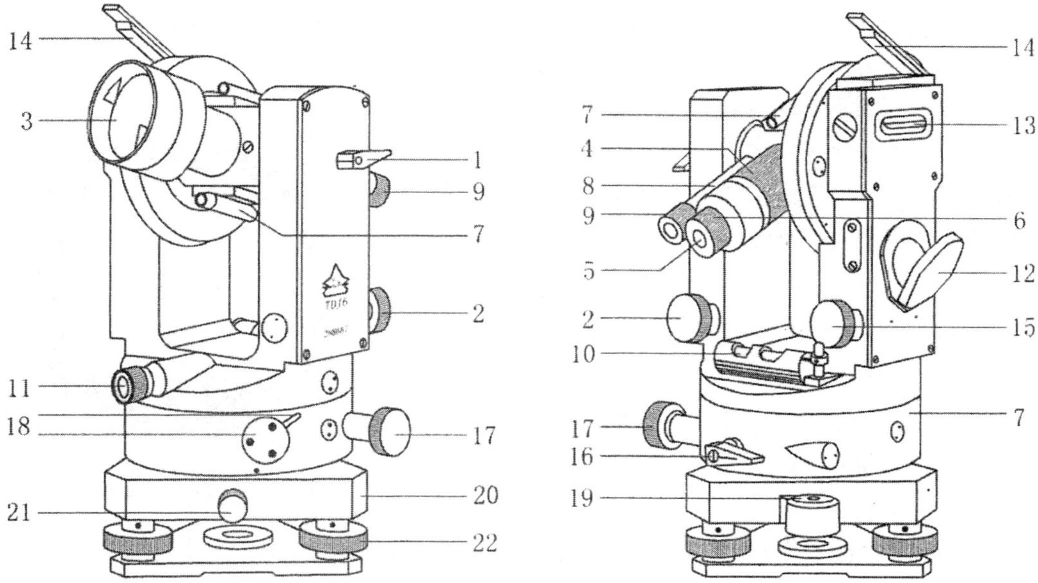

图 3 – 3　DJ_6 型光学经纬仪构造

1 – 望远镜制动螺旋；2 – 望远镜微动螺旋；3 – 物镜；4 – 物镜调焦螺旋；5 – 目镜；6 – 目镜调焦螺旋；
7 – 光学瞄准器；8 – 度盘读数显微镜；9 – 度盘读数显微镜调焦螺旋；10 – 照准部管水准器；
1 – 光学对中器；12 – 度盘照明反光镜；13 – 竖盘指标管水准器；14 – 竖盘指标管水准器观察反射镜；
15 – 竖盘指标管水准器微动螺旋；16 – 水平方向制动螺旋；17 – 水平方向微动螺旋；
18 – 水平度盘变换螺旋与保护卡；19 – 基座圆水准器；20 – 基座；21 – 轴套固定螺旋；22 – 脚螺旋。

2）水平度盘

水平度盘是一个圆环形的光学玻璃盘片，盘片边缘刻划并按顺时针注记有 0° ~ 360° 的角度数值。

3）照准部

照准部是指水平度盘之上，能绕其旋转轴旋转的全部部件的总称，它包括竖轴、U 形支架、望远镜、横轴、竖直度盘、管水准器、竖盘指标管水准器和读数装置等。

照准部的旋转轴称为仪器竖轴，竖轴插入基座内的竖轴轴套中旋转；照准部在水平方向的转动，由水平制动、水平微动螺旋控制；望远镜在纵向的转动，由望远镜制动、望远镜微动螺旋控制；竖盘指标管水准器的微倾运动由竖盘指标管水准器微动螺旋控制；照准部上的管水准器，用于精平仪器。

水平角测量需要旋转照准部和望远镜依次瞄准不同方向的目标并读取水平度盘的读数，在一测回观测过程中，水平度盘是固定不动的。但为了角度计算的方便，在观测开始之前，通常将起始方向（称为零方向）的水平度盘读数配置为 0° 左右，这就需要有控制水平度盘转动的部件。有以下两种控制水平度盘转动的结构，一是水平度盘变换螺旋，打开度盘变换器盖（或按下保护卡），旋转水平度盘变换螺旋即可以带动水平度盘旋转，完成水平度盘配置后，关闭度盘变换器盖（或自动弹出保护卡）；二是复测装置，即用复测扳手代替水平度盘位置变换螺旋来控制水平度盘的转动。

光学经纬仪的读数设备包括度盘、光路系统和测微器。水平度盘和竖盘上的分划线，通过一系列棱镜和透镜成像显示在望远镜旁的读数显微镜内。DJ_6级光学经纬仪的读数装置可以分为测微尺读数和单平板玻璃读数两种。

1）测微尺读数

测微尺读数装置是在显微镜读数窗与场镜上设置一个带有测微尺的分划板，度盘上的分划线经显微镜放大后成像于测微尺上。测微尺1°分划间的长度等于度盘的一格，即1°的宽度。图3－4为读数显微镜视场，注记有"水平"（或"H"）字样窗口的像是水平度盘分划线及其测微尺的像，注记有"竖直"（或"V"）字样窗口的像是竖直度盘分划线及其测微尺的像。读数方法：以测微尺上的"0"分划线为读数指标，"度"数由落在测微器上的度盘分划线的注记读出，测微尺的"0"分划线与度盘上的"度"分划线之间的、小于1°的角度在测微尺上读出；最小读数可以估读到测微尺上1格的十分之一，即为0.1′或6″。图3－4的水平度盘读数为214°54.7′，竖直度盘读数为79°05.5′。测微尺读数装置的读数误差为测微尺上一格的十分之一，即0.1′或6″。

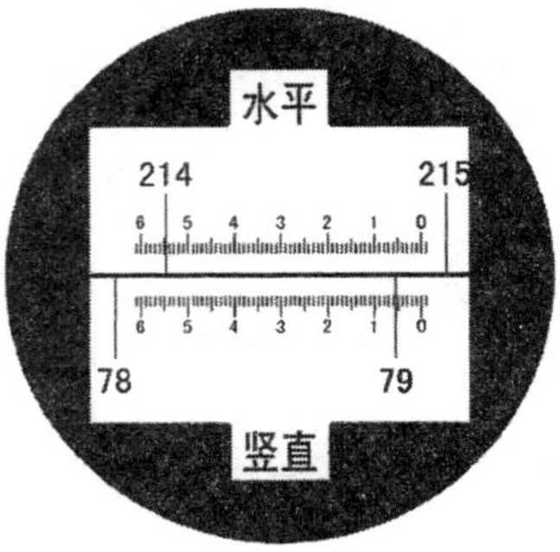

图3－4　测微尺的读数窗视场

2）单平板玻璃读数

单平板玻璃测微器装置主要由平板玻璃、测微分划尺、测微手轮及传动装置组成。单平板玻璃和测微分划尺用金属结构连接在一起，当转动测微手轮时，平板玻璃和测微分划尺一起绕同一轴转动。如图3－5所示为读数显微镜中的度盘和测微分划的影像，下面为水平度盘读数窗，中间为竖盘读数窗，上面为两个度盘合用的测微分划尺的读数窗。读数窗中单指标线为测微器指标线，双指标线为度盘指标线。度盘最小分划值为30′，测微分划尺上共90小格，当度盘分划线影象移动30′间隔时，测微分划尺移动90小格，故测微分划尺上每小格为20″。如图3－5，水平度盘的读数为5°30′＋（11′＋2.5格×20″）＝5°41′50″，括号内的表达式为测微尺读数的计算方法，竖直度盘读数为92°＋（17′＋1.7格×20″）＝92°17′34″。

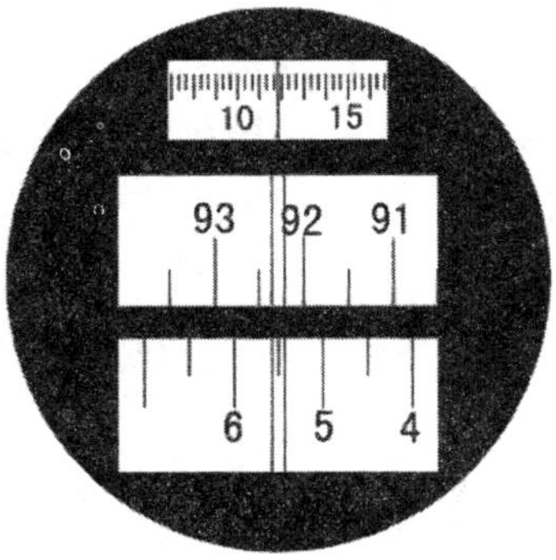

水平度盘读数5° 41′ 50″

（a）

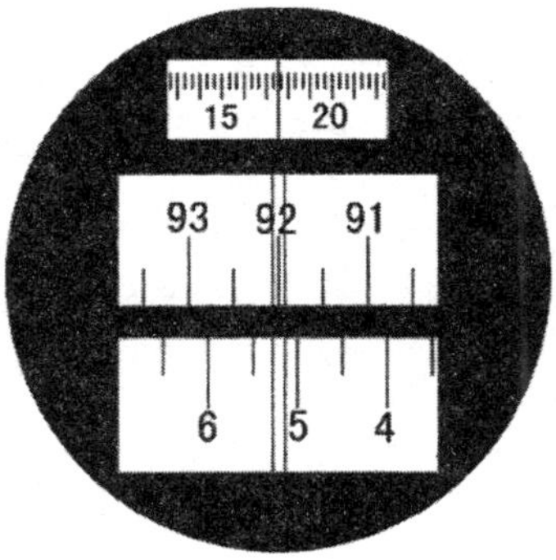

竖直度盘读数92° 17′ 34″

（b）

图3－5　平板玻璃测微尺的读数窗视场

3.2.2 DJ_2型光学经纬仪

DJ_2级光学经纬仪的构造与DJ_6级基本相同，只在度盘读数方面存在下面的差异：

（1）DJ_2 级光学经纬仪采用重合读数法，相当于取度盘对径（直径两端）相差 180°处的两个读数的平均值，由此可以消除度盘偏心误差的影响，以提高读数精度。

（2）在度盘读数显微镜中，只能选择观察水平度盘或垂直度盘中的一种影像，通过旋转“水平度盘与竖直度盘换像手轮”来实现。

（3）设置双光楔测微器，分为固定光楔与活动光楔两组楔形玻璃，活动光楔与测微分划板相连。

入射光线经过一系列棱镜和透镜后，将度盘某一直径两端的分划同时成像到读数显微镜内，并被横线分隔为正像和倒像。图 3 –6 为德国蔡司公司（Zeiss）生产的蔡司 010 型经纬仪（属于 2″级）读数镜中的度盘对径分划像（右边）和测微器分划像（左边），度盘的数字注记为“度”数，测微分划尺左边注记为“分”数，右边注记为“十秒”数。

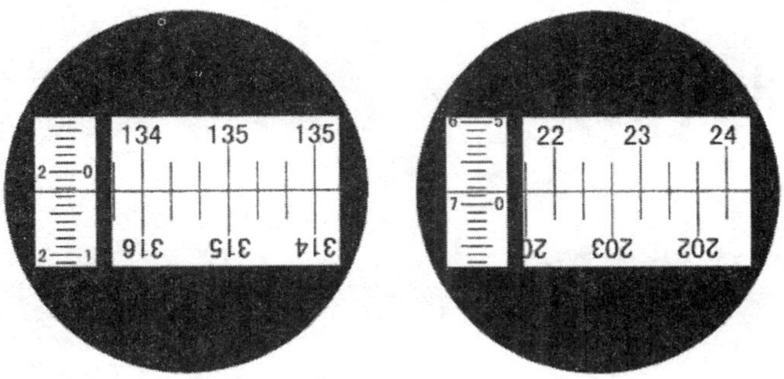

水平度盘读数135°　02′02.3″　　竖直度盘读数22°　56′58.6″

（a）　　（b）

图 3 –6　蔡司 010 经纬仪读数窗

为使读数方便和不易出错，现在生产的 DJ_2级光学经纬仪，一般采用图 3 –7 所示的读数窗。度盘对径分划像及度数和 10′的影像分别出现于两个窗口，另一窗口为测微器读数。当转动测微轮使对径上、下分划对齐以后，从度盘读数窗读取度数和 10′数，从测微器窗口读取分数和秒数。

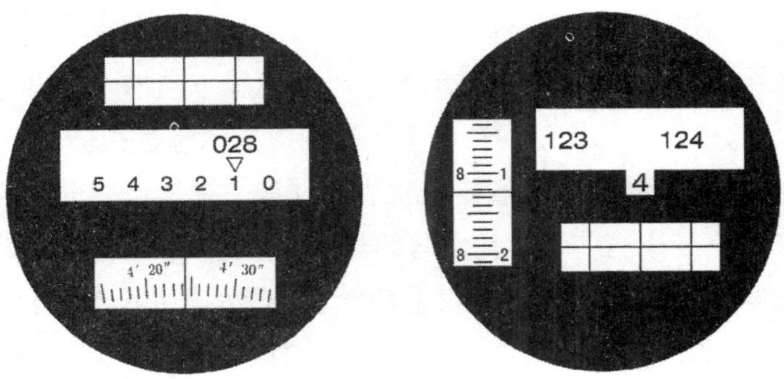

水平度盘读数28°　14′24.3″　　竖直度盘读数123°　48′12.4″

（a）　　（b）

图 3 –7　DJ_2级经纬仪的改进读数窗

3.2.3 电子经纬仪

1. 电子经纬仪基本结构

电子经纬仪也是一种精密的测角仪器，它的总体结构与光学经纬仪相似。电子经纬仪采用光电扫描度盘自动归零液晶显示系统，接上记录器能自动记录，配合适当接口可将记录数据输入计算机，以便于数据处理。

图 3－8 所示为南方测绘仪器公司生产的 ET－02 电子经纬仪。该仪器一测回方向观测中误差为 ±2″，角度最小显示到 1″，竖盘指标自动归零补偿采用液体电子传感补偿器。仪器使用高能可充电电池，可连续使用 8～10 小时；设有双操作面板，操作面板 7 个功能键相同，便于正倒镜观测。

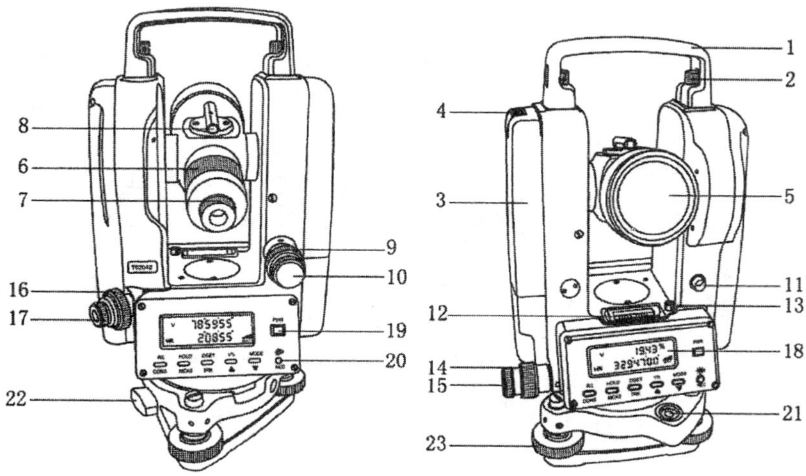

图 3－8　ET－02 电子经纬仪

1－手柄；2－手柄固定螺丝；3－电池盒；4－电池盒按钮；5－物镜；6－物镜调焦螺旋；7－目镜调焦螺旋；8－光学粗瞄器；9－望远镜制动螺旋；10－望远镜微动螺旋；11－数据接口；12－管水准器；13－管水准器校正螺丝；14－水平制动螺旋；15－水平微动螺旋；16－光学对中器；17－光学对中器目镜调焦螺旋；18－显示窗；19－电源开关键；20－显示窗照明开关键；21－圆水准器；22－轴套锁定钮；23－脚螺旋。

2. 电子经纬仪的操作

图 3－9 显示了 ET－02 电子经纬仪的操作面板。仪器在测站上安置好后，打开仪器电源时，在显示窗中字符“HR”的右边显示的是当前视线方向的水平度盘读数；在显示窗中字符“V”的右边将显示“OSET”字符，它提示用户应指示竖盘指标归零。将望远镜置于盘左位置，向上或向下转动望远镜，当其视准轴通过水平视线位置时，显示窗中字符“V”右边的字符“OSET”将变成当前视准轴方向的竖盘读数值，即可进行角度测量。

ET－02 电子经纬仪键盘具有一键双重功能，一般情况下仪器执行键上方所标示的第一（测角）功能，当按下 MODE 键后再按其余各键则执行按键下方所标示的第二（测距）功能。各个按键符号及其对应的功能如表 3－1 所示。

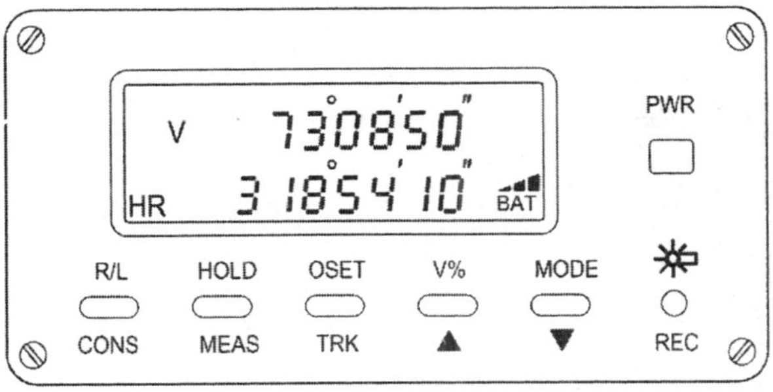

图 3－9　ET－02 电子经纬仪的操作面板

表 3－1　键盘符号与功能

按键	命令	作用
R/L / CONS	R/L	显示右旋/左旋水平角选择键。连续按此键，两种角值交替显示
	CONS	专项特种功能模式键
HOLD / MEAS	HOLD	水平角锁定键。按此键两次，水平角锁定；再按一次则解除
	MEAS	测距键。按此键连续精确测距（连接测距仪有效）
0SET / TRK	0SET	水平角置零键。按此键两次，水平角置零
	TRK	跟踪测距键。按此键每秒跟踪测距一次，精度至 0.01m（连接测距仪有效）
V% / ▲	V%	竖直角和斜率百分比显示转换键。连续按此键交替显示。在测距模式状态时，连续按此键则交替显示斜距、平距、高差
	▲	增量键。在特种功能模式中按此键，显示屏中的光标可上下移动或数字向上增加
MODE / ▼	MODE	测角、测距模式转换键。连续按键，仪器交替进入一种模式，分别执行键上或键下标示的功能
	▼	减量键。在特种功能模式中按此键，显示屏中的光标可上下移动或数字向下减少
☼ / REC	☼	望远镜十字丝和显示屏照明键。按键一次开灯照明；再按则关（若不按键，10s 后自动熄灭）
	REC	记录键。令电子手簿执行记录
PWR	PWR	电源开关键。按键开机；按键大于 2s 则关机

目前，国内生产的各种型号的电子经纬仪工作原理基本相同，操作面板的功能键也基本一致。由于 ET－02 电子经纬仪是采用特殊的电子测角系统，当转动仪器照准部时，即自动开始测角，所以观测员精确照准目标后，显示窗将自动显示当前视线方向的水平

度盘和竖盘读数，不需要再按任何键。仪器操作非常简单。

3.2.4 经纬仪的使用

利用经纬仪作角度观测时，其使用步骤包括仪器安置、瞄准、读数几个步骤。

1）经纬仪的安置

经纬仪的安置包括对中和整平，其目的是使仪器竖轴位于过测站点的铅垂线上，从而使水平度盘和横轴处于水平位置，竖盘位于铅垂平面内。对中的方式有垂球对中和光学对中两种，整平分粗平和精平。光学对中的精度约为 ±1mm，垂球对中精度约为 ±3mm。这里以光学对中为例介绍其安置过程，步骤如下：

（1）粗对中。双手握紧三角架，眼睛观察光学对点器（如不清楚可调节对中器的目镜好调焦螺旋，拔出或推进），移动三脚架使对中标志基本对准测站点的中心，踩稳仪器。

（2）精对中。旋转基座上的三个脚螺旋使对中器中心对准地面标志中心。

（3）粗平。升降脚架腿，使圆水准气泡居中。

（4）精平。转动照准部，使长气泡和任意两个脚螺平行，转动这两个脚螺旋，使管水准气泡居中（图 3－10（a）），转动照准部 90°，转动第 3 个脚螺旋，使长气泡居中（图 3－10（b））。精平过程会略微破坏上述的对中关系。

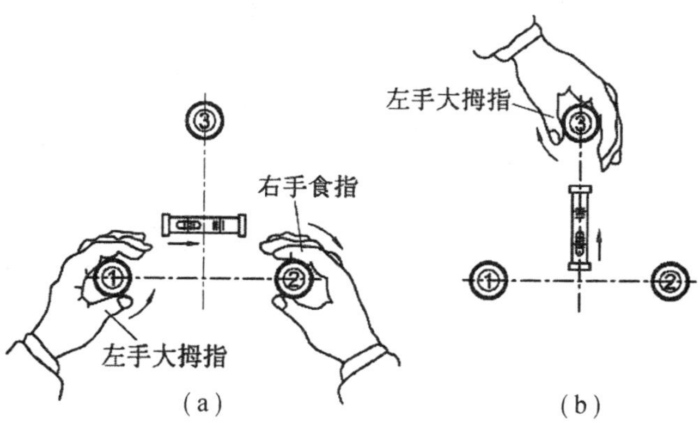

图 3－10　脚螺旋精平

（5）检查对中情况。检查仪器在任意方向的对中情况，如仍然对中，整平对中完成，否则继续下一步。

（6）再次精对中。旋松中心连接螺旋，眼睛观察光学对中器，平移仪器基座（注意，不要有旋转运动），使对中标志准确对准地面标志，拧紧连接螺旋。

（7）再次精平。重复步骤（4）、（5）。最后检查仪器对中符合要求，气泡居中（在任意方向气泡偏差不超过一格），则仪器安置完成。

2）瞄准和读数

测角时的照准标志，一般是竖立于测点的标杆、测钎、用三根竹竿悬吊垂球的线或觇牌，见图 3－11。测量水平角时，以望远镜的十字丝竖丝瞄准照准标志。望远镜瞄准目标的操作步骤如下：

(1)目镜对光。松开望远镜制动螺旋和水平制动螺旋,将望远镜对向明亮的背景(如白墙、天空等,注意不要对向太阳),转动目镜使十字丝清晰。

(2)瞄准目标。用望远镜上的粗瞄器瞄准目标,旋紧制动螺旋,转动物镜调焦螺旋使目标清晰,旋转水平微动螺旋和望远镜微动螺旋,精确瞄准目标。可用十字丝纵丝的单线平分目标,也可用双线夹住目标,见如图3-12。

(3)读数。读数时先打开度盘照明反光镜,调整反光镜的开度和方向,使读数窗亮度适中,旋转读数显微镜的目镜使刻划线清晰,然后读数。

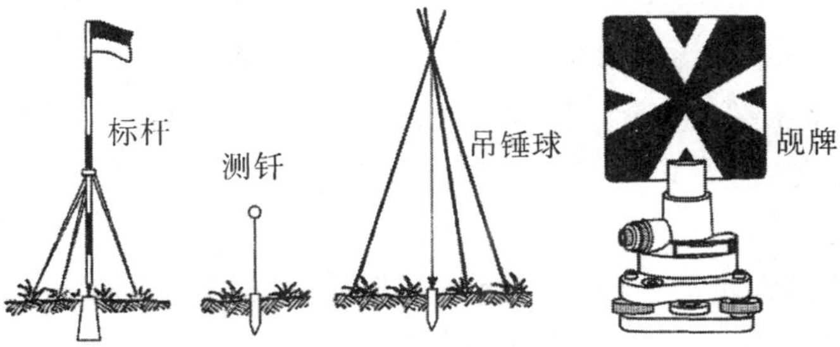

图3-11 照准标志

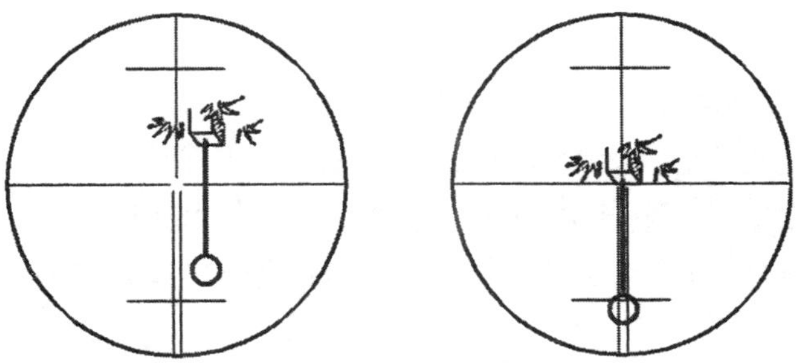

图3-12 水平角测量瞄准照准标志的方法

3.3 水平角和垂直角观测

3.3.1 水平角观测

测量水平角的方法有多个,可根据使用的仪器和要求的精度而定。常用的有测回法和方向观测法,这里讲述测回法的观测步骤。

测回法只适用于观测两个或三个方向之间的水平角,是测角的基本方法。如图3-13所示,欲测定$\angle ABC$的水平角,应先在A,C两点上竖立目标(花杆或测钎),在B点安置经纬仪,分别照准A,C两点的目标并进行读数,两读数之差即为欲测的水平角。为了消除仪器的某些误差,一般利用盘左和盘右两个位置进行观测。所谓盘左,就是对着望远镜目镜时,竖盘位于望远镜的左侧,盘左又称正镜;盘右是观测者对着目镜时,竖盘位于望远镜的右侧,盘右又称倒镜。测回法具体操作步骤如下:

图 3-13　测回法观测水平角

（1）盘左（竖盘在望远镜的左边，也称正镜）瞄准口标点 A，旋开水平度盘变换锁止螺旋，将水平度盘读数配置在 0°左右。检查瞄准情况后读取水平度盘读数如 0°06′24″，计入表 3-2 的相应栏内。

A 点方向称为零方向。由于水平度盘是顺时针注记，因此选取零方向时，一般应使另一个观测方向的水平度盘读数大于零方向的读数。

（2）旋转照准部，瞄准目标点 C，读取水平度盘读数如 111°46′18″，计入表 3-2 的相应栏内。计算正镜观测的角度值为 111°46′18″ - 0°06′24″ = 111°39′54″，称为上半测回角值。

（3）纵转望远镜成盘右位置（竖盘在望远镜的右边，也称倒镜），旋转照准部，瞄准目标点 C，读取水平度盘读数如 291°46′36″，计入表 3-2 的相应栏内。

（4）旋转照准部瞄准目标点 A，读取水平度盘读数如 180°06′48″，计入表 3-2 的相应栏内，计算倒镜观测的角度值为 291°46′36″ - 180°06′48″ = 111°39′48″，称为下半测回角值。

（5）计算检核。计算出上、下半测回角度值之差为 111°39′54″ - 111°39′48″ = 6″，小于限差值 ±40″，则取上、下半测回角度值的平均值作为一测回角度值。

表 3-2　水平角读数观测记录（测回法）

测站	竖盘位置	目标	水平度盘读数（°　′　″）	半测回角值（°　′　″）	一测回角值（°　′　″）	各测回平均值 °　′　″
一测回 B	左	A	0　06　24	111　39　54	111　39　51	111　39　52
		C	111　46　18			
	右	A	180　06　48	111　39　48		
		C	291　46　36			
二测回 B	左	A	90　06　18	111　39　48	111　39　54	
		C	201　46　06			
	右	A	270　06　30	111　40　00		
		C	21　46　30			

当测角精度要求较高时，往往需要观测几个测回。为了减小水平度盘分划误差的影

响，各测回间应根据测回数 n，以 $180°/n$ 为增量配置水平度盘读数。表3－2为观测两测回，第二测回观测时，A 方向的水平度盘应配置为90°左右。如果第二测回的半测回角差符合要求，则取两测回角值的平均值作为最后结果。

3.3.2 垂直角观测

经纬仪上的竖盘装置是用来观测垂直角的，它包括竖直度盘(竖盘)、指标水准管和指标水准管微动螺旋三个部分(图3－14)。竖盘固定在望远镜旋转轴(横轴)的一端，随望远镜一起在竖直面内转动。而作为竖盘读数用的指标装置，是和指标水准管、指标水准管微动螺旋连在一起的，它们不随望远镜一起转动。指标水准管气泡居中后，指标即处于正确位置，此时，如望远镜视准轴水平，竖盘读数则应为90°的整数倍(即0°、90°、180°、270°中的一个)。所以，每次观测垂直角时，必须用竖盘指标微动螺旋，使指标水准管气泡居中，然后才能读数。经纬仪的竖盘是由玻璃制成的，刻划的注记有顺时针方向和逆时针方向两种，一般为全圆式注记，本书只介绍顺时针注记的形式。

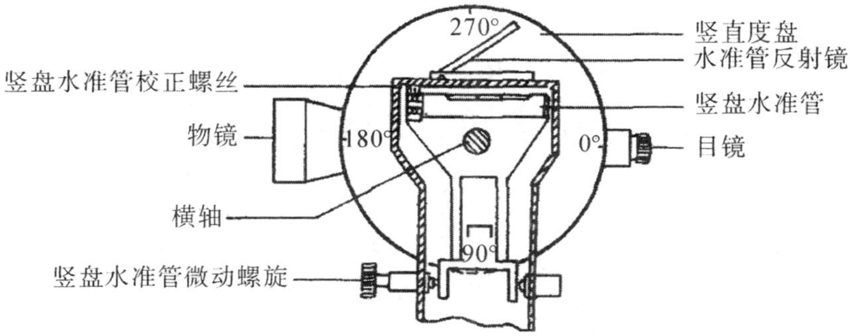

图3－14　竖直度盘的构造

如图3－15(a)所示。望远镜位于盘左位置。当视准轴水平、竖盘指标管水准气泡居中时，竖盘读数为90°；当望远镜抬高一个角度 α 照准目标、竖盘指标管水准气泡居中时，竖盘读数设为 L，则盘左观测的垂直角为

$$\alpha_L = 90° - L \tag{3-2}$$

如图3－15(b)所示。纵转望远镜于盘右位置，当视准轴水平、竖盘指标管水准气泡居中时，竖盘读数为270°；当望远镜抬高一个角度 α 照准目标、竖盘指标管水准气泡居中时，竖盘读数设为 R，则盘右观测的垂直角为

$$\alpha_R = R - 270° \tag{3-3}$$

当望远镜视准轴水平，竖盘指标管水准气泡居中，竖盘读数为90°(盘左)或270°(盘右)的情形称为竖盘指标管水准器与竖盘读数指标关系正确，垂直角计算公式(3－2)和式(3－3)就是在这个条件下推导出来的。当竖盘指标管水准器与竖盘读数指标关系不正确时，则望远镜视准轴水平时的竖盘读数相对于正确值(90°(盘左)或270°(盘右))就有一个小的角度偏差 x，称为竖盘指标差，如图3－16所示。设所测竖角的正确值为 α，则考虑指标差 x 时的竖角计算公式应为

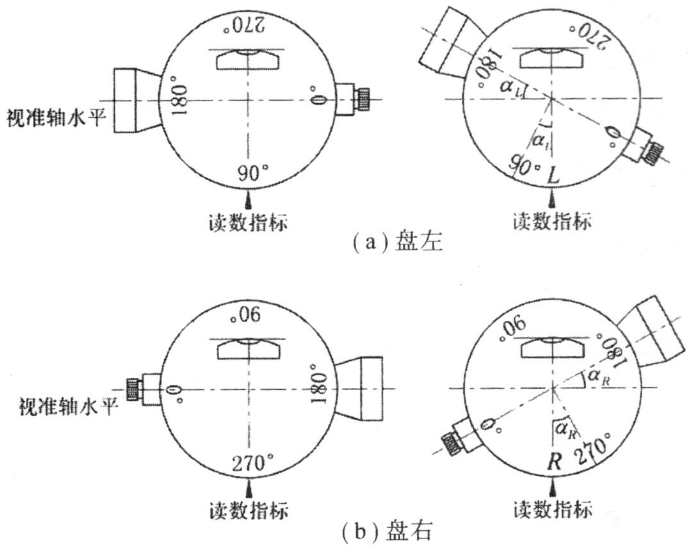

图 3－15　测回法观测水平角

$$\alpha = 90° + x - L = \alpha_L + x \tag{3-4}$$

$$\alpha = R - (270° + x) = \alpha_R - x \tag{3-5}$$

将式(3－4)减去式(3－5)可以求出指标差 x 为

$$x = \frac{1}{2}(\alpha_R - \alpha_L) = \frac{1}{2}[(L + R) - 360°] \tag{3-6}$$

取盘左、盘右所测竖角的平均值

$$\alpha = \frac{1}{2}(\alpha_R + \alpha_L) = \frac{1}{2}(R - L) - 180° \tag{3-7}$$

可以消除指标差 x 的影响。

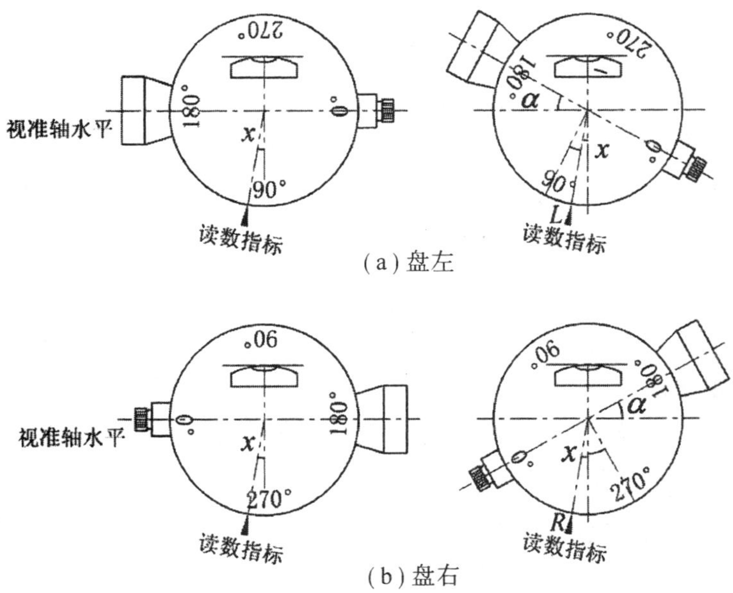

图 3－16　竖盘指标差

垂直角观测应用横丝瞄准目标的特定位置，例如标杆的顶部或标尺上的某一位置。垂直角观测的操作程序如下：

(1) 在测站点上安置好经纬仪，用小钢尺量出仪器高。仪器高是测站点标志顶部到经纬仪横轴中心的垂直距离。

(2) 盘左瞄准目标，使十字丝横丝切于目标某一位置，旋转竖盘指标管水准器微动螺旋使竖盘指标管水准气泡居中，读取竖直度盘读数。

(3) 盘右瞄准目标，使十字丝横丝切于目标同一位置，旋转竖盘指标管水准器微动螺旋使竖盘指标管水准气泡居中，读取竖直度盘读数。

垂直角的记录计算见表 3 - 3。

表 3 - 3　垂直角观测手簿

测站	竖盘位置	目标	竖盘读数 (° ′ ″)	半测回垂直角 (° ′ ″)	指标差 (″)	一测回垂直角 (° ′ ″)
A	左	B	81 18 42	+8 41 18	+6	+8 41 24
	右		278 41 30	+8 41 30		
	左	C	124 03 30	-34 03 30	+12	-34 03 18
	右		235 56 54	-34 03 06		

3.4 经纬仪检验与校正

3.4.1 经纬仪的轴线关系

从测角原理可知，测角时，经纬仪水平度盘必须居于水平位置，而水平度盘是否水平，是借助水准管气泡居中来实现的，水准管气泡居中了才能保证水准管轴水平，故要求水准管轴垂直于仪器竖轴（水平度盘垂直于竖轴是由仪器生产厂家保证的）；要求视准轴要扫出一个竖直面，为了达到此目的，必须使经纬仪望远镜的视准轴垂直于横轴，横轴垂直于竖轴，视准轴就能扫出竖直面，进行点的投影和读数。检验校正通常应在测量工作之前进行。

如图 3 - 17 所示，经纬仪各部件主要轴线：竖轴 *VV* 、横轴 *HH* 、望远镜视准轴 *CC* 和照准部水准管轴 *LL* 。

根据角度测量原理和保证角度观测的精度，经纬仪的主要轴线之间应满足以下条件：

(1) 照准部水准管轴 *LL* 应竖直于竖轴 *VV* ；

(2) 十字丝竖丝应竖直于横轴 *HH* ；

(3) 视准轴 *CC* 应竖直于横轴 *HH* ；

(4) 横轴 *HH* 应竖直于竖轴 *VV* ；

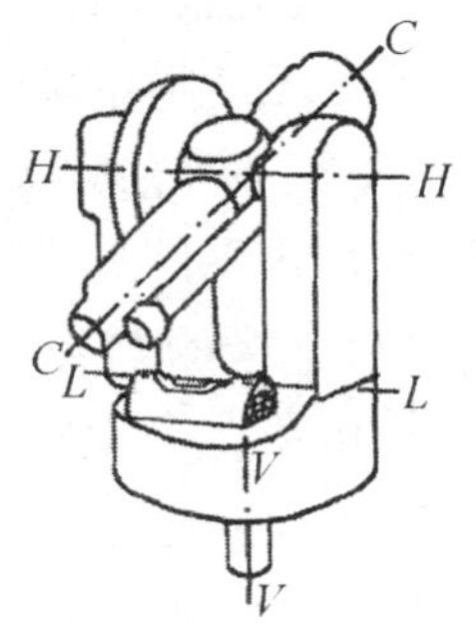

图 3 - 17　经纬仪的轴

(5)竖盘指标差应为零;

(6)光学对点器完好。

在使用光经纬仪测量角度前需查明仪器各部件主要轴线之间是否满足上述条件,此项工作称为检验。如果检验不满足这些条件,则需要进行校正。

3.4.2 经纬仪轴系误差检校

1)水准管轴垂直于竖轴的检校

水准管轴是指过水准管零点的切线,竖轴是仪器的旋转轴,即水平度盘轴系的几何中心。若水准管轴垂直于仪器竖轴,当气泡居中(此时意味着水准管轴水平)时,竖轴就竖直了,经过互成90°的两个方向整置气泡居中,竖轴就在空间上居于竖直位置,与竖轴垂直的水平度盘也就水平了。

若水准管轴不垂直于仪器竖轴,当气泡居中(此时水准管轴仍然处于水平面上)时,竖轴却倾斜了,其倾斜角即是水准管轴和水平度盘面的夹角(设为 α)。当我们将经纬仪照准部绕竖轴旋转180°时,竖轴的空间位置没有改变,仍倾斜 α,但水准管的高低两端却易位了,水准管轴倾斜了 2α(即此时的水准管轴与水平面的夹角为 2α),其中一个 α 是竖轴倾斜引起,另一个 α 是水准管轴和水平度盘面的夹角,所以当气泡居中后再将照准部绕竖轴旋转180°时,气泡的法线方向偏离竖直面的夹角为 2α。此时可用脚螺旋整置仪器,使气泡退回偏离值的一半(α),这时竖轴就竖直了,再用校正针调整水准管支架,使气泡再退回偏离值的另一半(α),此时水准管气泡居中了,竖轴也竖直了,从而达到水准管轴垂直于竖轴。此检校需要反复进行几次,逐步趋近于正确关系。

2)十字丝竖丝垂直于横轴的检校

由于十字丝分划板平面的转动,使得十字丝竖丝不一定垂直于横轴,其检验方法:先整平仪器,用十字丝竖丝最上端瞄准一个固定点,锁定照准部和望远镜的制动螺旋;然后转动望远镜的微动螺旋,使望远镜绕横轴向上转动。如果固定点始终在十字丝竖丝上移动,则条件满足,否则需要校正。

其校正方法:卸下目镜保护盖,用螺丝刀松开十字丝分划板套筒的四个压环螺丝,慢慢转动十字丝套筒,使十字丝竖丝处于铅垂位置,然后旋紧压环螺丝。

3)视准轴垂直于横轴的检校

望远镜视准轴是十字丝中心与物镜光心的连线,横轴是望远镜的旋转轴,也叫水平轴。当视准轴垂直于横轴时,视准轴绕横轴旋转得到一个平面;当视准轴不垂直于横轴时,视准轴绕横轴旋转得到一个锥面。

正镜照准前方大约几十米的一水平位置目标 P,且使水平度盘读数为0°00′00″,然后倒镜,使水平度盘读数严格为180°00′00″,若刚好照准目标 P,则说明视准轴垂直于横轴;若照准 P 旁的 P' 点,则视准轴不垂直于横轴,P 和 P' 的夹角为 $2C$。正镜照准 P,照准部不动,倒镜在十几米远的水平尺上读数(设为 b),再转动照准部,倒镜照准 P,又保持照准部不动,正镜在该尺上读数(设为 b'),令 $\Delta b = b' - b$。若 $\Delta b = 0$,说明视准轴垂直于横轴;若 $\Delta b \neq 0$,说明视准轴不垂直于横轴。

视准轴不垂直于横轴的校正方法因此对应有三:一是校正到 PP' 的中点;二是退回 C

读数，校正至 P 点；三是求 $\Delta b/4$，校正至 b 和 b' 间距离（Δb）的 1/4 处。在黑板上绘十字丝环图，讲校正方法，并告诉学生用校正针调节十字丝校正螺丝时，要先松一颗，再紧另一颗，这颗松多少，另一颗就紧多少，始终保持十字丝环的位置固定而不晃动。调整时要小心谨慎，不宜用力过猛，防止扭断校正螺丝。此步检校要反复进行。

4）横轴垂直于竖轴的检校

由于望远镜支架两端可能不等高，引起横轴不垂直于竖轴，而产生横轴误差（设为 i）。当竖轴竖直时，若横轴垂直于竖轴，则视准轴扫出一竖直面；若横轴不垂直于竖轴，则视准轴扫出一倾斜面，它和铅垂线的夹角也为 i。因此，用带有横轴误差的经纬仪去瞄准同一铅垂面内不同高度的目标，水平度盘读数将会不同，从而影响测量水平角的精度，必须加以校正。

横轴垂直于竖轴的检验方法：正镜照准几十米外一高点 P，向下转动望远镜到水平位置，标出十字丝交点所得位置 P'；倒镜再照准 P，向下转动望远镜到水平位置，同法标出 P''。若 P' 和 P'' 重合，说明横轴垂直于竖轴；若 P' 和 P'' 不重合，说明横轴不垂直于竖轴。P' 和 P'' 之间的距离由 $2i$ 角引起。

横轴垂直于竖轴的校正方法：转动照准部微动螺旋，照准 P' 和 P'' 的中间点，锁定照准部，将望远镜向上转至目标 P，此时照准不到 P 了，校正望远镜支架两端的高低，使十字丝交点照准 P 点。

经纬仪的横轴是密封的，一般出厂时此条件已有保证，不要轻易校正。如确需检修，要送回工厂或专门的维修部处理，测量人员只进行检验即可。

5）竖盘指标差的检校

由于竖盘指标水准管两端支架变动，当视线水平、竖盘指标水准管气泡居中时，竖盘读数不是 90° 的整倍数（盘左应为 90°，盘右应为 270°），其差值称为竖盘指标差（设为 x）。竖盘指标差对半测回竖直角有影响，因此必须加以校正。

竖盘指标差的检验方法：整平仪器，盘左瞄准一高处目标 P，指标水准管气泡居中后读出竖盘读数 L'，计算出盘左所测竖直角 $\alpha_{左} = 90 - L'$；再盘右瞄准 P 点，指标水准管气泡居中后读出竖盘读数 R'，计算出盘右所测竖直角 $\alpha_{右} = R' - 270°$。若 $\alpha_{左} = \alpha_{右}$，说明没有竖盘指标差；若其不等的差值在容许范围之内，不需要校正竖盘指标差；若其不等的差值超过容许范围，则需要校正竖盘指标差。

竖盘指标差的校正方法：先计算出竖盘指标差 $x = (L' + R' - 360°)/2$，再计算出盘右瞄准目标 P 时竖盘的正确读数 $R = R' - x$。然后转动竖盘指标水准管微动螺旋，使竖盘读数为正确读数 R，此时竖盘指标水准管气泡不居中，拨动竖盘指标水准管校正螺丝，使气泡居中即可。

习题 3

1. DJ_6 型光学经纬仪由哪几个部分组成？
2. 经纬仪安置包括哪两个内容？怎样进行？目的是什么？

3. 试述测回法操作步骤、记录计算及限差规定。

4. 如何将经纬仪的起始方向水平度盘读数配置成0°00′00″？

5. 测量竖直角时，每次竖直度盘读数前为什么应先使竖盘水准管气泡居中，然后再读数？

6. 测量水平角时，为什么要用盘左、盘右两个位置观测？

7. 何谓竖盘指标差？如何消除竖盘指标差？

8. 何谓水平角？何谓竖直角？它们取值范围为多少？

9. 经纬仪有哪几条主要轴线？它们应满足什么条件？

10. 用经纬仪瞄准同一竖直面内不同高度的两点，水平度盘上的读数是否相同？在竖直度盘上的两读数差是否就是竖直角？为什么？

11. 用 DJ_6 型光学经纬仪按测回法观测水平角，整理表3－4中水平角观测的各项计算。

表3－4　水平角观测记录

测站	竖盘位置	目标	水平度盘读数 (° ′ ″)	半测回角值 (° ′ ″)	一测回角值 (° ′ ″)	各测回平均值 (° ′ ″)
O	左	*A*	0 00 24			
		B	58 48 54			
	右	*A*	180 00 54			
		B	238 49 18			
O	左	*A*	90 00 12			
		B	148 48 48			
	右	*A*	270 00 36			
		B	328 49 18			

12. 用 DJ_6 型光学经纬仪按中丝法观测竖直角，整理表3－5竖直角观测的各项计算。

表3－5　竖直角观测记录

测站	竖盘位置	目标	竖盘读数 (° ′ ″)	半测回垂直角 (° ′ ″)	指标差 (″)	一测回垂直角 (° ′ ″)
O	左	*A*	79 20 24			
	右		280 40 00			
	左	*B*	98 32 18			
	右		261 27 54			

13. 用 DJ_6 型光学经纬仪观测某一目标，盘左竖直度盘读数为71°45′24″，该仪器竖盘（盘左）注记如12题表3－5所示，测得竖盘指标差 $i = +24''$，试求该目标正确的竖直角 α 为多少？

第 4 章　距离测量

距离测量是确定地面点位置的三项基本测量工作之一。测量中所测定的距离通常是指水平距离，即地面上两点间连线在某水准面上投影的长度。根据测量距离所使用的仪器和方法的不同，距离测量可分为量尺量距法、视距测量法和电磁波测距法三大类。距离测量的精度用相对误差（相对精度）表示，即距离测量的误差同该距离长度的比值（$1/N$，N 为整数）。比值越小，距离测量的精度越高。

4.1 量尺量距

量尺量距是用量尺直接丈量两点间的距离。常用的量尺有钢卷尺和因瓦基线尺。钢尺量距简单实用，是工程测量中常用的一种距离测量方法。根据精度要求的不同，钢尺量距分为一般方法和精密方法，测距精度分别可达 1/1000 和 1/10000。因瓦基线尺是用温度膨胀系数很小的因瓦合金钢制造的线状尺或带状尺，因瓦基线尺受温度变化影响极小，量距精度高达 1/1000000，主要用于丈量三角网的基线和其他高精度的距离测量。本书主要介绍钢尺量距方法。

4.1.1 钢尺量距的一般方法

钢尺量距的一般方法基本步骤分为定点、直线定线、量距及成果计算。

1）定点

为了测量两点间的水平距离，需要将点的位置用明确的标志固定下来。使用时间较短的临时性标志一般用木桩，在钉入地面的木桩顶面钉一个小钉，表示点的精确位置。需要长期保存的永久性标志用混凝土桩，在顶面刻十字线，以其交点表示点的精确位置。为了使观测者能从远处看到点位标志，可在桩顶的标志中心上竖立标杆、测钎或悬吊垂球等。

2）直线定线

当待测的距离超过整尺长时，要用尺子连续丈量几次才能测完，因此需要在直线方向上作一些标记表明直线走向，这样的工作称为直线定线。直线定线的方法主要有目估定线法和经纬仪定线法。钢尺量距一般方法常用目估定线，方法如下：

如图4－1，A、B为待测距离的两个端点，先在A、B点上竖立标杆，由一测量员甲站在A点后1～2m处，由A瞄向B，使视线与标杆边缘相切，观察并指挥另一测量员乙持标杆在AB方向上左右移动，直到三标杆在一条直线上，且到B点距离短于一整尺长，然后将标杆竖直地插下。直线定线一般应由远而近，即先定点1，再定点2。

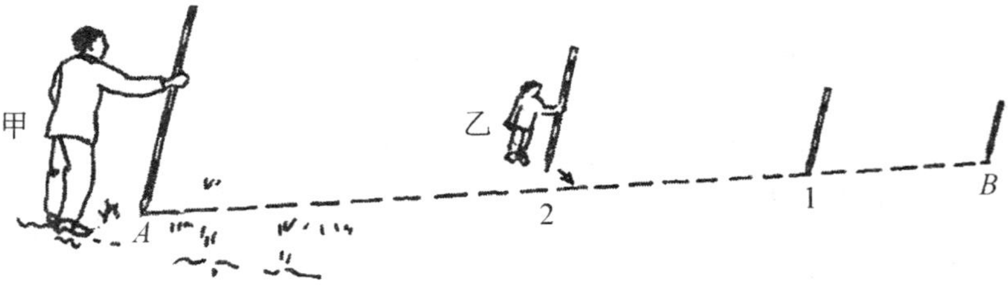

图4－1　两直线间目估定线

(3)量距

(1)量距工具

钢尺(图4－2)又称钢卷尺，通常钢尺宽10～15mm，厚0.2～0.4mm，长度有20m、30m及50m几种，卷放在圆形盒内或金属架上。钢尺的基本分划为厘米，最小分划为毫米。在每米及每分米处有数字注记。

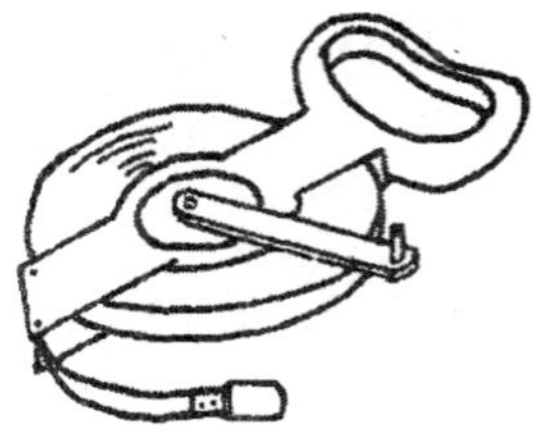

图4－2　钢卷尺

由于尺的零点位置的不同，钢尺有端点尺和刻线尺的区别。端点尺是以尺的最外端作为尺的零点(图4－3(a))，当从建筑物墙边开始丈量时使用该尺很方便。刻线尺是以尺前端的刻线作为尺的零点，如图4－3(b)所示。

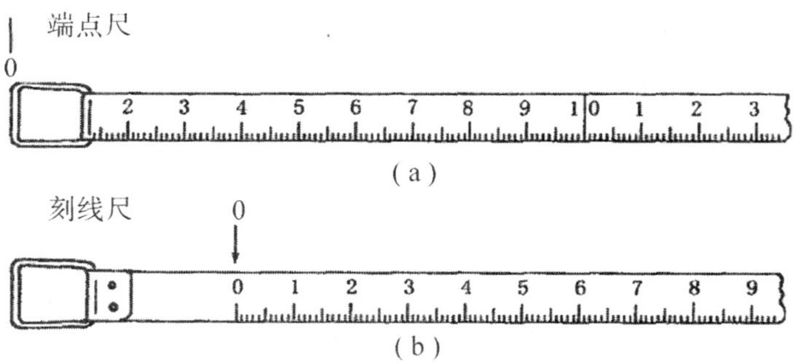

图4－3　端点尺和刻度尺

丈量距离的工具除钢尺外，还有辅助工具测钎(图4－4(a))、标杆(图4－4(b))和垂球架(图4－4(c))。测钎用粗铁丝制成，用来标志所量尺段的起、迄点和计算已量过的整尺段数。测钎一组为6根到11根。标杆长2～3 m，直径3～4cm，杆上涂以20cm间隔的红、白漆，用于标定直线。垂球架由三根竹杆和一个垂球组成，是在倾斜地面量距的投点工具。此外还有弹簧秤和温度计，以控制拉力和测定温度。

(2)量距方法

①平坦地面的量距方法

如图4－5所示，欲测定A、B两点之间的水平距离，先在A、B处竖立标杆，作为丈量时定线的依据；清除直线上的障碍物以后，即可开始丈量。

丈量工作一般由 2 人进行，后尺手持尺的零端位于 A 点，前尺手持尺的末端并携带一组测钎(5～10 根)，沿 AB 方向前进，行至一尺段处停下。后尺手以尺的零点对准 A 点，当两人同时把钢尺拉紧、拉平和拉稳后，前尺手在尺的末端刻线处垂直地插下一测钎，得到点 1，这样便量完了一个尺段。如此继续丈量下去，直至最后不足一整尺段的长度，称之为余长(图 4－5 中 nB 段)；丈量余长时，前尺手将尺上某一整数分划对准 B 点，由后尺手对准 n 点，

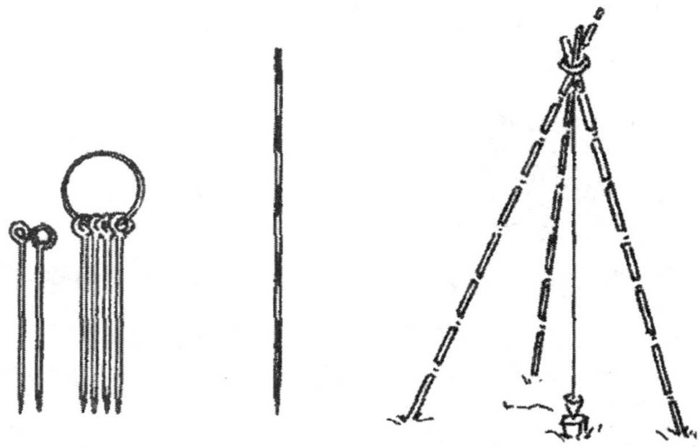

(a)　(b)　(c)

图 4－4　量距辅助工具

在尺上读出读数，两数相减，即可求得不足一尺段的余长，则 A 、B 两点之间的水平距离为

$$D_{AB} = n \cdot l + q \tag{4-1}$$

式中，n 为尺段数，l 为尺长；q 为余长。

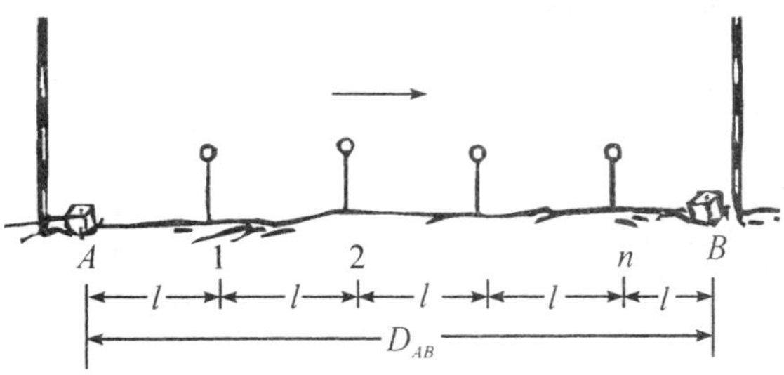

图 4－5　平坦地面量距方法

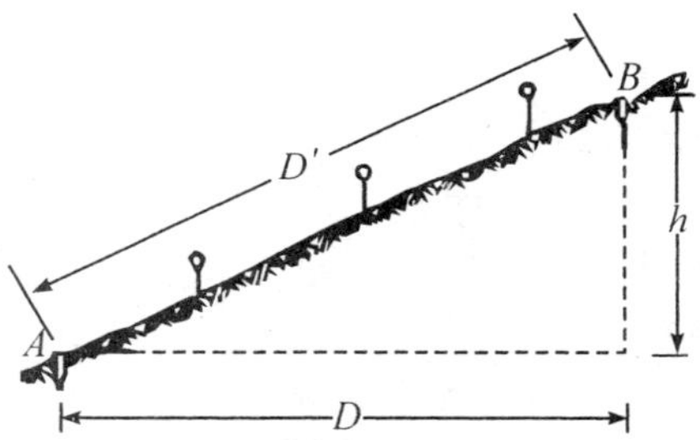

图 4－6　倾斜地面量距方法

②倾斜地面的量距方法

如果 A 、B 两点间有较大的高差，但地面坡度比较均匀，大致成一倾斜面，如图 4－6 所示。则可沿地面丈量倾斜距离 D' ，用水准仪测定两点间的高差 h ，按下列任一式即可计算水平距离 D 。

$$D = \sqrt{D'^2 - h^2} \tag{4-2}$$

$$D = D' + \Delta D_h = D' \frac{h^2}{2D'} \tag{4-3}$$

式中，ΔD_h 称为量距时的高差改正(或称倾斜改正)。

③高低不平地面的量距方法

当地面高低不平时，为了能量得水平距离，前、后尺手同时抬高并拉紧钢尺，使尺悬空并大致水平(如为整尺段时则中间有一人托尺)，同时用垂球把钢尺两个端点投影到地面上，用测钎等作出标记，如图 4－7(a)所示，分别量得各段水平距离 l_i ，然后取其总和，

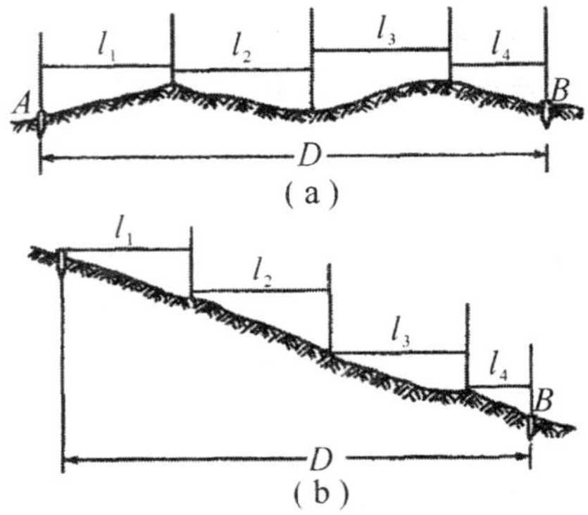

图 4－7　高低不平地面量距方法

得到 A 、B 两点间的水平距离 D 。这种方法称为水平钢尺法量距。当地面高低不平并向一个方向倾斜时,可只抬高钢尺的一端,然后在抬高的一端用垂球投影,见图 4－7(b)。

④成果计算

为了防止丈量错误和提高量距精度,距离要往、返丈量。上述介绍的方法为往测,返测时要重新进行定线。把往返丈量所得距离的差数除以往、返测距离的平均值,称为距离丈量的相对精度,或称相对误差。

$$K = \frac{|D_{往} - D_{往}|}{D_{平均}} \tag{4-4}$$

在计算相对精度时,往、返差数取其绝对值,并化成分子为 1 的分式。相对精度的分母越大,说明量距的精度越高。在平坦地区钢尺量距的相对精度一般为 1/3000;在量距困难地区,其相对精度约为 1/1000。当量距的相对精度不超过规定值,可取往、返测量结果的平均值作为两点间的水平距离 D 。

钢尺量距一般方法的记录、计算及精度评定见表 4－1。

表 4－1　钢尺一般量距记录及成果计算

线段	尺段长/m	往测			返测			往返差/m	相对精度	往返平均/m
		尺段数	余长数/m	总长/m	尺段数	余长数/m	总长/m			
AB	30	5	27.478	177.478	5	27.452	177.452	0.026	1/6800	177.465
BC	50	2	46.935	146.935	2	46.971	146.971	0.036	1/4080	146.953

4.1.2 钢尺量距的精密方法

钢尺量距的一般方法的精度只能达到 1/1000 ~ 1/3000,当量距精度要求较高时,例如要求量距精度达到 1/10000 ~ 1/30000,这时应采用精密方法进行丈量。钢尺量距的精密方法与钢尺量距的一般方法基本步骤是相同的,只不过前者在相应步骤中采用了较精密的方法并对一些影响因素进行了相应的改正。

1)钢尺检定

钢尺因刻划误差、使用中的变形、丈量时温度变化和拉力不同的影响,其实际长度往往不等于尺上所注的长度,即名义长度。因此,丈量时应对钢尺进行检定,求出在标准温度和标准拉力下的实际长度,以便对丈量结果加以改正。在一定的拉力下,以温度 t 为变量的函数式来表示尺长 l_t ,这就是尺长方程式,其一般形式为

$$l_t = l_0 + \Delta l + \alpha(t - t_0)l_0 \tag{4-5}$$

式中, l_t 为钢尺在温度 t (℃)时的实际长度; l_0 为钢尺的名义长度; Δl 为尺长改正数; α

为钢尺的膨胀系数；t_0 为钢尺检定时的温度，一般取 20℃；t 为钢尺量距时的温度。

每根钢尺都应有尺长方程式，用以对丈量结果进行改正，尺长方程式中的尺长改正数 Δl 要通过钢尺检定，与标准长度相比较而求得。

2）定线

由于目估定线精度较低，在钢尺精密量距时，必须用经纬仪定线。如图 4－7 所示，欲在 AB 线上精确定出 1、2 点的位置。可由甲将经纬仪安置于 A 点，用望远镜照准 B 点，固定照准部制动螺旋。然后将望远镜向下俯视，用手势指挥乙移动标杆至与十字丝竖丝重合时，在标杆位置打下木桩，再根据十字丝在木桩上刻出十字细线（或钉上小钉），即为准确定出的 1 点位置。

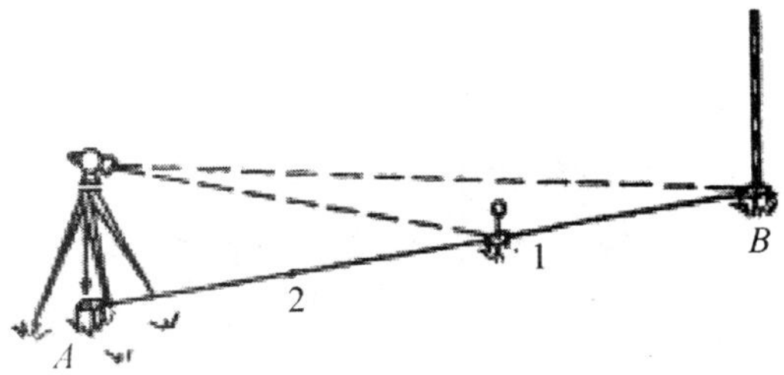

图 4－7　经纬仪定线

3）量距

用检定过的钢尺精密丈量 AB 两点间的距离，丈量组一般由 5 人组成，2 人拉尺，2 人读数，1 人指挥兼记录和读温度。

丈量时，拉伸钢尺置于相邻两木桩顶上，并使钢尺有刻划线的一侧贴切十字线。后尺手将弹簧秤挂在尺的零端，以便施加钢尺检定时的标准拉力。两端同时根据十字丝交点读取读数，估读到 0.5mm 记入手簿，并计算尺段长度。

前、后移动钢尺 2～3cm，同法再次丈量，每一尺段要读三组数，由三组读数算得的长度较差应小于 3mm，否则应重量。如在限差之内，取三次结果的平均值，作为该尺段的观测结果。每一尺段应记温度一次，估读至 0.5℃。如此继续丈量至终点，即完成一次往测。完成往测后，应立即返测。每条直线所需丈量的往返次数视量距的精度要求而定。

4）测定桩顶间高差

上述所量的距离，是相邻桩顶点间的倾斜距离，为了改算成水平距离，要用水准测量的方法测出各桩顶间的高差，以便进行倾斜改正。水准测量宜在量距前或量距后往、返观测一次，以资检核。相邻两桩顶往、返所测高差之差，一般不得超过 ±10mm，如在限差以内，取其平均值作为观测的成果。

5）成果计算

精密量距中，将每一段丈量结果经过尺长改正、温度改正和倾斜改正换算成水平距离，并求总和，得到直线往测或返测的全长。如相对精度符合要求，则取往、返测平均值作为最后成果。尺段长度的计算如下：

（1）尺长改正。

钢尺在标准拉力、标准温度下的实际长度为 l'，它与钢尺的名义长度 l_0 的差数 Δl 即为整尺段的尺长改正数，$\Delta l = l' - l_0$。则有

$$\Delta l_d = \frac{l' - l_0}{l_0} \cdot l \tag{4-6}$$

式中，Δl_d 为尺段的尺长改正数；l 为尺段的倾斜距离。

(2)温度改正。

设钢尺在检定时的温度为 t_0 ℃，丈量时的温度为 t ℃，钢尺的线膨胀系数为 α，则丈量一个尺段 l 的温度改正数 Δl_t 为

$$\Delta l_t = \alpha(t - t_0)l \tag{4-7}$$

式中，l 为尺段的倾斜距离。

(3)倾斜改正。

如图 4-8 所示，设 l 为量得的斜距，h 为尺段两端点间的高差，现要将 l 改算成水平距离 D，故要加倾斜改正数 Δl_h，从图4-8可以看出：

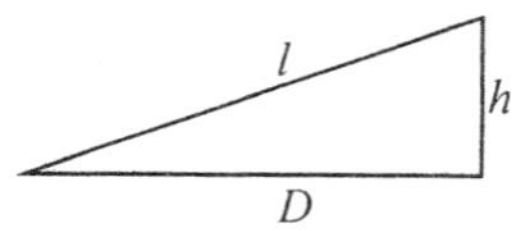

图 4-8　尺段倾斜改正

$$\Delta l_h = D - l$$

即

$$\Delta l_h = \sqrt{l^2 - h^2} - l = l\left(1 - \frac{h^2}{l^2}\right)^{\frac{1}{2}} - l$$

将 $\left(1 - \frac{h^2}{l^2}\right)^{\frac{1}{2}}$ 展成级数后代入得

$$\Delta l_h = l\left(l - \frac{h^2}{2l^2} - \frac{h^4}{8l^4} - \cdots\right) - l \approx -\frac{h^2}{2l} \tag{4-8}$$

可见，倾斜改正数恒为负值。

综上所述，每一尺段改正后的水平距离 D 为

$$D = l + \Delta l_d + \Delta l_t + \Delta l_h \tag{4-9}$$

2)计算全长

将各个改正后的尺段长和余长相加起来，便得到 AB 距离的全长。如果相对误差在限差范围内，则平均距离即为观测结果；如果相对误差超限，则应重测。

4.2 电磁波测距

钢尺量距劳动强度大，且精度与工作效率较低，尤其在山区或沼泽区，丈量工作更是困难。20 世纪 60 年代以来，随着激光技术、电子技术的飞跃发展，电磁波测距方法得到了广泛的应用。它具有测程远、精度高、作业速度快等优点。电磁波测距是一种物理测距的方法，通过测定光波在两点间传播的时间计算距离，按此原理制作的以光波为载波的测距仪叫电磁波测距仪。按测定传播时间的方式不同，电磁波测距仪分为相位式测距仪和脉冲式测距仪，一般相位式精度较高，脉冲式测程较远；按测程大小可分为远程、中程和短程测距仪三种，如表 4-2 所示。目前工程测量中使用较多的是相位式短程光电测距仪。

表 4－2　电磁波测距仪的种类

仪器种类	短程光电测距仪	中程光电测距仪	远程光电测距仪
测程	<3km	3～15km	>15km
精度	$\pm(5mm+5\times10^{-6}\times D)$	$\pm(5mm+2\times10^{-6}\times D)$	$\pm(5mm+1\times10^{-6}\times D)$
光源	红外光源（CaAs 发光二极管）	1. CaAs 发光二极管 2. 激光管	He－Ne 激光器
测距原理	相位式	相位式	相位式

4.2.1 光电测距原理

如图 4－9 所示，欲测定 A 、B 两点间的距离 D，安置仪器于 A 点，安置反射棱镜（简称反光镜）于 B 点。仪器发出的光束由 A 到达 B，经反光镜反射后又返回到仪器。设光速 c（约 3×10^8 m/s）为已知，如果再知道光束在待测距离 D' 上往返传播的时间 t，则可由下式求出

$$D'=\frac{1}{2}ct \tag{4-10}$$

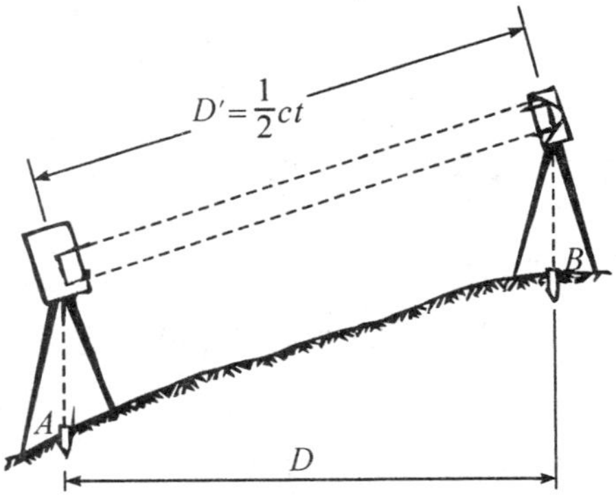

图 4－9　光电测距原理

由式(4－10)可知，测定距离的精度，主要取决于测定时间 t 的精度，例如要保证 ±10cm的测距精度，时间要求准确到 6.7×10^{-11}s，这实际上是很难做到的。为了进一步提高光电测距的精度，必须采用间接测时手段——相位测时法，即把距离和时间的关系改化为距离和相位的关系，通过测定相位来求得距离，即所谓的相位式测距。

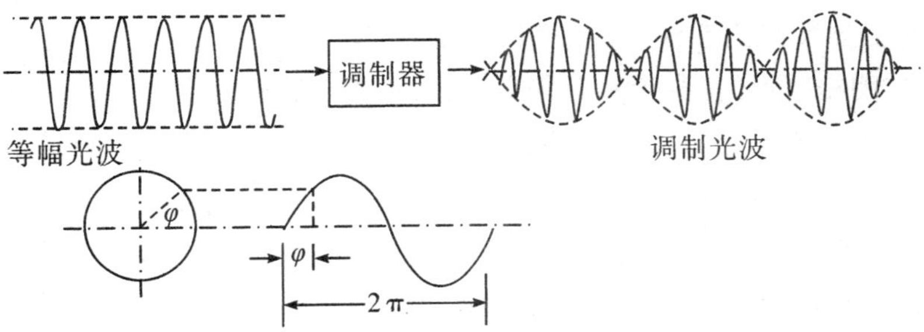

图 4－10　光的调制图

相位式光电测距的原理：采用周期为 T 的高频电振荡对测距仪的发射光源进行连续的振幅调制，使光强随电振荡的频率而周期性地明暗变化（每周相位 φ 的变化为0～2π），如图 4－10 所示。调制光波（调制信号）在待测距离上往返传播，使同一瞬间发射光与接收光产生相位移（相位差）$\Delta\varphi$ 。根据相位差间接计算出传播时间，从而计算距离。

图 4－11 中调制光的波长 λ_s，光强变化一周期的相位差为 2π，调制光在两倍距离上传播的时间为 t，每秒钟光强变化的周期数为频率 f，并可表示为 $f=c/\lambda_s$ 。

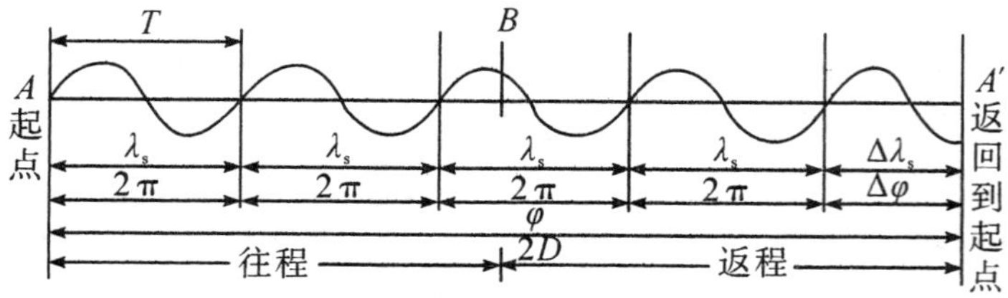

图 4-11　相位式光电测距原理

由图 4-11 可以看出，将接收时的相位与发射时的相位比较，它延迟了 φ 角，又知：

$$\varphi = wt = 2\pi ft$$

则

$$t = \frac{\varphi}{2\pi f}$$

代入式(4-10)得

$$D' = \frac{c}{2f} \cdot \frac{\varphi}{2\pi} \tag{4-11}$$

由图 4-11 相位差 φ 又可表示为

$$\varphi = 2\pi \cdot N + \Delta\varphi$$

代入式(4-11)得

$$D' = \frac{c}{2f}\left(N + \frac{\Delta\varphi}{2\pi}\right) = \frac{\lambda_s}{2}(N + \Delta N) \tag{4-12}$$

式中，N 为整周期数；ΔN 为不足一个周期的比例数。

式(4-12)为相位法测距的基本公式。由该式可以看出，c、f 为已知值，只要知道相位差的整周期数 N 和不足一个整周期的相位差 $\Delta\varphi$，即可求得距离（斜距）。将(4-12)式与钢尺量距相比，可以把半波长 $\lambda_s/2$ 当作“测尺”的长度，则距离 D' 也像钢尺量距一样，成为 N 个整测尺长度与不足一个整尺长度之和。

仪器上的测相装置（相位计），只能分辨出 0～2π 的相位变化，故只能测出不足 2π 的相位差 $\Delta\varphi$，相当于不足整“测尺”的距离值。例如“测尺”为 10m，则可测出小于 10m 的距离值。同理，若采用 1km 的“测尺”，则可测出小于 1km 的距离值。由于仪器测相系统的测相精度一般为 1/1000，测尺越长，测距误差则越大。因此为了兼顾测程与精度两个方面，测距仪上选用两个“测尺”配合测距；用短“测尺”测出距离的尾数，以保证测距的精度；用长测尺测出距离的大数，以满足测程的需要。

习题 4

1. 距离测量有哪些方法？

2. 什么是直线定线？为什么要进行直线定线？直线定线有哪些方法？

3. 钢尺量距精密方法要进行哪些改正？

4. 某钢尺的尺长方程为 $l_t = 30\text{m} + 0.006\text{m} + 1.2 \times 10 - 5 \times 30\text{m} \times (t - 20℃)$，使用该钢尺丈量 AB 之间的长度为 29.9358m，丈量时的温度 $t = 12℃$，使用拉力与检定时相同，

AB 两点间高差 $h_{AB}=0.78\text{m}$，试计算 AB 之间的实际水平距离。

5. 现用钢尺丈量了 AB、CD 两段距离，AB 往测距离为 105.38m，返测距离为105.42m；CD 往测距离为 215.07m，返测距离为 215.11m，问两段距离丈量精度是否相同？如果不同，哪段精度高？为什么？

6. 电磁波测距仪为什么要采用多种测尺？有什么作用？

第 5 章　全站仪的使用

5.1　全站仪概述

全站型电子速测仪（简称全站仪）是由电子测角、光电测距、微型机和软件系统组成的光电测量仪器。全站仪在测站上一经观测，必需的观测数据如斜距、天顶距（竖直角）、水平角等均能自动显示和记录，借助于机内固化的软件，可以计算出平距、高差和点的坐标，进而实现偏心测量、悬高测量、对边测量、放样等功能。

近年来，由于微电子技术的应用，使新一代的全站仪无论在外形、结构、体积和质量等方面，还是在功能、效率方面，都有了很大的进步，并朝着智能化、自动化的方向发展。利用全站仪进行空间数据采集与更新，实现测绘的数字化，它的优势存在于数据处理的快速与准确性。

全站仪集成了光电测距和电子测角两种功能。光电测距的基本原理是利用电磁波在空气中传播的速度为已知这一特性，测定电磁波在被测距离上往返传播的时间来求得距离值。按测定传播时间的方法，可分为脉冲式测距和相位式测距。脉冲式测距是直接测定仪器发出的脉冲信号往返于被测距离的传播时间，进而求得距离值，而相位式测距则是测定仪器发射的测距信号往返于被测距离的滞后相位来间接推算信号的传播时间，从而求得所测距离。电子测角，即角度测量的数字化，其实质是用一套角码转换系统来代替传统的光学读数系统。电子测角仪器的核心是电子度盘及其测微装置，包括微处理器、模数转换电路和时钟系统等，角度传感器实现了角度的自动测量，而倾斜传感器则实现了角度的自动改正。在现代电子测角技术发展中，主要出现了光栅度盘测角、编码度盘测角和动态度盘测角三种电子测角方式。

5.2 苏一光 RTS322R5 全站仪的基本操作

全站仪的种类很多，各种仪器的使用方法由仪器自身的程序设计而定。使用任何一种全站仪前，必须认真阅读仪器使用说明书，了解仪器各部件功能和操作要点及注意事项。本节仅简单介绍苏州一光生产的 RTS322R5 型全站仪（图 5 - 1）角度测量、距离测量和坐标测量的方法。

RTS322R5 型全站仪具有如下特点：①温度、气压传感器可实时监测到温度、气压的变化并调准测量结果，自动进行气象改正；②采用了全新的测距技术。精确测量模式下测距速度达 0.7 秒每次，测距精度为 $\pm 2mm + 2 \times 10^{-6} \cdot D$，最短视距 $< 1.0m$；③完全自动的双轴补偿器能够实现精确的整平并确保水平位置的准确性，在欠整平（补偿范围内）状态下，高精度的双轴补偿器也能保证精确测量；④采用 32 位微处理器，全新的软件结构设计，界面进行了全面的优化设计，针对常用的功能增设了大量的快捷键，使得仪器使用更加符合测量用户的使用习惯；⑤应用了绝对编码度盘技术，开机无须初始化。绝对编码度盘技术在关机后能够保存水平角位置，同一测站关机开机后不需要重新定向，在测量过程中，如果出现掉电式关机，重新启动后仪器仍保留原有信息，大大方便了测量工作。

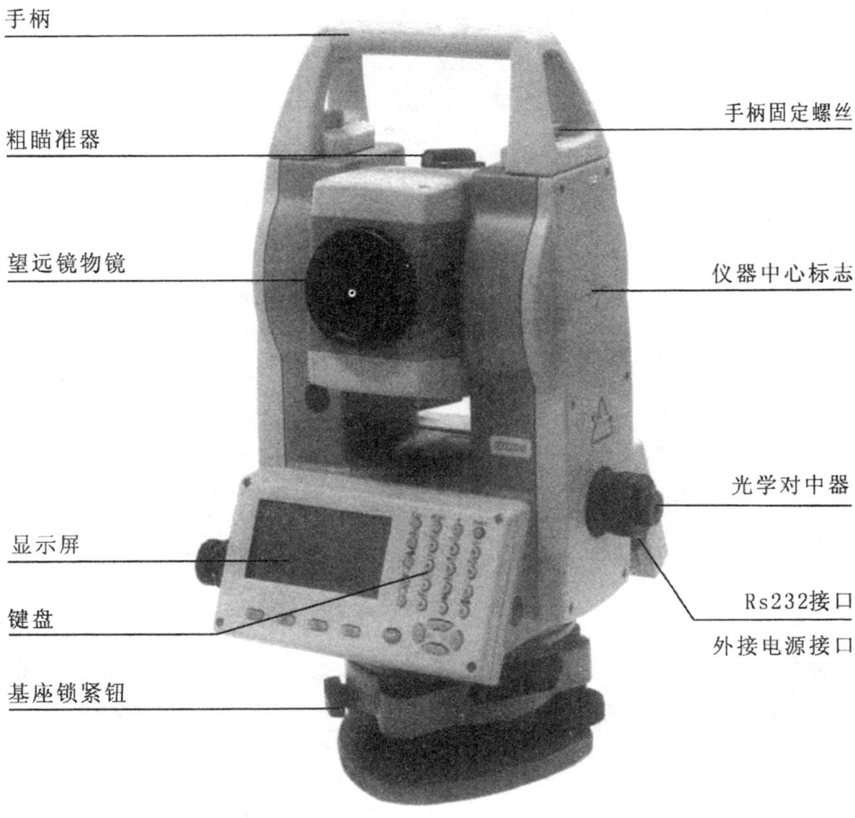

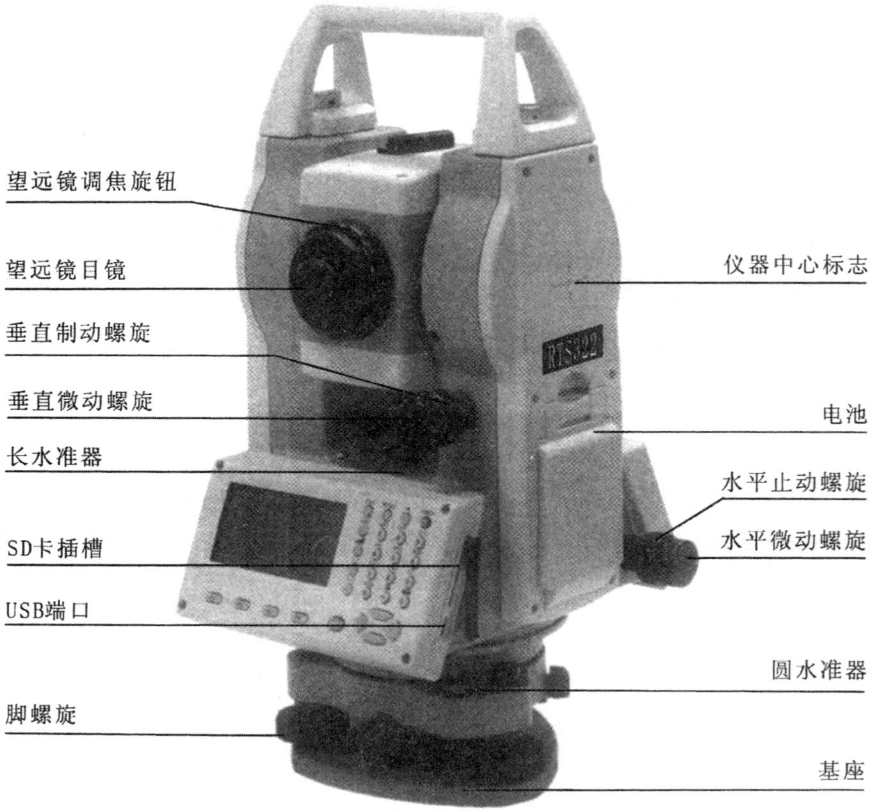

图 5－1　RTS322R5 全站仪外观图

5.2.1 角度测量

1)开机

按[POWER]键开机后，仪器进入自检模式，后续各个操作如下。

(1)仪器自检后自动进入图 5－2 所示界面。

(2)按[F1]键选择(测量)进入测量模式，如图 5－3 所示。

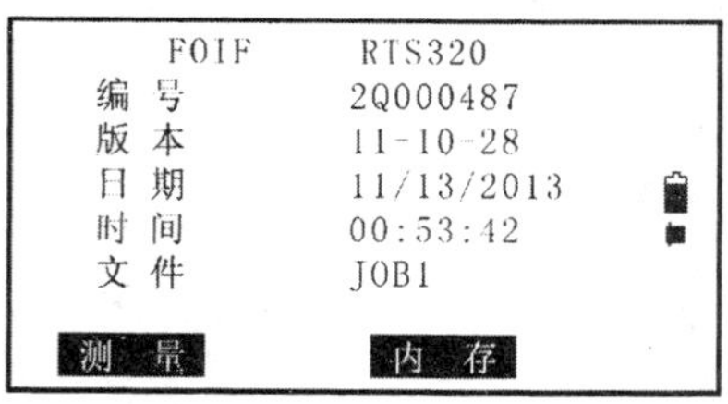

图 5－2　开机界面

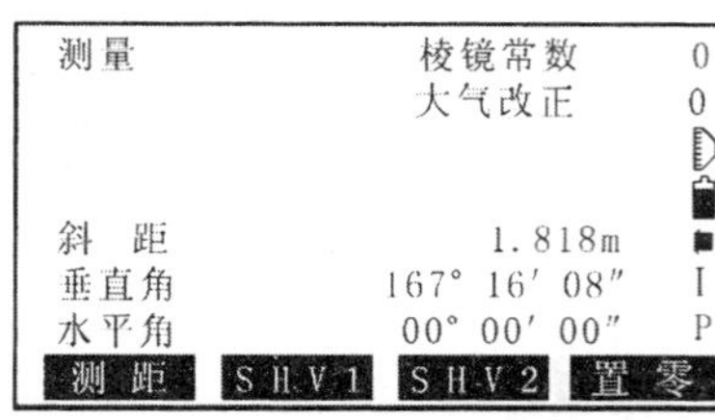

图 5－3　测量模式

(3)按[cnfg]键进行系统设置，如图 5－4 所示。

(4)按[★]键进入星键设置模式，如图 5－5 所示。

(5)仪器工作状态下，按下[POWER]键，出现如图 5－6 的显示，按[F3](是)键，则仪器关机，按[F4](否)键则返回原界面。

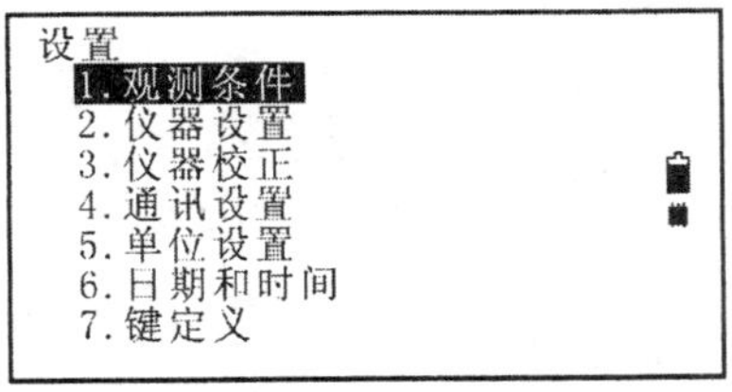

图 5－4　系统设置

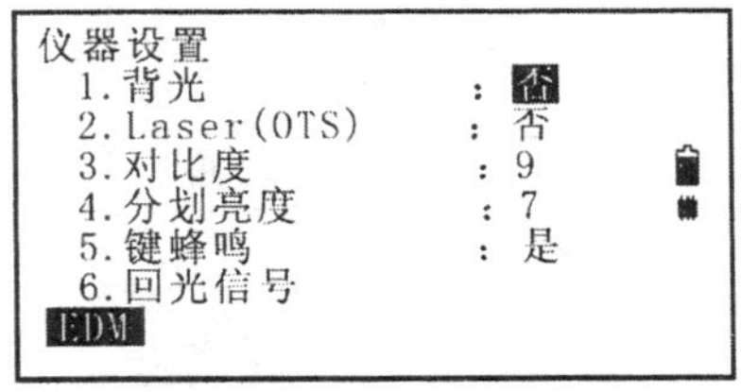

图 5－5　键设置

图 5－6　关机界面

2) 两点间角度测量

利用水平角置零功能"置零"测定两点间的夹角，该功能可将任何方向的值设置为零。具体操作步骤如下。

(1) 按图 5－7 所示，仪器照准目标点 A。

(2) 在测量模式第 1 页菜单下按[F4](置零)键，如图 5－8 所示，此时(置零)开始闪动。

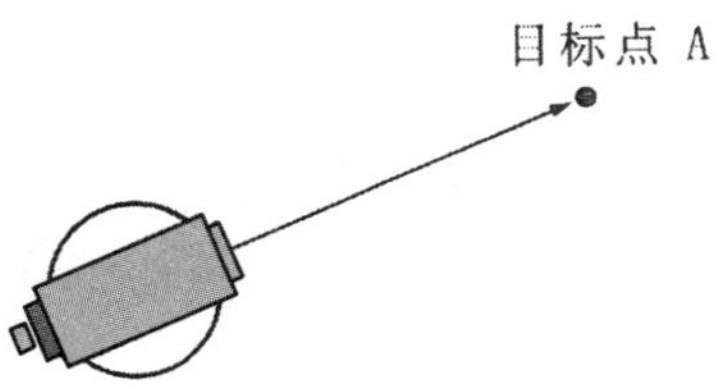

图 5－7　照准目标点 A

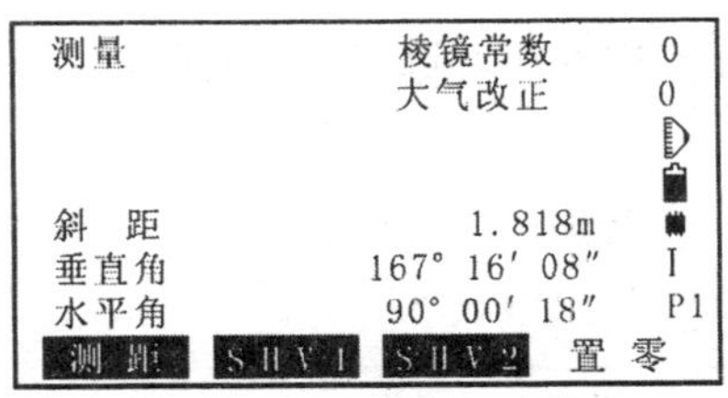

图 5－8　按[F4]置零

(3) 再次按[F4](置零)键，此时目标点 A 方向值已设置为零，如图 5－9 所示。

(4) 照准目标点 B。

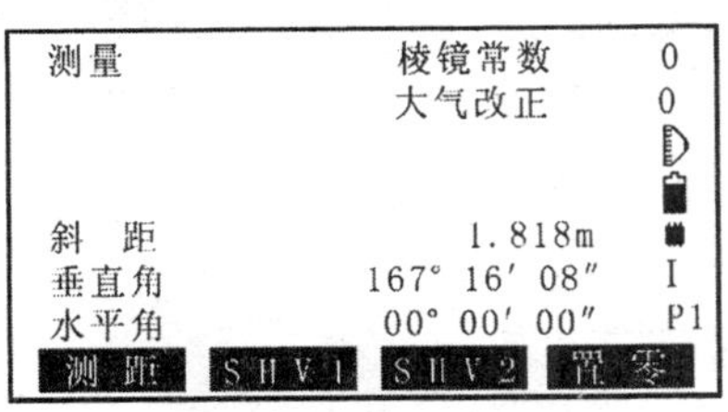

图 5－9　置零完成

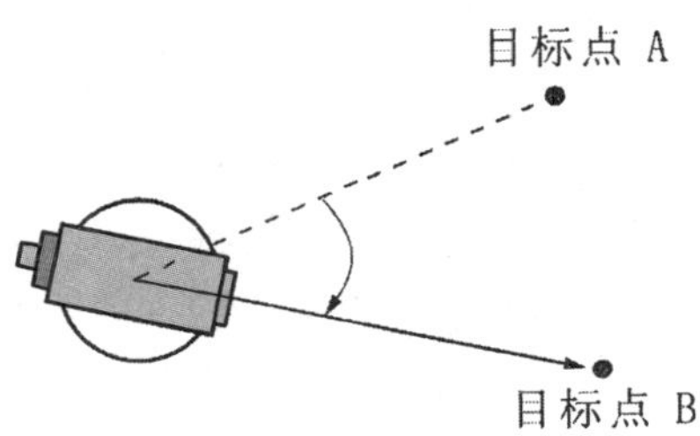

图 5－10　照准目标点 B

(5) 如图 5－11 所示的水平角"36°05′19″"即为目标点之间的夹角。

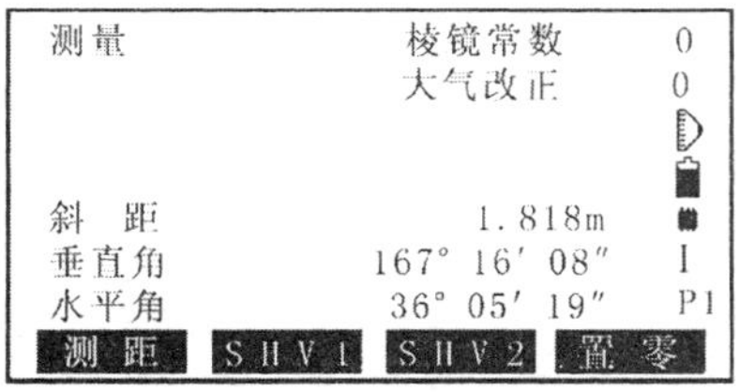

图 5－11 目标点间夹角

3)已知方向值的设定

利用水平角设置功能“方位角”可将任何方向的值设置为所需要的值。具体的操作步骤如下。

(1)仪器照准目标点 A。

(2)按[Func]页进入测量模式第二页,如图 5－12 所示。

(3)按[F4](设角)键,进入如图 5－13 所示页。

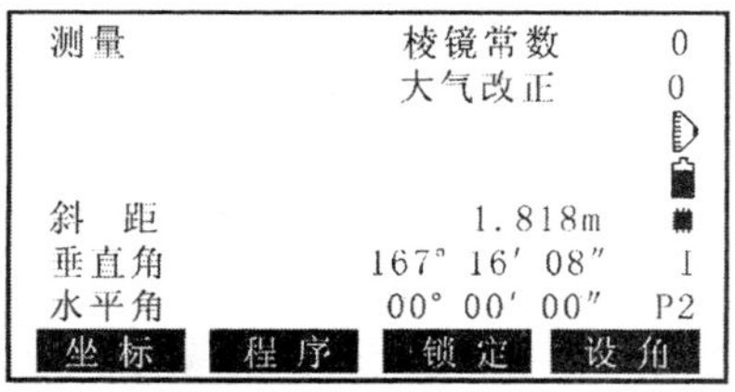

图 5－12

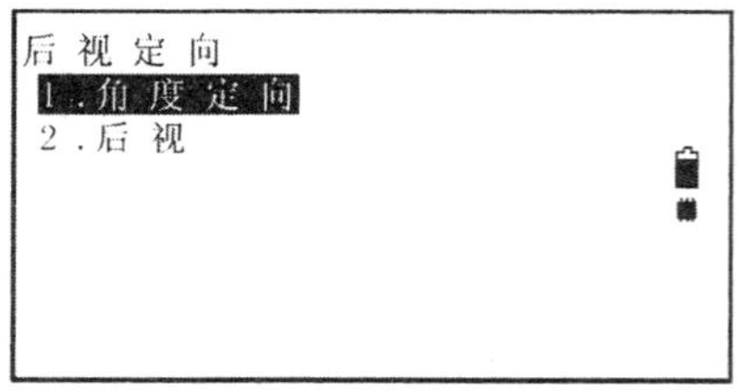

图 5－13 后视定向

(4)通过方向键选择“1.角度定向”(图 5－14),使其反黑显示,按[ENT]键确认,或直接按[1]键。

(5)输入已知方向值后按[ENT]键将照准方向设置为所需值。如图 5－15 所示,所设角度值为 12°30′05"。

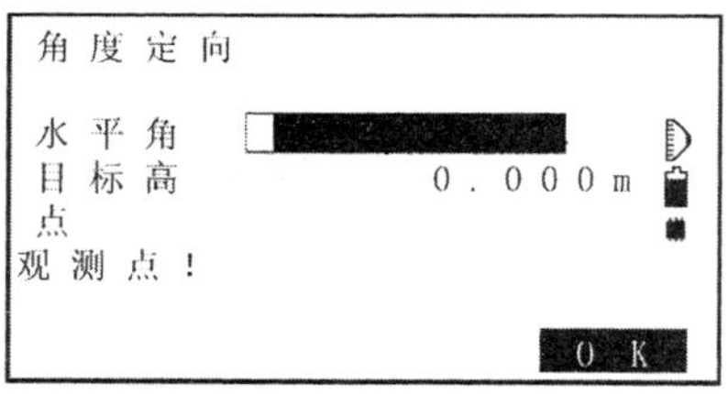

图 5－14 角度定向

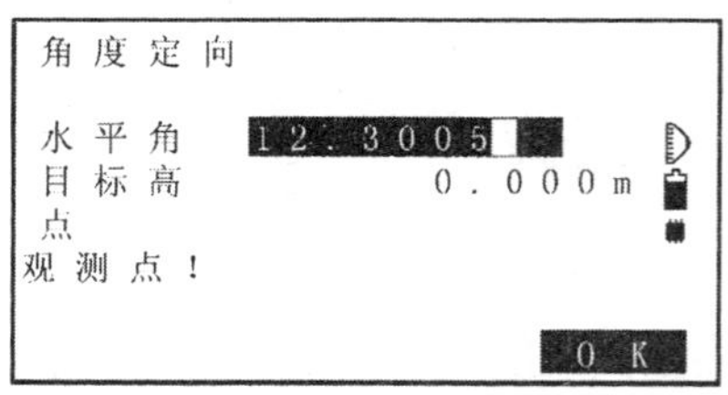

图 5－15 照准方向设置

(6)按[ESC]键,照准目标点 B。所显示的“水平角”即为目标 B 的方向值,该值与目标点 A 的设置值之差为两目标点间的夹角。如图 5－16 夹角为 111°06′13″。

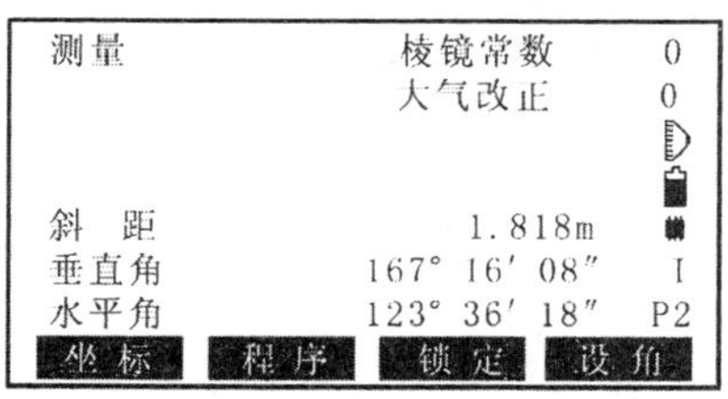

图 5－16 目标点间夹角

5.2.2 距离测量

1)准备

进行距离测量前应首先对测距模式、反射器类型、棱镜常数改正值、大气改正值、EDM 接收的相关参数进行设置。

(1)进入测量模式第 3 页显示,如图 5－17 所示。

(2)按[F1](EDM)键进入测距参数设置屏幕,如图 5－18 所示。

●按[▲]/[▼]键选择需要设置的参数选项。

●按[■]/[■]键对选择选项进行选择,“测距模式、反射器”为选择选项。

●对于设置项则可直接输入数值进行设置,“棱镜常数、温度、气压、大气改正”为设置项。

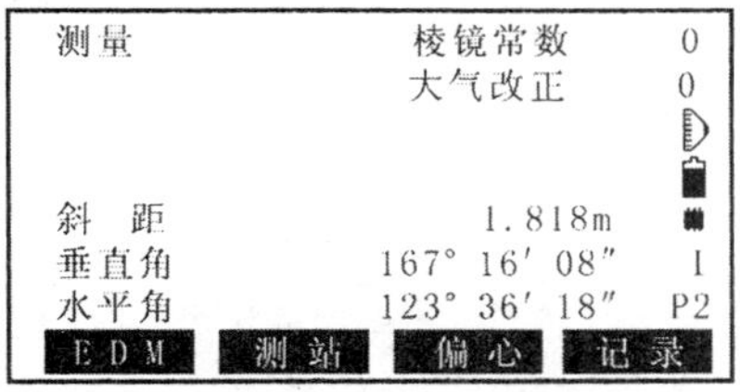

图 5－17　测量模式

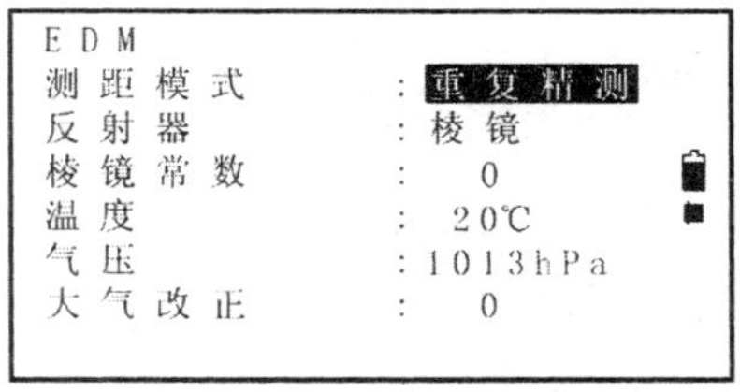

图 5－18　测距参数设置

●当测距模式选择为均值精测时候,可以通过按[F3](↑)或[F4](↓)键来改变测距次数,如图 5－19 所示。

●可以通过按[F1](OPPM)键将大气改正值设置为“0”,同时温度和气压值为默认位,如图 5－20 所示。

●大气改正值既可以直接输入,也可以通过输入温度和气压值计算。

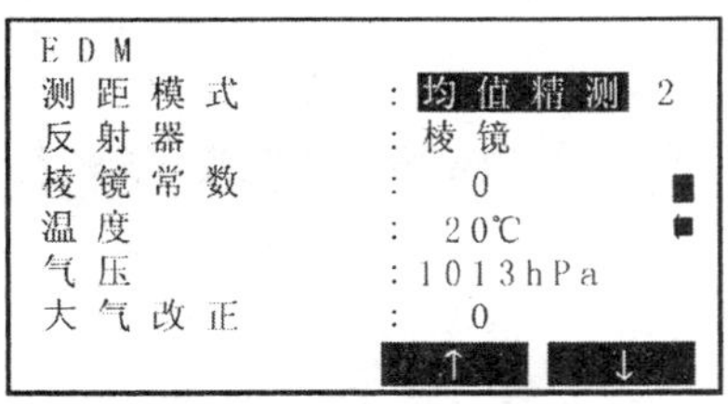

图 5－19　均值精测

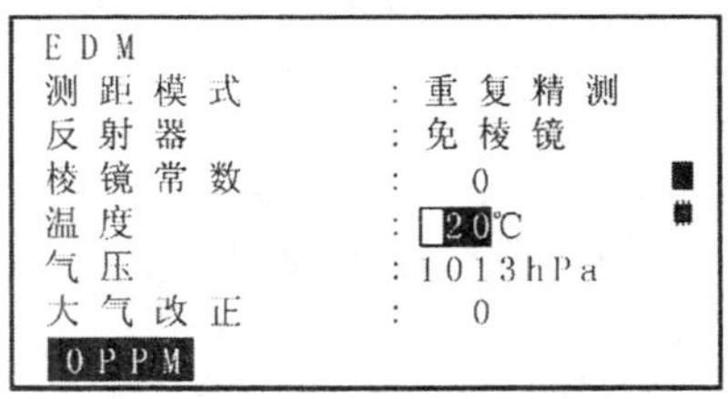

图 5－20　大气致正值设置

2)距离和角度测量

仪器可以同时对角度和距离进行测量。具体的操作步骤如下。

(1)照准目标,进入测量模式第一页,如图 5－21 所示。

(2)按[F1](测距)键开始距离测量。测距开始后,仪器闪动显示测距模式,棱镜常数改正值,气象改正值等信息,如图 5－22 所示。

(3)一声短响后屏幕上显示出斜距,垂直角和水平角的测量值,如图 5－23 所示。

(4)按[F4](停)键停止距离测量。按[F2](SHV1)键可使距离值的显示在斜距、平距和高差之间切换,如图 5－24 所示。

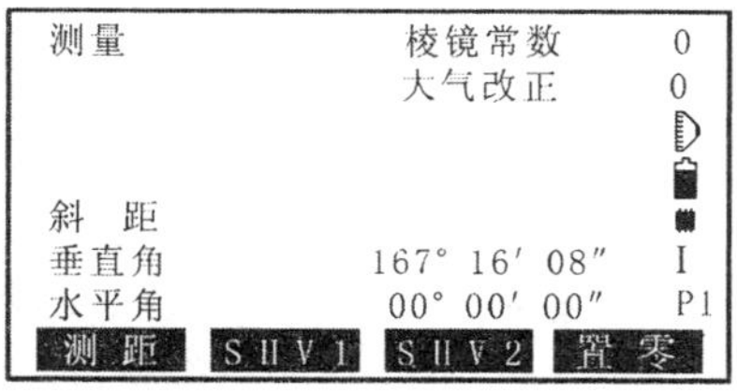

图 5－21 测量模式

图 5－22 距离测量

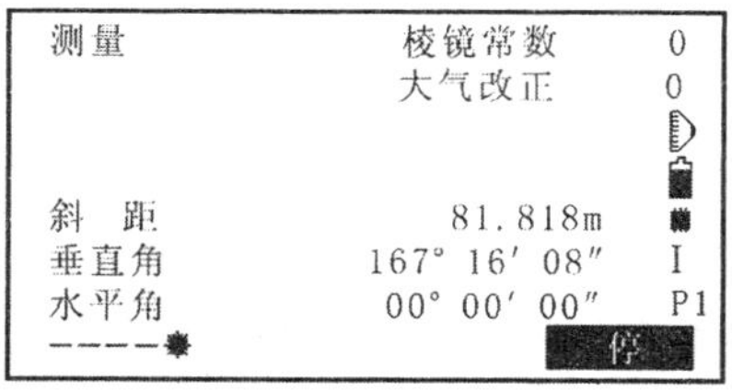

图 5－23 测量值

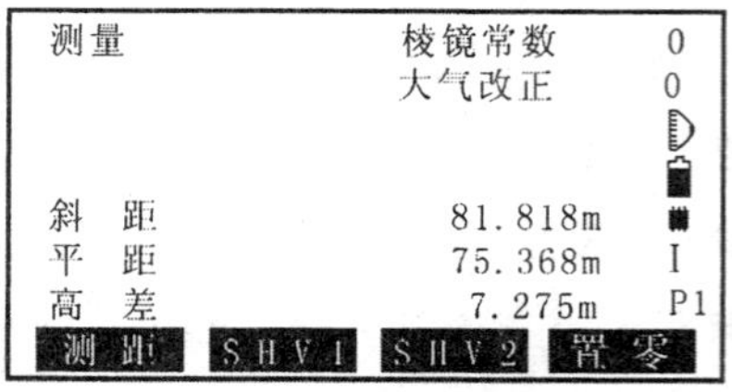

图 5－24 距离值切换

5.2.3 坐标测量

1）输入测站数据

进入测量模式第二页，按［F1］（坐标）键进入 <坐标测量> 屏幕，后续各个操作步骤如下。

● 选择"测站坐标"，如图 5－25 所示。

● 输入点名、仪器高、代码、测站坐标、用户名以及天气、温度、气压数据。点名及其坐标也可以按［F1］（调取）键从内存中调用已知坐标数据。

● 按［F4］（OK）键确认输入的坐标值，仪器自动进入后视定向菜单。

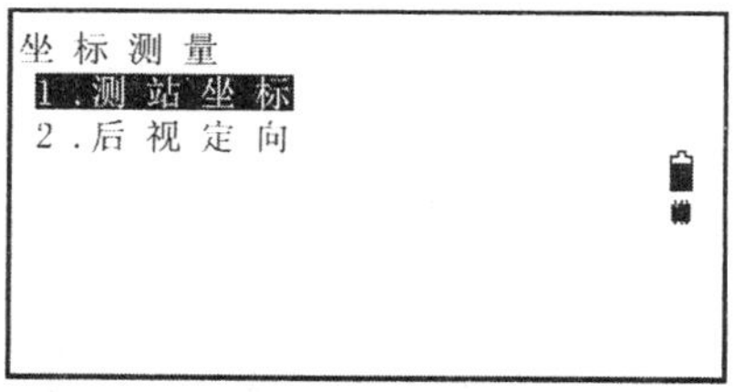

图 5－25 选择"测站坐标"

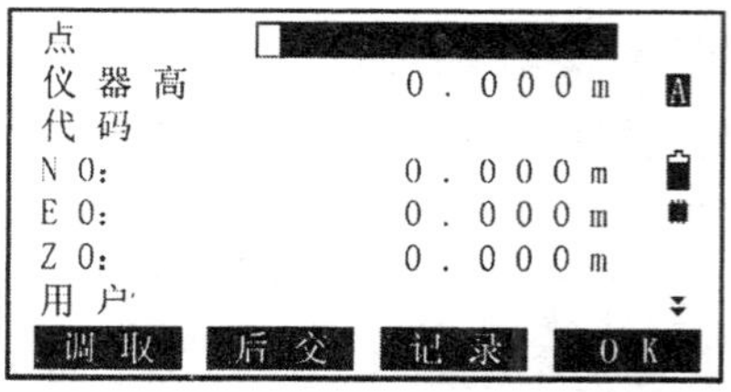

图 5－26 输入测站数据

2）后视定向

进入测量模式第二页，按［F1］（坐标）键进入 <坐标测量> 屏幕，选择"后视定向"。

● 在"后视定向"下选择"后视"，如图 5－27 所示。

● 输入后视点坐标。也可以按［F1］（调取）键从内存中调用已知坐标数据。

● 按［F4］（OK）键确认输入的后视点数据，如图 5－28 所示。

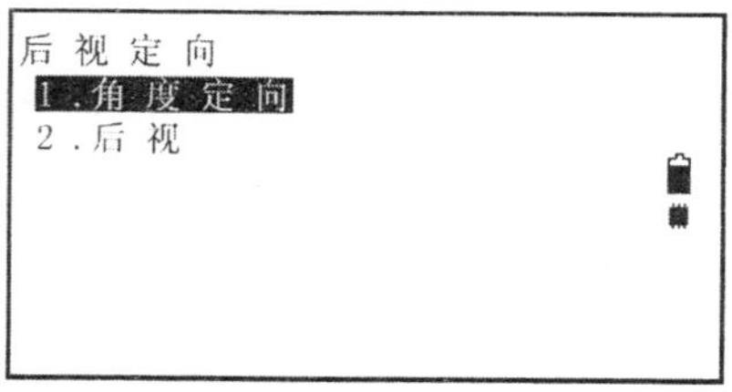

图 5－27 后视

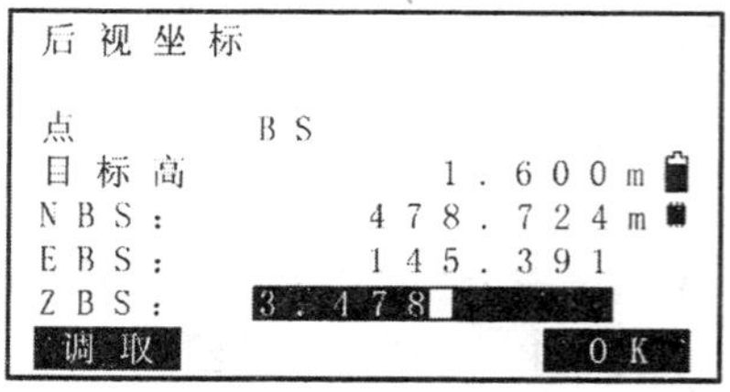

图 5－28 后视点数据

● 照准后视点按[F4](OK)键设置后视方位角,如图 5－29 所示。

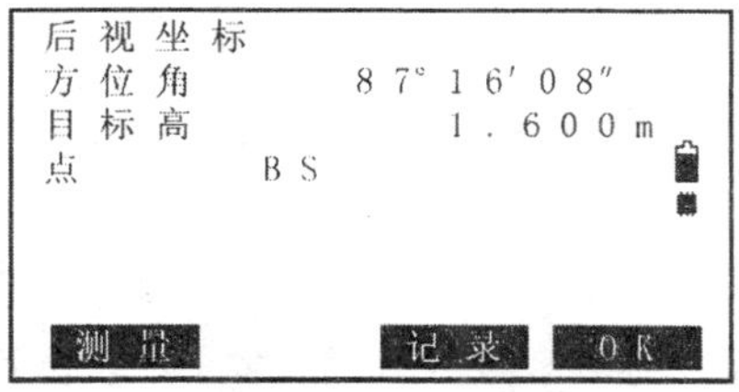

图 5－29　方位角设置

3)三维坐标测量

在输入测站点坐标、仪器高、目标高和后视方位角后,用坐标测量功能可以测定目标点的三维坐标。具体测量原理如图 5－30 所示。

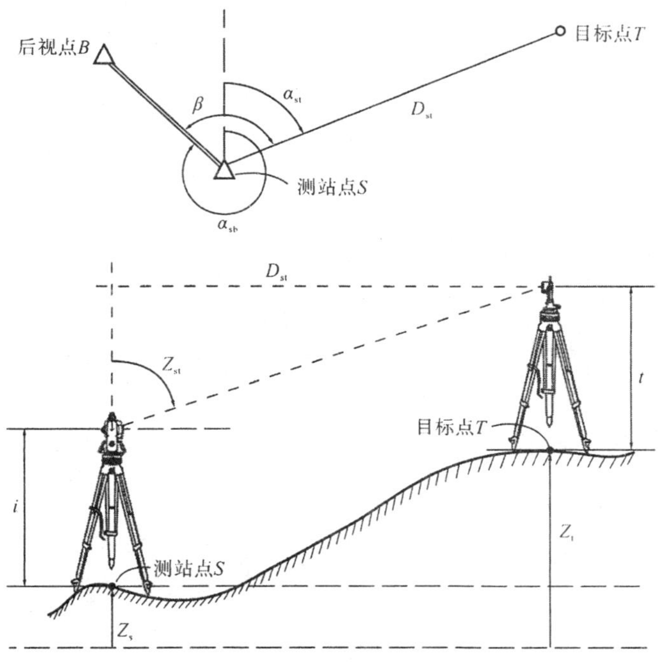

图 5－30　三维坐标测量原理

三维坐标测量的步骤如图 5－31 所示。

● 照准目标点上安置的棱镜后,进入 <坐标测量> 界面,选择"测量"开始坐标测量,在屏幕上显示出所测目标点的坐标值。

● 按[F2](标高)键可重新输入测站数据。

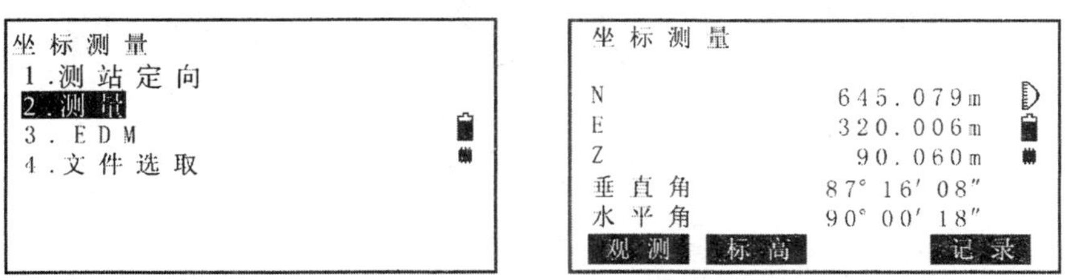

图 5－31　坐标测量

● 照准下一目标点后按[F1](观测)键开始测量,用同样的方法对所有目标点进行测量。

5.3 索佳 SET 210 型全站仪的基本操作

SET 210 型全站仪具有现代的硬件造型设计并配备了功能强大的应用软件，是融光、机、电、磁现代最新科技成就于一身，集小型、简便、快捷、高精度和多用性等特点为一体的新一代全站型电子速测仪，如图 5－32 所示。

SET 210 型全站仪具有下列特点：①超小型的望远镜；②轻巧的主机；③独特的光电系统；④双轴倾斜自动补偿装置；⑤双侧大屏幕液晶显示器；⑥功能强大的应用软件。

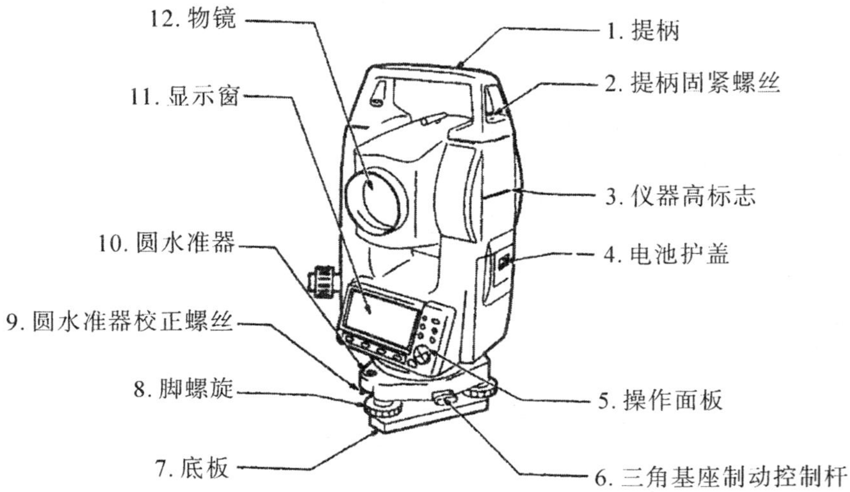

(a)

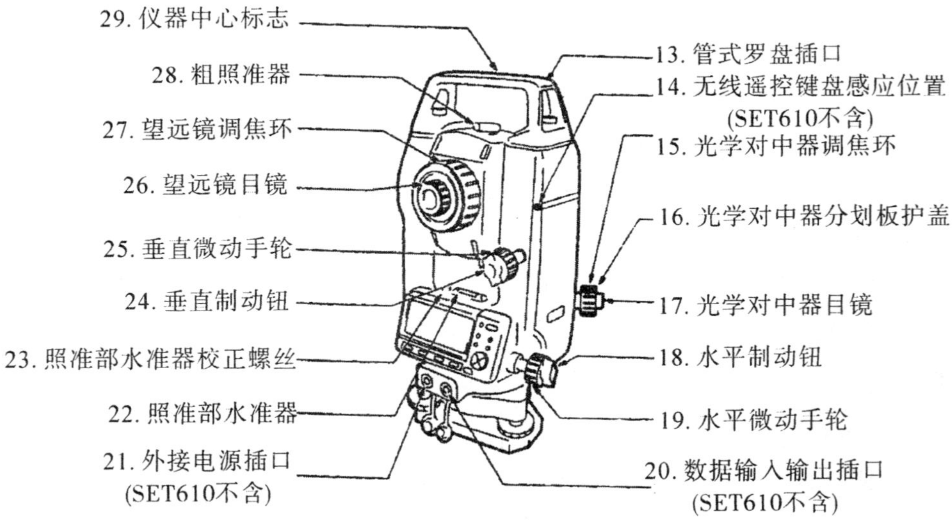

(b)

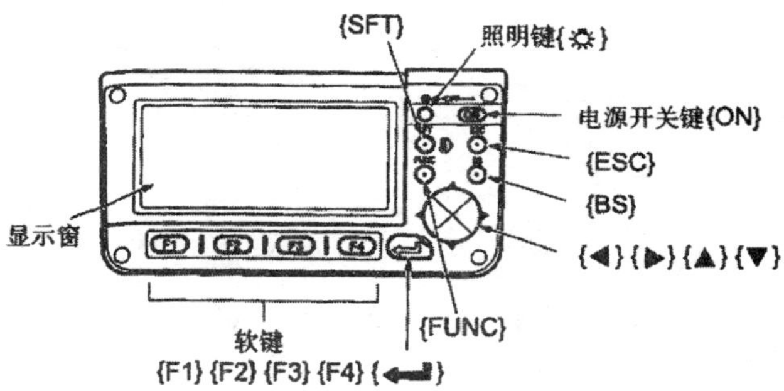

(c)

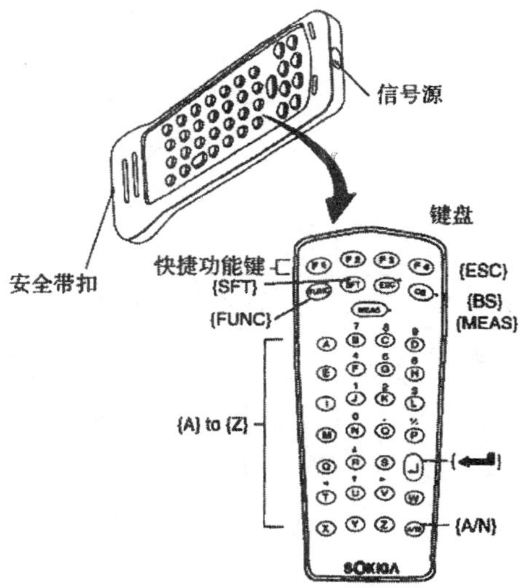

(d)

图 5－32　SET 210 的外貌图

SET 210 型全站仪的主要技术指标如表 5－1 所示。

表 5－1　SET 210 主要技术指标

内　容		参　数	备　注
望远镜	物镜孔径	45mm	
	放大倍率	30×	
	视场角	1°30′	
	最短焦距	1.0m	
测角部	最小显示	1″/5″可选	水平角，天顶距
	标准差	±2″	水平角，天顶距
	测角时间	小于 0.5s（连续测量）	
	双轴自动补偿	要、否（可选）	

（续表）

内容				参数	备注
测距部	最大测距			2m ~ 120m	RS90N 反射片
				2400m	单棱镜
	最小显示			3500m	三棱镜
	精度	有棱镜	精测	0.001m	精测
			粗测	$\pm(2+2\times10^{-6}\times D)$mm	
		无棱镜	精测	$\pm(5+5\times10^{-6}\times D)$mm	
			粗测	$\pm(4+3\times10^{-6}\times D)$mm	
	测距时间	精测		$\pm(5+5\times10^{-6}\times D)$mm	
		粗测		1.6s/次（初测 2.8s）	
		跟踪		0.8s/次（初测 2.3s）	
				0.3s/次（初测 1.8s）	
电源	内部电池 BDC 46			5.0h	可测约 600 点
	外部电池 BDC 12			17.5h	可测约 1980 点

完成电池的安装、电源的打开、水平度盘和竖直度盘指标的设置、仪器参数的设置等准备工作后，全站仪 SET 210 可进行水平角测量、竖直角测量、距离测量、坐标测量；利用应用软件还可进行前方交会、后方交会、道路横断面测量、悬高测量以及按设计坐标进行点位放样等。此外，通过联机通信，还可以方便地进行内业处理和数字化成图。下面主要介绍角度、距离和坐标测量时仪器的操作步骤。

5.3.1 角度测量

1）开机

按[ON]开机后，仪器首先进行工作自检。如果用户设定了密码，则需要输入密码后按[↵]键。当垂直角指标的设置为“手设”时，屏幕不显示垂直角，而显示“V1”。若仪器给出“超出”提示，表明仪器尚未整平，需重新整平仪器。

2）两点间角度测量

利用水平角置零功能“置零”测定两点间的夹角，该功能可将任何方向的值设置为零。具体操作步骤如下。

（1）按图 5－33（a）所示照准目标点 1。

（a）　　（b）

图 5－33　目标点 1 方向置零

(2)在测量模式第 1 页菜单下按[置零],在[置零]闪动时再次按下该键。此时目标点 1 方向值已设置为零,如图 5－33(b)所示。

(3)照准目标点 2,如图 5－34(a)所示。

所显示的水平角“HAR”即为两目标点间的夹角,如图 5－34(b)所示。

(a)　　(b)

图 5－34　两目标点夹角

3)已知方向值的设定

利用水平角设置功能“方位角”可将任何方向的值设置为所需要的值。具体操作步骤如下。

(1)照准目标点 1。

(2)在测量模式第 2 页菜单下按[方位角]。

(3)输入已知方向值后按[↵]将照准方向设置为所需值,如图 5－35 所示。

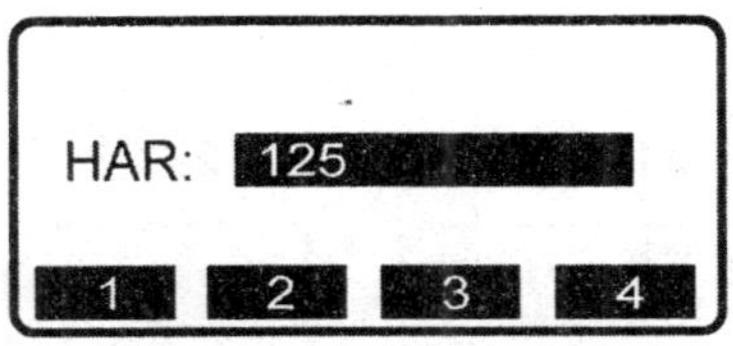

图 5－35　设置方向值

(4)照准目标点 2。

所显示的“HAR”即为目标点 2 的方向值,该值与设置值之差为两目标点间的夹角,如图 5－36 所示。

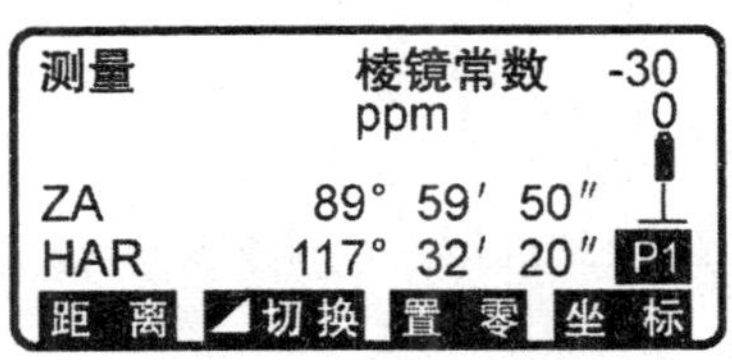

图 5－36　两目标点夹角

5.3.2 距离测量

1)准备

在进行距离测量前先完成以下四项设置:

①测距模式;②反射镜类型;③气象改正值;④电子测距(EDM)。

2)EDM 参数设置

在测量模式第 2 页菜单下按[改正]进入如图 5－37 所示。

图 5 -37　EDM 参数设置

[编辑]:修改光标处的参数。

[0ppm]:将气象改正设置为“0”,温度和气压值恢复到默认值。气象改正也可以通过输入温度、气压值后仪器自动计算,也可以直接输入“ * * * * ppm”值进行设置。

参数项的内容及其含义:

测距模式:重复精测/平均精测;单次精测/重复精测;单次粗测/跟踪测。

反射类型:棱镜/反射片。

棱镜常数: -90 ~ +99mm。

温　　度: -30 ~ +60℃。

气　　压:500 ~ 1400hpa。

棱镜常数改正:不同的棱镜具有不同的棱镜常数,使用时应将相应的棱镜常数改正值设置好。

配置模式下的参数设置:

在配置模式下选取“观测条件”进入观测条件设置屏幕,如图 5 -38 所示。

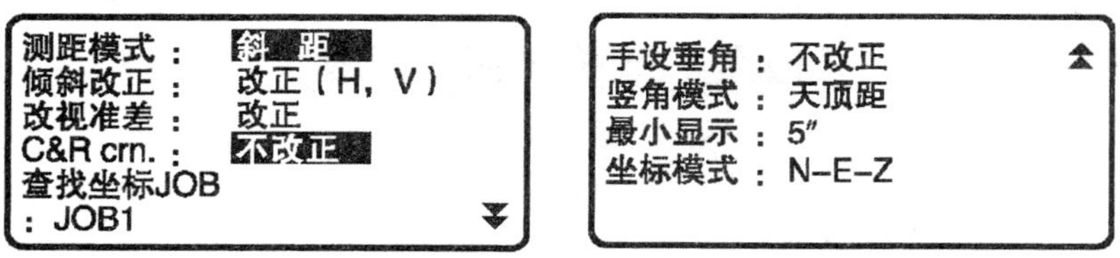

图 5 -38　配置模式下的参数设置示意图

视准轴改正:仪器具有自动改正由于横轴和水准管轴引起的视准误差的功能。

3)距离和角度测量

仪器可以同时对角度和距离进行测量。具体的操作步骤如下。

若将距离设置为平均精测,则显示每次的测量距离值后显示距离的平均值。

(1)照准目标。

(2)在测量模式第 1 页菜单下按[距离]开始距离测量,如图 5 -39 所示。

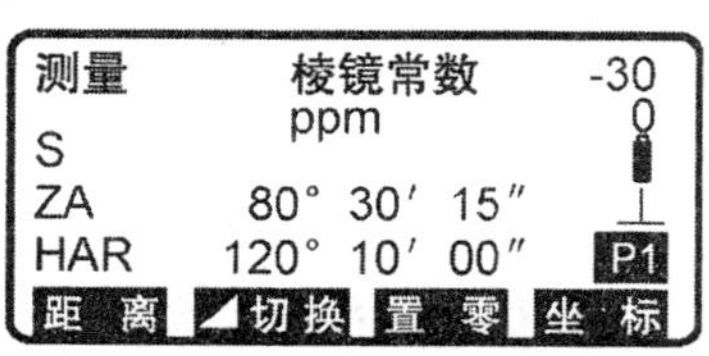

图 5 -39　开始距离测量

(3)测距开始后,仪器闪动显示测距模式,棱镜常数改正值,气象改正值等信息,如图 5 -40 所示。

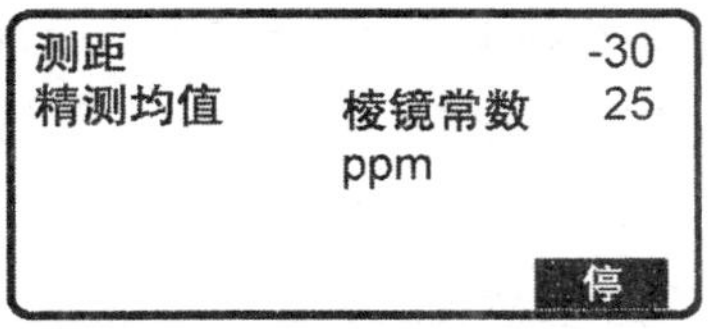

图 5－40　闪动显示测量信息

(4)一声短声响屏幕上显示出距离“S”、垂直角“ZA”和水平角“HAR”的测量值，如图 5－41 所示。

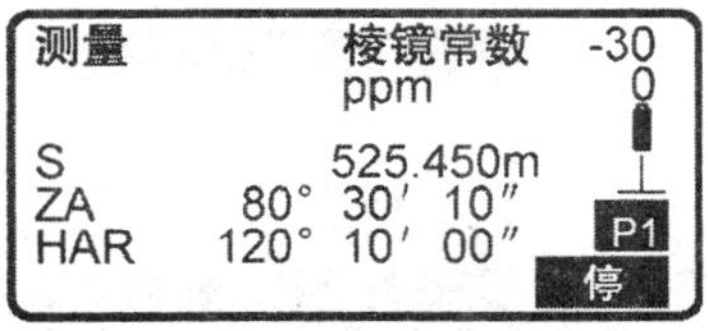

图 5－41　显示测量值

按[停]停止距离测量。

按[切换]可使距离值显示在斜距“S”、平距“H”和高差“V”之间转换。注意：若将距离测量设置为单次测量，则每次测距完成后自动停止。

5.3.3 坐标测量

在输入测站点坐标、仪器高、目标高和后视方位角后，用坐标测量功能可以测定目标点的三维坐标。

1)输入测站坐标

进行坐标测量前，需将测站坐标、仪器高和目标高等参数输入仪器。具体的操作步骤如下。

(1)量取仪器高和目标高。

(2)在测量模式第 1 页菜单下按[坐标]进入 <坐标测量> 屏幕，如图 5－42 所示。

图 5－42　坐标测量

(3)选取“测站坐标”后按[编辑]输入测站坐标、仪器高和目标高，如图 5－43 所示。调用预先输入内存中的已知坐标数据，按[取 DATA]，如图 5－42 所示，“调用内存中已知坐标数据”。

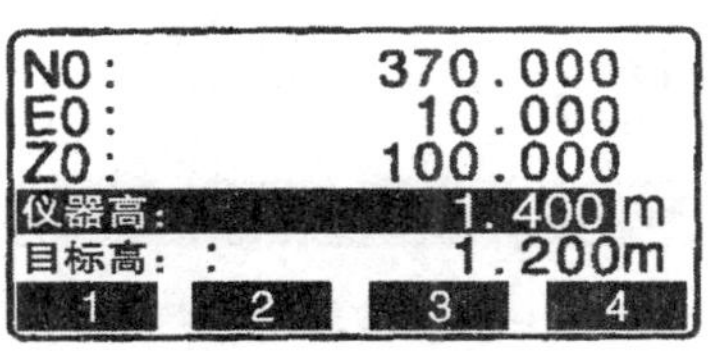

图 5－43　输入相关值

(4)按[OK]完成输入。存储测站数据按[记录],“19. 存储数据”。

2)调用内存中已知坐标数据

对存储于内存或工作文件中的坐标数据可以选取和调用。具体的调用步骤如下。

(1)在输入测站数据时按[取 DATA]屏幕上将显示已知坐标数据表,如图 5-44 所示。

点:存储于内存中的坐标数据。

坐标/测站:当前工作中文件中的坐标数据。

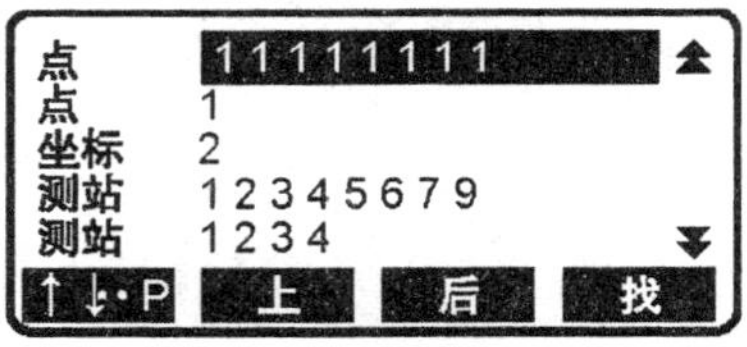

图 5-44 已知坐标数据

按[↑↓…P]后按{▲}{▼}显示下一页或上一页。

按[上]将光标移至第 1 页的第 1 个点号上。

按[后]将光标移至最后一页的最后一个点号上。

按[找]进入坐标数据搜寻屏幕,输入等搜导点号查找所需点。当已知数据较多时搜寻时间会较长。

(2)将光标移至所需点号上后按{↵}读入点号并显示数据,如图 5-45 所示。

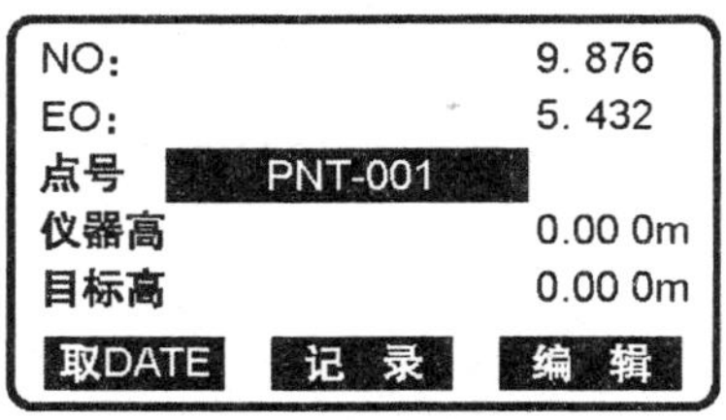

图 5-45 点号数据

3)设置后视坐标方位角

后视坐标方位角可以通过测站点坐标和后视点坐标反算得到。具体的设置步骤如下。

(1)选取[坐标测量]→[测站定向]→[定视定向]→[角度定向]直接输入角度。

(2)或选取“后视”后按[编辑]输入后视点坐标,如图 5-46 所示。需调用内存中坐标数据时按[取 DATA]。

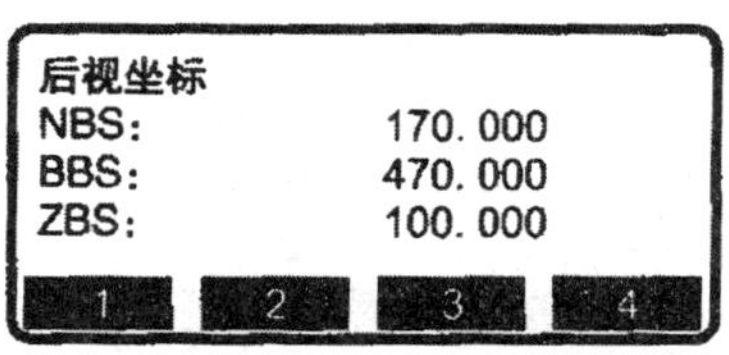

图 5-46 输入后视点坐标

(3)按[OK],屏幕上显示出测站点的坐标。

(4)再按[OK]设置测站坐标、后视定向。

(5)照准后视点后按[Yes]设置后视点坐标方位角，如图 5－47 所示。按[NO]返回第二步。

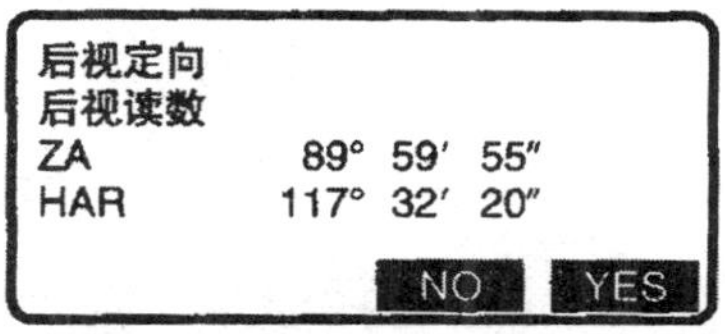

图 5－47　设置后视点坐标方位角

4)三维坐标测量

在设置好测站点后视点坐标方位角后便可测定目标点的三维坐标。测量过程如下。

(1)照准目标点上的棱镜。

(2)在<坐标测量>屏幕下选取“测量”开始坐标测量(图 5－48)，在屏幕上显出示所测目标点的坐标值，如图 5－49 所示。

按[停]停止测量。

按[仪高]可重新输入测站数据。

当待观测目标点的目标高不同时，开始观测前先将目标高输入。

按[记录]记录测量结果。

记录方法：“19 存储数据”。

(3)照准下一目标点后按[观测]开始测量。用同样方法对所有目标点进行测量。

(4)按[ESC]结束毕标测量返回<坐标测量>屏幕。

图 5－48　选取“测量”

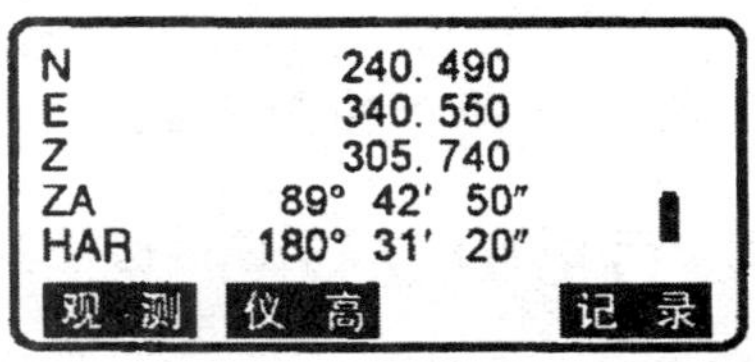

图 5－49　目标点坐标值

习题 5

1. 什么是全站仪？现在常用的全站仪有哪些类型(请列举出至少 3 种)？
2. 选择一种类型的全站仪，试简述其仪器构造和功能？
3. 全站仪可以进行哪些测量？简述测量的方法和步骤？
4. 全站仪补偿器的目的和作用是什么？简述全站仪的操作步骤有哪些？
5. 简述全站仪坐标放样的步骤？

第6章 测量误差基本知识

6.1 测量误差

在中学物理实验中我们已经知道：一个几何物体的真实长度是客观存在的，但用刻度尺测量几何物体的长度时，由于估读到分度值的下一位不可能准确，几何物体长度的测量值并不等于该几何物体的真实长度，测量值和真实值之间的差异称为测量误差。测量误差总是不可避免的，也不能消除，只能设法减小。

在各种土木工程中，由专门的仪器和工具，采用一定的测量方法和程序，通过距离测量、角度测量和高差测量等测量值确定点的位置。这种测量精度要求高，但由于测量误差不可避免，因而有必要研究测量误差产生的原因以及减少测量误差影响的方法，并对测量成果的质量作出合理的评价。

6.1.1 测量误差产生的原因

测量工作产生测量误差的原因有很多，可以归纳为以下三个方面：

1）测量仪器

测量工作必需使用测量仪器进行，由于测量仪器在设计和制造工艺上的局限性，仪器轴线间的几何关系无论是构造还是使用过程中的校正都不可能十分完善，从而使测量结果必定要受到仪器误差的影响。对于不同等级、不同类型的测量仪器精密程度不一样，仪器误差的影响也是不同的。

2）观测者

由于观测者感觉器官的鉴别能力存在局限性，在对仪器的各项操作中，如瞄准目标、读数估读等方面都会产生误差。此外，观测者的技术水平和工作态度也会对观测成果带来不同程度的影响。

3）外界环境

测量工作通常是在野外进行的，所处的外界环境，如温度的高低、风力的大小、阳光的强弱等时刻在变化，必然使测量的结果产生误差。

上述测量仪器、观测者和外界环境三方面的因素是引起测量误差的主要原因，也是测量工作不可缺少的客观条件,因此,我们把这三方面的因素综合起来称为观测条件。观测条件的好坏与观测成果的质量有着密切的联系。在较好的观测条件下进行观测,观测成果的质量就会高一些。反之,观测条件差一些,由于受到观测条件的影响,观测成果的质量就会低一些。如果观测条件相同,观测成果的质量就可以说是相同的。所以说,观测成果的质量高低也就客观地反映了观测条件的优劣。我们把观测条件相同的各次观测称为等精度观测;观测条件不相同的各次观测称为不等精度观测。

在整个观测过程中,由于受到上述三方面因素的影响,测量中的误差是不可避免的,但是测量工作可以通过下述方法减小误差、提高观测成果质量,确保观测成果在允许误差限差以内。

(1)选用较精密的测量仪器;

(2)多次测量求平均值;

(3)改进测量方法和选择有利的作业时间。

6.1.2 测量误差的分类

测量误差按其对观测结果影响性质的不同分为系统误差和偶然误差两类。

1)系统误差

在相同的观测条件下,对某一量进行一系列观测,如果误差出现的大小和符号均相同或按一定的规律变化,这种误差称为系统误差。系统误差是由于仪器本身不够精确、测量方法的局限性或测量原理不完善而产生的。例如,用名义长度为 30.000m,而实际检定后长度为 29.995m 的钢尺量距,每量一尺段就有 0.005m 的误差,量距越长误差越大,即尺长不正确时,量距误差与所量距离的长度成正比。所以,系统误差具有累积性,对测量结果的影响很大,但这种影响具有一定的规律性,可以通过适当的途径确定其大小和符号,利用计算公式改正系统误差对观测值的影响,或采用适当的观测方法、提高测量仪器的精度加以消除或削弱。

2)偶然误差

在相同的观测条件下,对某一量进行一系列观测,如果误差出现的大小和符号上都表现出偶然性,即从单个误差看其数值时大时小,符号有正有负,没有任何规律,但就大量误差的总体而言具有一定的统计规律,这种误差称为偶然误差。偶然误差是由各种人力所不能控制的偶然因素(例如人眼的分辨能力、仪器因素、气象因素等)共同引起的测量误差。例如读数时的估读误差、照准目标时的瞄准误差都属于偶然误差。偶然误差是不可避免的,且无法消除,但多次观测取其平均,可以抵消一些偶然误差,因此偶然误差具有抵偿性,多次观测值的平均值比一次测得的数值更接近于真实值,此外,提高测量仪器的精度、选择良好的外界观测条件、改进观测程序、采用合理的数据处理方法如最小二乘法等措施来减少偶然误差对测量成果的影响。

除了上述两种误差以外,在测量工作中还可能发生错误,例如瞄错目标,读错读数等。通常称这类异常误差为粗差。粗差的产生主要是由于工作中的粗心大意或观测方法不当造成的,错误是可以也是必须避免的,含有粗差的观测成果是不合格的,必须采取适当的方法和措施剔除粗差或重新进行观测。

6.1.3 多余观测

为了提高观测成果的质量,同时也为了检查和及时发现观测值中的错误,在实际工作中观测值的个数多于待求量的个数,称为多余观测。例如测量一段距离,丈量一次就能确定其长度,但实际测量时,常要求采用往返各丈量一次取平均值,则有一次多余观测,此时计算往返值之间的差值,就可根据差值的大小和测量规范的限差要求,判断测量成果的精确程度。若差值大到一定的程度,就认为观测值中有粗差,称为误差超限。若对该段距离丈量了 n 次取平均值,则有 $n-1$ 个多余观测,此时可计算各个观测值与平均值之间的差值,判断测量成果的准确程度。

6.1.4 偶然误差的统计规律

就单个偶然误差而言,其数值的大小和符号的正负没有任何规律性,但就大量的偶然误差来看,则显示出一定的统计规律。偶然误差的数量越多,规律性就越明显。

设在相同的观测条件下,独立地观测了某一测区共 182 个三角形的全部内角。由于观测值含有误差,各个三角形内角之和不等于其真值 180°,因此可以按下式计算三角形内角之和与其真值 180°之间的差值,称为三角形闭合差,也就是三角形内角之和的真误差,即

$$\Delta_i = 180° - (L_1 + L_2 + L_3)_i \qquad (i = 1,\ 2,\ \cdots,182) \qquad (6-1)$$

设观测值只含有偶然误差,将 182 个真误差 Δ_i 按正、负误差分开,并按其绝对值由小到大进行排列,统计落在误差区间 $d\Delta = 0.5''$的误差个数 k ,并计算其相对个数 $k/n(n = 182)$, k/n 称为误差出现的频率。结果见表 6-1。

表 6-1 偶然误差的统计

误差区间	正误差		负误差	
	个数 k	相对个数 k/n	个数 k	相对个数 k/n
0.0″ ~ 0.5″	26	0.143	26	0.143
0.5″ ~ 1.0″	20	0.110	21	0.115
1.0″ ~ 1.5″	14	0.077	14	0.077
1.5″ ~ 2.0″	11	0.060	11	0.060
2.0″ ~ 2.5″	8	0.044	9	0.049
2.5″ ~ 3.0″	7	0.039	6	0.033
3.0″ ~ 3.5″	3	0.017	4	0.022
3.5″ ~ 4.0″	1	0.005	1	0.005
4.0″以上	0	0	0	0
Σ	90	0.495	92	0.505

从表 6-1 的统计中可以看出:绝对值较小的误差比绝对值较大的误差多;绝对值相

等的正负误差个数相近；最大误差绝对值不会超过4.0″。以上根据182个三角形闭合差得出的偶然误差的统计规律并不是特例，通过大量的统计实践可以归纳出偶然误差具有以下的统计规律：

(1)在一定观测条件下，绝对值超过一定限值的误差出现的频率为零；

(2)绝对值较小的误差出现的频率大，绝对值较大的误差出现的频率小；

(3)绝对值相等的正负误差出现的频率大致相等；

(4)当观测次数无限增大时，偶然误差的算术平均值趋近于零。即

$$\lim_{n\to\infty}\frac{[\Delta]}{n}=0 \tag{6-2}$$

式中，$[\Delta]=\Delta_1+\Delta_2+\cdots+\Delta_n$；$n$ 为 Δ 的个数。

具有以上统计规律的偶然误差，当观测次数 $n\to\infty$时，在数理统计中就是服从正态分布的随机变量，误差出现在各区间的频率就是概率。

6.2 评定精度的标准

测量工作中，由于观测条件的不同，测量误差的大小是不一样的，观测值中存在误差，观测成果只是真实值的一种最接近的测量值，为了确保观测成果的精度，我们必须知道如何评定测量成果的质量。在数理统计中正态分布的方差 σ^2 是反映分布曲线密集或离散程度的数值指标，因此对于服从正态分布的偶然误差，用方差能够反映误差偏离其真实值密集或离散的程度。在一定的观测条件下进行观测得到的偶然误差其误差分布是一定的，误差分布较为密集，方差 σ^2 较小，表示其观测质量较好，观测精度较高；反之，误差分布较为离散，方差 σ^2 较大，表示其观测质量较差，观测精度较低。测量中一般用标准差 σ 作为衡量精度的数值指标，习惯上称为中误差，用 m 表示。

6.2.1 中误差

标准差又称为均方差、方根差，在一定的观测条件下，σ 的定义式为

$$\sigma=\pm\lim_{n\to\infty}\sqrt{\frac{[\Delta\Delta]}{n}} \tag{6-3}$$

式中，$[\Delta\Delta]=\Delta_1^2+\Delta_2^2+\cdots+\Delta_n^2$；$n$ 为 Δ 的个数。

在实际测量工作中，不可能对某一量作无穷多次观测，因此定义按有限个观测值的偶然误差求得的标准差近似值(估值)为中误差 m，即

$$m=\pm\sqrt{\frac{\Delta_1^2+\Delta_2^2+\cdots+\Delta_n^2}{n}}=\pm\sqrt{\frac{[\Delta\Delta]}{n}} \tag{6-4}$$

从上式可知中误差不是代表个别误差的大小，而是代表一组同精度观测值误差分布的离散度的大小，该组每个观测值的中误差都等于 m。

[例6-1] 对三角形的内角进行两组观测(各测10次)，根据两组观测值中的真误

差，分别计算其中误差列于表 6－2。

表 6－2　按观测值的真误差计算中误差

序号	第一组观测			第二组观测		
	观测值 l_i	真误差 Δ_i	Δ_i^2	观测值 l_i	真误差 Δ_i	Δ_i^2
1	180°00′01″	－1″	1	180°00′08″	－8″	64
2	179°59′58″	＋2″	4	179°59′54″	＋6″	36
3	180°00′02″	－2″	4	180°00′03″	－3″	9
4	179°59′57″	＋3″	9	180°00′00″	0″	0
5	180°00′03″	－3″	9	179°59′53″	＋7″	49
6	180°00′00″	0″	0	179°59′51″	＋9″	81
7	180°00′04″	－4″	16	180°00′08″	－8″	64
8	179°59′57″	＋3″	9	180°00′07″	－7″	49
9	179°59′58″	＋2″	4	179°59′54″	＋6″	36
10	180°00′02″	－2″	4	180°00′04″	－4″	16
Σ		－2″	60		－2″	404
中误差	$[\Delta\Delta]=60, n=10$			$[\Delta\Delta]=404, n=10$		
	$m_1=\pm\sqrt{\frac{[\Delta\Delta]}{n}}=\pm 2.5''$			$m_2=\pm\sqrt{\frac{[\Delta\Delta]}{n}}=\pm 6.4''$		

从表 6－2 中可见，第二组观测值的中误差大于第一组观测值的中误差，虽然这两组观测值的真误差之和 $[\Delta]$ 是相等的，但是在第二组观测值中出现了较大的误差（－8″、＋9″），因此其精度相对而言较低。

6.2.2 相对误差

在某些测量工作中，用中误差这个标准还不能反映出观测的质量，例如用钢尺丈量 200m 及 80m 两段距离，观测值的中误差都是 ±20mm，但不能认为两者的精度一样；因为量距误差与其长度有关，为此，用观测值的中误差绝对值与其观测值之比化为分子为 1 的分数的形式，称为相对中误差。上例中，前者的相对中误差为 $K_1=0.02/200=1/10000$，而后者的相对中误差则为 $K_2=0.02/80=1/4000$，前者精度高于后者。

6.2.3 极限误差

由于偶然误差服从正态分布，按正态分布表查得，在大量同精度观测值的一组误差中，误差的绝对值小于 1 倍中误差、2 倍中误差和 3 倍中误差的概率分别为

$$P(|\Delta|<m)=0.683=68.3\%$$

$$P(|\Delta|<2m)=0.954=95.4\%$$

$$P(|\Delta|<3m)=0.997=99.7\%$$

由此可见，绝对值大于 2 倍中误差的偶然误差约占误差总数的 5%，而大于 3 倍中误差的仅占误差总数的 0.3%。由于一般进行测量的次数有限，上述情况很少遇到，因此以

2 倍或 3 倍中误差作为容许误差的极限,称为容许误差或极限误差

$$\Delta_{容} = 2m \quad 或 \quad \Delta_{容} = 3m \tag{6-5}$$

前者要求较严,而后者要求较宽。若测量中出现的误差大于容许值,是不正常的,即认为观测值中存在粗差,应剔除粗差,或放弃该观测值重测。

6.3 观测值的成果计算与精度评定

6.3.1 算术平均值

对某未知量进行 n 次等精度观测,其观测值分别为 $L_1, L_2, \cdots, L_n$,将这些观测值取算术平均值 x 作为该未知量的最可靠的数值,又称最或然值(也称最或是值),即

$$x = \frac{L_1 + L_2 + \cdots + L_n}{n} = \frac{[L]}{n} \tag{6-6}$$

设某量的真值为 X ,各观测值为 $L_1, L_2, \cdots, L_n$,其相应的真误差为 $\Delta_1, \Delta_2, \cdots, \Delta_n$,则

$$\begin{aligned} \Delta_1 &= X - L_1 \\ \Delta_2 &= X - L_2 \\ &\vdots \\ \Delta_n &= X - L_n \end{aligned}$$

将等式两端分别相加并除以 n ,则

$$\frac{[\Delta]}{n} = X - \frac{[L]}{n} = X - x$$

根据偶然误差第 4 特性,当观测次数 n 无限增大时, $\frac{[\Delta]}{n}$ 就趋近于零,即

$$\lim_{n \to \infty} \frac{[\Delta]}{n} = 0$$

由此看出,当观测次数无限大时,算术平均值 x 趋近于该量的真值 X 。以算术平均值 x 作为某量的最或然值是合理和可靠的。但在实际工作中不可能进行无限次的观测,则算术平均值就不等于真值,因此,我们就把有限个观测值的算术平均值认为是该量的最佳估值。

6.3.2 观测值的改正值

观测值的改正值(以 v 表示),是算术平均值与观测值之差,即

$$\begin{aligned} v_1 &= x - L_1 \\ v_2 &= x - L_2 \\ &\vdots \\ v_n &= x - L_n \end{aligned} \tag{6-7}$$

将等式两端分别相加,得

$$[v] = nx - [L]$$

将 $x = \frac{[L]}{n}$ 代入上式，得

$$[v] = n\frac{[L]}{n} - [L] = 0 \tag{6-8}$$

因此一组等精度观测值的改正值之和恒等于零。这一结论可作为计算工作的校核。

6.3.3 按观测值的改正值计算中误差

一组等精度观测值在真值已知的情况下（例如三角形的三内角之和等于180°为真值），可以按式(6－1)计算观测值的真误差，按式(6－4)计算观测值的中误差。

一般情况下，观测值的真值 X 往往是不知道的，真误差 Δ 也就无法求得，因此就不能用式(6－4)求中误差。由上一节可知，在相同观测条件下对某量进行多次观测，可以计算其最或然值——算术平均值 x 及各观测值的改正值 v_i；并且也知道，最或然值 x 在观测次数无限增多时，将逐渐趋近于真值 X。在观测次数有限时，以 x 代替 X，就相当于以改正值 v_i 代替真误差 Δ_i。由此得到按观测值的改正值计算观测值的中误差的实用公式为

$$m = \pm\sqrt{\frac{[vv]}{n-1}} \tag{6-9}$$

式(6－4)与式(6－9)不同之处：分子以 $[vv]$ 代替 $[\Delta\Delta]$，分母以 $n-1$ 代替 n。实际上，n 和 $n-1$ 是代表两种不同情况下的多余观测数。因为，在真值已知的情况下，所有 n 次观测均为多余观测，而在真值未知情况下，则其中一个观测值是必要的，其余 $n-1$ 个观测值是多余的。

对于算术平均值 x 的中误差 m_x 可用下式计算：

$$m_x = \frac{m}{\sqrt{n}} = \pm\sqrt{\frac{[vv]}{n(n-1)}} \tag{6-10}$$

[例6－2]设在相同观测条件下对某一水平角进行6次观测，求其算术平均值 x、观测值的中误差 m 以及算术平均值中误差 m_x。计算在表6－3中进行。在计算算术平均值时，由于各个观测值相互比较接近，为了便于计算，先令各观测值共同部分为 $L_0 = 78°26'$，差异部分为 ΔL_i，即

$$L_i = L_0 + \Delta L_i \tag{6-11}$$

表6－3 按观测值的改正值计算中误差

序号	观测值 Li	ΔLi	改正值 vi	vi^2	计算 x,m,及 mx
1	78°26′42″	42″	－7″	42	$x = L_0 + \frac{[\Delta L]}{n} = 78°26'35''$
2	78°26′36″	36″	－1″	1	
3	78°26′24″	24″	+11″	121	$[vv] = 300$, $n = 6$
4	78°26′45″	45″	－10″	100	$m = \pm\sqrt{\frac{[vv]}{n-1}} = \pm 7.8''$
5	78°26′30″	30″	+5″	25	
6	78°26′33″	33″	+2″	4	$m_x = \frac{m}{\sqrt{n}} = \pm 3.2''$
Σ	78°26′00″	210″	0″	300	

则算术平均值的实用计算公式可写为

$$x = L_0 + \frac{[\Delta L]}{n} \tag{6-12}$$

6.3.4 加权算术平均值及其中误差

设某一未知量是在不同的观测条件下进行的不等精度观测，各观测值的中误差各不相同。每个不同的中误差，都对应着一个确定的误差分布，即对应着一定的观测条件。观测结果的中误差越小，其结果越可靠，在求未知量最可靠值时，就不能像等精度观测那样简单地取算术平均值，而应该使精度较高的观测值对最后结果产生较大的影响。

1. 权与中误差的关系

为了比较各观测值之间的精度，除了可以应用中误差之外，还可以通过方差之间的比例关系来衡量观测值之间的精度高低，这种表示各观测值方差之间的比例关系的数值称为各观测值的权，用 p 表示。“权”是权衡轻重的意思，观测值的精度较高，其可靠性也较强，则权也较大。权是对各观测结果的可靠程度给予数值表示，只具有相对意义，并不反映中误差绝对值的大小，所以权是表征精度的相对数字指标。

设不等精度观测值 $L_1, L_2, \cdots, L_n$ 的中误差分别为 m_1 , m_2 ,…, m_n ，如选取一个任意的常数 m_0 ，则相应的权可以用下面的式子来定义：

$$p_i = \frac{m_0^2}{m_i^2} \qquad (i = 1, 2, \cdots, n) \tag{6-13}$$

并称 p_i 为观测值 L_i 的权。

设一次观测值的中误差为 m ，对某一未知量进行了 n 次等精度观测，则由式(6-10)得算术平均值的中误差为 $m_x = m/\sqrt{n}$ 。由权的定义并设 $m_0 = m$ ，则

一次观测值的权为　　$p = m_0^2/m^2 = 1$

算术平均值的权为　　$p = m_0^2/m_x^2 = n$

[例 6-3] 对某段距离由两个小组分别观测了 4 次和 2 次得观测值 L_1 , L_2 , L_3 , L_4 和 L'_1 , L'_2 ，设每次观测都是等精度观测，其观测值的中误差皆为 m ，求两组算术平均值的权。

解：第一组算术平均值 x_1 的中误差为 m_1 ，按式(6-10)求得

$$m_1 = \frac{m}{\sqrt{4}}$$

同理，第二组算术平均值 x_2 的中误差为 m_2 ，则有

$$m_2 = \frac{m}{\sqrt{2}}$$

设 $m_0 = m$ ，根据权的定义，将 m_1 和 m_2 分别代入式(6-13)中，得 x_1 、x_2 的权分别为

$$p_1 = \frac{m_0^2}{m_1^2} = \frac{m^2}{m^2/4} = 4 \qquad p_2 = \frac{m_0^2}{m_2^2} = \frac{m^2}{m^2/2} = 2$$

由上例可知，取一次观测值的权为 1，则 n 次观测值的算术平均值的权为 n 。故算术

平均值的权与其观测次数成正比。

上例若设 $m_0 = m_2$，则 x_1、x_2 的权分别为

$$p_1 = \frac{m_0^2}{m_1^2} = \frac{m^2/2}{m^2/4} = 2 \qquad p_2 = \frac{m_0^2}{m_2^2} = \frac{m_2^2}{m_2^2} = 1$$

因此，任意选择 m_0 值，可以使权变为便于计算的数值。

等于 1 的权称为单位权，而权等于 1 的中误差称为单位权中误差，一般用 m_0 表示。若已知单位权中误差 m_0，对于观测值 L_i，其相应的权为 p_i，则由

$$p_i = m_0^2/m_i^{\ 2}$$

可得观测值的中误差为

$$m_i = \pm m_0 \sqrt{\frac{1}{p_i}} \tag{6-14}$$

2. 加权算术平均值及其中误差

设对同一未知量进行了 n 次不等精度观测，观测值为 $L_1, L_2, \cdots, L_n$，其相应的权为 $p_1, p_2, \cdots, p_n$，则加权算术平均值 x 为不等精度观测值的最可靠值，其计算公式为

$$x = \frac{p_1L_1 + p_2L_2 + \cdots + p_nL_n}{p_1 + p_2 + \cdots + p_n} \quad 或 \quad x = \frac{[pL]}{[p]} \tag{6-15}$$

加权算术平均值的权为 $[p]$，中误差 m_x 为

$$m_x = \pm m_0 \sqrt{\frac{1}{[p]}} \tag{6-16}$$

由真误差 Δ_i 求单位权中误差 m_0 的计算公式为

$$m_0 = \pm \sqrt{\frac{[p\Delta\Delta]}{n}} \tag{6-17}$$

代入式(6-16)中，可得

$$m_x = \pm m_0 \sqrt{\frac{1}{[p]}} = \pm \sqrt{\frac{[p\Delta\Delta]}{n[p]}} \tag{6-18}$$

式(6-18)即为用真误差求加权算术平均值的中误差的计算公式。

当观测量的真值不知道时，可以计算加权算术平均值 x 与观测值之差，即用各观测值的改正值 v_i 代替真误差 Δ_i。由此得到按观测值的改正值计算单位权中误差 m_0 的实用公式

$$m_0 = \pm \sqrt{\frac{[pvv]}{n-1}} \tag{6-19}$$

式中，$v_i = x - L_i$。

6.4 误差传播定律及其应用

前面已探讨了在测量工作中通常以中误差作为衡量精度的指标，介绍了一组等精度观测值中误差的计算方法和一组不等精度观测值单位权中误差的计算方法。但在实际

工作中，往往会遇到有些未知量，不能直接测定或者是不便于直接测定，而需要由另一些直接观测量根据一定的函数关系计算出来，即这些未知量是观测值的函数，由于观测值不可避免地存在误差，因此，由观测值计算的函数值也不可避免地存在误差，那么如何评定观测值函数的精度呢？也就是观测值函数的中误差与观测值的中误差之间存在什么关系，这就是误差传播定律要解决的问题。例如，欲测量不在同一水平面上两点间的水平距离 D，可以用全站仪测量斜距 D' 和竖直角 α，以函数关系 $D = D'\cos\alpha$ 来推算。显然，在此情况下，函数值 D 的中误差与观测值 D' 及 α 的中误差之间必然有一定的关系。阐述这种函数关系的定律，称为误差传播定律。下面介绍一般线性函数关系的误差传播定律。

设有观测值的线性函数为

$$Z = f_1X_1 + f_2X_2 + \cdots + f_nX_n + f_0 \tag{6-20}$$

式中，X_1，X_2，$\cdots$，X_n 为可直接观测的相互独立的观测量，其相应的真误差为 Δx_i $(i=1,2,\cdots,n)$；f_1，f_2，$\cdots$，f_n 均为常系数，f_0 为常数；Z 为不便于直接观测的未知量，由于 Δx_i 的存在，使函数 Z 亦产生相应的真误差 Δz。

因误差 Δx_i 及 Δz 都很小，于是有

$$\Delta z = f_1 \cdot \Delta x_1 + f_2 \cdot \Delta x_2 + \cdots + f_n \cdot \Delta x_n \tag{6-21}$$

为求函数和观测值之间的中误差关系式，设对各 X_i 进行了 k 次观测，则可写出 k 个类似于式(6-21)的关系式：

$$\begin{aligned}
\Delta z^{(1)} &= f_1 \cdot \Delta x_1{}^{(1)} + f_2 \cdot \Delta x_2{}^{(1)} + \cdots + f_n \cdot \Delta x_n{}^{(1)} \\
\Delta z^{(2)} &= f_1 \cdot \Delta x_1{}^{(2)} + f_2 \cdot \Delta x_2{}^{(2)} + \cdots + f_n \cdot \Delta x_n{}^{(2)} \\
&\vdots \\
\Delta z^{(k)} &= f_1 \cdot \Delta x_1{}^{(k)} + f_2 \cdot \Delta x_2{}^{(k)} + \cdots + f_n \cdot \Delta x_n{}^{(k)}
\end{aligned}$$

将以上各式等号两边平方，再相加，得

$$[\Delta z^2] = f_1^2 \cdot [\Delta x_1^2] + f_2^2 \cdot [\Delta x_2^2] + \cdots + f_n^2 \cdot [\Delta x_n^2] + \sum_n f_if_j[\Delta x_i\Delta x_j]$$

上式两端各除以 k，得到

$$\frac{[\Delta z^2]}{k} = f_1^2 \cdot \frac{[\Delta x_1^2]}{k} + f_2^2 \cdot \frac{[\Delta x_2^2]}{k} + \cdots + f_n^2 \cdot \frac{[\Delta x_n^2]}{k} + \sum_n f_if_j \frac{[\Delta x_i\Delta x_j]}{k} \tag{6-22}$$

设对各 X_i 的观测值为彼此独立的观测，则 $\Delta x_i\Delta x_j$（当 $i \neq j$ 时）亦为偶然误差。根据偶然误差的第 4 特性可知，式(6-22)的末项当 $k \to \infty$时趋近于零，即

$$\lim_{k\to\infty} \frac{[\Delta x_i\Delta y_i]}{k} = 0$$

故式(6-22)可写为

$$\lim_{k\to\infty} \frac{[\Delta z^2]}{k} = \lim_{k\to\infty}\left(f_1^2 \cdot \frac{[\Delta x_1^2]}{k} + f_2^2 \cdot \frac{[\Delta x_2^2]}{k} + \cdots + f_n^2 \cdot \frac{[\Delta x_n^2]}{k}\right)$$

根据中误差的定义，上式可写成

$$\sigma_z^2 = f_1^2 \cdot \sigma_1^2 + f_2^2 \cdot \sigma_2^2 + \cdots + f_n^2 \cdot \sigma_n^2$$

当 k 为有限值时,可写为

$$m_z^2 = f_1^2 \cdot m_1^2 + f_2^2 \cdot m_2^2 + \cdots + f_n^2 \cdot m_n^2 \tag{6-23}$$

式(6-23)即为计算线性函数中误差的一般形式。应用式(6-23)时必须注意:各观测值必须是相互独立的变量。如果是观测值的非线性函数,需按数学的方法对函数线性化或取全微分得系数 $\left(\frac{\partial F}{\partial x_i}\right)_{x_i=l_i} = f_i$,则函数中误差的计算式为

$$m_z = \pm\sqrt{\left(\frac{\partial F}{\partial x_1}\right)^2 \cdot m_1^2 + \left(\frac{\partial F}{\partial x_2}\right)^2 \cdot m_2^2 + \cdots + \left(\frac{\partial F}{\partial x_n}\right)^2 \cdot m_n^2} \tag{6-24}$$

[例6-4] 在1:500地形图上,量得某线段的平距为 $d_{AB} = 51.2\text{mm} \pm 0.2\text{mm}$,求 AB 的实地平距 D_{AB} 及其中误差 m_D。

解:函数关系为 $D_{AB} = 500 \times d_{AB} = 25600$ mm

$f_1 = 500$, m_d ± 0.2mm,代入误差传播公式(6-23)中,得

$$m_D^2 = 500^2 \times m_d^2 = 10000,\ m_D = \pm 100\ \text{mm}$$

最后得 $D_{AB} = 25.6\ \text{m} \pm 0.1\ \text{m}$

[例6-5] 对某段距离测量了 n 次,观测值为 $L_1, L_2, \cdots, L_n$,所有观测值为相互独立的等精度观测值,观测值中误差为 m,试求其算术平均值 x 的中误差 m_x。

解:函数关系式为 $x = \frac{[L]}{n} = \frac{1}{n} \cdot L_1 + \frac{1}{n} \cdot L_2 + \cdots + \frac{1}{n} \cdot L_n$

根据误差传播公式(6-23),有

$$m_x^2 = \frac{1}{n^2} \cdot m^2 + \frac{1}{n^2} \cdot m^2 + \cdots + \frac{1}{n^2} \cdot m^2$$

最后得

$$m_x = \frac{m}{\sqrt{n}} \tag{6-25}$$

上式即为式(6-10)。n 次等精度直接观测值的算术平均值的中误差为观测值中误差的 $1/\sqrt{n}$。因此,增加观测次数可以提高算术平均值的精度。

[例6-6] 光电测距三角高程计算公式为 $h = D \cdot \tan\alpha + i - v$。已知:$D = 192.263\text{m} \pm 0.006\text{m}$, $\alpha = 8°9'16'' \pm 6''$, $i = 1.515\text{m} \pm 0.002\text{m}$, $v = 1.627\text{m} \pm 0.002\text{m}$,求高差 h 值及其中误差 m_h。

解:高差函数式 $h = D \cdot \tan\alpha + i - v = 27.437$ m

上式全微分,有 $\mathrm{d}h = \tan\alpha \cdot \mathrm{d}D + (D \cdot \sec^2\alpha)\frac{\mathrm{d}\alpha''}{\rho''} + \mathrm{d}i - \mathrm{d}v$

所以,$f_1 = \tan\alpha = 0.1433$, $f_2 = (D \cdot \sec^2\alpha)/\rho'' = 0.9513$, $f_3 = +1$, $f_4 = -1$。应用误差传播公式(6-23),有

$$m_h^2 = f_1^2 m_D^2 + f_2^2 m_\alpha^2 + f_3^2 m_i^2 + f_4^2 m_v^2 = 41.3182$$

故 $m_h = \pm 6.5\ \text{mm} \approx \pm 7\ \text{mm}$

最后结果写为 $h = 27.437\ \text{m} \pm 0.007\ \text{m}$

习题 6

1. 怎样区分测量工作中的误差和粗差?

2. 偶然误差和系统误差有什么不同？偶然误差有哪些特性?

3. 为什么说只含有偶然误差的观测值其算术平均值是最佳估值?

4. 在什么情况下采用中误差衡量测量的精度？在什么情况下则用相对误差?

5. 某直线段丈量了 4 次,其结果为 98.427m,98.415m,98.430m,98.426m。试计算其算术平均值、观测值中误差,并计算算术平均值中误差和相对误差。

6. 设对某水平角进行了 5 次观测,其角度为 63°26′12″,63°26′09″,63°26′18″,63°26′15″,63°26′06″。试计算其算术平均值、观测值的中误差和算术平均值的中误差。

第7章 控制测量

7.1 控制测量概述

遵循“从整体到局部，先控制后碎部”的原则，测量工作须先建立控制网，然后根据控制网进行测定或测设。控制网分为平面控制网和高程控制网。测定控制点平面位置 (x,y) 的工作，称为平面控制测量；测定控制点高程 (H) 的工作，称为高程控制测量。国家控制网是在全国范围内建立的控制网，是全国各种比例尺测图的基本控制，并为确定地球的形状和大小提供研究资料。国家控制网一般是用精密测量仪器，采用三角网测量和导线测量等常规方法，依照施测精度，按一、二、三、四等四个等级逐级控制建立的，目前利用全球定位系统进行GPS测量已成为建立平面控制网的主要方法。在城市或厂矿地区，一般就在国家控制点的基础上，根据测区的大小、城市规划和施工测量的要求，布设不同等级的城市平面控制网，以供地形测图和施工放样使用。

按2007年《工程测量规范》(GB 50026－2007)，平面控制网导线测量的主要技术要求如表7－1、表7－2所示。

表7－1 导线测量的主要技术要求

等级	导线长度/km	平均边长/km	测角中误差/″	测距中误差/mm	测距相对中误差	测回数			方位角闭合差	相对闭合差
						DJ_1	DJ_2	DJ_6		
三等	14	3	1.8	20	≤1/150000	6	10		$3.6\sqrt{n}$	≤1/55000
四等	9	1.5	2.5	18	≤1/80000	4	6		$5\sqrt{n}$	≤1/35000
一级	4	0.5	5	15	≤1/30000		2	4	$10\sqrt{n}$	≤1/15000
二级	2.4	0.25	8	15	≤1/14000		1	3	$16\sqrt{n}$	≤1/10000
三级	1.2	0.1	12	15	≤1/7000		1	2	$24\sqrt{n}$	≤1/5000

注：1. 表中 n 为测站数；

2. 当测区测图的最大比例尺为1:1000时，一、二、三级导线的长度、平均边长可适当放长，但最大长度不应大于表中规定相应长度的2倍

表 7－2　图根导线测量的主要技术要求

<table>
<tr><td rowspan="2">导线长度/m</td><td rowspan="2">相对闭合差</td><td colspan="2">测角中误差/(″)</td><td colspan="2">方位角闭合差/(″)</td></tr>
<tr><td>一般</td><td>首级控制</td><td>一般</td><td>首级控制</td></tr>
<tr><td>$\leqslant a \times M$</td><td>$\leqslant 1(2000 \times a)$</td><td>30</td><td>20</td><td>$60\sqrt{n}$</td><td>$40\sqrt{n}$</td></tr>
</table>

注：1. a 为比例系数，取值宜为 1，当采用 1∶500，1∶1000 比例尺测图时，其值可在 1～2 之间选用；

2. M 为测图比例尺的分母，但对于工矿区现状图测量，不论测图比例尺大小，M 均应取值为 500；

3. 隐蔽或施测困难地区导线相对闭合差可放宽，但不应大于 $1/(1000 \times a)$

至于布设哪一级控制作为首级控制，主要应根据城市或厂矿的规模来确定。中小城市一般以四等网作为首级控制网。面积在 $15km^2$ 以下的小城镇，可用一级导线网作为首级控制。面积在 $0.5km^2$ 以下的测区，图根控制网可作为首级控制。厂区可布设建筑方格网。

城市或厂矿地区的高程控制分为二、三、四等水准测量和图根水准测量等几个等级，它是城市大比例尺测图及工程测量的高程控制，其主要技术要求如表 7－3 和表 7－4 所示。同样，应根据城市或厂矿的规模确定城市首级水准网的等级，然后再根据等级水准点测定图根点的高程。

表 7－3　水准测量的主要技术要求

<table>
<tr><td rowspan="2">等级</td><td rowspan="2">每千米高差全中误差/mm</td><td rowspan="2">路线长度/km</td><td rowspan="2">水准仪的型号</td><td rowspan="2">水准尺</td><td colspan="2">观测次数</td><td colspan="2">往返较差、附合或环线闭合差</td></tr>
<tr><td>与已知点联测</td><td>附　合或环线</td><td>平　地/mm</td><td>山　地/mm</td></tr>
<tr><td>二等</td><td>2</td><td>－</td><td>DS_1</td><td>因瓦</td><td>往返各一次</td><td>往返各一次</td><td>$4\sqrt{L}$</td><td>－</td></tr>
<tr><td rowspan="2">三等</td><td rowspan="2">6</td><td rowspan="2">$\leqslant 50$</td><td>DS_1</td><td>因瓦</td><td rowspan="2">往返各一次</td><td>往一次</td><td rowspan="2">$12\sqrt{L}$</td><td rowspan="2">$4\sqrt{n}$</td></tr>
<tr><td>DS_3</td><td>双面</td><td>往返各一次</td></tr>
<tr><td>四等</td><td>10</td><td>$\leqslant 16$</td><td>DS_3</td><td>双面</td><td>往返各一次</td><td>往一次</td><td>$20\sqrt{L}$</td><td>$6\sqrt{n}$</td></tr>
<tr><td>五等</td><td>15</td><td>－</td><td>DS_3</td><td>单面</td><td>往返各一次</td><td>往一次</td><td>$30\sqrt{L}$</td><td>－</td></tr>
</table>

注：1. 结点之间或结点与高级点之间，其路线的长度不应大于表中规定的 0.7 倍；

2. L 为往返测段、附合或环线的水准路线长度（单位为 km），n 为测站数

表 7－4　图根水准测量的主要技术要求

<table>
<tr><td rowspan="2">每千米高差中误差/mm</td><td rowspan="2">附合路线长度/km</td><td rowspan="2">水准仪型号</td><td rowspan="2">视线长度/m</td><td colspan="2">观测次数</td><td colspan="2">往返较差、附合或环线闭合差/mm</td></tr>
<tr><td>附合或闭合路线</td><td>支水准路线</td><td>平　地</td><td>山　地</td></tr>
<tr><td>20</td><td>$\leqslant 5$</td><td>DS_{10}</td><td>$\leqslant 100$</td><td>往一次</td><td>往返各一次</td><td>$40\sqrt{L}$</td><td>$12\sqrt{n}$</td></tr>
</table>

注：1. L 为往返测段、附合或环线的水准路线长度（km），n 为测站数；

2. 当水准路线布设成支线时，其路线的长度不应大于 2.5 km

水准点间的距离，一般地区为 2 ~ 3km，城市建筑区为 1 ~ 2km，工业区小于 1km。一个测区至少设立三个水准点。

本章主要讨论小地区（$10km^2$以下）控制网建立的有关问题。下面将分别介绍用导线测量建立小地区平面控制网的方法和用三、四等水准测量及光电测距三角高程测量建立小地区高程控制网的方法。

7.2 导线测量

7.2.1 导线布设形式

将测区内相邻控制点连成直线而构成的折线图形称为导线，构成导线的控制点称为导线点。导线测量就是依次测定各导线边的长度和各点的转折角度，再根据起算数据，推算各边的坐标方位角和坐标增量，从而计算出各导线点的坐标。

导线测量是建立小地区平面控制网常用的一种方法。根据测区的具体情况，单一导线的布设有下列三种基本形式（图 7 - 1）。

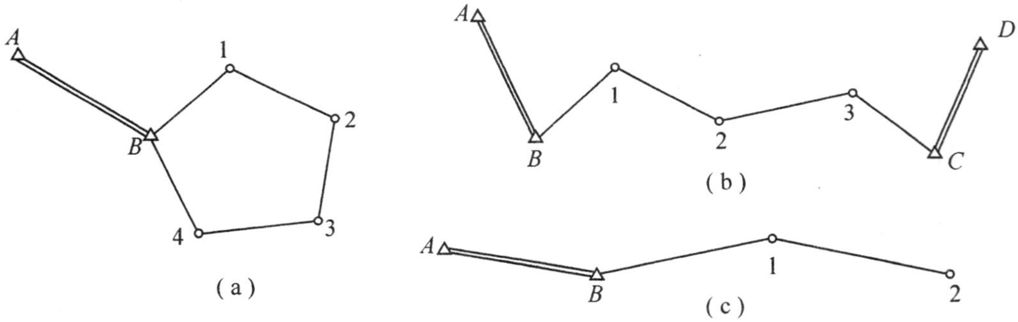

图 7 - 1　导线布设形式

1. 闭合导线

如图 7 - 1(a)，以高级控制点 B 为起始点，并以 AB 边的坐标方位角 α_{AB} 为起始坐标方位角，经过 1、2、3、4 点仍回到起始点 B，形成一个闭合多边形的导线，称为闭合导线。

2. 附合导线

如图 7 - 1(b)，以高级控制点 A 、B 中的 B 点为起始点，以 AB 边的坐标方位角 α_{AB} 为起始坐标方位角，经过 1、2、3 点，附合到另外两个高级控制点 C 、D 中的 C 点，并以 CD 边的坐标方位角 α_{CD} 为终边坐标方位角，这样的导线称为附合导线。

3. 支导线

如图 7 - 1(c)，由已知点 B 出发延伸出 1、2 两点的导线称为支导线。由于支导线缺少对观测数据的检核，一般不超过二站，必须观测左右角。

7.2.2 导线测量的外业工作

导线测量的外业工作包括踏勘选点及建立标志、量边、测角和连测，分述如下：

1．踏勘选点及建立标志

在踏勘选点前，应调查收集测区已有地形图和高一级控制点的成果资料，把控制点展绘在地形图上，然后在地形图上拟定导线的布设方案，最后到野外去踏勘，实地核对、修改、落实点位。如果测区没有地形图资料，则需详细踏勘现场，根据已知控制点的分布、测区地形条件及测图和施工需要等具体情况，合理地选定导线点的位置。

实地选点时，应注意下列几点：

(1)相邻点间通视良好，地势较平坦，便于测角和量距；

(2)点位应选在土质坚实处，便于保存标志和安置仪器；

(3)视野开阔，便于施测碎部；

(4)导线各边的长度应大致相等，除特别情形外，对于二、三级导线，其边长应不大于350m，也不宜小于50m。

(5)导线点应有足够的密度，且分布均匀，便于控制整个测区。

导线点选定后，要在每个点位上打一大木桩，桩顶钉一小钉，作为临时性标志；若导线点需要保存的时间较长，就要埋设混凝土桩，桩顶刻“十”字，作为永久性标志。导线点应统一编号。为了便于寻找，应量出导线点与附近固定而明显的地物点的距离，绘一草图，注明尺寸，称为“点之记”，如图 7－2 所示。

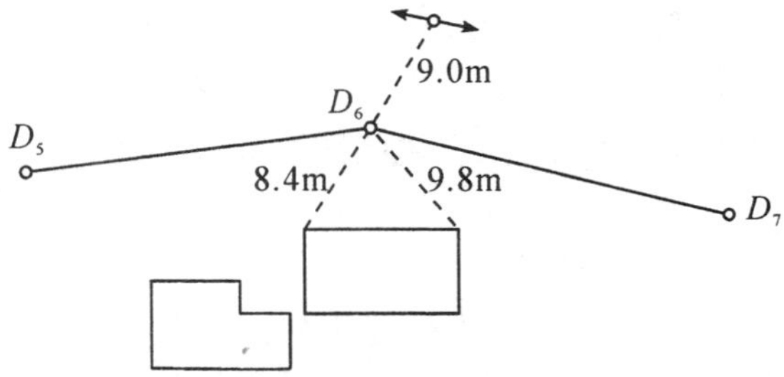

图 7－2　点之记

2．量边

导线边长可用光电测距仪测定，测量时要同时观测竖直角，供倾斜改正之用。若用钢尺丈量，钢尺必须经过检定。对于一、二、三级导线，应按钢尺量距的精密方法进行丈量。对于图根导线，用一般方法往返丈量，取其平均值，并要求其相对误差不大于1/3000。钢尺量距结束后，应进行尺长改正、温度改正和倾斜改正，三项改正后的结果作为最后成果。

3．测角

用测回法施测导线左角(位于导线前进方向左侧的角)或右角(位于导线前进方向右侧的角)。一般在附合导线或支导线中测量导线的左角，在闭合导线中均测内角。若闭合导线按顺时针方向编号，则其右角就是内角。对于图根导线，一般用 DJ_6 型光学经纬仪观测一个测回。若盘左、盘右测得角值的较差不超过 40″，则取其平均值作为一测回成果。

测角时，为了便于瞄准，可用测钎、觇牌作为照准标志。

4．连测

如图 7－3 所示，导线与高级控制点连接，必须观测连接角 β_B、β_1、连接边 D_{B1}，作为传递坐标方位角和传递坐标之用。如果附近无高级控制点，则应用罗盘仪施测导线起始边的磁方位角，并假定起始点的坐标作为起算数据。

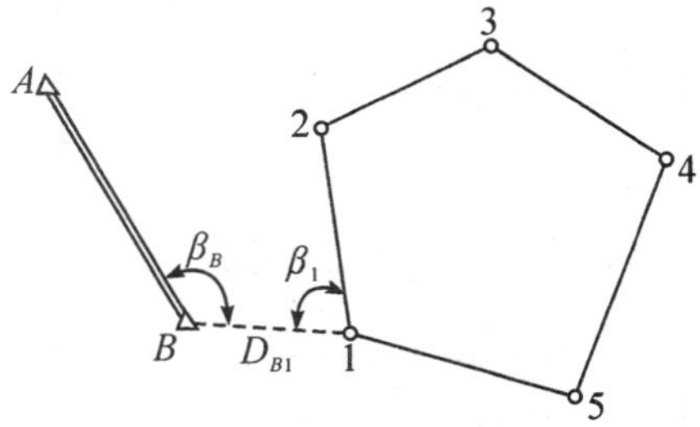

图 7－3　导线连测

7.2.3 导线测量的内业计算

导线测量内业计算的目的就是求得各导线点的坐标。

在进行计算之前，应全面检查导线测量外业记录，数据是否齐全，有无记错、算错，成果是否符合精度要求，起算数据是否准确。然后绘制导线略图，把各项数据注于图上相应位置，如图 7－4 所示。

1. 内业计算中数字取位的要求

内业计算中数字的取位，对于四等以下的导线，角值取至秒(″)，边长及坐标取至毫米(mm)。对于图根导线，角值取至秒(″)，边长和坐标取至厘米(cm)。

2. 闭合导线坐标计算

如图 7－4 所示，A、1 为已知点，$A1$ 边坐标方位角为 $\alpha_{A1}=160°12'34''$，测得连接角 $\beta=60°52'42''$，计算出 12 边坐标方位角为 $\alpha_{12}=\alpha_{A1}+\beta-180°=41°05'16''$，现以图 7－4 中的实测数据为例，说明闭合导线坐标计算的步骤。

1)准备工作

将校核过的外业观测数据及起算数据填入闭合导线坐标计算表中(表 7－5)。

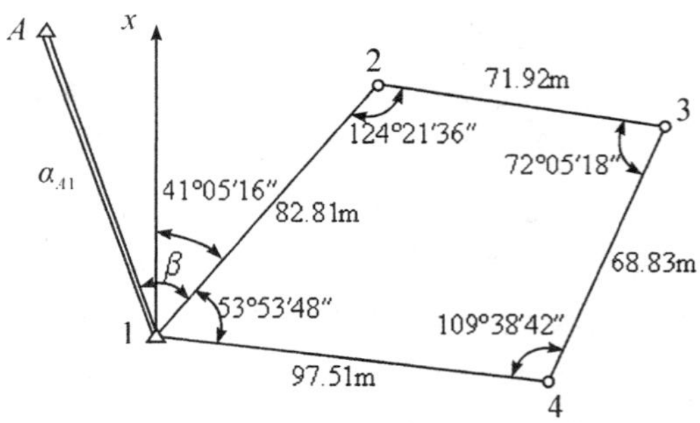

图 7－4　闭合导线实测数据

表 7－5　闭合导线坐标计算表

点号	角度观测值 (° ′ ″)	改正后角度 (° ′ ″)	坐标方位角 (° ′ ″)	水平距离 /m	坐标增量 Δx/m	坐标增量 Δy/m	改正后坐标增量 Δx/m	改正后坐标增量 Δy/m	坐标 X/m	坐标 Y/m
(1)	(2)	(3)	(4)	(5)	(6)	(7)	(8)	(9)	(10)	(11)
1		(右角)							1000.00	1000.00
			41 05 16	82.81	+3 62.41	－1 54.42	62.44	54.41		
2	+9 124 21 36	124 21 45							1062.44	1054.41
			96 43 31	71.92	+2 －8.42	0 71.43	－ 8.40	71.43		
3	+9 72 05 18	72 05 27							1054.04	1125.84
			204 38 04	68.83	+2 －62.57	0 －28.69	－62.55	－28.69		
4	+9 109 38 42	109 38 51							991.49	1097.15
			274 59 13	97.51	+3 8.48	－1 －97.14	8.51	－97.15		
1	+9 53 53 48	53 53 57							1000.00	1000.00
			41 05 16							
2										
Σ	359 59 24	360 00 00		321.07	－0.10	+0.02	0.00	0.00		

$f_\beta=\Sigma\beta-(n-2)\times180°=-36''$　$\Sigma D=321.07\text{m}$　$f_x=\Sigma\Delta x=-0.10\text{m}$　$f_y=\Sigma\Delta y=+0.02\text{m}$

$f_{\beta容}=\pm40''\sqrt{n}=\pm80''$　$f_D=\sqrt{f_x{}^2+f_y{}^2}=0.102\text{m}$

$f_\beta\leqslant f_{\beta容}$(合格)　$K=\dfrac{f_D}{\Sigma D}=\dfrac{1}{3100}<\dfrac{1}{2000}$　(符合精度要求)

2）角度闭合差的计算与调整

n 边形闭合导线内角和的理论值为

$$\Sigma\beta_{理} = (n-2)\times180° \tag{7-1}$$

由于观测角度不可避免地含有误差，致使实测的内角之和 $\Sigma\beta_{测}$ 不等于理论值，而产生角度闭合差 f_β 为

$$f_\beta = \Sigma\beta_{测} - \Sigma\beta_{理} \tag{7-2}$$

各等级导线角度闭合差的容许值 $f_{\beta容}$，见表 7－1 及表 7－2，f_β 超过 $f_{\beta容}$，则说明所测角度不符合要求，应重新检测角度。若 f_β 不超过 $f_{\beta容}$，可将闭合差反符号平均分配到各观测角度中。但是，在附合导线中若观测的角度为右角时，闭合差则不要反符号仍平均分配到各观测角度中即可。

改正后的内角和应为 $(n-2)\times180°$，本例应为 360°，以作计算校核。

3）用改正后的导线左角或右角推算各边的坐标方位角

根据起始边的已知坐标方位角及改正后的水平角，按下列公式推算其它各导线边的坐标方位角。

$$\alpha_{前} = \alpha_{后} + \beta_{左} - 180°\text{（适用于测左角）} \tag{7-3}$$

$$\alpha_{前} = \alpha_{后} - \beta_{右} + 180°\text{（适用于测右角）} \tag{7-4}$$

本例观测右角，按式（7－4）推算出导线各边的坐标方位角，列入表 7－5 的第 4 栏。

在推算过程中必须注意：

（1）如果算出的 $\alpha_{前} > 360°$，则应减去 360°；

（2）如果算出的 $\alpha_{前} < 0°$，则应加 360°；

（3）最后推算出起始边坐标方位角，它应与原有的起始边已知坐标方位角值相等，否则应重新检查计算。

4）坐标增量的计算及其闭合差的调整

（1）坐标增量的计算

如图 7－4，设点 1 的坐标（x_1，y_1）和 1、2 边的坐标方位角 α_{12} 均为已知，水平距离 D_{12} 也已测得，则点 2 的坐标为

$$\begin{cases} x_2 = x_1 + \Delta x_{12} \\ y_2 = y_1 + \Delta y_{12} \end{cases}$$

式中，Δx_{12}、Δy_{12} 称为坐标增量，也就是直线两端点的坐标值之差。

上式说明，欲求待定点的坐标，必须先求出坐标增量。根据图 7－5 中的几何关系，可写出坐标增量的计算公式

$$\begin{cases} \Delta x_{12} = D_{12}\cos\alpha_{12} \\ \Delta y_{12} = D_{12}\sin\alpha_{12} \end{cases} \tag{7-5}$$

式中，Δx 及 Δy 的正负号，由 $\cos\alpha$ 及 $\sin\alpha$ 的正负号决定。

本例按式(7－5)所算得的坐标增量,填入表7－3中的第6、7两栏中。

(2)坐标增量闭合差的计算与调整

从图7－6中可以看出,闭合导线纵、横坐标增量代数和的理论值应为零,即

$$\begin{cases}\sum\Delta x_{理}=0\\ \sum\Delta y_{理}=0\end{cases}\tag{7-6}$$

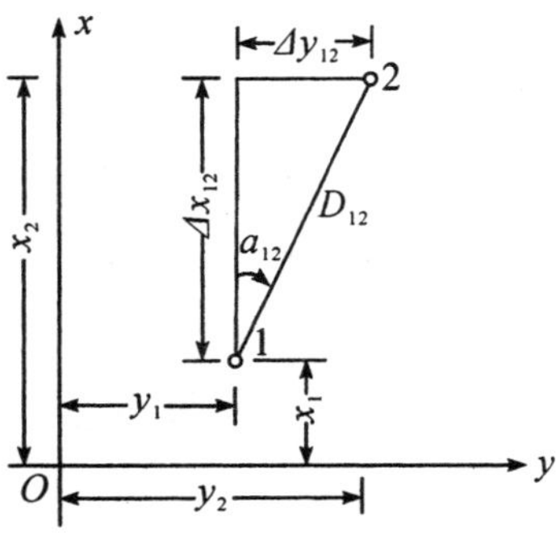

图7－5　坐标增量的计算

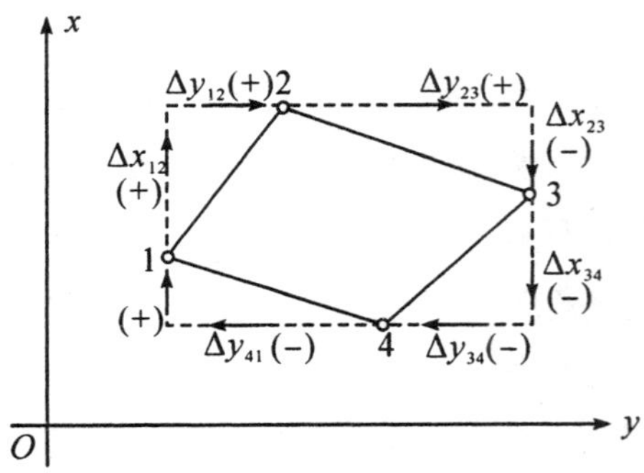

图7－6　坐标增量闭合差

实际上由于量边的误差和角度闭合差调整后的残余误差,往往使$\sum\Delta x_{测}$和$\sum\Delta y_{测}$不等于零,而产生纵坐标增量闭合差f_x与横坐标增量闭合差f_y,即

$$\begin{cases}f_x=\sum\Delta x_{测}\\ f_y=\sum\Delta y_{测}\end{cases}\tag{7-7}$$

从图7－7中明显看出,由于f_x、f_y的存在,使导线不能闭合,1－1′的长度f_D称为导线全长闭合差,并用下式计算

$$f_D=\sqrt{f_x^{\ 2}+f_y^{\ 2}}\tag{7-8}$$

仅从f_D值的大小还不能显示导线测量的精度,应当将f_D与导线全长$\sum D$相比,用分子为1的分数来表示导线全长相对闭合差,即

$$K=\frac{f_D}{\sum D}=\frac{1}{\sum D/f_D}\tag{7-9}$$

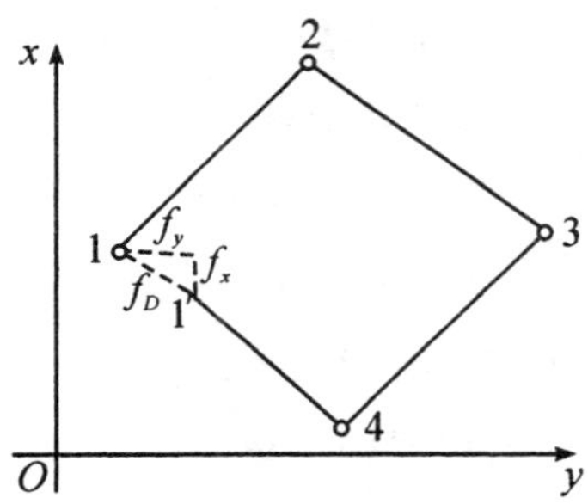

图7－7　导线全长闭合差

以导线全长相对闭合差K来衡量导线测量的精度,K的分母越大,精度越高。不同等级的导线全长相对闭合差的容许值$K_{容}$已列入表7－1和表7－2。若K超过$K_{容}$,则说明成果不合格,此时应首先检查内业计算有无错误,必要时重测。若K不超过$K_{容}$,则说明符合精度要求,可以进行调整,即f_x、f_y反其符号按边长成正比分配到各边的纵、横坐标增量中去。以$V_{\Delta xi}$、$V_{\Delta yi}$分别表示第i边的纵、横坐标增量改正数,即

$$\begin{cases}V_{\Delta xi}=-\dfrac{f_x}{\sum D}\cdot D_i\\ V_{\Delta yi}=-\dfrac{f_y}{\sum D}\cdot D_i\end{cases}\tag{7-10}$$

纵、横坐标增量改正数之和应满足下式

$$\begin{cases} \sum V_{\Delta x} = -f_x \\ \sum V_{\Delta y} = -f_y \end{cases} \tag{7-11}$$

算出的各增量、改正数(取位到 cm)填入表 7－3 中的第 6、7 两栏增量计算值的右上方(如 +3，－1 等)。

各导线边坐标增量值加上相应改正数，即得各导线边改正后的坐标增量，填入表 7－3中的第 8、9 两栏。

改正后纵、横坐标增量之代数和应分别为零，以作计算校核。

5)计算各导线点的坐标

根据起点 1 的已知坐标(本例为假定值：$x_1 = 1000.00\text{m}$，$y_1 = 1000.00\text{m}$)及改正后坐标增量，用下式依次推算 2、3、4 各点的坐标

$$\begin{cases} x_{前} = x_{后} + \Delta x_{改} \\ y_{前} = y_{后} + \Delta y_{改} \end{cases} \tag{7-12}$$

算得的坐标值填入表 7－6 中的第 10、11 两栏。最后还应推算起点 1 的坐标，其值应与原有的已知数值相等，以作校核。

顺便指出，上面所介绍的根据已知点的坐标、已知边长和已知坐标方位角计算待定点坐标的方法，称为坐标正算。如果已知两点的坐标，反算其坐标方位角和边长，则称为坐标反算。例如，已知 1、2 两点的坐标 x_1 、y_1 和 x_2 、y_2 ，对照图 7－4，可用下式计算 1－2 边的坐标方位角 α_{12} 和边长 D_{12}

$$\begin{cases} \alpha_{12} = \arctan \dfrac{\Delta y_{12}}{\Delta x_{12}} = \arctan \dfrac{y_2 - y_1}{x_2 - x_1} \\ D_{12} = \sqrt{\Delta x_{12}{}^2 + \Delta y_{12}{}^2} = \dfrac{\Delta x_{12}}{\cos\alpha_{12}} = \dfrac{\Delta y_{12}}{\sin\alpha_{12}} \end{cases} \tag{7-13}$$

按式(7－13)计算出来的 α_{12} 是有正负号的，根据象限角 R 及 Δx 、Δy 的正负号来确定 1－2 边的坐标方位角值，所谓象限角 R 是直线与坐标纵轴相交的锐角，它是由坐标纵轴北端或南端顺时针或逆时针方向量至直线的角度。则

$$R = \arctan \frac{|\Delta y_{12}|}{|\Delta x_{12}|} = \arctan \frac{|y_2 - y_1|}{|x_2 - x_1|}$$

$$\alpha_{12} = R \text{，当 } \Delta x > 0,\ \Delta y > 0 \text{ 时}$$

$$\alpha_{12} = 180° - R \text{，当 } \Delta x < 0,\ \Delta y > 0 \text{ 时}$$

$$\alpha_{12} = R + 180° \text{，当 } \Delta x < 0,\ \Delta y < 0 \text{ 时}$$

$$\alpha_{12} = 360° - R \text{，当 } \Delta x > 0,\ \Delta y < 0 \text{ 时}$$

3.附合导线坐标计算

附合导线的坐标计算步骤与闭合导线相同。仅由于两者形式不同，致使角度闭合差与坐标增量闭合差的计算稍有区别。下面着重介绍其不同点。

1)角度闭合差的计算

设有附合导线如图 7－8 所示,用式(7－3)根据起始边已知坐标方位角 α_{AB} 及观测的左角 β_i(包括连接角 β_B 和 β_C)可以算出终边 CD 的坐标角 α'_{CD}。

$$\alpha_{B1} = \alpha_{AB} + \beta_B - 180°$$

$$\alpha_{12} = \alpha_{B1} + \beta_1 - 180°$$

$$\alpha_{2C} = \alpha_{12} + \beta_2 - 180°$$

$$\alpha'_{CD} = \alpha_{2C} + \beta_C - 180°$$

$$\alpha'_{CD} = \alpha_{AB} + \sum\beta_{测} - 4 \times 180°$$

写成一般公式,为

$$\alpha'_{终} = \alpha_{始} + \sum\beta_{测} - n \times 180° \tag{7-14}$$

若观测右角,则按下式计算 $\alpha'_{终}$

$$\alpha'_{终} = \alpha_{始} - \sum\beta_{测} + n \times 180° \tag{7-15}$$

角度闭合差用下式计算

$$f_\beta = \alpha'_{终} - \alpha_{终} \tag{7-16}$$

关于角度闭合差的调整,当用左角计算 $\alpha'_{终}$ 时,改正数与 f_β 反号;当用右角计算 $\alpha'_{终}$ 时,改正数与 f_β 同号。

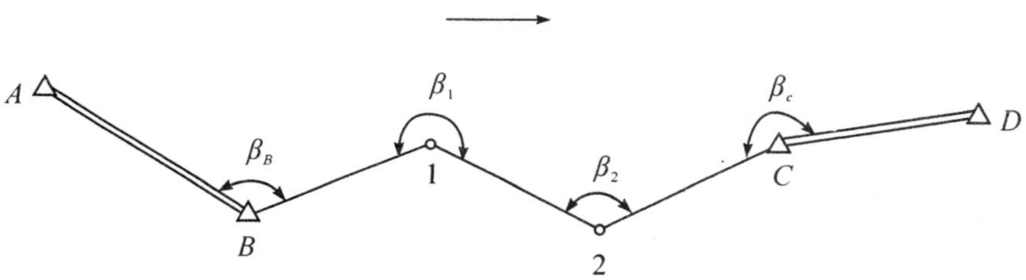

图 7－8　附合导线图

2)坐标增量闭合差的计算

按附合导线的要求,各边坐标增量代数和的理论值应等于终、始两点的已知坐标值之差,即

$$\begin{cases} \sum\Delta x_{理} = x_{终} - x_{始} \\ \sum\Delta y_{理} = y_{终} - y_{始} \end{cases} \tag{7-17}$$

按式(7－5)计算 $\Delta x_{测}$ 和 $\Delta y_{测}$,则纵、横坐标增量闭合差按下式

$$\begin{cases} f_x = \sum\Delta x_{测} - (x_{终} - x_{始}) \\ f_y = \sum\Delta y_{测} - (y_{终} - y_{始}) \end{cases} \tag{7-18}$$

附合导线的导线全长闭合差、全长相对闭合差和容许相对闭合差的计算,以及增量闭合差的调整,与闭合导线相同。附合导线的实测数据如图 7－9 所示,坐标计算的全过程,见表 7－6。

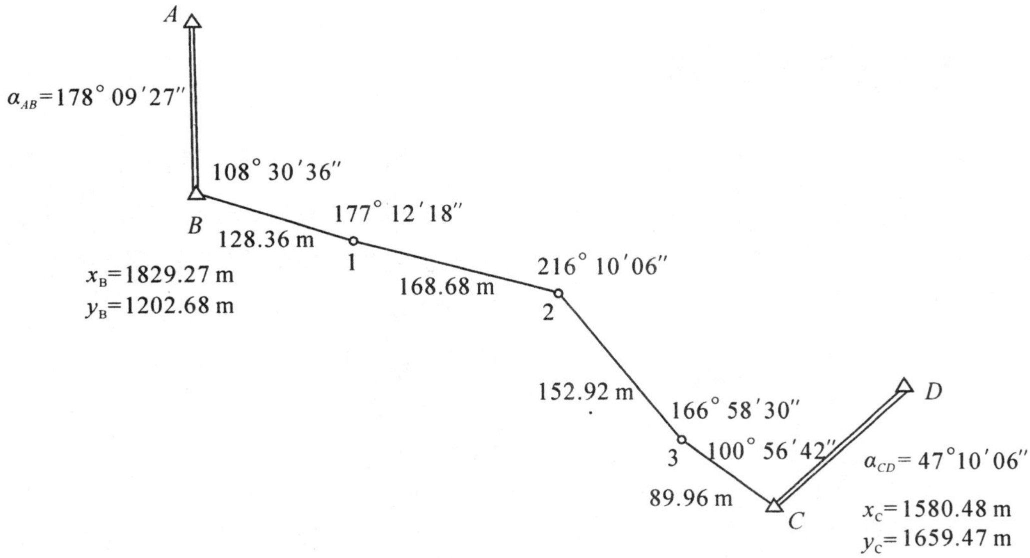

图 7－9　附合导线实测数据

表 7－6　附合导线坐标计算表

点号	角度观测值 (° ′ ″)	改正后角度 (° ′ ″)	坐标方位角 (° ′ ″)	水平距离 /m	坐标增量 Δx/m	坐标增量 Δy/m	改正后坐标增量 Δx/m	改正后坐标增量 Δy/m	坐标 X/m	坐标 Y/m
(1)	(2)	(3)	(4)	(5)	(6)	(7)	(8)	(9)	(10)	(11)
A		(左角)								
			178 09 27							
B	+12 108 30 36	108 30 48							1829.27	1202.68
			106 40 15	128.36	−2 −36.82	+1 122.96	−36.84	122.97		
1	+12 177 12 18	177 12 30							1792.42	1325.66
			103 52 45	168.68	−3 −40.46	+2 163.76	−40.49	163.78		
2	+12 216 10 06	216 10 18							1751.93	1489.43
			140 03 03	152.92	−3 −117.23	+2 98.19	−117.26	98.21		
3	+12 166 58 30	166 58 42							1634.67	1587.64
			127 01 45	89.96	−2 −54.18	+1 71.82	−54.20	71.83		
C	+12 100 56 42	100 56 54							1580.48	1659.47
			47 58 39							
D										
Σ	769 48 12	769 49 12		539.92	−248.69	+456.73	−248.79	+456.79		

$\alpha'_{终} = \alpha_{始} + \Sigma\beta - n \times 180° = 47°57'39''$　　$\Sigma D = 539.92\text{m}$　　$f_x = \Sigma\Delta x - (x_{终} - x_{始}) = +0.10\text{m}$

$f_\beta = \alpha'_{终} - \alpha_{终} = -60''$　　$f_y = \Sigma\Delta y - (y_{终} - y_{始}) = -0.06\text{m}$

$f_{\beta容} = \pm 40''\sqrt{n} = \pm 89''$　　$f_D = \sqrt{f_x^2 + f_y^2} = 0.117\text{m}$

$f_\beta \leqslant f_{\beta容}$（合格）　　$K = \dfrac{f_D}{\Sigma D} = \dfrac{1}{4600} < \dfrac{1}{2000}$（符合精度要求）

7.3 角度前方交会法

当导线点的密度不能满足工程施工或大比例尺测图要求，而需加密的点又不多时，可用角度前方交会法加密控制点。如图 7－10 所示，A 、B 、C 为三个已知点，P 为待定点，在三个已知点上观测了水平角 α_1 、β_1 、α_2 、β_2 。可用三角形 Ⅰ、Ⅱ 分两组解算 P 点的坐标，然后求其平均值。如图 7－11 所示，P 点坐标的计算公式为

$$\begin{cases} x_P = \dfrac{x_A\cot\beta + x_B\cot\alpha - y_A + y_B}{\cot\alpha + \cot\beta} \\ y_P = \dfrac{y_A\cot\beta + y_B\cot\alpha + x_A - x_B}{\cot\alpha + \cot\beta} \end{cases} \tag{7-19}$$

公式推导原理：首先用坐标反算公式(7－13)，根据 A、B 两点的坐标 x_A 、y_A 和 x_B 、y_B ，计算 $A-B$ 边的坐标方位角 α_{AB} 和边长 D_{AB} ；其次按方位角推算公式计算 $A-P$ 边的坐标方位角 α_{AP} ，按正弦定理计算边长 D_{AP} ，再根据坐标正算公式计算 P 点的坐标。整理后便得公式(7－19)。

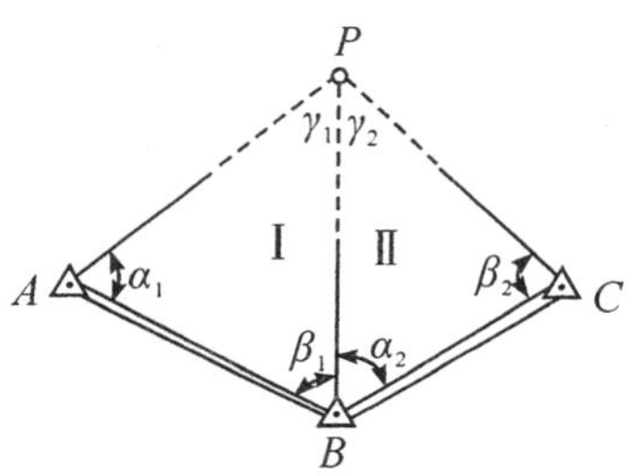

图 7－10　角度前方交会法

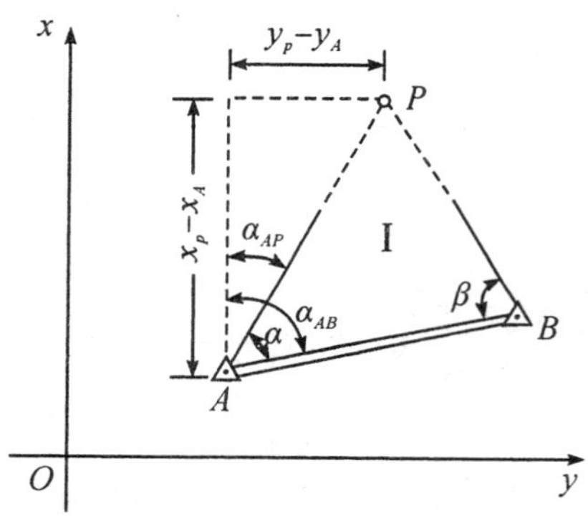

图 7－11　角度前方交会坐标推算

按式(7－19)计算 P 点坐标的实例数据列入表 7－7。表中是由三角形 Ⅰ、Ⅱ 两组数据计算 P 点坐标，若其较差符合表 7－8 的规定时，则取两组结果的平均值，作为 P 点的最后坐标。

为了提高交会点的精度，在选定 P 点时，应尽可能使交会角 γ 接近 90°，一般应不大于 150°或不小于 30°。在应用式(7－19)时，已知点和待求点必须按 A 、B 、P 逆时针方向编号，在 A 点观测角编号为 α ，在 B 点观测角编号为 β 。

此外，若不能在一个已知点(例如 A 点)安置仪器，而在一个已知点 B 及待求点 P 上观测了两个角度 β 和 γ ，则同样可以计算 P 点的坐标，这就是角度侧方交会法，此时只要先计算出 A 点的 α 角，即可应用式(7－19)求解 x_P 与 y_P 。

表 7 -7　角度前方交会坐标计算表

<table>
<tr><td>野外点位略图</td><td rowspan="5">已知数据</td><td>点号</td><td rowspan="2">x/m</td><td rowspan="2">y/m</td></tr>
<tr><td rowspan="8">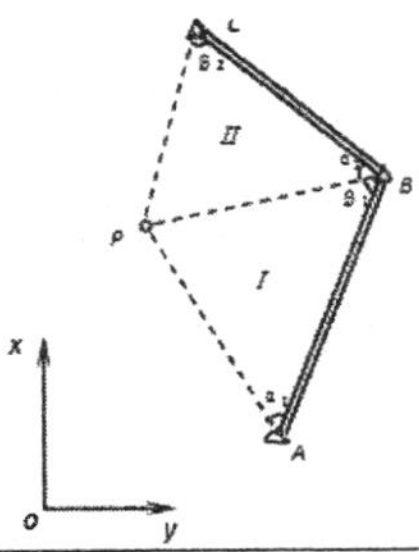</td><td>A</td></tr>
<tr><td>B</td><td>2117.947</td><td>1685.303</td></tr>
<tr><td rowspan="2">C</td><td>2523.914</td><td>1796.655</td></tr>
<tr><td>2782.310</td><td>1437.026</td></tr>
<tr><td rowspan="4">观测数据</td><td rowspan="2">Ⅰ组</td><td colspan="2">$\alpha_1=60°22'54''$</td></tr>
<tr><td colspan="2">$\beta_1=58°20'42''$</td></tr>
<tr><td rowspan="2">Ⅱ组</td><td colspan="2">$\alpha_2=52°01'05''$</td></tr>
<tr><td colspan="2">$\beta_2=60°30'26''$</td></tr>
<tr><td>计算结果</td><td colspan="4">(1)由Ⅰ组计算得：$x'_p=2406.670$m，$y'_p=1396.143$m
(2)由Ⅱ组计算得：$x''_p=2406.653$m，$y''_p=1396.185$m
(3)两组坐标较差：$\Delta_P=\sqrt{(x''_p-x'_p)^2+(y''_p-y'_p)^2}=0.045$ m≤限差
(4) P 点最后坐标：$x_p=2406.662$m，$y_p=1396.164$m</td></tr>
</table>

表 7 -8　加密点两组坐标较差限差表

测图比例尺	1∶500	1∶1000	1∶2000	1∶5000
两组坐标较差/m	0.1	0.2	0.4	0.8

7.4 三、四等水准测量

7.4.1 三、四等水准测量的主要技术要求

三、四等水准路线一般沿道路布设，尽量避开土质松软地段，水准点间的距离一般为 2～4km，在城市建筑区为 1～2km。水准点应选在地基稳固、能长久保存和便于观测的地方。

三、四等水准测量的主要技术要求参看表 7 -3，使用 DS3 型水准仪观测时，每一测站的技术要求见表 7 -9。

表 7 -9　三、四等水准测量观测技术要求

等级	视线长度 /m	视线高度 /m	前后视距离差 /m	前后视距累积差 /m	红黑面读数差（尺常数误差）/mm	红黑面所测高差之差 /mm
三等	≤75	≥0.3	≤3	≤6	≤2	≤3
四等	≤100	≥0.2	≤5	≤10	≤3	≤5

7.4.2 三、四等水准测量的方法

1. 观测方法

三、四等水准测量的观测应在通视良好、望远镜成像清晰稳定的情况下进行，若用普

通 DS_3 水准仪观测,则应注意:每次读数前都应精平(使符合水准气泡居中)。如果使用自动安平水准仪,则无需精平,工作效率大为提高。以下介绍用双面水准尺法在一个测站的观测程序:

(1)后视水准尺黑面,读取上、下视距丝和中丝读数,记入记录表 7-10 中(1)、(2)、(3);

(2)前视水准尺黑面,读取上、下视距丝和中丝读数,记入记录表 7-10 中(4)、(5)、(6);

(3)前视水准尺红面,读取中丝读数,记入记录表 7-10 中(7);

(4)后视水准尺红面,读取中丝读数,记入记录表 7-10 中(8)。

这样的观测顺序简称为“后-前-前-后”,其优点是可以减弱仪器下沉误差的影响。概括起来,每个测站共需读取 8 个读数,并立即进行测站计算与检核,满足三、四等水准测量的有关限差要求后(表 7-10)方可迁站。

2. 测站计算与检核

(1)视距计算与检核。

根据前、后视的上、下视距丝读数计算前、后视的视距(以 m 为单位):

后视距离:(9) = 100 × {(1) - (2)}

前视距离:(10) = 100 × {(4) - (5)}

计算前、后视距差(11):(11) = (9) - (10)

计算前、后视距离累积差(12):(12) = 上站(12) + 本站(11)

以上计算得前、后视距、视距差及视距累积差均应满足表 7-7 要求。

(2)尺常数 K 检核。

尺常数为同一水准尺黑面与红面读数差。尺常数误差计算式为

$$(13) = (6) + K_i - (7)$$

$$(14) = (3) + K_i - (8)$$

K_i 为双面水准尺的红面分划与黑面分划的零点差(A 尺:K_1 = 4687mm;B 尺:K_2 = 4787mm)。对于三等水准测量,尺常数误差不得超过 2mm;对于四等水准测量,尺常数误差不得超过 3mm。

(3)高差计算与检核。

按前、后视水准尺红、黑面中丝读数分别计算该站高差:

黑面高差:(15) = (3) - (6)

红面高差:(16) = (8) - (7)

红黑面高差之差:(17) = (15) - (16) ±100 = (14) - (13)

对于三等水准测量,(17)不得超过 3mm;对于四等水准测量,不得超过 5mm。

红黑面高差之差在容许范围以内时取其平均值,作为该站的观测高差(以 m 为单

位)：

$$(18) = \{(15) + [(16) \pm 100\text{mm}]\}/2$$

上式计算时,当(15)＞(16),100mm 前取正号计算;当(15)＜(16),100mm 前取负号计算。总之,平均高差(18)应与黑面高差(15)很接近。

(4)每页水准测量记录计算校核。

每页水准测量记录应作总的计算校核：

高差校核：　$\Sigma(3) - \Sigma(6) = \Sigma(15)$

$\Sigma(8) - \Sigma(7) = \Sigma(16)$

$\Sigma(15) + \Sigma(16) = 2\Sigma(18)$　　(偶数站)

或　$\Sigma(15) + \Sigma(16) = 2\Sigma(18) \pm 100\text{mm}$　　(奇数站)

视距差校核：　$\Sigma(9) - \Sigma(10)$ = 本页末站(12) − 前页末站(12)

本页总视距：　$\Sigma(9) + \Sigma(10)$

表 7 - 10　四等水准测量记录

测自________ 至________　　　　　____年____月____日

时刻　始____时____分　　　　　天气：

末____时____分　　　　　成像：

测站编号	后尺 下丝 / 上丝 / 后距 / 视距差 d	前尺 下丝 / 上丝 / 前距 / Σd	方向及尺号	标尺读数 后视 黑面	标尺读数 前视 红面	K+黑减红	高差中数	备注
	(1)	(4)	后	(3)	(8)	(14)		
	(2)	(5)	前	(6)	(7)	(13)		
	(9)	(10)	后 - 前	(15)	(16)	(17)	(18)	
	(11)	(12)						$K_1 = 4.687$
1	1329	1173	后	1080	5767	0		$K_2 = 4.787$
	0831	0693	前	0933	5719	1		
	49.8	48.0	后 - 前	0147	0048	-1	0.148	
	1.8	1.8						
	2018	2467	后	1779	6567	-1		
2	1540	1978	前	2223	6910	0		
	47.8	48.9	后 - 前	-0444	-0343	-1	-0.444	
	-1.1	0.7						

注:表中所示的(1),(2),…,(18)表示读数、记录和计算的顺序

7.4.3 三、四等水准测量的成果整理

三、四等水准测量的闭合或附合线路的成果整理首先应按表 7 - 3 的规定,检验测段(两水准点之间的线路)往返测高差不符值(往、返测高差之差)及附合或闭合线路的高差闭合差。如果在容许范围以内,则测段高差取往、返测的平均值,线路的高差闭合差则反其符号按测段的长度成正比例进行分配(见第 2 章)。

7.5 三角高程测量

当地形高低起伏较大不便于水准测量时，由于全站仪的普及，可以用光电测距三角高程测量的方法测定两点间的高差，从而推算各点的高程。

7.5.1 三角高程测量的计算公式

如图 7 – 12 所示，已知 A 点的高程 H_A，要测定 B 点的高程 H_B，可安置全站仪于 A 点，量取仪器高 i_A；在 B 点安置棱镜，量取其高度称为棱镜高 v_A；用全站仪中丝瞄准棱镜中心，测定竖直角 α；再测定 AB 两点间的水平距离 D（注：全站仪可直接测量平距），则 AB 两点间的高差计算式为

$$h_{AB} = D \cdot \tan\alpha + i_A - v_B \qquad (7-20)$$

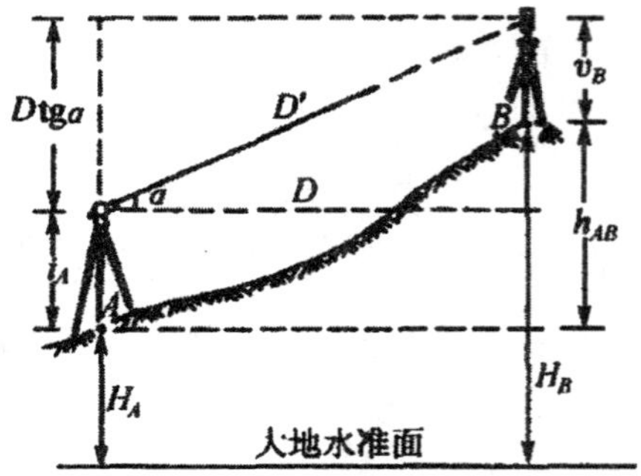

图 7 – 12　三角高程测量原理

如果是测定两点间的斜距 D' 及竖直角 α，则 AB 两点间的高差计算式为

$$h_{AB} = D' \cdot \sin\alpha + i_A - v_B \qquad (7-21)$$

以上两式中，为仰角时 $\tan\alpha$ 或 $\sin\alpha$ 为正，俯角时为负。求得高差 h_{AB} 以后，按下式计算 B 点的高程：

$$H_B = H_A + h_{AB} \qquad (7-22)$$

在三角高程测量公式(7 – 20)、式(7 – 21)的推导中，假设大地水准面是平面(图 7 – 12)，但事实上大地水准面是一曲面，因此由三角高程测量公式(7 – 20)、式(7 – 21)计算的高差应进行地球曲率影响的改正，称为球差改正 f_1，如图 7 – 13 所示，可按下式计算：

$$f_1 = \Delta h = D^2/2R \qquad (7-23)$$

式中，R 为地球平均曲率半径，一般取 $R = 6371\text{km}$。另外，由于视线受大气垂直折光影响而成为一条向上凸的曲线，使视线的切线方向向上抬高，测得竖直角偏大，如图7 – 13所示。因此还应进行大气折光影响的改正，称为气差改正 f_2，f_2 恒为负值。

差改正 f_2 的计算公式为

$$f_2 = -k \cdot \frac{D^2}{2R} \qquad (7-24)$$

式中，k 为大气垂直折光系数。球差改正和气差改正合称为球气差改正 f，则 f 应为

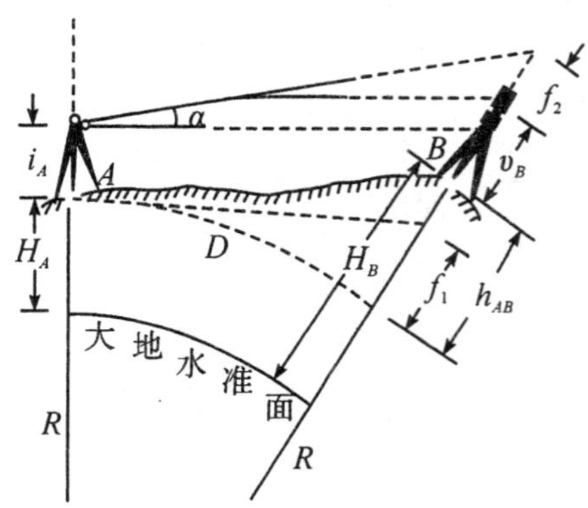

图 7 – 13　地球曲率及大气折光影响

$$f = f_1 + f_2 = (1-k) \cdot \frac{D^2}{2R} \qquad (7-25)$$

大气垂直折光系数 k 随气温、气压、日照、时间、地面情况和视线高度等因素而改变，

一般取其平均值,令 $K=0.14$。由于 $f_1>f_2$,故 f 恒为正值。

考虑球气差改正时,三角高程测量的高差计算公式可分别为

$$h_{AB}=D\tan\alpha+i_A-v_B+f \tag{7-26}$$

$$h_{AB}=D'\sin\alpha+i_A-v_B+f \tag{7-27}$$

由于折光系数的不确定性,使球气差改正中的气差改正具有较大的误差。但是如果在两点间进行对向观测,即测定 h_{AB} 及 h_{BA} 而取其平均值,则由于 f 在短时间内不会改变,而高差 h_{BA} 必须反其符号与 h_{AB} 取平均,因此,f 可以抵消,所以作为高程控制点进行三角高程测量时必须进行对向观测。

7.5.2 三角高程测量的观测与计算

1. 三角高程测量的观测

在测站上安置全站仪,量取仪器高 i,在目标点上安置棱镜,量取棱镜高 v。i 和 v 用小钢卷尺量两次取平均,读数至 1mm。

用全站仪望远镜中丝瞄准目标,读取竖盘读数,竖直角观测的测回数及限差规定见表 7-11。然后用全站仪测定两点间斜距 D'(或平距 D)。

表 7-11　竖直角观测测回数与限差

项　目	一、二、三级导线		图根导线
	DJ_2	DJ_6	DJ_6
测回数	1	2	1
各测回竖直角互差	15″	25″	25″
各测回指标差互差	15″	25″	25″

2. 三角高程测量的计算

三角高程测量的往测或返测高差一般在表 7-12 所示的表格中按式(7-26)或式(7-27)计算。由对向观测所求得往、返测高差(经球气差改正)之差 $f_{\Delta h}$ 的容许值为

$$f_{\Delta h容}=\pm0.1D\ (\mathrm{m}) \tag{7-28}$$

式中,D 为两点间平距,以 km 为单位。

表 7-12　三角高程测量高差计算(单位:m)

测站点	A	B	B	C
目标点	B	A	C	B
水平距离 D	297.168	297.168	329.183	329.183
竖直角 α	-5°12′48″	+5°16′12″	+3°19′54″	-3°18′36″
测站仪器高 i	1.445	1.518	1.535	1.552
目标棱镜高 v	1.662	1.593	1.645	1.566
球气差改正 f	0.006	0.006	0.007	0.007
单向高差 h	-27.325	+27.342	+19.060	-19.045
平均高差	-27.334		+19.052	

由对向观测所求得高差平均值，计算闭合环线或附合线路的高差闭合差的容许值为

$$f_{h容} = \pm 0.05\sqrt{[D^2]}\ (\text{m}) \tag{7-29}$$

式中，D 以 km 为单位。

习题 7

1. 什么叫控制点？什么叫控制测量？

2. 什么叫碎部点？什么叫碎部测量？

3. 选择测图控制点（导线点）应注意哪些问题？

4. 表 7－13 列出了一个闭合导线已知数据和观测数据，试按表 7－5 的格式计算闭合导线各点的坐标值。已知 $f_{\beta容} = \pm 40''\sqrt{n}$，$K_{容} = 1/2000$。

表 7－13　闭合导线坐标计算

点号	角度观测值（右角）（° ′ ″）	坐标方位角（° ′ ″）	边长/m	坐标 x/m	坐标 y/m
1				2000.00	2000.00
		69 45 00	103.85		
2	139 05 00				
			114.57		
3	94 15 54				
			162.46		
4	88 36 36				
			133.54		
5	122 39 30				
			123.68		
1	95 23 30				

5. 附合导线 $AB123CD$ 中 A、B、C、D 为高级点，已知 $\alpha_{AB} = 48°48'48''$，$x_B = 1438.38\text{m}$，$y_B = 4973.66\text{m}$，$\alpha_{CD} = 331°25'24''$，$x_C = 1660.84\text{m}$，$y_C = 5296.85\text{m}$；测得导线左角 $\angle B = 271°36'36''$，$\angle 1 = 94°18'18''$，$\angle 2 = 101°06'06''$，$\angle 3 = 267°24'24''$，$\angle C = 88°12'12''$；测得导线边长：$D_{B1} = 118.14\text{m}$，$D_{12} = 172.36\text{m}$，$D_{23} = 142.74\text{m}$，$D_{3C} = 185.69\text{m}$。计算 1、2、3 点的坐标值。已知 $f_{\beta容} = \pm 40''\sqrt{n}$，$K_{容} = 1/2000$。

6. 已知 A 点高程 $H_A = 182.232\text{m}$，在 A 点观测 B 点得竖直角为 $18°36'48''$，量得 A 点仪器高为 1.452m，B 点棱镜高 1.673m。在 B 点观测 A 点得竖直角为 $-18°34'42''$，B 点仪器高为 1.466m，A 点棱镜高为 1.615m，已知 $D_{AB} = 486.751\text{m}$，试求 h_{AB} 和 H_B。

7. 简要说明附合导线和闭合导线在内业计算上的不同点。

8. 整理表 7－14 中的四等水准测量观测数据。

表 7－14　四等水准测量记录整理

测站编号	后尺 下丝	前尺 下丝	方向及尺号	标尺读数		K＋黑减红	高差中数	备注
	后尺 上丝	前尺 上丝		后视	前视			
	后距	前距		黑面	红面			
	视距差 d	Σd						
1	1979	0738	后	1718	6405			$K_1=4.687$ $K_2=4.787$
	1457	0214	前	0476	5265			
			后－前					
2	2739	0965	后	2461	7247			
	2183	0401	前	0683	5370			
			后－前					
3	1918	1870	后	1604	6291			
	1290	1226	前	1548	6336			
			后－前					
4	1088	2388	后	0742	5528			
	0396	1708	前	2048	6736			
			后－前					
检查计算	$\Sigma D_a=$ $\Sigma D_b=$ $\Sigma d=$		Σ 后视 ＝ Σ 前视 ＝ Σ 后视 － Σ 前视 ＝			$\Sigma h=$ $\Sigma h_{平均}=$ $2\Sigma h_{平均}=$		

9. 在导线计算中，角度闭合差的调整原则是什么？坐标增量闭合差的调整原则是什么？

10. 在三角高程测量时，为什么必须进行对向观测？

第 8 章　全球定位系统

8.1 全球定位系统概述

8.1.1 概述

全球定位系统(Global Positioning System,GPS)由美国国防部于1973年组织研制,1993年建设成功,该系统主要用于满足军事部门和民用部门对连续实时的三维导航定位的需要。GPS利用卫星发射的无线电信号进行导航定位,具有全球性、全天候、高精度、快速实时的三维导航、定位、测速和授时功能,能在任何时刻为全球任何地方的用户提供三维位置、三维运动速度和精确的时间等信息。

GPS具有定位精度高、速度快、成本低、不受天气影响、点间无须通视、自动化程度高等优点,其观测仪器设备轻巧、操作方便,目前已被广泛应用于大地测量、工程测量、地壳运动监测、地籍测量等众多领域。卫星定位技术的引入已引起测绘技术的一场革命,从而使测绘领域步入一个崭新的时代。

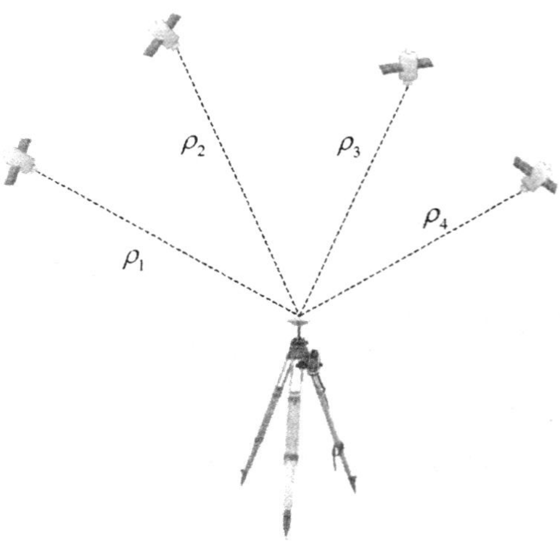

图 8-1　GPS 绝对定位原理图

GPS利用空间测距交会定点原理定位(图8-1)。当用户接收机在某一时刻同时测定接收机天线至四颗卫星的距离$\rho_1,\rho_2,\rho_3,\rho_4$,只需以四颗卫星为球心,以所测距离为半径,即可交会出用户接收机天线的空间位置,其数学模型为

$$\rho_i = [(X^i - X)^2 + (Y^i - Y)^2 + (Z^i - Z)^2]^{1/2} (i = 1,2,3,4)$$

式中,X,Y,Z为待测点的三维坐标;X^i,Y^i,Z^i为卫星的三维坐标,因此只要知道某时刻卫星的空间位置,并同时测定该时刻的卫星到接收机天线的距离,即可解算出待测点位置。

8.1.2 GPS 组成

GPS 主要由空间部分、地面监控部分和用户设备三部分组成。

1)空间部分

空间部分是由 21 颗工作卫星和 3 颗备用卫星构成,这 24 颗卫星分布在 6 个轨道面上(图 8－2),每个轨道面与地球赤道面的夹角约为 55°,相邻两个轨道面的升交点赤经相差 60°。GPS 卫星属于地球中轨卫星,卫星轨道的平均高度约为 20200km,运行周期为 11 小时 58 分钟。GPS 卫星空间星座的分布使得在全球任何地方、任何时间都可观测到 4 颗以上的卫星。

每颗卫星上都配备了高精度的原子钟,为 GPS 测量提供高精度的时间标准。GPS 卫星的主要功能是接收和存储由地面监控站发来的导航信息,接收并执行监控站的控制命令,向用户发送卫星导航定位所需的卫星轨道参数、卫星健康状态和卫星信号发射时间等信息。

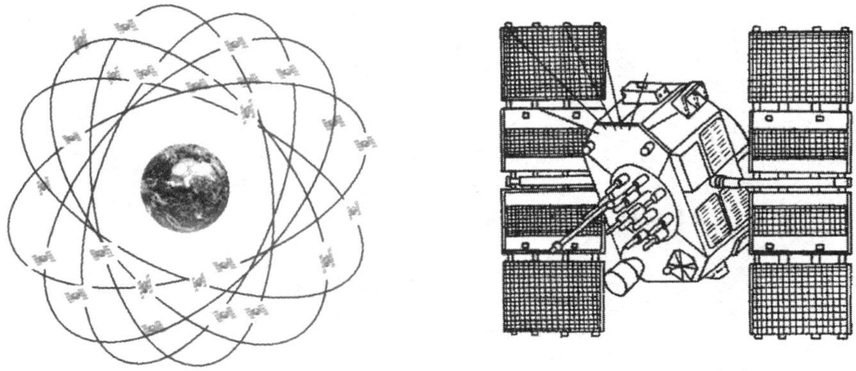

(a)24颗卫星　　(b)GPS卫星

图 8－2　GPS 卫星星座部分

2)地面监控部分

地面监控部分包括主控站、注入站和监控站,其分布如图 8－3 所示。

主控站是 GPS 的核心,对整个系统起着管理与协调的作用。主控站除了对地面监控系统协调和管理外,其主要任务如下:

(1)根据本站和其他监测站的所有观测资料,推算编制各卫星的星历、卫星钟差和大气层的修正参数等,并把这些数据传送到注入站;

(2)提供全球定位系统的时间基准。各测站和 GPS 卫星的原子钟,均应与主控站的原子钟同步,或测出其间的钟差,并把这些钟差信息编入导航电文,送到注入站;

(3)调整偏离轨道的卫星,使之沿预定的轨道运行;

(4)启用备用卫星,以代替失效的工作卫星。

监测站是在主控站直接控制下的数据自动采集中心。站内设有双频 GPS 接收机、高精度原子钟、气象参数测试仪和计算机设备。主要任务是完成对 GPS 卫星信号的连续观测,并将搜集的数据和当地气象观测资料经处理后传送到主控站。

注入站的主要任务是在主控站的控制下将主控站推算和编制的卫星星历、钟差、导航电文和其他控制指令等，注入到相应卫星的存储器。

3）用户设备部分

用户设备是指用户 GPS 接收机，一般包括主机、天线和电源，如图 8－4 所示。其主要任务是捕获卫星信号，跟踪并锁定卫星信号；对接收的卫星信号进行处理，测量出 GPS 信号从卫星到接收机天线间传播的时间；解译 GPS 卫星发射的导航电文，实时计算接收机天线的三维位置、速度和时间。

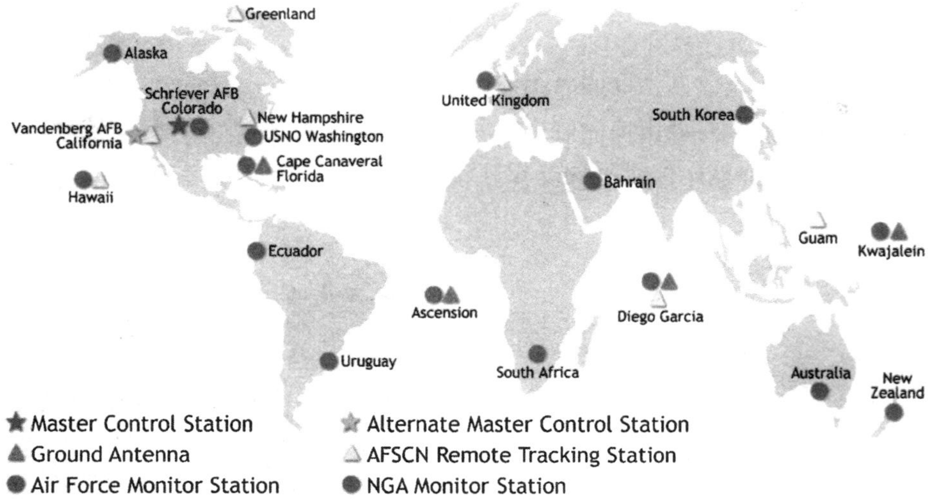

图 8－3　地面监控部分分布图

图 8－4　GPS 接收机天线和主机

8.1.3 GPS 卫星信号

GPS 卫星所发射的信号包括载波信号、测距码和数据码三种类型，所有这些信号分量，都是在同一个基本频率 $f_0 = 10.23\text{MHz}$ 的控制下产生，如图 8－5 所示

1）载波信号

载波信号频率使用的是无线电中 L 波段的两种不同频率的电磁波，分别称之为 L_1 载波和 L_2 载波。L_1 载波频率是基准频率的 154 倍，其频率 $f_1 = 154 \times f_0 = 1575.42\text{MHz}$，波长为 19.03cm，$L_2$ 载波频率是基准频率的 120 倍，其频率 $f_2 = 120 \times f_0 = 1227.60\text{MHz}$，波

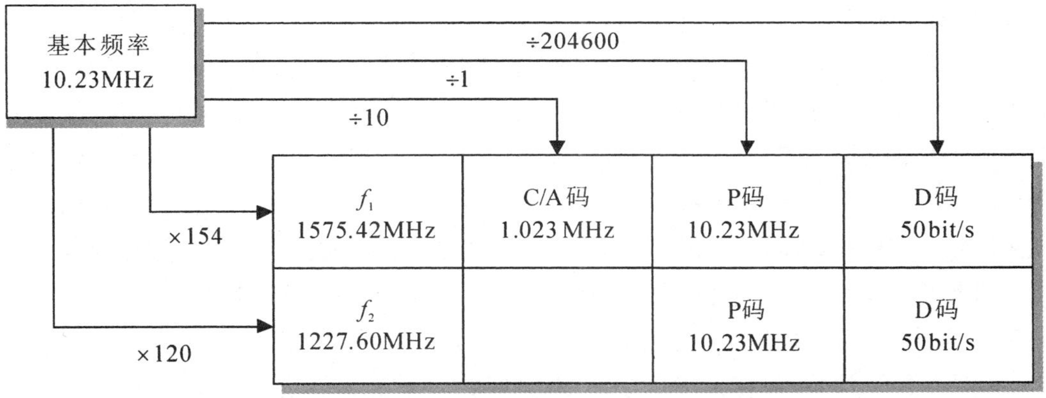

图 8－5 GPS 信号的结构

长为 24.42cm。在 L_1 载波上调制有 C/A 码、P 码和数据码，在 L_2 载波上调制有 P 码和数据码。随着 GPS 现代化的实施，未来将新增一个载波信号 L_5，其频率 1176.45MHz。

2）测距码

测距码是二进制编码，由“0”和“1”组成，对电压为 ±1 的矩形波，正波形代表“0”，负波形代表“1”。在二进制中，一位二进制数叫做一比特（bit）或一个码元，每秒钟传输的比特数称为数码率。C/A 码是 Coarse/Acquisition Code 的缩写，简称粗码或捕获码，P 码 Precise Code 的缩写，简称精码。两种测距码 C/A 码和 P 码均属于伪随机码，它们具有良好的自相关特性和周期性，容易复制。

C/A 码是民用码，码元宽度为 293.1m，测距精度为 2.9 m；P 码是军用码，码元宽度为 29.3m，测距精度为 0.29m，显然 P 码的测距精度比 C/A 码高得多，但是 P 码受美国军方控制，一般用户无法得到，只能利用 C/A 码进行测距。

3）数据码

数据码就是导航电文，也称为 D 码。它包含了卫星星历、卫星工作状态、时间系统、卫星时钟运行状态、轨道摄动改正、大气折射改正和由 C/A 码捕获 P 码的信息等。导航电文也是二进制码，依规定的格式按帧发射，每帧电文的长度为 1500bit，播送速率为 50bit/s。

8.2 GPS 定位的基本原理

8.2.1 GPS 基本观测量

卫星的空间位置可以利用卫星发射的导航电文计算出来，因此 GPS 定位的关键是准确测定 GPS 卫星和用户天线之间的距离，距离测量主要采用两种方法：一种方法是测量 GPS 卫星发射的测距码信号到达用户接收机的传播时间，即伪距测量；另一种方法是测量具有载波多普勒频移的 GPS 卫星载波信号与接收机产生的参考载波信号之间的相位差，即载波相位测量。

1）伪距测量

伪距就是由卫星发射的测距码信号到达 GPS 接收机的传播时间乘以光速所得出的量测距离。由于卫星钟、接收机钟的误差以及无线电信号经过电离层和对流层的延迟，实际测出的距离 $\tilde{\rho}$ 与卫星到接收机的几何距离 ρ 有一定差值，因此一般称量测出的距离为伪距。用 C/A 码进行测量的伪距称为 C/A 码伪距，用 P 码测量的伪距称为 P 码伪距。伪距法定位虽然一次定位精度不高，但因其具有定位速度快，且无多值性问题等优点，仍然是 GPS 定位系统进行导航的最基本的方法。同时，所测伪距又可以作为载波相位测量中解决整周数不确定问题（模糊度）的辅助资料。

利用测距码测定卫星与地面间伪距的基本原理：首先假设卫星钟和接收机钟均无误差，且都能与标准的 GPS 时间保持严格同步。在某一时刻 t，卫星在卫星钟的控制下发出某一结构的测距码，同时，接收机则在接收机钟的控制下产生或者复制出结构完全相同的测距码，也叫复制码。由卫星所产生的测距码经 Δt 时间的传播后到达接收机并被接收机所接收。由接收机产生的复制码则经过一个时间延迟器延迟时间 τ 后与接收到的卫星信号进行对比。若这两个信号尚未对齐，就调整延迟时间 τ，直至这两个信号对齐为止。此时复制码的延迟时间 τ 就等于卫星信号的传播时间 Δt，将其乘以真空中的光速 c 后即可得卫地间的伪距：

$$\tilde{\rho} = c \cdot \tau = \Delta t \cdot c \tag{8-1}$$

实际上，卫星钟和接收机钟均不可避免地存在误差。若设两者时间误差为 δt，伪距观测量等于待测距离与钟差（包括卫星钟差与接收机钟差）等效距离之和，即：$\tilde{\rho} = \rho + c\delta t$。若能精确求出接收机与卫星钟相对于 GPS 基准时间的偏差，即可通过 δt 对伪距进行修正，求得准确的卫星到接收机的距离。在实际应用中，卫星钟差包含在导航电文中，为已知值，而接收机钟差未知，在定位计算中作为未知参数与点的位置一同解算，这也正是 GPS 定位为什么必须接收多于 4 颗卫星的原因。若再考虑信号穿过电离层与对流层时其速度发生变化，因此必须加上电离层与对流层影响的改正。

2）载波相位测量

利用测距码进行伪距测量是全球定位系统的基本测距方法，但由于测距码的码元长度较大，对于一些高精度应用而言精度无法满足需要。伪距测量的测距精度一般达到测距码波长的百分之一，则对于 P 码而言量测精度 30cm 对 C/A 码而言为 3m 左右。而包含在 GPS 卫星信息中的载波 L_1 和 L_2，其相应波长分别为 $\lambda_1 = 19.03$ cm、$\lambda_2 = 24.42$ cm，若把载波作为量测信号，就可达到很高的精度。目前的大地型接收机普遍利用载波相位测量，相位测量精度通常好于 0.01 周，相对定位精度可达 10^{-8}。

载波相位测量是测量 GPS 载波信号从 GPS 卫星发射天线到 GPS 接收机接收天线的传播路程上的相位变化，从而确定传播距离的方法。如图 8－6 所示，卫星 S 发射一载波信号，在时刻 t 的相位为 $\varphi^S(t)$，该信号经过距离 ρ 到达接收机，其相位为 φ_k，相位变化 $(\varphi^S - \varphi_k)$ 为其相位变化量，现 $(\varphi^S - \varphi_k)$ 中包含整周部分与不足整周部分。由于载波信号是一种周期性的正弦波，因此若能测定 $(\varphi^S - \varphi_k)$，则可计算出卫星到接收机间的距离：

$$\rho = \lambda \cdot (\varphi^S - \varphi_k) = \lambda \cdot (N_0 + \Delta\varphi) \tag{8-2}$$

式中，相位以周为单位，N_0 为整周部分，$\Delta\varphi$ 为非整周部分，λ 为载波波长。

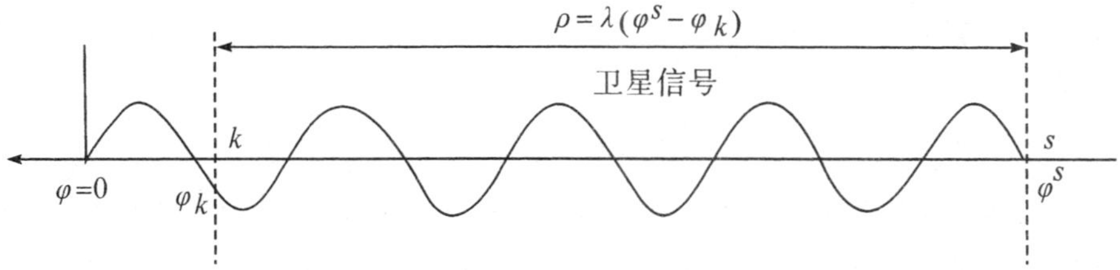

图 8-6　载波相位测量原理

在 GPS 信号中，由于已用相位调整的方法在载波上调制了测距码和导航电文，因而接收到的载波相位已不再连续，所以在进行载波相位测量以前，首先要进行解调工作，设法将调制在载波上的测距码和卫星电文去掉，重新获取载波，这一工作称为重建载波。重建载波一般可用两种方法，一种是码相关法；另一种是平方法。采用前者，用户可同时提取测距信号和卫星电文，但用户必须知道测距码的结构；采用后者，用户无需掌握测距码的结构，但只能获得载波信号而无法获得测距码和卫星电文。

由于载波信号是一种周期性的正弦信号，而相位测量只能测定其不足一周的小数部分，因而存在着整周数不确定性的问题，也就是整周模糊度的精确求解问题。

8.2.2 GPS 绝对定位

绝对定位是以地球质心为参考点，确定接收机天线在 WGS-84 坐标系中的绝对位置。由于定位作业仅需要一台接收机工作，因此又称为单点定位。根据用户接收机天线所处的状态不同，又可分为动态绝对定位和静态绝对定位。

将用户接收设备安置在运动的载体上确定载体瞬时绝对位置的定位方法，称为动态绝对定位。动态绝对定位，一般只能得到没有（或很少）多余观测量的实时解。这种定位方法，被广泛地应用于飞机、船舶以及陆地车辆等运动载体的导航中。另外，在航空物探和卫星遥感等领域也有广泛的应用。当接收机天线处于静止状态确定观测站绝对坐标的方法，称为静态绝对定位。这时，由于可以连续地测定卫星至观测站的伪距，所以可获得充分的多余观测量，以便在测后通过数据处理提高定位的精度。静态绝对定位方法主要用于大地测量，以精确测定测站点在协议地球坐标系中的绝对坐标。

目前，无论是动态绝对定位还是静态绝对定位，所依据的观测量都是所测卫星至观测站的伪距，通常也称为伪距定位法。由于伪距有测码伪距和测相伪距之分，所以，绝对定位又可分为测码伪距绝对定位和测相伪距绝对定位。

1）测码伪距绝对定位

绝对定位也称为单点定位。测距码伪距就是由卫星发射的测距码到观测站的传播时间（时间延迟）乘以光速所得出的量测距离，习惯上简称为伪距。若顾及大气层折射影响，则 t 时刻伪距观测方程可写为

$$\tilde{\rho}_i^j = \rho_i^j + C(\delta t_i - \delta t^j) + \delta I_i^j + \delta T_i^j \tag{8-3}$$

式中，δt^j 代表卫星钟钟面时相对于 GPS 标准时间的钟差，δt_i 为接收机钟钟面时相对于 GPS 标准时间的钟差，C 为信号传播速度，δI_i^j 为电离层折射延迟的等效距离误差；δT_i^j 则为对流层折射延迟的等效距离误差；ρ_i^j 是非线性项，表示测站与卫星之间的几何距离。ρ_i^j 的表达式为

$$\rho_i^j = [(x_i - x^j)^2 + (y_i - y^j)^2 + (z_i - z^j)^2]^{1/2} \tag{8-4}$$

式中，x^j、y^j、z^j 为 t 时刻卫星 S^j 的三维地心坐标，x_i、y_i、z_i 则是测站 T_i 的三维地心坐标。电离层和对流层折射延迟可用经验公式计算出来，卫星钟差可以用导航电文中的钟差修正参数计算出来，由此可见，接收机只要同时接收到 4 颗以上卫星即可定出接收机的位置(x_j, y_j, z_j)和接收机钟差 δt_i，从而实现实时定位。由于卫星的位置为 WGS－84 坐标系下的坐标，由此求得的接收机位置坐标也是 WGS－84 坐标系下的坐标。

伪距定位法定位速度很快，又无多值性问题，数据处理比较快捷，是单点定位的基本方法，具有数据采集简单高效、方便灵活等特点，但由于受到卫星轨道误差、钟差以及信号传播误差等因素的影响，普通的单点定位精度较低，其应用仅局限于导航及资源调查、勘探等低精度的领域。

2）测相伪距单点定位

载波相位测量的观测值是 GPS 卫星接收机所接收的卫星载波信号与接收机本机振荡参考信号的相位差。顾及电离层和对流层对信号传播的影响，则有载波相位观测方程

$$\tilde{\rho}_i^j(t) = \rho_i^j(t) + \delta I_i^j(t) + \delta T_i^j(t) + C\delta t_i - C\delta t^j - \lambda N_i^j(t_0) \tag{8-5}$$

可以看出，载波相位观测方程除增加了整周未知数 N_0 外，其余部分和伪距观测方程完全相同。

利用载波相位观测值进行的单点定位叫做精密单点定位，这种技术是在传统单点定位的基础上发展起来的一种新的定位方式，主要利用精密卫星轨道、卫星钟差和载波相位观测值，估计出一些系统误差后得到精密定位结果，根据轨道的精度、卫星钟差的精度和观测数据量等不同，精度由几米到几个厘米不等。精密单点定位技术以高精度卫星轨道和卫星钟差为基础，采用了更为复杂的误差改正模型和数据处理方法，其具体处理方法这里不再详述，请参阅有关书籍。

8.2.3 GPS 相对定位

GPS 相对定位模型利用 GPS 同步观测值的误差相关性，通过观测值求差的方式来消除相关误差，以进行高精度定位。根据使用的 GPS 观测值类型，GPS 相对定位可以分为伪距相对定位和载波相对定位。伪距相对定位的精度一般为米级，可以满足一般精度的导航和定位的需求。如果消除了其它误差并固定整周模糊度，载波相对定位的实时定位精度可以达到厘米级，静态后处理精度可达到毫米级，是目前 GPS 测量中定位精度最高的定位方法，它广泛地应用于大地测量、精密工程测量、地球动力学的研究及精密导航中。

相对定位的基本思想是在两个观测站或多个观测站同步观测相同卫星的情况下,卫星的轨道误差、卫星钟差、接收机钟差以及电离层和对流层的折射误差等对观测值的影响具有一定的相关性。利用这些观测量的不同组合(求差)进行相对定位,可有效地减弱相关误差的影响,从而提高相对定位的精度。对 GPS 载波相位观测值的求差,可以分别在卫星之间、接收机之间和不同历元之间进行,根据求差次数的不同又可分为单差、双差和三差三种。这里以最常用的双差为例。

若在 t 时刻在测站 1、测站 2 同时对卫星 P 进行了载波相位测量,得观测方程

$$\varphi_1^p(t) = \frac{f}{c}[\rho_1^p(t) + \delta I_1^p(t) + \delta T_1^p(t)] + f\delta t_1 - f\delta t^p - N_1^p(t_0) \tag{8-6}$$

$$\varphi_2^p(t) = \frac{f}{c}[\rho_2^p(t) + \delta I_2^p(t) + \delta T_2^p(t)] + f\delta t_2 - f\delta t^p - N_2^p(t_0) \tag{8-7}$$

将上述两个观测方程进行求差得到

$$\Delta\varphi_{12}^p(t) = \frac{f}{c}\rho_{12}^p(t) + f\delta t_{12} - N_{12}^p(t_0) + \frac{f}{c}\delta I_{12}^p + \frac{f}{c}\delta T_{12}^p \tag{8-8}$$

式中,$\rho_{12}^p(t) = \rho_2^p(t) - \rho_1^p(t)$,$\delta I_{12}^p = \delta I_2^p - \delta I_1^p$,$\delta T_{12}^p = \delta T_2^p - \delta T_1^p$,$N_{12}^p(t_0) = N_2^p(t_0) - N_1^p(t_0)$,$\delta t_{12} = \delta t_2 - \delta t_1$ 。由公式可知,卫星钟差影响已消除。当两测站相距不太远(20km 以内)时,由于对流层和电离层折射的影响具有很强的相关性,故在测站间求一次差可大大削弱大气折射误差。若测站 1、测站 2 在 t 时刻同时观测了 p、q 两颗卫星,那么对 p、q 两颗卫星分别有如下所示的单差模型:

$$\Delta\varphi_{12}^p(t) = \frac{f}{c}\rho_{12}^p(t) + f\delta t_{12} - N_{12}^p(t_0) + \frac{f}{c}\delta I_{12}^p + \frac{f}{c}\delta T_{12}^p \tag{8-9}$$

$$\Delta\varphi_{12}^q(t) = \frac{f}{c}\rho_{12}^q(t) + f\delta t_{12} - N_{12}^q(t_0) + \frac{f}{c}\delta I_{12}^q + \frac{f}{c}\delta T_{12}^q \tag{8-10}$$

再对上述两个观测方程进行求差,若忽略大气折射残差,可求得双差观测方程:

$$\begin{aligned}\Delta\varphi_{12}^{pq}(t) &= \Delta\varphi_{12}^q(t) - \Delta\varphi_{12}^p(t)\\ &= \frac{f}{c}(\rho_{12}^q(t) - \rho_{12}^p(t)) + f(\delta t_{12} - \delta t_{12}) + (N_{12}^q(t_0) - N_{12}^p(t_0))\\ &= \frac{f}{c}\rho_{12}^{pq}(t) + N_{12}^{pq}(t_0)\end{aligned} \tag{8-11}$$

由上式可知,两颗卫星观测方程在 t 时刻均含有相同的接收机钟差 δt_{12} ,卫星间求差后,可以消除接收机钟差影响。双差观测方程很好的消除了各类相关误差的影响,并且保持了整周未知数的整数特性,因此双差模型在高精度定位和模糊度解算中使用较为广泛。

8.3 GPS RTK 定位

8.3.1 RTK 定位

GPS RTK 是 GPS 实时动态测量(Real Time Kinematic)的简称,是一种采用高精度载

波相位观测值的 GPS 实时动态相对定位技术，通过与数据通信技术相结合，能够实时地提供测站点在指定坐标系中的三维定位结果，并达到厘米级精度，其系统构成如图 8－7 所示。

GPS RTK 定位系统由基准站、移动站和无线电数据链三部分组成，基准站接收 GPS 卫星信号并通过无线电数据链实时向移动站提供载波相位观测值和测站坐标信息，移动站接收 GPS 卫星信号和基准站发送的数据，通过数据处理模块使用动态差分定位的方式确定出移动站相对应基准站的坐标增量，然后根据基准站的坐标求得用户的瞬时绝对位置。

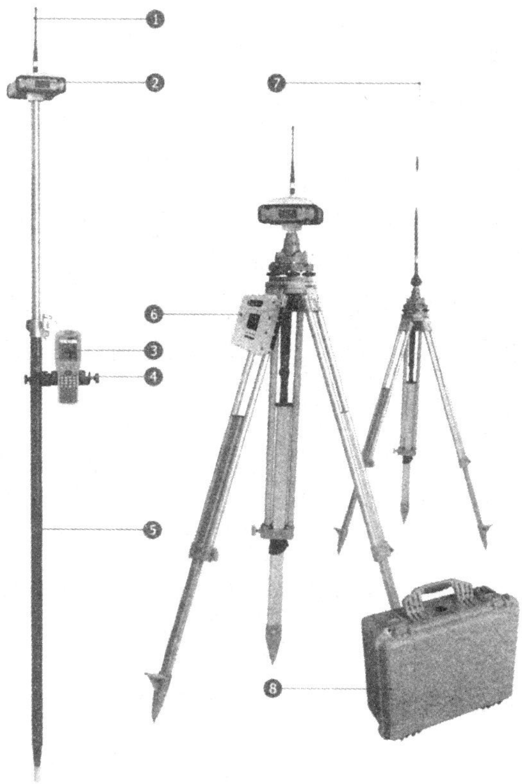

图 8－7　RTK 系统构成

1－数据接收天线；2－移动站主机；3－移动站手簿；4－手簿托架；
5－对中杆；6－数传电台；7－数据发射天线；8－仪器箱。

GPS RTK 技术极大地方便了需要高精度动态定位服务的用户，因此在工程放样、数字化测图、地籍测量等工作中应用十分广泛。这种技术是建立在相对定位中移动站与基准站之间误差强相关的基础上的，当移动站离基准站较近时（例如不超过 10～15km），利用一个或数个历元的观测资料即可获得厘米级精度的定位结果。然而，随着移动站和基准站间间距的增加，移动站和基准站间的误差相关性变差，定位精度将迅速下降。当移动站和基准站间的距离大于 50km 时，RTK 的单历元解一般只能达到分米级的精度。另外移动站是否能进行 RTK 定位，还取决于数据通信可靠性和移动站载波相位观测值是否失锁。

8.3.2 网络 RTK 定位

网络 RTK,又称为多基准站 RTK,是指在一定区域内建立多个(一般为三个或三个以上)基准站,所建立的基准站对该区域构成网状覆盖,并以这些基准站中的一个或多个为基准,计算和播发改正信息,进而对该地区内的卫星定位用户进行实时误差改正的一种测量方式,如图 8 - 8 所示。它是在常规 RTK、计算机技术、通信网络技术的基础上发展起来的一种实时动态定位新技术。

网络 RTK 系统由基准站网、数据处理中心、数据通信链路和用户部分组成。基准站的精确坐标一般可采用长时间静态相对定位等方式来确定。基准站接收机按一定采样率进行连续观测,通过数据通信链实时将观测数据传送给数据处理中心,数据处理中心首先对各个站的数据进行预处理和质量分析,然后对整个基准站网数据进行统一解算,实时估计出网内的各种系统误差的改正项(电离层延迟、对流层延迟和轨道误差),建立误差模型。网络 RTK 系统根据通信方式不同,分为单向数据通信和双向数据通信。在单向数据通信中,数据处理中心直接通过数据发播设备把误差参数广播出去,用户收到这些误差改正参数后,根据自己的位置和相应的误差改正模型进行修正,以获得精确的定位结果。在双向数据通信中,数据处理中心实时侦听移动站的服务请求和接收移动站发送过来的近似坐标,根据移动站的近似坐标和误差模型,求出移动站处的误差后,直接播发改正数或者虚拟观测值给用户。基准站与数据处理中心间的数据通信可采用数字数据网 DDN 或无线通信等方法进行。移动站和数据处理中心间的双向数据通信则可通过 GSM、GPRS、CDMA 等方式进行。

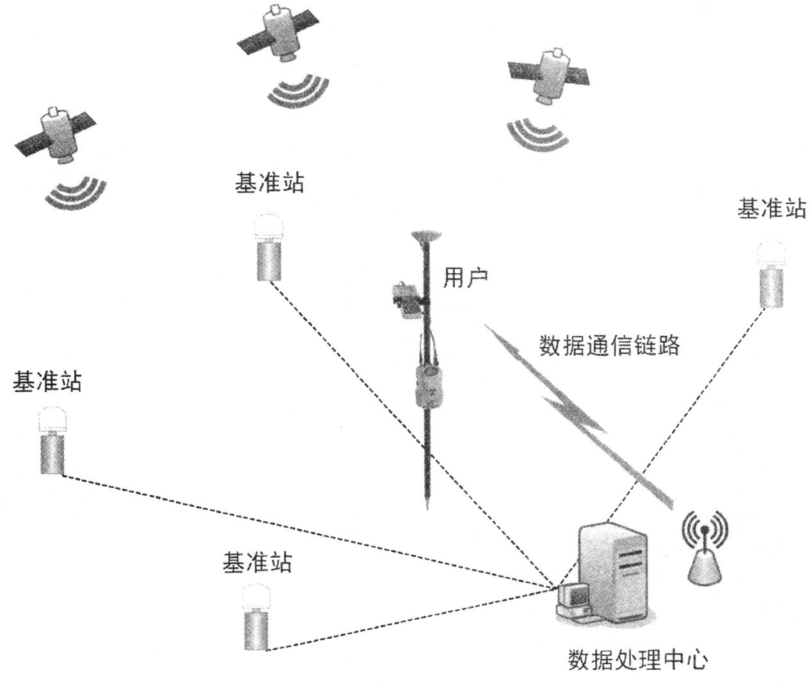

图 8 - 8　网络 RTK 的构成

与常规 RTK 技术相比,网络 RTK 技术最大的优点是有效作用范围广,定位精度高,可实时提供厘米级的定位,另外其可靠性、可用性等也较常规 RTK 有较大提高。

网络 RTK 系统基准站数据可以根据不同的用户需要提供不同精度等级的服务,而其全天候、全自动以及实时提供网络覆盖区域的高精度三位坐标和时间信息的功能,更让网络 RTK 系统成为一个城市或一个地区实现现代化管理和数字化城市所不可缺少的重要组成部分。它可以满足各类不同行业用户对精密定位、快速和实时定位、导航的要求,及时满足城市规划、国土测绘、地籍管理、城乡建设、环境监测、防灾减灾、交通监控等多种现代信息化管理的社会需求。

习题 8

1. 什么是全球定位系统？它主要是由哪几部分组成？各部分的作用是什么？

2. GPS 接收机主要有哪几种类型？试简述其类型的区别？

3. 在一个测站上至少需要接收几颗卫星的信号才能确定该点的三维坐标？简述其测量的基本原理？

4. 什么是绝对定位和相对定位？两者分别使用于什么场合？

5. GPS 实时动态差分定位的主要方法有哪些？各自有什么特点？

第 9 章　地形图的基本知识和应用

9.1 地形图的基本知识

通过测量的手段确定了地面点的坐标和高程后，最形象直观的描述这些点位置以及这些点代表什么样的物体的方法就是绘制地形图。地球表面上有各种各样的物体和复杂多样的地表形态，在地形图测绘中可概括为地物和地貌两种要素。地物是指地面天然或人工形成的各种固定物体，如河流、森林、草地、房屋、道路、农田等；地貌是指地表面高低起伏的各种形态，如高山、丘陵、平原、洼地等。地形是地物和地貌的总称。为了便于绘图和读图在地形图中各种地物是以简化、概括的符号表示，地貌是以高程相同的一系列点构成的曲线表示。为此国家测绘局统一制定了《地形图图式》作为地形图绘图和读图的标准。

通过一定的测量方法，按照一定的精度，将地面上各种地物的平面位置按一定比例尺，用规定的符号缩绘在图纸上，这种图称为平面图；如果是既表示出各种地物的平面位置，又用等高线表示出地貌形态，称为地形图。图 9－1 为 1∶2000 比例尺的地形图局部示意图。

地形图真实地反映了地面的各种自然状况，在地形图上，可以直接确定点的坐标、点与点之间的水平距离和直线间夹角、直线的方位等。地形图是工程建设必不可少的基础性资料，无论是国土整治、资源勘查、土地利用及规划，还是工程设计、军事指挥等，都离不开地形图。因此在每一项新的工程建设之前，都要先进行地形测量工作，以获得规定比例尺的现状地形图。

9.1.1 地形图的比例尺

常规的纸质地形图是将地表上的地物和地貌实际尺寸缩小描绘在图纸上的。地形图上任意一线段的长度与地面上相应线段的实际水平距离之比，称为该地形图的比例尺。

1．比例尺种类

根据比例尺表示方法的不同，一般可分为数字比例尺和图示比例尺两种。

丁家桥	凤凰山	祥湖村
塘尾村		瓷 厂
固 村	李家村	木材厂

灰埠镇
356.0-832.0

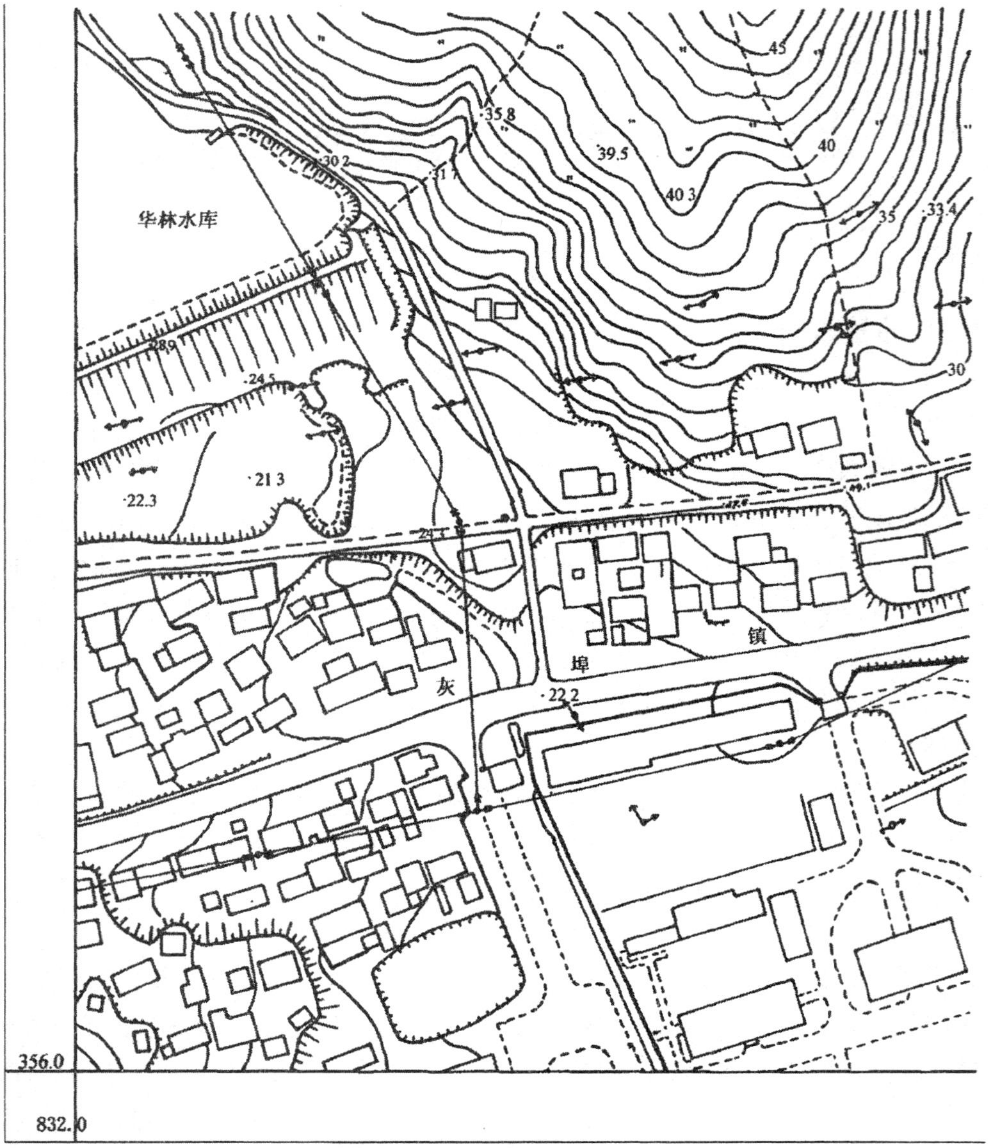

图 9－1　1∶2000 地形图局部示意图

1)数字比例尺

数字比例尺是用分子为 1,分母为整数的分数形式表示。设图上一段直线的长度为 d ,地面上相应线段的水平长度为 D ,则该图的比例尺为

$$\frac{d}{D}=\frac{1}{M} \tag{9-1}$$

式中, M 为比例尺分母, M 越小,则比例尺就越大,它在图上表示的地物、地貌也越详细。通常使用的有 1∶500、1∶1000、1∶2000 等比例尺地形图。按照地形图图式的规定,数字比

例尺标注在图幅下方(南面图廓外)正中处。

2)图示直线比例尺

除数字比例尺外,在有些地形图图廓下方绘有图示直线比例尺,作为图的组成部分,如图9-2为1∶1000地形图绘制的直线比例尺,取2cm为比例尺的基本单位,每基本单位所代表的实地长度为20m,并将左边一个基本单位分为10等分,便于直接读取基本单位的1/10,估读到1/100。使用时可用分规直接在图上量取直线段,并与图示直线比例尺进行比较,可直接读取该线段的实际水平距离。直线比例尺除便于使用外,还具有随图纸伸缩的特点,因此它可以避免因图纸伸缩而引起的误差。

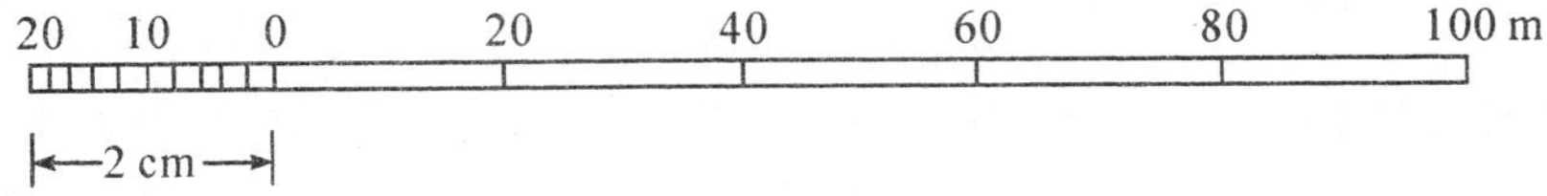

图9-2　直线比例尺

2. 地形图按比例尺分类

地形图按其比例尺分为三类,通常把1∶500、1∶1000、1∶2000、1∶5000、1∶10000比例尺的地形图称为大比例尺地形图;1∶2.5万、1∶5万、1∶10万比例尺的地形图称为中比例尺地形图;1∶20万、1∶50万、1∶100万比例尺的地形图称为小比例尺地形图。

比例尺为1∶500和1∶1000的地形图一般用平板仪、经纬仪或全站仪测绘,这两种比例尺的地形图常用于建筑设计、城市详细规划、工程设计、施工竣工图等。比例尺为1∶2000、1∶5000和1∶10000的地形图一般用更大比例尺的图缩制,大面积的大比例尺测图也可以用航空摄影测量方法成图。1∶2000地形图常用于城市详细规划及工程项目初步设计,1∶5000和1∶10000的地形图则用于城市总体规划、厂址选择、区域布置、方案比较等。

中比例尺地形图系国家的基本地形图,由国家测绘部门或专业部门负责测绘,目前采用航空摄影测量方法成图。小比例尺地形图一般由中比例尺地形图缩小编绘而成。

3. 比例尺精度

一般认为正常情况下人们用肉眼能够分辨出图上的最小距离是0.1 mm,因此地形图测绘中将地形图上0.1mm所代表的实地水平距离称为比例尺精度,即0.1mm与比例尺分母的乘积。不同比例地形图的比例尺精度见表9-1所示。比例尺越大,地形图表示地表的情况就越详细,相应的测量精度也就要求越高。比例尺精度的概念对测图和用图都有重要的指导意义。

表9-1　比例尺精度

比例尺	1∶500	1∶1000	1∶2000	1∶5000	1∶10000
比例尺精度	0.05m	0.1m	0.2m	0.5m	1.0m

根据比例尺精度,可以确定:

1)距离测量的精度

有了比例尺精度就可以确定在测图时距离测量应该准确到什么程度。例如在按1∶

1000 的比例尺测图时,比例尺精度为 0.1m,则实地地物量距只需取到 0.1m,因为测量得再精确,图上也无法表示出来。

2)合理的测图比例尺

当按设计规定多大的地物需在图上表示出来或测量地物要求精确到什么程度时,根据比例尺精度可以确定合理的测图比例尺。例如某项工程建设,要求在图上能反映地面上 5cm 的精度,则所选图的比例尺就不能小于 1∶500。图的比例尺愈大,测绘工作量会成倍地增加,所以应该按城市规划和工程建设、施工的实际需要合理选择地形图的比例尺。

9.1.2 地形图的分幅与编号

地形图的图幅大小是统一规定的,因此每幅地形图所包含的地面面积有一定限度,需要若干幅地形图拼接成一幅完整的地形图。为了便于测绘、管理和使用,需要将地形图进行统一的分幅和编号。地形图的分幅方法分为两类,一类是按经纬线分幅的梯形分幅法,另一类是按坐标格网分幅的矩形分幅法。

1. 梯形分幅与编号

国家基本比例尺地形图(1∶100 万 - 1∶5000)是按经纬线进行梯形分幅,地形图的图廓线由经纬线构成。各比例尺地形图的分幅均是以 1∶100 万比例尺地形图图幅为基础,按规定的经差和纬差划分图幅,不同比例尺的图幅行列数和图幅数成简单的倍数关系,并采用国际统一方法编号。

1)1∶100 万比例尺地形图的分幅与编号

按国际上的规定,1∶100 万的世界地图实行统一的分幅和编号。即自赤道向北或向南分别按纬差 4°分成 22 个横列,各列由低纬向高纬依次用 *A*,*B*,…,*V* 表示。自经度 180°开始起算,自西向东按经差 6°分成 60 个纵行,各行依次用 1,2,…,60 表示。每一幅图的编号由其所在的横列字母与纵行的数字按先横列后纵行的次序组成,一幅图的编号写成"横列 - 纵行"。例如某地的经度为东经 117°41'56",纬度为北纬 39°56'55",则其所在的 1∶100 万比例尺图的图号为 J - 50,见图 9 - 3。

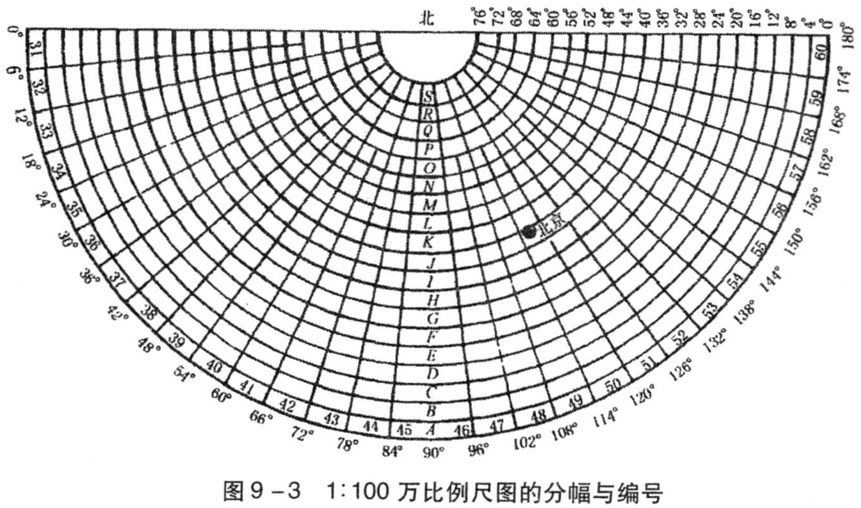

图 9 - 3　1∶100 万比例尺图的分幅与编号

以上分幅规定仅适用纬度 60°以下，当纬度在 60°~76°时，以经差 12°、纬差 4°分幅，纬度在 76°~88°时，以经差 24°、纬差 4°分幅，

2）1:10 万比例尺图的分幅和编号

将一幅 1:100 万的图，按经差 30′，纬差 20′分为 144 幅 1:10 万的图。按图 9-4 所示顺序，某地的 1:10 万图的编号为 J-50-8。

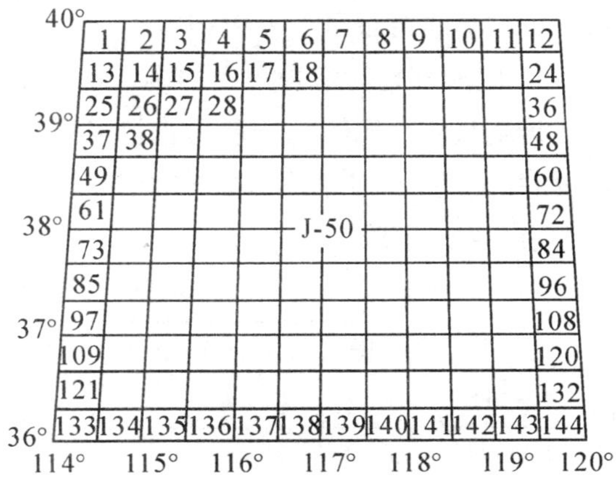

图 9-4 1:10 万比例尺图的编号

3）1:5万和 1:2.5 万比例尺图的分幅和编号

这两种比例尺图的分幅编号都是以1:10 万比例尺图为基础的。每幅 1:10 万的图，划分成 4 幅 1:5万的图，分别在 1:10 万的图号后写上各自的代号 *A*,*B*,*C*,*D*。每幅 1:5万的图又可分为 4 幅 1:2.5 万的图，分别以 1,2,3,4 编号。某地上述两种比例尺图的图幅编号见表 9-2。

表 9-2 各种比例尺地形图的图幅大小

比例尺	图幅大小		一幅 1:100 万图包含图幅数	某地的图幅编号	新标准某地的图幅编号		
	纬度差	经度差			比例尺代码	行号与列号范围	编号示例
1:100 万	4°	6°	1	J-50		A-V;1-60	J50
1:50 万	2°	3°	4	J-50-B	B	001-002	J50B001002
1:25 万	1°	1°30′	16	J-50-B-1	C	001-004	J50C001003
1:10 万	20′	30′	144	J-50-8	D	001-012	J50D001008
1:5万	10′	15′	576	J-50-8-A	E	001-024	J50E001015
1:2.5 万	5′	7′30″	2304	J-50-8-A-2	F	001-048	J50F001030
1:10 000	2′30″	3′45″	9216	J-50-8-(12)	G	001-096	J50G002060
1:5 000	1′15″	1′52.5″	36864	J-50-8-(12)-*a*	H	001-192	J50H003119

4）1:10000 和 1:5000 比例尺图的分幅编号

1:10000 和 1:5000 比例尺图的分幅编号也是在 1:10 万比例尺图的基础上进行的。每幅 1:10 万的图分为 64 幅 1:10000 的图，分别以(1)，(2)，…，(64)表示。每幅 1:10000 的图分为 4 幅 1:5000 的图，分别在 1:10000 的图号后面写上各自的代号 *a*,*b*,*c*,*d*。

1992 年 12 月我国发布实施的 GB/T 13989-92《国家基本比例尺地形图分幅和编号》标准对地形图的分幅和编号作了新的相应规定。按照该标准，1:100 万的分幅仍按国际统一规定进行，但其编号的行和列的称谓相反，即其图号由该图所在的行号（字符码）与列号（数字码）组成，如某地所在的地形图编号为 J50。1:50 万~1:5000 国家基本比例

尺地形图的分幅则全部在1∶100万地形图的基础上，逐次加密划分而成，其编号均为五个元素10位代码组成，即1∶100万地形图的行号（字符码）1位，列号（数字码）2位，比例尺代码（字符）1位，该图幅的行号（数字码）3位与列号（数字码）3位。各种比例尺地形图的图幅大小及编号见表9－2。

2．矩形分幅与编号

传统纸质大比例尺地形图通常采用矩形分幅法，它是按统一的直角坐标格网划分的，图廓线是平行于直角坐标轴的坐标格网线，以整千米或百米坐标进行分幅。图幅大小如表9－3所示。

表9－3　大比例尺地形图的图幅大小

比例尺	图幅大小/(cm×cm)	实地面积/km^2	1:5000图幅内的分幅数
1∶5000	40×40	4	1
1∶2000	50×50	1	4
1∶1000	50×50	0.25	16
1∶500	50×50	0.0625	64

矩形分幅地形图的编号一般采用图幅西南角坐标公里数编号法，x坐标在前，y坐标在后，中间用短线连接。如图9－1所示，其西南角的坐标$x=356.0$km，$y=832.0$km，所以其编号为“356.0－832.0”。比例尺为1∶500地形图编号时，坐标值取至0.01km，而1∶1000、1∶2000地形图取至0.1km。同一地区不同比例尺地形图也可以1∶5000比例尺图为基础进行编号。例如图9－5所示，某1∶5000图幅西南角的坐标值$x=32$km，$y=56$km，则其图幅编号为“32－56”。这个图号将作为该图幅中的其他较大比例尺所有图幅的基本图号。在1∶5000图号的末尾分别加上罗马字Ⅰ，Ⅱ，Ⅲ，Ⅳ，就是1∶2000比例尺图幅的编号，如图9－5中的甲图幅，其编号为“32－56－Ⅰ”。同样，在1∶2000图幅编号的末尾分别再加上Ⅰ，Ⅱ，Ⅲ，Ⅳ，就是1∶1000图幅的编号，如图9－5中的乙图幅，其编号为“32－56－Ⅳ－Ⅱ”。在1∶1000比例尺的图号末尾再加上Ⅰ，Ⅱ，Ⅲ，Ⅳ，就是1∶500图幅的编号。如图9－5中的丙图幅，其编号为“32－56－Ⅳ－Ⅲ－Ⅲ”。

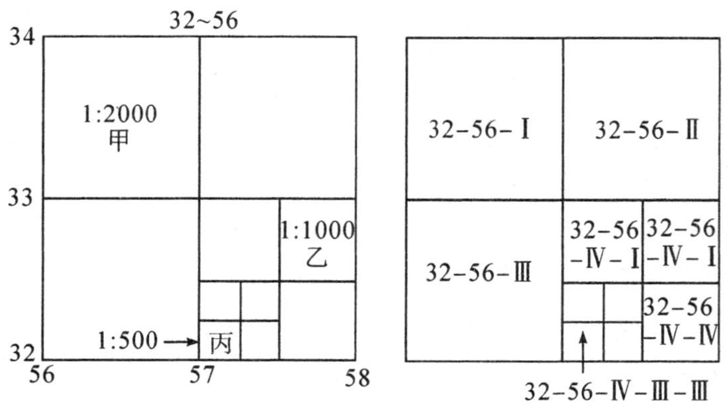

图9－5　矩形分幅与编号

9.1.3 地形图的图框外注记

1. 图名和图号

图名是用本图内最著名的地名、最大的村庄或最突出的地物、地貌等的名称来命名的。除图名之外还要注明图号。图号是根据统一的分幅进行编号的。图号、图名注记在北图廓上方的中央。

2. 接图表

接图表用来说明本图幅与相邻图幅的关系。如图 9 - 6 的图廓左上方所示，中间一格画有斜线的代表本图幅，四邻分别注明相应的图名（或图号），按照接图表就可找到相邻的图幅。

3. 比例尺

在每幅图的南图框外的中央均注有测图的数字比例尺，下方并绘出直线比例尺。

4. 坐标格网

图 9 - 6 中的方格网为平面直角坐标格网，其间隔通常是图上 10cm。在图廓四周均标有格网的坐标值。对于中、小比例尺地形图，在其图廓内还绘有经纬线格网，由经纬线格网可以确定各点的地理坐标。

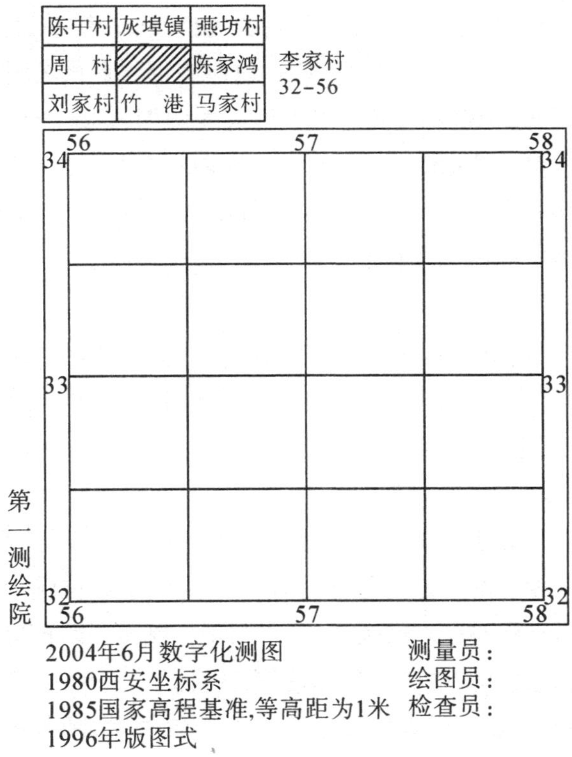

图 9 - 6　地形图的图廓

5. 坡度比例尺

坡度比例尺是一种在地形图上量测地面坡度和倾角的图解工具。如图 9 - 7 所示，它是按如下关系制成的：

$$i = \tan\alpha = \frac{h}{d \cdot M} \tag{9-2}$$

式中，i 为地面坡度；α 为地面倾角；h 为等高距；d 为相邻等高线平距；M 为比例尺分母。使用坡度比例尺时，用分规卡出图上相邻等高线的平距后，在坡度比例尺上使分规的一针尖对准底线，另一针尖对准曲线，即可在尺上读出地面坡度 i（百分比值）及地面倾角 α（度数）。

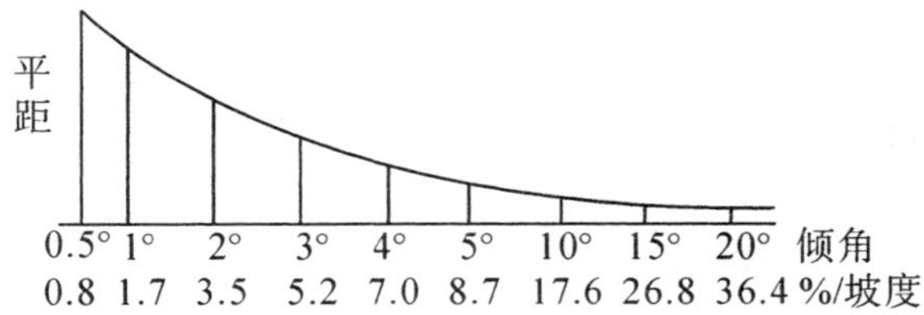

图 9－7　坡度比例尺

此外，地形图图廓的左下方一般应标注坐标系统和高程系统，右下方标注测绘单位和测绘日期等。有些中、小比例尺地形图南图廓右下方还绘有三北方向线关系图。

9.1.4 地物符号

地面上的地物一般可分为两大类：一类是自然地物，如河流、湖泊、森林、草地等，另一类是人工地物，如房屋、道路、桥梁、管线、路灯等。由于地物种类繁多、形状不一，在图上所表示的是经过综合取舍，按一定要求和测图比例尺，以其平面投影的轮廓或特定的符号绘制在地形图上。为了便于测图和用图，地形图上绘制的各种地物和地貌，应严格按照中华人民共和国国家标准《国家基本比例尺地图图式第 1 部分：1∶500　1∶1000　1∶2000地形图图式》（GB/T 20257.1－2007）中规定的符号描绘于图上，因此测绘和使用地形图时，应参阅地形图图式并熟悉其中常见图式符号表示方法和含义，表 9－4 列出了部分常见图式符号，其中地物符号有下列几种。

1. 比例符号

若地物的轮廓较大，可将其形状和占据地面面积的大小均按测图比例尺缩小，并用规定的符号描绘在图纸上，这种符号称为比例符号，也称为面状符号。如表 9－4 中房屋、体育场和稻田等，都采用比例符号绘制。

2. 非比例符号

若地物的轮廓较小，无法将其形状和大小按比例缩绘到图上，而该地物又具有重要的特殊意义，必须采用相应的规定符号表示在该地物的中心位置上，这种特殊的符号称为非比例符号，也称为点状符号。如表 9－4 中测量控制点、旗杆和路灯等都为非比例符号。非比例符号均按直立方向描绘，即与南图廓垂直。

非比例符号的中心位置与该地物实地的中心位置关系，随各种不同的地物而异，在测图和用图时应注意下列几点：

（1）规则的几何图形符号，如圆形、正方形、三角形等，以图形几何中心点为实地地物的中心位置；

（2）底部为直角形的符号，如独立树、路标等，以符号的直角顶点为实地地物的中心位置；

表 9－4　地物符号

编号	符号名称	符号式样 1:500	1:1000	1:2000
4.1.3	导线点 a.土堆上的 I16、I23—等级、点号 84、46、94.40—高程 2.4—比高	2.0 I16/84.46 a 2.4 I23/94.40		
4.1.4	埋石图根点 a.土堆上的 12、16—点号 275.46、175.64—高程 2.5—比高	2.0 12/275.46 a 2.5 16/175.64		
4.1.5	不埋石图根点 19—点号 84.47—高程	2.0 19/84.47		
4.1.6	水准点 II—等级 京石5—点名点号 32.805—高程	2.0 II京石5/32.805		
4.1.7	卫星定位等级点 B—等级 14—点号 495.263—高程	3.0 B14/495.263		
4.3.1	单栋房屋 a.一般房屋 b.有地下室的房屋 c.突出房屋 d.简易房屋 混、钢—房屋结构 1、3、28—房屋层数 -2—地下房屋层数	a 混1　b 混3-2 c 钢28　d 简		3 c 28
4.3.2	建筑中房屋	建		
4.3.3	棚房 a.圆边有墙的 b.一边有墙的 c.无墙的	a b c		
4.3.4	破坏房屋	破		
4.3.43	体育馆、科技馆 博物馆、展览馆	砼5科		
4.3.44	宾馆、饭店	砼5		
4.3.45	商场、超市	砼4		
4.3.46	剧院、电影院	砼2		
4.3.47	露天体育场、网球场、运动场、球场 a.有看台的 a1.土席台 a2.门洞 b.无看台的	a 工人体育场 b 体育场　球		
4.3.48	露天舞台、观礼台	台		
4.3.67	钟楼、鼓楼、城楼古观寨 a.依比例尺的 b.不依比例尺的	a　b 2.4		
4.3.68	亭 a.依比例尺的 b.不依比例尺的	a　b 2.4		
4.3.69	文物碑石 a.依比例尺的 b.不依比例尺的	a　b		
4.3.70	旗杆			
4.3.71	塑像、雕塑 a.依比例尺的 b.不依比例尺的	a　b		
4.3.87	围墙 a.依比例尺的 b.不依比例尺的	a b		
4.3.88	栅栏、栏杆			
4.3.89	篱笆			
4.3.90	活树篱笆			
4.3.91	铁丝网、电网			
4.3.95	柱廊 a.无墙壁的 b.一边有墙壁的	a b		
4.3.96	门顶、雨罩 a.门顶 b.雨罩	a　b 混5		
4.3.97	阳台	砖5		
4.3.98	檐廊、挑廊 a.檐廊 b.挑廊	a 砼4　b 砼4		
4.3.99	悬空通廊	砼4　砼4		
4.3.100	门洞、下跨道	砖 5		
4.3.101	台阶			
4.3.102	室外楼梯 a.上楼方向	砼8		
4.3.103	院门 a.围墙门 b.有门房的	a b 砖　砖		
4.3.104	门墩 a.依比例尺的 b.不依比例尺的	a b		

（续表）

编号	符号名称	符号式样 1:500	1:1000	1:2000
4.3.106	路灯			
4.3.111	假石山			
4.3.112	避雷针			
4.4.12	快速路			
4.4.13	高架路 a.高架快速路 b.高架路 c.引道			
4.4.14	街道 a.主干路 b.次干路 c.支路			
4.4.15	内部道路			
4.5.1 4.5.1.1 4.5.1.2 4.5.1.3	高压输电线 架空的 a.电杆 35—电压(kV) 地面下的 a.电缆标 输电线入地口 a.依比例尺的 b.不依比例尺的			
4.5.2 4.5.2.1 4.5.2.2 4.5.2.3	配电线 架空的 a.电杆 地面下的 a.电缆标 配电线入地口			
4.5.3 4.5.3.1 4.5.3.2 4.5.3.3 4.5.3.4 4.5.3.5 4.5.3.6	电力线附属设施 电杆 电线架 电线塔(铁塔) a.依比例尺的 b.不依比例尺的 电缆标 电缆交接箱 电力检修井孔			
4.7.1	等高线及其标记 a.首曲线 b.计曲线 c.阔曲线 25—高程			

编号	符号名称	符号式样 1:500	1:1000	1:2000
4.7.3	高程点及其标注 1520.3、-15.3— 高程			
4.7.4	比高点及其标记 6.3、20.1、3.5— 比高			
4.7.16	人工陡坎 a.未加固的 b.已加固的			
4.7.21	斜坡 a.未加固的 b.已加固的			
4.8.21	稻田 a.田埂			
4.8.2	旱地			
4.8.3	菜地			
4.8.4	水生作物地 a.非常年积水的 菱—晶种名称			
4.8.6 4.8.6.1	园地 经济林 a.景园 b.桑园 c.茶园 d.橡胶园 e.其他经济林			
4.8.6.2	经济作物地			
4.8.9	灌木林 a.大面积的			

(3)宽底符号，如烟囱、岗亭等，以符号底部中心为实地地物的中心位置；

(4)几种图形组合符号，如路灯、消火栓等，以符号下方图形的几何中心为实地地物的中心位置；

(5)下方无底线的符号，如山洞、窑洞等，以符号下方端点连线的中心为实地地物的中心位置。

3.半比例符号

若地物为带状延伸地物，其长度可按比例尺缩绘，而宽度不能按比例尺缩小表示的符号称为半比例符号，也称为线状符号。如表 9－4 中栅栏、不依比例围墙、铁丝网、配电线等都是半比例符号。这种符号的定位线，对于对称线状符号一般就在其实地地物的中心位置；不对称线状符号，如城墙和垣栅等，地物中心位置在其符号的底线上。

4.地物注记

除采用上述各种符号表示地物以外，还需要对地物的性质、名称、种类或数量等用文字、数字或者特定的符号加以说明，这些起说明、解释作用的文字、数字或特有符号，称为地物注记。诸如城镇、学校、河流、道路等地理名称，森林、果树的类别，房屋的结构等特征，桥梁的长宽及载重量，江河的流向、流速及深度，道路的去向等，都以文字或特定符号加以说明。

9.1.5 地貌符号——等高线

地貌是指地表面的高低起伏形态，可按其起伏变化的程度分成平地（地面坡度在 2°以下）、丘陵地（地面坡度 2°～6°）、山地（地面坡度 6°～25°）、高山地（地面坡度在 25°以上）等几种类型。而四周高中间低的地方称为盆地，很小的盆地则称为洼地。地貌是地形图要表示的重要信息之一，地形图上一般是用等高线法表示地貌。等高线不但能表示地面起伏形态，还能科学地表示地面坡度和地面高程，可以满足实际用图的需要。对于不能用等高线表示的地方，如峭壁、冲沟、梯田等特殊地形则可用特殊的地貌符号来表示。

1.典型地貌的名称

地表形态千变万化，但地貌的基本形态可以归纳为几种典型地貌：①山丘；②洼地；③山背；④山谷；⑤鞍部；⑥绝壁等（图 9－8）。凸起而高于四周的高地称为山丘，凹入而

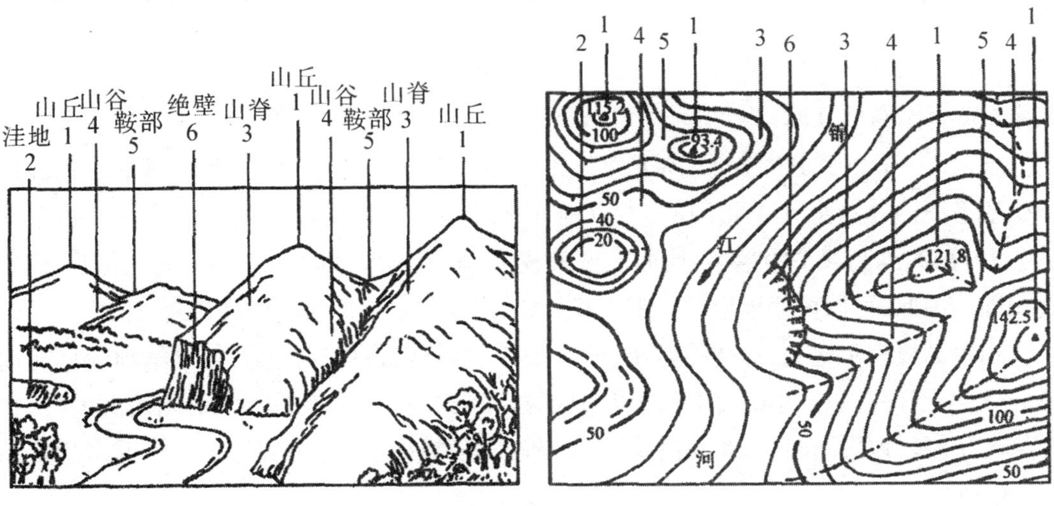

图 9－8　综合地貌及其等高线表示

低于四周的低地称为洼地,山坡上隆起的凸棱称为山脊,山脊上的最高棱线称为山脊线,两山坡之间的凹部称为山谷,山谷中最低点的连线称为山谷线,近于垂直的山坡称为绝壁,上部凸出、下部凹入的绝壁称为悬崖,相邻两个山头之间的最低处形状为马鞍状的地形称为鞍部,它的位置是两个山脊线和两个山谷线交会之处。了解和熟悉典型地貌的等高线,有助于正确地识读、应用和测绘地形图。

2. 等高线的概念

等高线是地面上高程相同的相邻各点所连接而成的闭合曲线。水面静止的池塘的水边线,实际上就是一条闭合的等高线。如图 9-9 所示,设有一座位于平静湖水中的小山丘,山顶被湖水淹没时的水面高程为 80m。然后水位下降 5m,露出山头,此时水面与山坡就有一条交线,而且是闭合曲线,曲线上各点的高程是相等的,这就是高程为 75m 的等高线。随后水位又下降 5m,山坡与水面又有一条交线,这就是高程为 70m 的等高线。依次类推,水位每降落 5m,水面就与地表面相交留下一条等高线,从而得到一组相邻高差为 5m 的等高线。设想把这组实地上的等高线沿铅垂线方向投影到水平面 H 上,并按规定的比例尺缩绘到图纸上,就得到用等高线表示该山丘地貌的等高线图。

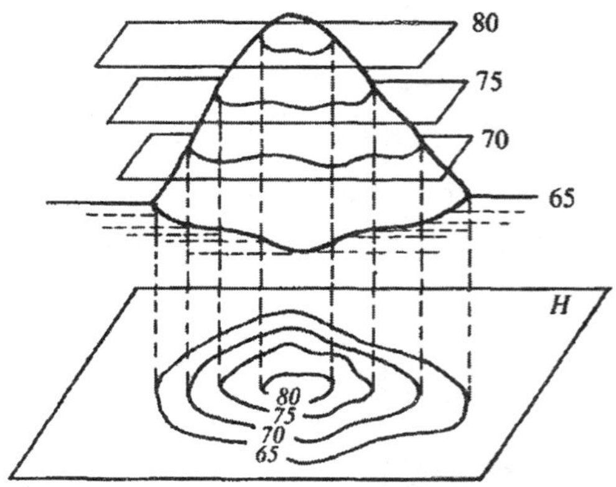

图 9-9　等高线

3. 等高距和等高线平距

地形图上相邻等高线之间的高差称为等高距,常以 h 表示。图 9-9 中的等高距为 5m。在同一幅地形图上,等高距 h 是相同的。相邻等高线之间的水平距离称为等高线平距,常以 d 表示,其大小随着地面的起伏情况而改变。h 与 d 的比值就是地面坡度 i:

$$i = \frac{h}{d \cdot M} \tag{9-3}$$

式中,M 为比例尺分母。

坡度 i 一般以百分率表示,向上为正、向下为负,例如 $i = +5\%$、$i = -2\%$。因为同一张地形图内等高距 h 是相同的,所以地面坡度与等高线平距 d 的大小有关。由公式(9-3)可知,等高线平距越小,地面坡度就越大;平距越大,则坡度越小;平距相等,则坡度相同。因此,可以根据地形图上等高线的疏、密来判定地面坡度的缓、陡。

用等高线表示地貌,等高距越小,显示地貌就越详细;等高距越大,显示地貌就越简略。但是,当等高距过小时,图上的等高线过于密集,将会影响图面的清晰度。因此,在测绘大比例尺地形图时,基本等高距的大小是根据测图比例尺与测区地形情况来确定的(表 9-5)。

表9－5　地形图的基本等高距 h（单位:m）

比例尺	地形类别			
	平地	丘陵	山地	高山
1:500	0.5	0.5	0.5或1.0	1.0
1:1000	0.5	0.5或1.0	1.0	1.0或2.0
1:2000	0.5或1.0	1.0	2.0	2.0

4.等高线的分类

(1)首曲线(基本等高线):在同一幅地形图上,按规定的基本等高距描绘的等高线称为首曲线,用宽度为0.15mm的细实线绘制。

(2)计曲线(加粗等高线):地形图上有时不可能对每条首曲线都注记高程,为了便于读取高程,凡是高程能被5倍基本等高距整除的等高线加粗(线宽0.3mm)描绘,并在该等高线上注上高程,称为计曲线。在注记高程处将所注记的加粗等高线断开,字头朝向上坡的方向,并尽量避免字头朝南,宜将高程注记在等高线适当的部位。

(3)间曲线(半距等高线):当首曲线不能很好地显示地貌的特征时,按二分之一基本等高距描绘的等高线称为间曲线,在图上用长虚线表示。

(4)助曲线(辅助等高线):有时为显示局部地貌的需要,按四分之一基本等高距描绘的等高线,称为助曲线,一般用短虚线表示。间曲线和助曲线可不闭合(见图9－8地形图的左下部分)。

5.用等高线表示典型地貌

1)山丘和洼地的等高线

图9－8中的1处为山丘的等高线,图9－8中的2处为洼地的等高线。它们投影到水平面上都是一组闭合曲线,从高程注记中可以区分这些等高线所表示的是山丘还是洼地,山丘的等高线由外圈向内圈高程逐渐增加,洼地的等高线由外圈向内圈高程逐渐减少,也可通过等高线上的示坡线(图9－8左上部分垂直于等高线的短线)来区分,示坡线的方向指向低处。

2)山脊和山谷的等高线

山脊的等高线是一组凸向低处的曲线(图9－8中的3处),各条曲线方向改变处的连接线(图中点划线)即为山脊线。山谷的等高线为一组凸向高处的曲线(图9－8中的4处),各条曲线方向改变处的连接线(图中虚线)称为山谷线。等高线经过山脊或山谷时改变方向,因此山脊线与山谷线应和改变方向处的等高线的切线垂直相交。山脊和山谷的两侧为山坡,山坡近似于一个倾斜平面,因此山坡的等高线近似于一组平行线。

山脊线又称为分水线,山谷线又称为合水线。在地区规划及建筑工程设计时经常要考虑到地面的水流方向、分水线、合水线等问题,因此,山脊线和山谷线在地形图测绘和地形图应用中具有重要的意义。

3）鞍部的等高线

典型的鞍部是在相对的两个山脊和山谷的会聚处（图 9－8 中的 5 处）。它的左右两侧的等高线是相对称的两组山脊线和两组山谷线。鞍部在山区道路的选线中是一个关节点，越岭道路常须经过鞍部。

4）绝壁和悬崖符号

绝壁和悬崖都是由于地壳产生断裂运动而形成的。绝壁有比较高的陡峭岩壁，等高线非常密集，因此在地形图上要用特殊符号来表示绝壁（图 9－8 中的 6 处）。悬崖是近乎直立而下部凹入绝壁，若干等高线投影到地形图上会相交（图 9－10），俯视时隐蔽的等高线用虚线表示。

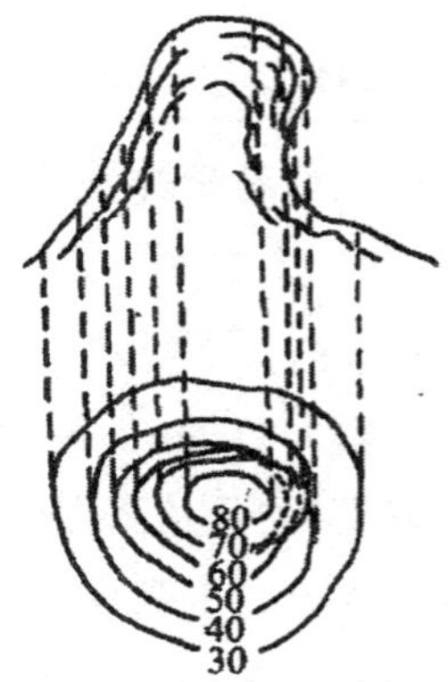

图 9－10　悬崖的等高线

6. 等高线的特性

为了掌握用等高线表示地貌时的规律性，现将等高线的特性归纳如下：

（1）同一条等高线上各点的高程都相同；

（2）等高线是闭合曲线，闭合的范围有大有小，如果不在本幅图内闭合，则必在相邻的其他图幅内闭合；

（3）除在悬崖和绝壁处外，等高线在图上不能相交，也不能重合；

（4）等高线平距小表示坡度陡，平距大表示坡度缓，平距相同表示坡度相等；

（5）等高线与山脊线、山谷线成正交。

9.2 地形图的应用

9.2.1 地形图的识读

为了正确地应用地形图，首先要能看懂地形图。地形图是用各种规定的符号和注记表示地物、地貌及其它有关资料。通过对这些符号的注记的识读，可使地形图成为展现在人们面前的实地立体模型，以判断其相互关系和自然形态。

1. 图外注记识读

识读一幅地形图首先要了解这幅图的图名和图号，图号、图名注记在北图廓上方的中央。其次要准确地确认图的比例尺、图的方向以及采用什么坐标系统和高程系统等图的数学要素，这样就可以确定图幅所在的位置、图幅所包括的面积和长宽等。通常，地形图所使用的坐标系统和高程系统均用文字注明于地形图的左下角。对地形图的测绘时间和图的类别也要了解清楚，地形图反映的是测绘时的现状，对于未能在图纸上反映的地面上的新变化，应组织力量予以修测与补测，以免影响设计工作。

2. 地物识读

要知道地形图使用的是哪一种图例，要熟悉一些常用的地物符号，了解符号和注记的确切含义。根据地物符号，了解主要地物的分布情况，按照先主后次，由大到小的次序认识地物，即先找大的居民点、主要的道路和重要的地物，然后再识别小的居民点、次要道路和一般地物。注意地物分布与人的活动的相关性，综合形成对人的活动环境的整体认识。如图 9－11 为马家店的地形图，房屋东侧有一条公路，向南过一座小桥，桥下为清水河，河水流向是由西向东，河的北边山谷间有一些农田，河的南边有一些房屋。

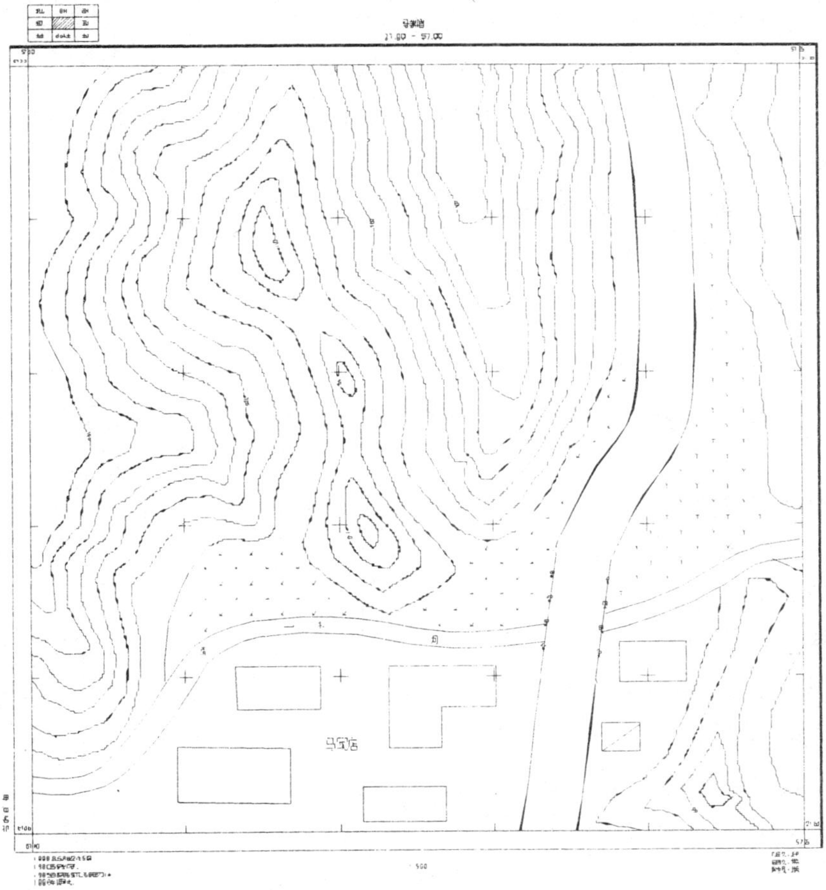

图 9－11　地形图识读

3. 地貌识读

要正确理解等高线的特性，根据等高线，了解图内的地貌情况，首先要知道等高距是多少，然后根据典型地貌等高线的特点，正确判读图上各种地貌，如山头、洼地、山脊、山谷等。对于山地，要重点掌握山脉的走势、坡度的变化、地性线的分布、重要地形点的高程，进而从总体上把握图内地貌的分布特点和变化趋势。由图 9－11 中可以看出，整个地形以丘陵山地为主，西北高东南低，西北边为山地，南部为平地，等高距为 1m，一条公路贯穿南北，东西向有一条河流

9.2.2 地形图应用的基本内容

在工程建设规划设计时，往往要用解析法或图解法在地形图上求出任意点的坐标和高程，确定两点之间的距离、方向和坡度，利用地形图绘制断面图等，这就是地形图应用

的基本内容，现分述如下。

1. 确定图上点的坐标

图 9－12 是比例尺为 1∶1000 的地形图坐标格网的示意图，以此为例说明求图上 A 点坐标的方法。首先根据 A 的位置找出它所在的坐标方格网 $abcd$，过 A 点作坐标格网的平行线 ef 和 gh。然后用直尺在图上量得 $ag=75.3\text{mm}$，$ae=65.4\text{mm}$；由内、外图廓间的坐标标注知：$x_a=20.1\text{km}$，$y_a=12.1\text{km}$。则 A 点坐标为：

$$\begin{cases}x_A=x_a+ag\cdot M=20100\text{m}+75.3\text{mm}\times 1000=20175.3\text{m}\\ y_A=y_a+ae\cdot M=12100\text{m}+65.4\text{mm}\times 1000=12165.4\text{m}\end{cases}\tag{9-4}$$

式中，M 为比例尺分母。

如果图纸有伸缩变形，为了提高精度，可按下式计算：

$$\begin{cases}x_A=x_a+ag\cdot M\cdot\dfrac{l}{ab}\\ y_A=y_a+ae\cdot M\cdot\dfrac{l}{ad}\end{cases}\tag{9-5}$$

式中，l 是方格 $abcd$ 边长的理论长度，一般为 10cm。ad、ab 是分别用直尺量取的方格边长。

2. 确定两点间的水平距离

如图 9－12，欲确定 AB 间的水平距离，可用如下两种方法求得：

1）直接量测（图解法）

用卡规在图上直接卡出线段长度，再与图示比例尺比量，即可得其水平距离。也可以用刻有毫米的直尺量取图上长度 d_{AB} 并按比例尺（M 为比例尺分母）换算为实地水平距离，即

$$D_{AB}=d_{AB}\cdot M\tag{9-6}$$

或用比例尺直接量取直线长度。

2）解析法

按式（9－4）或式（9－5），先求出 A、B 两点的坐标，再根据 A、B 两点坐标由公式计算：

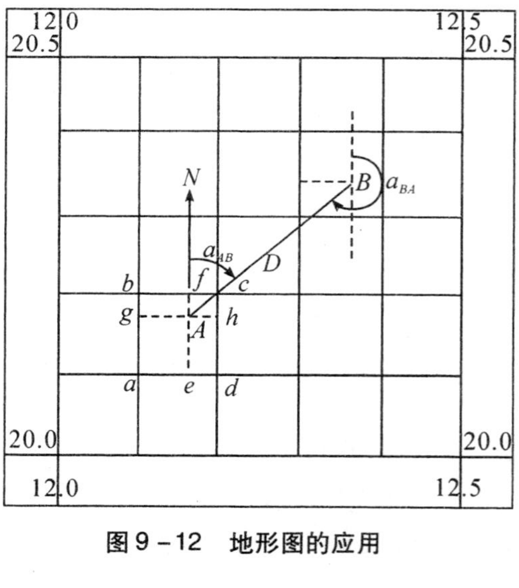

图 9－12　地形图的应用

$$D_{AB}=\sqrt{(x_B-x_A)^2+(y_B-y_A)^2}\tag{9-7}$$

3. 确定两点间直线的坐标方位角

欲求图 9－12 上直线 AB 的坐标方位角，可有下述两种方法：

1）解析法

首先确定 A、B 两点的坐标，然后按式确定直线 AB 的坐标方位角 α_{AB} 为

$$\alpha_{AB}=\arctan\frac{\Delta y_{AB}}{\Delta x_{AB}}=\arctan\frac{y_B-y_A}{x_B-x_A}\tag{9-8}$$

2)图解法

在图上先过 A 、B 点分别作出平行于纵坐标轴的直线,然后用量角器分别度量出直线 AB 的正、反坐标方位角 α'_{AB} 和 α'_{BA} ,取这两个量测值的平均值作为直线 AB 的坐标方位角,即

$$\alpha_{AB} = \frac{1}{2}(\alpha'_{AB} + \alpha'_{BA} \pm 180°) \tag{9-9}$$

式中,若 $\alpha'_{BA} > 180°$,取"－"号;若 $\alpha'_{BA} < 180°$,取"＋"号。

4.确定点的高程

利用等高线,可以确定点的高程。如图 9－13 所示, A 点在 28m 等高线上,则它的高程为 28m。M 点在 27m 和 28m 等高线之间,过 M 点作一直线基本垂直这两条等高线,得交点 P 、Q ,则 M 点高程为

$$H_M = H_P + \frac{d_{PM}}{d_{PQ}} \cdot h \tag{9-10}$$

式中, H_P 为 P 点高程, h 为等高距, d_{PM} 、d_{PQ} 分别为图上 PM 、PQ 线段的长度。例如,设用直尺在图上量得 $d_{PM} = 5$mm、$d_{PQ} = 12$mm,已知 $H_P = 27$m,等高距 $h = 1$m,把这些数据代入式(9－10)得

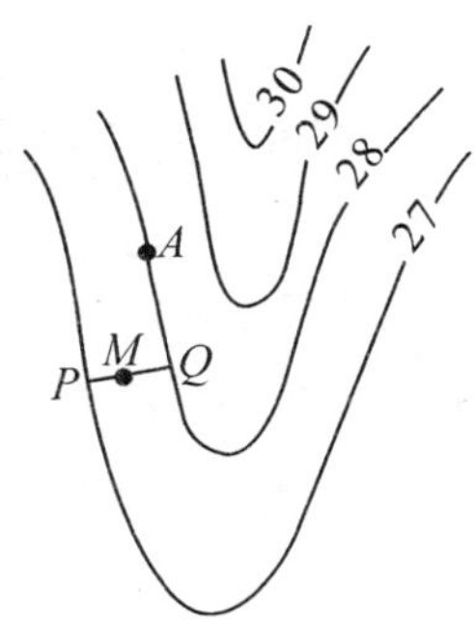

图 9－13　确定点的高程

$$h_{PM} = 5/12 \times 1 = 0.4\text{m}$$
$$H_M = 27 + 0.4 = 27.4\text{m}$$

5.确定两点间直线的坡度

如图 9－14, A 、B 两点间的高差 h_{AB} 与水平距离 D_{AB} 之比,就是 A 、B 间的平均坡度 i_{AB} ,即

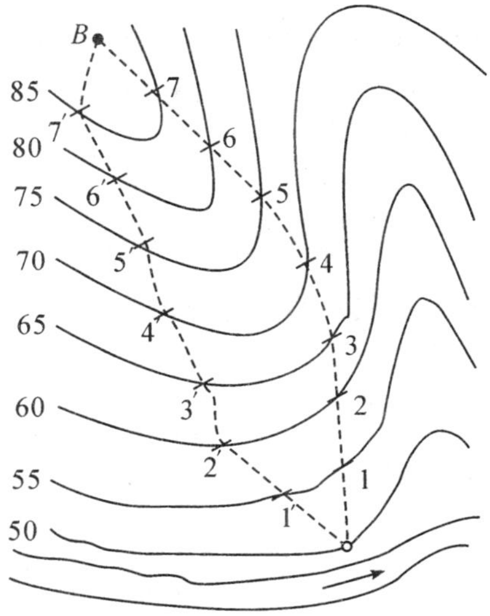

图 9－14　选定等坡路线

$$i_{AB} = \frac{h_{AB}}{D_{AB}} \times 100\% = \frac{h_{AB}}{d \cdot M} \times 100\% \tag{9-11}$$

例如：$h_{AB} = H_B - H_A = 86.5 - 49.8 = +36.7\text{m}$，设 $D_{AB} = 876\text{m}$，则 $i_{AB} = +36.7/876 = +0.04 = +4\%$。

坡度一般用百分率或千分率表示。$i_{AB} > 0$ 表示上坡；$i_{AB} < 0$ 表示下坡。若以坡度角 α 表示，则

$$\alpha = \arctan \frac{h_{AB}}{D_{AB}} \tag{9-12}$$

应该注意到，虽然 A 、B 是地面点，但 A 、B 连线坡度不一定是地面坡度。

6. 按规定的坡度选定等坡路线

如图 9－14，要从 A 向山顶 B 选一条公路的路线。已知等高线的基本等高距为 $h = 5\text{m}$，比例尺 1∶10000，规定坡度 $i = 5\%$，则路线通过相邻等高线的平距应该是 $D = h/i = 5/5\% = 100\text{m}$。在 1∶10000 图上平距应为 1cm，用分规以 A 为圆心，1cm 为半径，作圆弧交 55m 等高线于 1 或 1′。再以 1 或 1′为圆心，按同样的半径交 60m 等高线于 2 或 2′。同法可得一系列交点，直到 B 。把相邻点连接，即得两条符合于设计要求的路线的大致方向。然后通过实地踏勘，综合考虑选出一条较理想的公路路线。

由图中可以看出，$A - 1' - 2' - 3'$……线路的线形，不如 $A - 1 - 2 - 3$……线路线形好。

7. 绘制已知方向纵断面图

在道路、管道设计和土方计算中常利用地形图绘制沿线方向的断面图。如图 9－15 所示，要求绘出 AB 方向的断面图。绘制方法：

（1）在图 9－16 中绘出直角坐标系，横轴表示水平距离，纵轴表示高程。为了绘图方便，水平距离的比例尺一般选择与地形图比例尺相同；为了较明显地反映路线方向的地面起伏，以便于在断面图上作竖向布置，取高程比例尺是水平距离比例尺的 10 倍或 20 倍。

（2）在图 9－15 中设直线 AB 与等高线的交点分别为 1、2、3、4……，以线段 A1、A2、A3…、AB 为半径，在图 9－16 的横轴上以 A 为起点，截得对应 1、2、3…、B 点，即两图中同名线段一样长。

（3）把图 9－15 中 A 、1、2、…、B 点的高程作为图 9－16 中横轴上同名点的纵坐标值，这样就作出断面上的地面点，把这些点依次平滑地连接起来，就形成断面图。

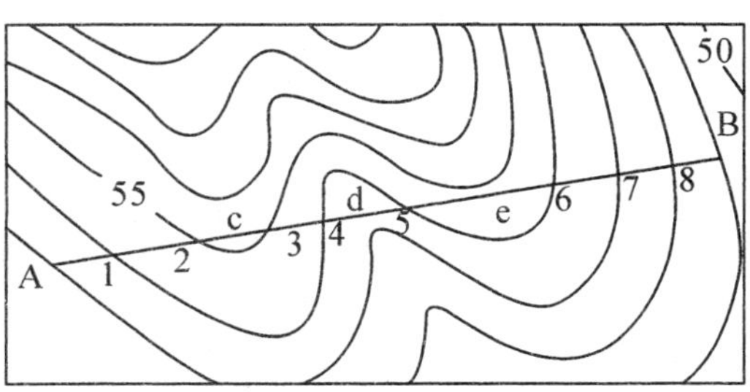

图 9－15　等高线图

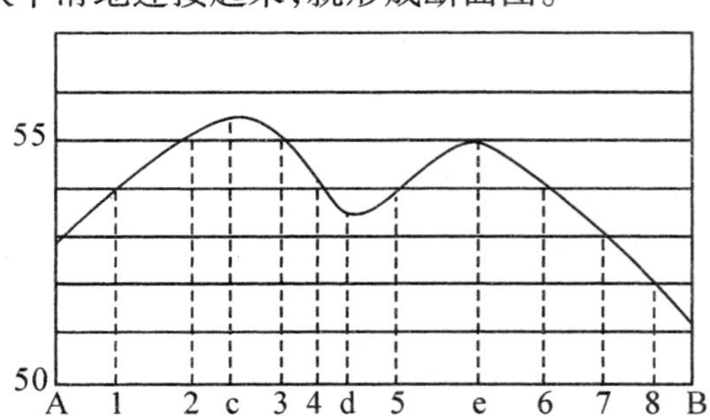

图 9－16　绘制纵断面图

为了较合理地反映断面的起伏，应根据相邻等高线55m和56m内插出2、3点之间的c点高程。同法内插出d、e点。此外应注意，在纵轴注记的起始高程50m应比AB断面上最低点B的高程略小一些。这样绘出的断面线完全在横轴的上部。

8. 确定汇水面积的边界线

当在山谷或河流修建大坝、架设桥梁或敷设涵洞时，都要知道有多大面积的雨水汇集在这里，这个面积称为汇水面积。

汇水面积的边界是根据等高线的分水线（山脊线）来确定的。如图9－17所示，通过山谷，在MN处要修建水库的水坝，就须确定该处的汇水面积，即由图中分水线（点画线）AB、BC、CD、DE、EF与FA线段所围成的面积；再根据该地区的降雨量就可确定流经MN处的水流量。这是设计桥梁、涵洞或水坝容量的重要数据。

图9－17　确定汇水面积边界

9.2.3 地形图上面积的量算

在规划设计中，往往需要测定某一地区或某一图形的面积。例如，林场面积、农田水利灌溉面积调查，土地面积规划，工业厂区面积计算等。

设图上面积为$P_{图}$，则

$$P_{实} = P_{图} \times M^2 \tag{9-13}$$

式中，$P_{实}$为实地面积，M为比例尺分母。设图上面积为10mm^2，比例尺为1∶2000，则实地面积$P_{实}=10\times2000^2\div10^6=40\text{m}^2$。

若待测图形为多边形，可根据多边形各个顶点的坐标计算面积。由图9－18可知，多边形1234的面积等于梯形144′1′面积$P_{144'1'}$加梯形433′4′面积减梯形233′2′面积$P_{233'2'}$减梯形122′1′面积$P_{122'1'}$，即

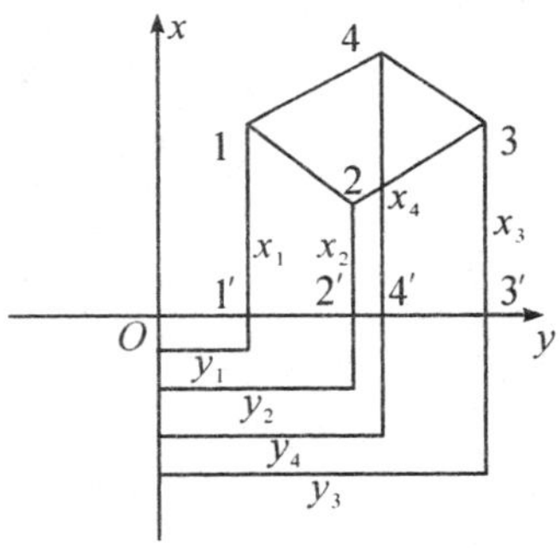

图9－18　坐标解析法

$$P = P_{144'1'} + P_{433'4'} - P_{233'2'} - P_{122'1'}$$

设多边形顶点1、2、3、4的坐标分别为（x_1、y_1）、（x_2、y_2）、（x_3、y_3）、（x_4、y_4）。将上式中各梯形面积用坐标值表示，即

$$P = \frac{1}{2}(x_4+x_1)(y_4-y_1)+\frac{1}{2}(x_3+x_4)(y_3-y_4)-\frac{1}{2}(x_3+x_2)(y_3-y_2)-\frac{1}{2}(x_2+x_1)(y_2-y_1)$$

$$= \frac{1}{2}x_1(y_4-y_2)+\frac{1}{2}x_2(y_1-y_3)+\frac{1}{2}x_3(y_2-y_4)+\frac{1}{2}x_4(y_3-y_1)$$

即

$$P = \frac{1}{2}\sum_{i=1}^{4}x_i(y_{i-1}-y_{i+1})$$

同理，可推导出n边形面积的坐标解析法计算公式为

$$P = \frac{1}{2}\sum_{i=1}^{n} x_i (y_{i-1} - y_{i+1}) \tag{9-14}$$

或

$$P = \frac{1}{2}\sum_{i=1}^{n} y_i (x_{i+1} - x_{i-1}) \tag{9-15}$$

注意式中当 $i = 1$ 时，令 $i - 1 = n$；当 $i = n$ 时，令 $i + 1 = 1$。

应利用式(9-14)和式(9-15)计算同一图形面积，检核计算的正确性。采用以上两式计算多边形面积时，顶点1、2、3、…、n 应按逆时针方向编号。若把顶点依顺时针编号，按上两式计算，面积计算值不变，仅符号相反。

9.2.4 地形图上土方量的计算

在各种工程建设中，除对建筑物要作合理的平面布置外，往往还要对原地貌作必要的改造，以便适于布置各类建筑物，排除地面水以及满足交通运输和敷设地下管道等土建施工的需要。这种地貌改造称为平整场地。

在平整场地工作中，常需预算土、石方的工程量，即利用地形图进行填挖土(石)方量的概算。其方法有多种，其中方格法(或设计等高线法)是应用最广泛的一种。下面分两种情况介绍该方法。

1. 平整为水平场地

如图9-19所示，假设要求将原地貌按挖填土方量平衡的原则改造成水平面，其步骤如下。

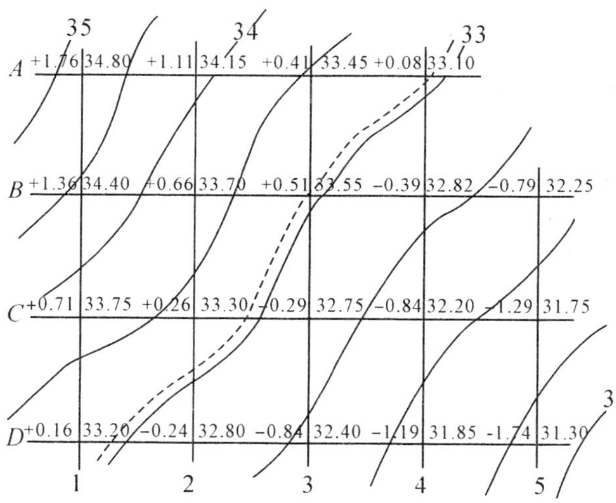

图9-19　方格法土方量计算

(1)在地形图上绘方格网

在地形图上拟平整场地内绘制方格网。方格网的大小取决于地形复杂程度、地形图比例尺大小，以及土方概算的精度要求。例如在设计阶段采用1∶500的地形图时，根据地形复杂情况，一般方格图上边长为2cm或4cm。方格网绘制完后，根据地形图上的等高线，用内插法求出每一方格顶点的地面高程，并注记在相应方格顶点的右上方，如图9-19所示。

(2)计算设计高程。

先将每一方格顶点的高程加起来除以4,得到各方格的平均高程,再把每个方格的平均高程相加除以方格总数,就得到设计高程 H_0 。

$$H_0 = (H_1 + H_2 + \cdots + H_n)/n \tag{9-16}$$

式中, H_i 为每一方格的平均高程, n 为方格总数。

从设计高程 H_0 的计算方法和图9-19可以看出:方格网的角点 $A1$ 、$A4$ 、$B5$ 、$D1$ 、$D5$ 的高程只用了一次,边点 $A2$ 、$A3$ 、$B1$ 、$C1$ 、$D2$ 、$D3$ ……的高程用了二次,拐点 $B4$ 的高程用了三次,而中间点 $B2$ 、$B3$ 、$C2$ 、$C3$ ……的高程都用了四次,因此,设计高程的计算公式也可写为

$$H_0 = (\sum H_{角} + 2\sum H_{边} + 3\sum H_{拐} + 4H_{中})/4n \tag{9-17}$$

将方格顶点的高程(图9-19)代入式(9-17),即可计算出设计高程为33.04m 。在图上内插出33.04m等高线(图中虚线),称为填挖边界线(或称零线)。

(3)计算挖、填高度。

根据设计高程和方格顶点的高程,可以计算出每一方格顶点的挖、填高度,即:

$$填、挖高度 = 地面高程 - 设计高程 \tag{9-18}$$

将图中各方格顶点的挖、填高度写于相应方格顶点的左上方。正号为挖深,负号为填高。

(4)计算挖、填土方量。

挖、填土方量可按角点、边点、拐点和中点分别计算:

$$\begin{cases} 角点:挖(填)高 \times 1/4\ 方格面积 \\ 边点:挖(填)高 \times 1/2\ 方格面积 \\ 拐点:挖(填)高 \times 3/4\ 方格面积 \\ 中点:\ 挖(填)高 \times\ 1\ 方格面积 \end{cases} \tag{9-19}$$

式中方格面积为方格的实地面积。

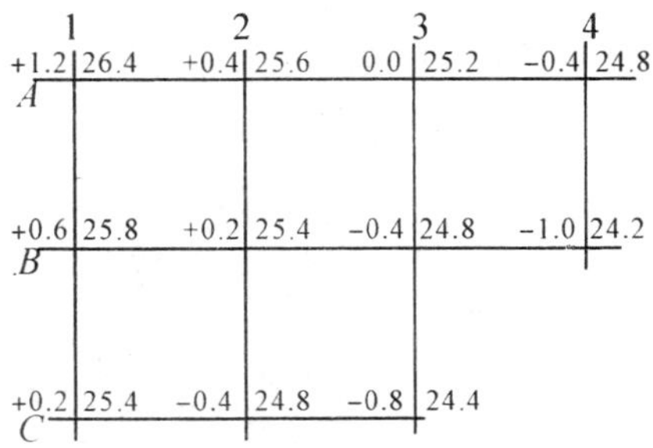

图9-20　土方填、挖计算

例如图9-20所示,设每一方格面积为400m,计算的设计高程是25.2m,每一方格的挖深或填高数据已分别按式(9-18)计算出,并已注记在方格顶点的左上方。于是,可按式(9-19)列表分别计算出挖方量和填方量,如表9-6所示。从计算结果可以看出,挖方量和填方量是相等的,满足"挖、填方量平衡"的要求。

表9-6　挖、填土方计算表

点号	点的性质	挖深/m	填高/m	所占面积/m^2	挖方量/m^3	填方量/m^3
A1	角	+1.2		100	120	
A2	边	+0.4		200	80	
A3	边	0.0		200	0	
A4	角		-0.4	100		40

（续表）

点号	点的性质	挖深/m	填高/m	所占面积/m^2	挖方量/m^3	填方量/m^3
*B*1	边	+0.6		200	120	
*B*2	中	+0.2		400	80	
*B*3	拐		-0.4	300		120
*B*4	角		-1.0	100		100
*C*1	角	+0.2		100	20	
*C*2	边		-0.4	200		80
*C*3	角		-0.8	100		80
					Σ:420	Σ:420

2.平整为设计坡度的倾斜面

将原地形改造成某一坡度的倾斜面，一般可根据填、挖平衡的原则，绘出设计倾斜面的等高线。但是有时要求所设计的倾斜面必须包含不能改动的某些高程点（称为设计斜面的控制高程点），例如，已有道路的中线高程点；永久性或大型建筑物的外墙地坪高程等。如图9-21所示，设 *a*、*b*、*c* 三点为控制高程点，其地面高程分别为54.6m，51.3m和53.7m。要求将原地形改造成通过 *a*、*b*、*c* 三点的斜面，其步骤如下。

（1）确定设计等高线的平距。

过 *a*、*b* 二点作直线，用比例内插法在 *ab* 曲线上求出高程为54、53、52、……各点的位置，也就是设计等高线应经过 *ab* 线上的相应位置，如 *d*、*e*、*f*、*g* 等点。

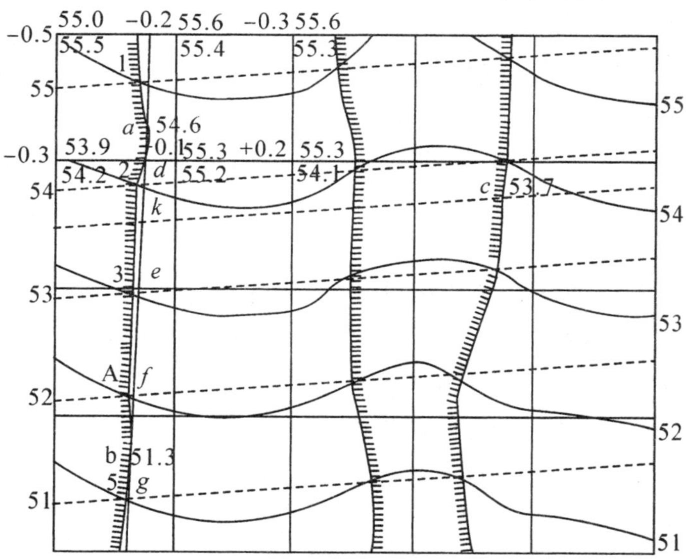

图9-21　倾斜面土方量计算

（2）确定设计等高线的方向。

在 *ab* 直线上求出一点 *k*，使其高程等于 *c* 点的高程（53.7m）。过 *kc* 连一线，则 *kc* 方向就是设计等高线的方向。

（3）插绘设计倾斜面的等高线。

过 d 、e 、f 、g ……各点作 kc 的平行线(图中的虚线),即为设计倾斜面的等高线。过设计等高线和原同高程的等高线交点的连线,如图中连接 1、2、3、4、5 等点,就可得到挖、填边界线。图中绘有短线的一侧为填土区,另一侧为挖土区。

(4) 计算挖、填土方量。

与前一方法相同,首先在图上绘方格网,并确定各方格顶点的挖深和填高量。不同之处是各方格顶点的设计高程是根据设计等高线内插求得的,并注记在方格顶点的右下方。其填高和挖深量仍记在各顶点的左上方。挖方量和填方量的计算和前一方法相同。

9.2.5 数字化地形图的应用

随着计算机技术和数字化测绘技术的迅速发展,数字地形图已广泛地应用于国民经济建设、国防建设和科学研究的各个方面,如工程建设的设计、交通工具的导航、环境监测和土地利用调查等。

数字地形图与传统的纸质地形图相比,它的应用具有明显的优越性和广阔的发展前景。在数字化成图软件环境下,利用数字地形图可以很容易地获取各种地形信息,如量测各个点的坐标,量测点与点之间的水平距离,量测直线的方位角、确定点的高程和计算两点间高差、坡度以及在图上设计坡度线、确定汇水范围和计算面积等,而且精度高、速度快。

利用野外采集的地面点坐标(X,Y,Z),可以建立数字地面模型(DTM),在此基础上可以绘制地形立体透视图、地形断面图,确定场地平整的填挖边界和计算土方量等。在公路和铁路设计中,可以绘制地形的三维轴视图和纵、横断面图,进行自动选线设计。

下面以南方 CASS 数字测图软件为例,介绍几个数字地形图应用的基本方法。

1. 查询指定点坐标

打开数字地形图,用鼠标左键点取"工程应用⇨查询指定点坐标"菜单项,用鼠标选择所要查询的点。

命令区显示指定点的坐标计算结果:

测量坐标:X = xxxx. xxx 米　Y = xxxx. xxx 米　H = 0. 000 米

高程不能按该方法查询,显示的高程 H = 0. 000 米不是该点的实际高程;屏幕左下角所显示的是 AutoCAD 坐标系的坐标,只是 X 和 Y 的顺序调了过来;用鼠标选择所要查询的点可打开对象捕捉的相关设置,便于准确定位。

2. 查询两点间距离与方位

用鼠标左键点取"工程应用⇨查询两点距离及方位"菜单项,用鼠标分别捕捉第一点和第二点。

命令区显示两个指定点之间的实际水平距离和坐标方位角计算结果:

两点间距离 = xxxx. xxx 米,方位角 = xxx 度 xx 分 xx. xx 秒。

3. 查询曲线长度

曲线的线长难以用普通方法测量,在数字地形图中可以很方便的采用近似计算的方法得到。用鼠标左键点取“工程应用⇨查询线长”菜单项,用鼠标点取所要查询的线性地物。

系统会出现“该线长度为 xxxx. x 米”的信息框,显示线性地物长度的计算结果,按“确定”后结束显示。

4. 确定点的高程

利用绘制等高线时建立的 DTM,可以查询图面上建立 DTM 范围内任一点的坐标及高程。

用鼠标左键点取“等高线⇨查询指定点高程”菜单项,如第一次查询指定点高程,没有建立过 DTM,系统会出现“输入高程点数据文件名”对话框,输入建立 DTM 时所用的数据文件名。用鼠标点取所要查询的点,显示结果后,系统等待继续“指定点”查询其它点的高程,直至回车结束。

命令区显示查询点的坐标及高程计算结果:

指定点坐标:X = xxxx. xxx 米　Y = xxxx. xxx 米　H = xxxx. xxx 米。

如果查询的点超出图面上建立 DTM 的范围,系统会出现“查询点在范围之外,请重新指定高程数据文件”信息框,按“确定”后,需重新本项操作。

5. 地形图上面积的量算

1)查询实体面积

用鼠标左键点取“工程应用⇨查询实体面积”菜单项,用鼠标点取所要查询的实体或圆的边界线。

命令区显示指定实体或圆面积的计算结果:

实体面积为 xxxx. xxx 平方米。

查询面积的实体必须由复合线或圆、多边形绘制的。在数字地形图中,大部分封闭的实体是由复合线绘制的,如果不是由复合线或圆绘制的图形,系统会提示“请选择复合线或圆”,因此在查询实体面积前,要用复合线沿待查面积的图形边界绘制一闭合的多边形,获取面积后再删去该多边形。查询实体面积时图形不一定是闭合的,但为了避免引起歧义,能够明确知道查询的是什么形状的实体面积,查询的实体以闭合的多边形为好。按多边形顶点坐标计算面积的原理可知,面积的计算与多边形顶点的方向是有关的,因此多边形不应有交叉边,否则计算的面积是几个多边形面积之差。

2)计算指定范围的面积

用鼠标左键点取“工程应用⇨计算指定范围的面积”菜单项,用鼠标选定要计算面积的地物,可用窗选、点选等方式,选好后回车,计算结果注记在地物重心上;若选择对统计区域加青色阴影线,系统计算被选中的由复合线构成的封闭地物的面积,并用青色阴影线填充,在每个地物重心上标注青色面积的计算结果“S ＝ xxxx. xx”。

3)统计指定区域的面积

用鼠标左键点取“工程应用⇨统计指定区域的面积”菜单项,用鼠标拉一个窗口选取要统计的区域即可,选完后回车。

系统按窗口选取的区域，统计用“计算指定范围的面积”的方法计算并注记在实地的面积总和，并在命令区显示统计结果：

总面积 ＝xxxx. xx 平方米。

4）计算指定点所围成的面积

用鼠标左键点取“工程应用⇨指定点所围成的面积”菜单项，用鼠标按顺序指定想要计算的区域的各个顶点，底行将一直提示输入下一点，直到最后一点按鼠标的右键或回车键确认指定区域封闭（结束点和起始点并不是同一个点，系统将自动地封闭结束点和起始点）。

系统计算由鼠标指定的点所围成区域的面积，并在命令区显示计算结果：

指定点所围成的面积 ＝xxxxx. xxx 平方米。

6. 土方计算

由 DTM 模型来计算土方量是根据实地测定的地面点坐标（X,Y,Z）和设计高程，通过生成三角网来计算每一个三棱锥的填挖方量，最后累计得到指定范围内填方和挖方的土方量，并绘出填挖方分界线。系统将显示三角网，填挖边界线和填挖土方量。

DTM 法土方计算共有两种方法，一种是进行完全计算，一种是依照图上的三角网进行计算。完全计算法包含重新建立三角网的过程，又分为“根据坐标计算”和“根据图上高程点计算”两种方法，依照图上三角网法直接采用图上已有的三角形，不再重建三角网。

根据坐标数据文件和设计高程可以计算指定范围内填方和挖方的土方量。操作时应先定显示区并展绘高程点，用复合线在地形图上画出所要计算土方的区域，一定要用“C” 命令闭合，尽量不要拟合。因为拟合过的曲线在进行土方计算时会用折线迭代，影响计算结果的精度。

下面以 CASS 提供的演示数据文件 DGX. DAT 为例介绍 DTM 法土方计算的作业过程。

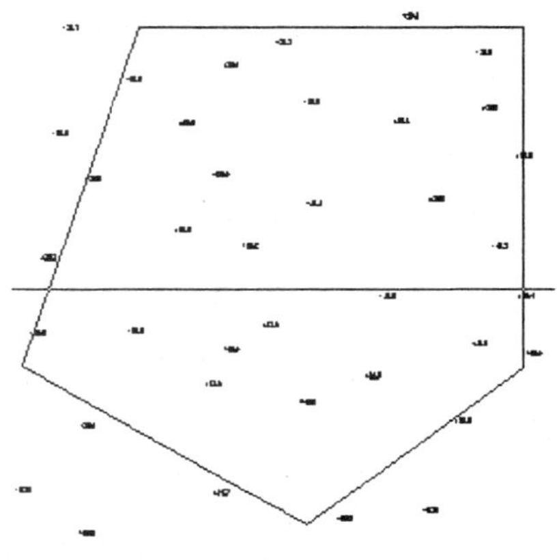

图9－22　绘制计算土方的边界线

选取“绘图处理⇨展高程件”菜单项用数据文件 DGX. DAT 展绘高程点，将数据文件 DGX. DAT 中的高程点三维坐标展绘到当前图形中并显示在屏幕上，然后选取“工具⇨画复合线”菜单项，用复合线在地形图上画出所要计算土方的区域，如图 9－22 所示。

用鼠标左键点取“工程应用⇨DTM 法土方计算⇨根据坐标文件”菜单项，点取所画的闭合复合线，然后按照系统提示，根据工程需要输入边界插值间隔数据，本例取设定的默认值 20 米。一条边的长度如大于这个间隔，则每隔这个间隔内插一个点。在屏幕上弹出“输入高程点数据文件名”的对话框时，在对话框中选择所需坐标文件，本例选择打开 DGX. DAT 坐标数据文件，命令区提示：

平场面积 = 9729.9 平方米。该值为复合线围成的多边形的水平投影面积。

平场标高(米):39,回车。输入设计高程 39m,命令行显示计算结果:

挖方量 = 14741.8 立方米,填方量 = 13043.5 立方米。

同时图上绘出所分析的三角网、填挖方的分界线(白色线条)。用鼠标在图上适当位置点击,在该处绘出一个土石方计算结果表格,包含平场面积、最大高程、最小高程、平场标高、填方量、挖方量和图形。如图 9 - 23 所示。

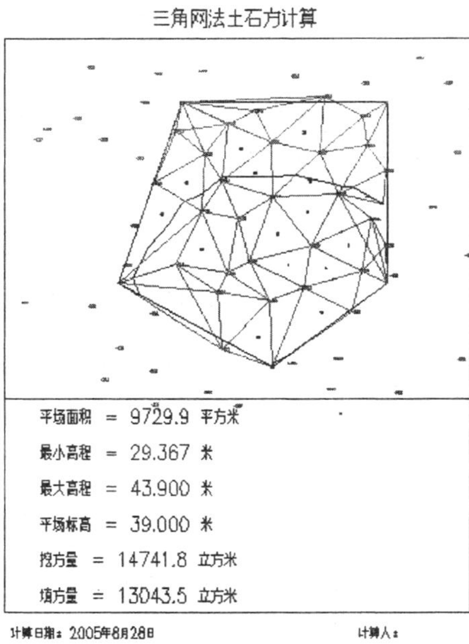

图 9 - 23　填挖方量计算结果表

7. 区域土方量平衡

土方平衡的功能常在场地平整时使用。当一个场地的土方平衡时,挖掉的土方量刚好等于填方量。以填挖方边界线为界,从较高处挖得的土石方直接填到区域内较低的地方,就可完成场地平整,在工程中称为填挖方量平衡原则,这样可以大幅度减少运输费用。

以数据文件 DGX. DAT 为例,首先用数据文件 DGX. DAT 定显示区并展绘高程点,然后用封闭复合线绘出需平整场地的范围,如图 9 - 22 所示。通过区域土方量平衡计算,自动算出待平整场地的目标高程,使需平整场地的填方和挖方相等。

用鼠标选取"工程应用⇨区域土方量平衡"菜单项,选择事先画好的封闭复合线,输入边界插值间隔,默认为 20 米。这个值将决定计算时在图上的取样密度,如果密度太大,超过了高程点的密度,实际意义并不大。一般用默认值即可。

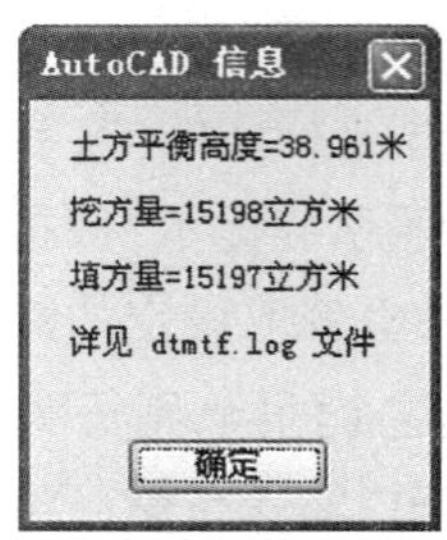

图 9 - 24　土方平衡信息

在弹出的"输入高程点数据文件名"对话框中,选择所需计算的高程点数据文件,本例选择 DGX. DAT 坐标数据文件,打开,运算后将得到计算结果,屏幕上弹出如图 9 - 24 所示的信息框后，可在图上空白区域点击鼠标左键，系统在图上绘出计算结果表格，如图9－25所示。

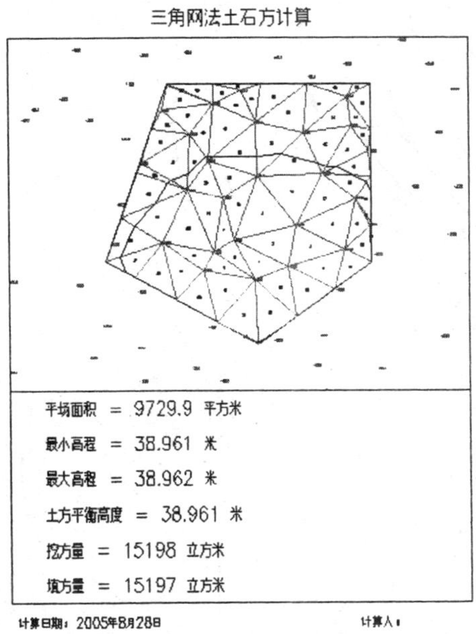

图9－25 区域土方量平衡计算结果

习题9

1. 什么是比例尺精度？它在测绘工作中有何作用？

2. 地物符号有几种？各有何特点？

3. 何谓等高线？在同一幅图上，等高距、等高线平距与地面坡度三者之间的关系如何？

4. 地形图应用有哪些基本内容？

5. 图9－26是1∶1000地形图的一部分，完成下列作业：

(1)确定 A 、B 、C 、D 四点的坐标和高程；

(2)求 AB 方向的坐标方位角；

(3)绘出 AB 方向的断面图；

(4)求 C 、D 两点间的平均坡度；

(5)从 C 点至 D 点选定一条坡度不超过－8%的最短线路。

(6)按填、挖方量平衡的要求，拟把地形图左下方的矩形场地(50m×60m)改造成水平场地，计算其填、挖土方量。

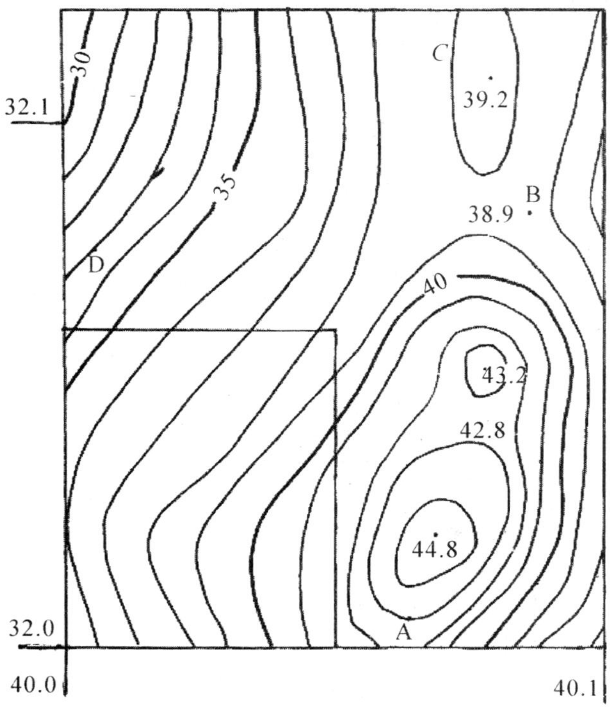

图 9－26　1∶1000 地形图

第 10 章　大比例尺地形图的测绘

地形图的测绘又称碎部测量，它是依据已知控制点的平面位置和高程，使用测绘仪器测定地物、地貌的特征点的平面位置和高程，按照规定的图式符号和测图比例尺，将地物、地貌缩绘成地形图的工作。本章所讨论的是有关大比例尺（1∶500、1∶1000、1∶2000、1∶5000）地形图测绘的各项工作。

10.1 地形图传统测绘方法

测图前除做好仪器、工具和有关测量资料的准备外，还应进行控制点的加密工作（图根控制测量），以及图纸准备、坐标格网绘制和控制点的展绘等准备工作。

10.1.1 图根控制测量

图根点是直接提供测图使用的平面或高程控制点。测图前应先进行现场踏勘并选好图根点的位置，然后进行图根平面控制和图根高程控制测量。为保证测量精度，根据测图比例尺和地形条件对图根点（测站点）到地形点的距离有所限制，对于一般地区的图根点密度不宜低于表 10 - 1 的规定。

表 10 - 1　一般地区解析图根点的数量

测图比例尺	图幅尺寸/cm	解析图根点数量/个		
		全站仪测图	GPS RTK 测图	平板测图
1∶500	50×50	2	1	8
1∶1000	50×50	3	1～2	12
1∶2000	50×50	4	2	15
1∶5000	40×40	6	3	30

1．图根控制点的布设

测图控制网按照相关技术要求，可布设单一闭合导线、附合导线或导线网等图根导线形式。若布设多结点导线网应保证网形强度，联测足够数量且分布均匀的高等级控制点，以保证图根控制点的点位精度均匀分布。

2．图根控制点埋设

图根点宜采用临时标志，以铁钉、木桩为主，也可用油漆或记号笔在水泥等硬质地面画标志；当测区内高级控制点稀少时，应适当埋设标石或测定永久性地物点坐标，埋石点应选在第一次附合的图根点上，并应做到至少能与其他埋石点或坐标地物点通视。

3．图根控制网观测

图根控制网观测采用全站仪常规导线测量、GPS 快速静态方法或 GPS－RTK 测量方法施测。

4．图根控制高程测量

图根控制网高程起算点须采用经过检核的高等级控制点。

图根高程测量可采用图根水准或三角高程导线的方法组网测定。

10.1.2 图纸的准备

1．图纸的选用

地形图测绘应选用质地较好的图纸，一般选用聚酯薄膜等地形图测绘专用绘图纸，聚酯薄膜是一面打毛的半透明图纸，其厚度约为 0.07 ~ 0.1mm，图纸上精确地绘制有 10cm × 10cm 的直角坐标方格网，经热处理后，其伸缩率很小，且坚韧耐湿，沾污后可洗，在图纸上着墨后，可直接复晒蓝图，但聚酯薄膜图纸易燃，有折痕后不能消除，在测图、使用、保管时要多加注意。

2．展绘控制点

控制点是在测图前根据其直角坐标值 x，y 展绘在图纸上的。展点前按照图的分幅确定每幅图的格网线的坐标并在坐标格网线的旁边标注坐标值。展点时，首先要确定控制点（导线点）所在的方格。如图 10－1 所示（设比例尺为 1∶1000），导线点 1 的坐标为：$x_1 = 624.32\text{m}$，$y_1 = 686.18\text{m}$，由坐标值确定其位置应在 $klmn$ 方格内。然后从 k 向 n 方向、从 l 向 m 方向各量取 86.18m，得出 a、b 两点，同样再从 k 和 n 点向上量取 24.32m，可得出 c、d 两点，连接 ab 和 cd，其交点即为导线点 1 在图上的位置。

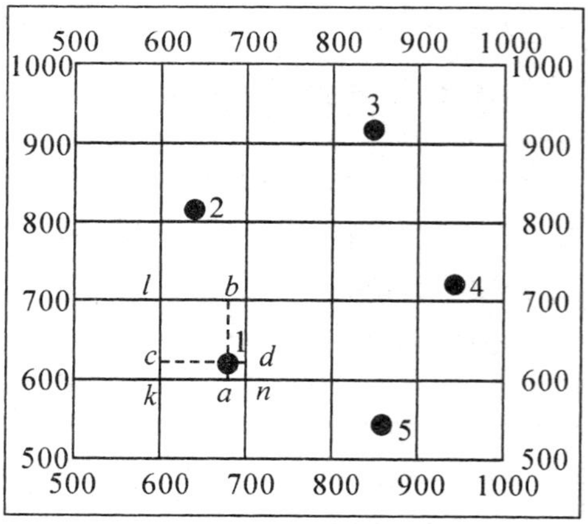

图 10－1　导线点的展绘

同法将其他各导线点展绘在图纸上。最后用比例尺在图纸上量取相邻导线点之间的距离和已知的距离相比较，作为展绘导线点的检核，其最大误差在图纸上应不超过 ±0.3mm，否则导线点应重新展绘。经检验无误，按图式规定绘出导线点符号，并注上点号和高程，这样就完成了测图前的准备工作。

10.1.3 碎部点的测定方法

反映地物轮廓和几何位置的点称为地物特征点，简称地物点。地貌可以近似地看作由许多形状、大小、坡度方向不同的斜面所组成，这些斜面的交线称为地貌特征线，简称地性线,如山脊线、山谷线等。地貌特征线上的点称为地貌特征点,简称地形点。地物点和地形点统称为碎部点。碎部测量就是要测定碎部点的平面位置和高程,并将它们标绘在图纸上,勾绘出地物和地貌

1. 碎部点的选择

地形图测绘的质量和速度在很大程度上取决于立尺员能否正确合理地选择碎部点。对于地物,碎部点主要是其轮廓线的转折点,如房角点、道路中心线或边线的转折点、河岸线的转折点以及独立地物的中心点,连接这些特征点,便可得到与实地相似的地物形状。主要的特征点应独立测定,一些次要的特征点可以用量距、交会、推平行线等几何作图方法绘出。一般规定,凡主要建筑物轮廓线的凹凸长度在图上大于 0.4mm、简单房屋大于 0.6 mm 时均应表示出来。对于独立地物,如能依比例尺在图上显示出来,应实测外廓,如图上不能表示出来,如水井、独立树等,应测其中心位置,用规定的图式符号表示。以下按 1∶500 和 1∶1000 比例尺测图的要求提出一些取点原则:

(1)对于房屋,可只测定其主要房角点(至少三个),然后量取其有关的数据,按其几何关系用作图方法画出其轮廓线;

(2)对于圆形建筑物,可测定其中心位置并量其半径后作图绘出;或在其外廓测定三点,然后用作图法定出圆心而作圆;

(3)对于公路,应实测两侧边线,而大路或小路可只测其一侧的边线,另一侧边线可按量得的路宽绘出;对于道路转折处的圆曲线边线,应至少测定三点(起点、终点和中点);

(4)围墙应实测其特征点,按半比例符号绘出其外围的实际位置。

对于地貌,碎部点应选在最能反映地貌特征的山顶、鞍部、山脊(线)、山谷(线)、山坡、山脚等坡度变化及方向变化处。根据这些特征点的高程勾绘等高线,即可将地貌在图上表示出来。

按照 1999 年《城市测量规范》(CJJ 8 - 99)的规定,地物点、地形点视距和测距的最大长度应符合表 10 - 2 的要求。

表 10 - 2　地物点、地形点视距和测距的最大长度(m)

测图比例尺	视距最大长度		测距最大长度	
	地物点	地形点	地物点	地形点
1∶500	-	70	80	150
1∶1000	80	120	160	250
1∶2000	150	200	300	400

2. 碎部点位的测定方法

1) 极坐标法

极坐标法是测定碎部点位最常用的一种方法。如图 10 - 2 所示,测站点为 A,定向点为 B,通过观测水平角 β_1 和水平距离 D_1 就可确定碎部点 1 的位置,同样,由观测值 β_2,D_2 又可测定点 2 的位置。这种定位方法即为极坐标法。

对于已测定的地物点应该连接起来的要随测随连，例如房屋的轮廓线 1－2、2－3 等，以便将图上测得的地物与地面上的实体相对照。这样，测图时如有错误或遗漏，就可以及时发现，并及时予以修正或补测。

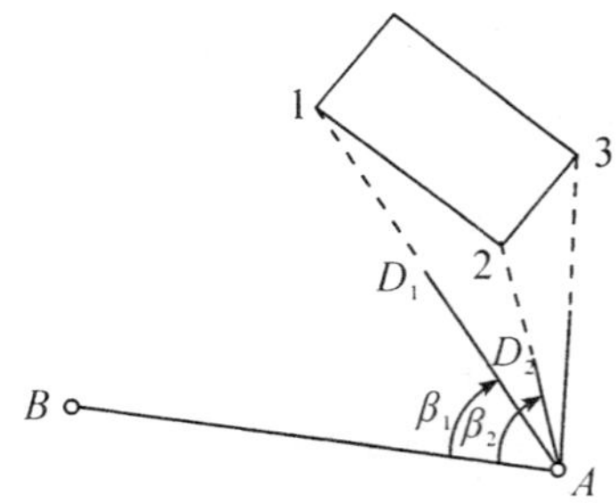

图 10－2　极坐标法测绘地物

2）距离交会法

在测完主要房屋后，再测定隐蔽在建筑群内的一些次要的地物点，特别是这些点与测站不通视时，可按距离交会法测绘这些点的位置。如图 10－3 所示，图中 P、Q 为已测绘好的地物点，若欲测定 1、2 点的位置，具体测法如下：

用皮尺量出水平距离 D_{P1}、D_{P2} 和 D_{Q1}、D_{Q1}，然后按测图比例尺算出图上相应的长度。在图上以 P 为圆心，用两脚规按 D_{P1} 长度为半径作圆弧，再在图上以 Q 为圆心，用 D_{Q1} 长度为半径作圆弧，两圆弧相交可得点 1；再按同法交会出点 2。连接图上的 1、2 两点即得地物一条边的位置。如果再量出房屋宽度，就可以在图上用推平行线的方法绘出该地物。

3）直角坐标法

如图 10－4 所示，P、Q 为已测建筑物的两房角点，以 PQ 方向为 y 轴，找出地物点在 PQ 方向上的垂足，用皮尺丈量 y_1 及其垂直方向的支距 x_1，便可定出点 1。同法可以定出 2、3 等点。与测站点不通视的次要地物靠近某主要地物，地形平坦且在支距 x 很短的情况下，适合采用直角坐标法来测绘。

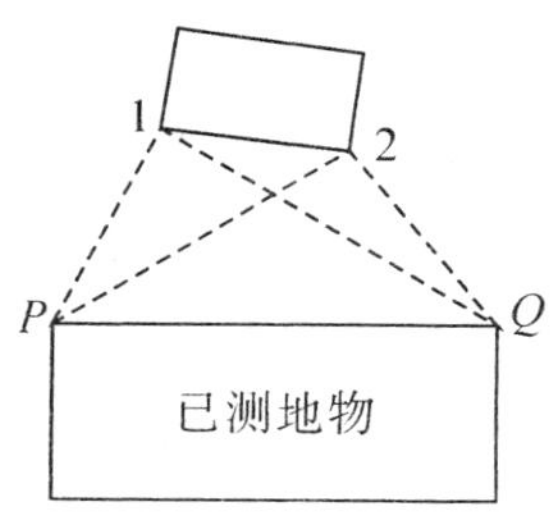

图 10－3　距离交会法测绘地物

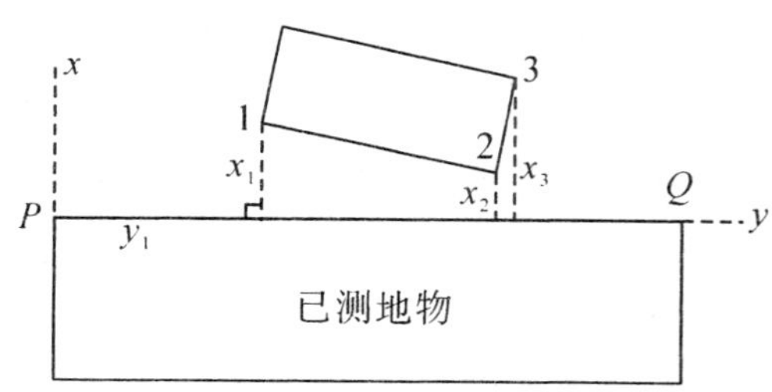

图 10－4　直角坐标法测绘地物

3. 全站仪测绘法

1）测站操作步骤

全站仪测绘法是用全站仪按极坐标法测量碎部点的平面位置和高程。根据测定的数据，用量角器和比例尺将碎部点的位置展绘在图纸上，并在点的右侧注明其高程，再对照实地勾绘地形图。这种方法称为模拟法成图。

全站仪测绘法是将全站仪安置在测站上，绘图板安置于测站旁，用全站仪测定碎部点的方向与已知方向之间的水平夹角、测站点至碎部点的距离和碎部点的高程。此法操作简单、灵活，适用于各类地区的地形图测绘，而且是在现场边测边绘，便于检查碎部有无遗漏及观测、计算错误。

全站仪测绘法在一个测站上的操作步骤如下：

（1）安置仪器：如图 10－5 所示，安置仪器于测站点（控制点）A 上，量取仪器高 i。

(2)定向:后视另一控制点 B,置水平度盘读数为 0°00′00″。

(3)立尺:立尺员依次将带有棱镜的对中杆立在地物、地貌特征点上,量取棱镜高 v。立尺前,立尺员应弄清实测范围和实地情况,初步拟定立尺点,并与观测员、绘图员共同商定跑尺路线。立尺点数量应视测区的地物、地貌的分布情况而定,一般要求立尺点分布均匀、一点多用、不漏点。

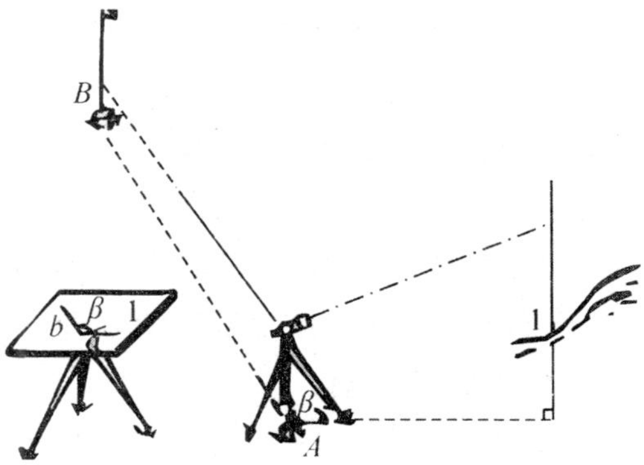

图 10-5　全站仪测绘法

(4)观测:转动照准部,瞄准点 1 上的棱镜中心,读取水平角读数 β、竖盘盘左读数 L 及水平距离 D。

(5)计算:先由竖盘读数 L 计算竖直角 $\alpha=90°-L$,按三角高程计算公式(10-1)计算出碎部点的高程。

$$H_1=H_A+D\cdot\tan\alpha+i-v \tag{10-1}$$

(6)展绘碎部点:用细针将量角器的圆心插在图纸上测站点 a 处,转动量角器,将量角器上等于 β 角值(碎部点 1 为 102°00′)的刻划线对准起始方向线 ab(图 10-6),此时量角器的零方向便是碎部点 1 的方向,然后用测图比例尺按测得的水平距离在该方向上定出点 1 的位置,并在点的右侧注明其高程。

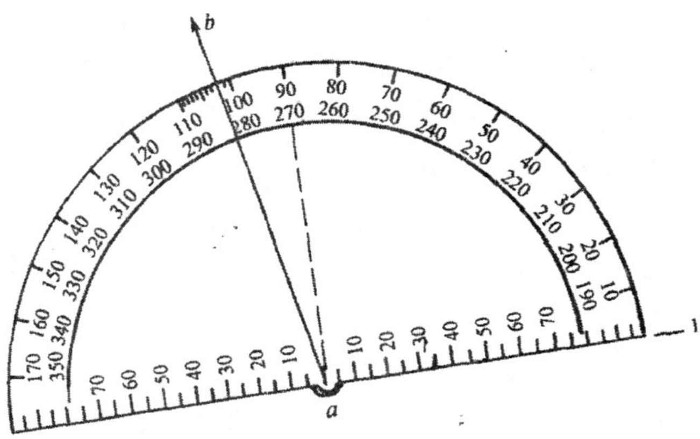

图 10-6　地形测量量角器

同法,测出其余各碎部点的平面位置与高程,绘于图上,并随测随绘等高线和地物。

为了检查测图质量,仪器搬到下一测站时,应先观测前站所测的某些明显碎部点,以检查由两个测站测得该点平面位置和高程是否相符。如相差较大,则应查明原因,纠正错误,再继续进行测绘。

若测区面积较大,可分成若干图幅,分别测绘,最后拼接成全区地形图。为了相邻图幅的拼接,每幅图应测出图廓外 10mm。

在测图过程中,应注意以下事项:

(1)为方便绘图员工作,观测员在观测时,应先读取水平角,再读取水平距离和竖盘读数;每观测 20~30 个碎部点后,应重新瞄准起始方向检查其变化情况,全站仪测绘法起始方向水平度盘读数偏差不得超过 3′，定向边的边长不宜短于图上 10cm。

（2）立尺人员在跑点前，应先与观测员和绘图员商定跑尺路线；立尺时，应将对中杆竖直，并随时观察立尺点周围情况，弄清碎部点之间的关系，地形复杂时还需绘出草图，以协助绘图人员作好绘图工作。

（3）绘图人员要注意图面正确、整洁，注记清晰，并做到随测点，随展绘，随检查。

（4）当每站工作结束后，应进行检查，在确认地物、地貌无测错或漏测时，方可迁站。

2）测站点的增设

在测图过程中，由于地物分布的复杂性，往往会发现已有的图根控制点还不够用，此时可以用支点法等方法临时增设（加密）一些测站点。

（1）支点法。

在现场选定需要增设的测站点，用极坐标法测定其在图上的位置，称为支点法。由于测站点的精度必须高于一般地物点，因此规定：增设支点前必须对全站仪重新检查定向；支点的边长不宜超过测站定向边的边长；支点边长要进行往返丈量或两次测定，其差数不应大于 1/200。对于增设测站点的高程，则可以根据已知高程的图根点用水准仪或全站仪测定，其往返高差的较差不得超过 1/7 等高距。

（2）内、外分点法。

内、外分点法是一种在已知直线方向上按距离定位的方法。这种方法主要用在通视条件好、便于量距和设站的任意两控制点连线（内分点）或其延长线（外分点）上增补测站点。利用已知边内、外分点建立测站，不需要观测水平角，控制点至测站点间的距离、高差的测定与检核，均与支点法相同。

4. 地形图的绘制与拼接

在外业工作中，当碎部点展绘在图上后，就可对照实地随时描绘地物和等高线。如果测区较大，由多幅图拼接而成，还应及时对各图幅衔接处进行拼接检查，最后再进行图的清绘与整饰。

1）地物描绘

地物要按地形图图式规定的符号表示。房屋轮廓需用直线连接起来，而道路、河流的弯曲部分则是逐点连成光滑的曲线。对于不能按比例描绘的地物，用相应的非比例符号表示。

2）等高线勾绘

在地形图上为了既能详细地表示地貌的变化情况，又不使等高线过密而影响地形图的清晰，等高线必须按规定的间隔（称为基本等高距）进行勾绘。

勾绘等高线时，首先用铅笔轻轻描绘出山脊线、山谷线等地性线，再根据碎部点的高程勾绘等高线。不能用等高线表示的地貌，如绝壁、悬崖、冲沟等，应按图式规定的符号表示。由于碎部点是选在地面坡度变化处，因此相邻点之间可视为均匀坡度。这样可在两相邻碎部点的连线上，按平距与高差成比例的关系，内插出两点间各条等高线通过的位置。

(1)解析法。

如图 10－7 所示，A、B 为地面上两个立尺点，两点间地面为同一坡度，测定两点的高程分别为 57.6m 和 61.3m，等高距为 1m，则其间有 58m、59m、60m 和 61m 四条等高线通过。A、B 的图上位置为 a、b，可以用内插法求得 ab 连线上的上述四条等高线通过的点位。

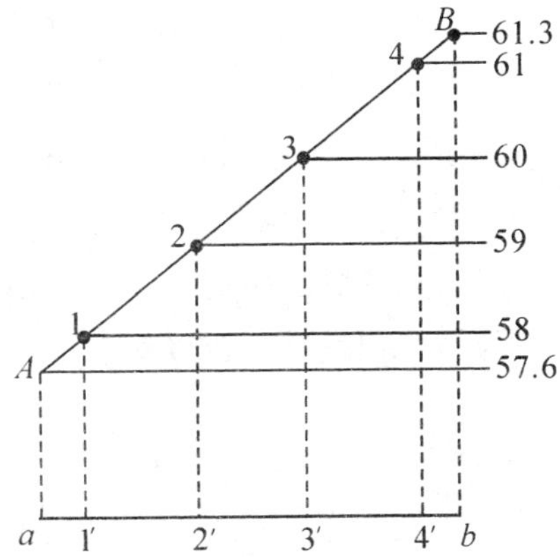

图 10－7　等高线的内插

设量得图上 ab 的距离 d ＝34mm，则每米高差在图上的平距为 $d_0 = d/(H_B - H_A) = 9.2$mm，从图 10－7可以看出，$A$、1 之间的高差和 4、$B$ 之间的高差不足 1m，其图上距离可分别计算：

$$a1' = h_{A1} \cdot d_0 = (58.0 - 57.6) \times 9.2 = 3.7\text{mm}$$

$$4'b = h_{4B} \cdot d_0 = (61.3 - 61.0) \times 9.2 = 2.8\text{mm}$$

按上述计算数据便可在图上定出 1′、2′、3′和 4′的位置。

(2)图解法。

按照相似三角形原理，可用图解法勾绘等高线：在一张透明纸上绘一组等间隔的平行线，并在线两端注以数字，如图 10－8 所示。使用时在图上移动透明纸，使 a、b 两点分别位于线条的 57.6 和 61.3 处，ab 线与各平行线相交的点，即 ab 之间各整米等高线通过之处，用铅笔尖刺于图纸上。

(3)目估法。

根据解析法原理，可用目估法来确定等高线通过的位置，其方法是“先确定头尾，后等分中间”。如上例，先算出 A、B 之高差为 3.7m，估计每米高差之平距值，先取 0.4 与 0.3，定出 58m 和 61m 的位置，再将中间分成三等分即可。此法在现场常用。

图 10－9 是根据地形点的高程用内插法求得整米高程点，然后用光滑曲线连接等高点勾绘而成的局部等高线地形图。勾绘等高线应在测图现场进行，至少应将计曲线勾绘好，以控制等高线走向，以便与实地地形相对照，如有错误或遗漏可以当场发现并及时纠正。

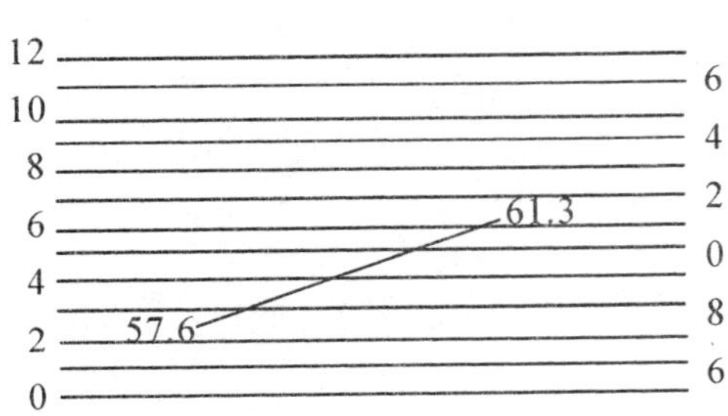

图 10－8　透明纸图解法内插等高线

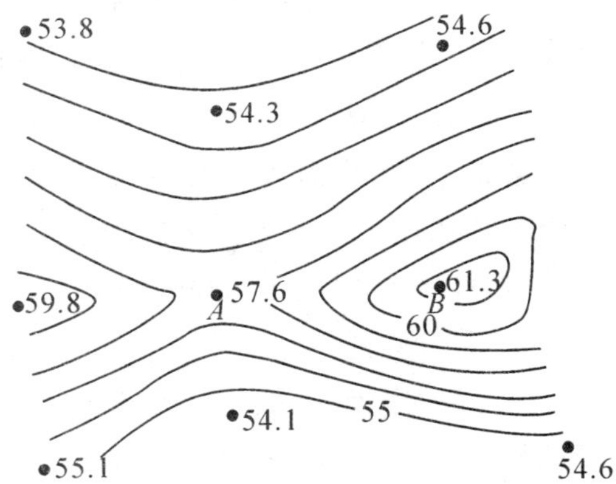

图 10－9　等高线的勾绘

3)地形图的拼接

由于测量和绘图误差的存在,分幅测图在相邻图幅的连接处,地物轮廓线和等高线都不会完全吻合,如图 10－10 所示。为了图的拼接,规范规定每幅图的图边应测出图幅以外 10mm,使相邻图幅有一条重叠带,以便于拼接检查。对于聚酯薄膜图纸,由于是半透明的,故只需把两张图纸的坐标格网对齐,就可以检查接边处的地物和等高线的偏差情况。如果测图用的是图画纸,则需用透明纸条将其中一幅图的图边地物等描下来,然后与另一幅图进行拼接检查。

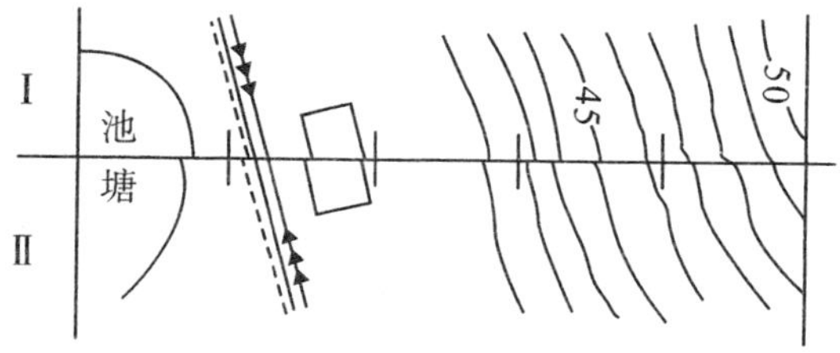

图 10－10　地形图的拼接

图的接边误差不应大于规定的碎部点平面、高程中误差的 $2\sqrt{2}$ 倍。在大比例尺测图中,关于碎部点的平面位置和按等高线插求高程的中误差如表 10－3 和表 10－4 所规定。图的拼接误差小于限差时可以平均配赋(即在两幅图上各改正一半),改正时应保持地物、地貌相互位置和走向的正确性。拼接误差超限时,应到实地检查后再改正。

表 10－3　地物点点位中误差

地区分类	点位中误差/mm(图上)
建筑区、平地及丘陵地	≤0.5
山地及旧街坊内部	≤0.75

表 10－4　等高线插求点的高程中误差

地形分类	平地	丘陵地	山地	高山地
高程中误差(等高距)	≤1/3	≤1/2	≤2/3	≤1

4)地形图的检查

为了确保地形图质量,除施测过程中加强检查外,在地形图测完后,必须对成图质量作一次全面检查。地形图的检查包括图面检查、野外巡视和设站检查。

(1)图面检查。

检查图面上坐标格网、轮廓线、各级控制点展绘是否准确,各种符号、注记是否正确,包括地物轮廓线有无矛盾,等高线是否清楚,名称注记有否弄错或遗漏。如发现错误或疑点,应到野外进行实地检查修改。

(2)野外巡视。

根据室内图面检查的情况,有计划地确定巡视路线,进行实地对照查看。野外巡视中发现的问题,应当场在图上进行修正或补充。

(3)设站检查。

根据室内检查和巡视检查发现的问题,到野外设站检查,除对发现的问题进行修正和补测外,还要对本测站所测地形进行检查,看所测地形图是否符合要求。如果发现点位的误差超限,应按正确的观测结果修正。

5)地形图的整饰

地形图经过上述拼接、检查和修正后,还应进行清绘和整饰,使图面更为清晰、美观,然后作为地形图原图保存。地形图整饰的次序是先图框内、后图框外,先注记、后符号,先地物、后地貌(等高线注记和地物应断开)。图上的注记、地物符号、等高线等均应按规定的地形图图式进行描绘和书写。最后,在图框外应按图式要求写出图名、图号、接图表、比例尺、坐标系统及高程系统、施测单位、测绘者及测绘日期等。

10.2 数字化测图

随着科学技术的进步,计算机硬件和软件技术的迅猛发展,人类进入信息时代。信息时代的特征就是数字化,数字化技术是信息时代的基础平台。数字化技术对测绘学科也产生了深刻的影响,特别是全站仪和 GNSS 的广泛应用以及计算机图形技术的迅速发展和普及,测量的数据采集和绘图方法发生了重大的变化,促进了地形图测绘的自动化,地形测量从传统的白纸测图变革为数字化测图,测量的成果不仅是绘制在纸上的地形图,更重要的是提交可供传输、处理、共享的数字地形信息,即以计算机磁盘为载体的数字地形图,这将成为信息时代不可缺少的地理信息的重要组成部分。

10.2.1 数字化测图概述

数字化测图经过数据采集、计算机处理、图形编辑与地形图绘制等阶段。数据采集是计算机绘图的基础,这一工作主要在外业期间完成。内业进行数据的图形处理,在人机交互方式下进行图形编辑,生成数字化地形图文件,由绘图仪绘制大比例尺地形图。

数字化测图的工作过程:数据采集、数据处理、图形编辑、成果输出和数据管理。一般经过数据采集、数据编码和计算机处理、自动绘制两个阶段。数据采集和编码是计算机绘图的基础,这一工作主要在外业期间完成。内业进行数据的图形处理,在人机交互方式下进行图形编辑,生成绘图文件,由绘图仪绘制地形图。

1. 数字测图系统的构成

数字化测图系统是指实现数字化测图功能的所有因素的集合。广义地讲,数字化测图系统是硬件、软件、人员和数据的总和。

数字化测图系统的硬件主要有两大类:测绘类硬件和计算机类硬件。前者主要指用于外业数据采集的各种测绘仪器;后者包括用于内业处理的计算机及其标准外设(如显示器、打印机等)和图形外设(如用于录入已有图形的数字化仪和用于输出图纸的绘图仪)。另外,实现外业记录和内、外业数据传输的电子手簿则既可能是测绘仪器(如全站仪)的一个部分,也可能是用某种掌上电脑开发的独立产品。

从一般意义上讲,数字化测图系统的软件包括为完成数字化测图工作用到的所有软件,即各种系统软件(如操作系统:Windows)、支撑软件(如计算机辅助设计软件:AutoCAD)和实现数字化测图功能的应用软件或者叫专用软件。

数字化测图系统的人员是指参与完成数字化测图任务的所有工作与管理人员。数字化测图对人员提出了较高的技术要求,他们应该是既掌握现代测绘技术又具有一定计算机操作和维护经验的综合性人才。

数字化测图系统中的数据主要指系统运行过程中的数据流,它包括:采集(原始)数据、处理(过渡)数据和数字地形图(产品)数据。采集数据可能是野外测量与调查结果(如控制点、碎部点坐标、土地等级等),也可能是内业直接从已有地形图或航测像片数字化或矢量化得到的结果(如地形图数字化数据和扫描矢量化数据等)。处理数据主要是指系统运行中的一些过渡性数据文件。数字地形图数据是指生成的数字地形图数据文件,一般包括空间数据和非空间数据两大部分,有时也考虑时间数据。数字化地形成图系统中数据的主要特点是结构复杂、数据量庞大,这也是开发数字化地形成图系统时必须考虑的重点和难点之一。

1)数字化测图常用硬件

数字化测图工作中常用的硬件设备包括:全站仪、计算机、数字化仪、扫描仪、绘图仪等,下面简单介绍它们的功能以及在数字地形测量系统中的地位和作用。

(1)计算机。

计算机是数字化测图系统中不可替代的主体设备。它的主要作用是运行数字化地形成图软件,连接数字化地形成图系统中的各种输入输出设备。在数字化成图系统中,室内处理工作一般用台式机完成;在野外需要计算机时可用笔记本电脑,例如采用“电子平板”作业模式在野外同时完成采集与成图两项工作。但是,笔记本电脑对于野外工作环境的适应性问题还有待解决。掌上电脑(PDA)是新发展起来的一种性能优越的随身电脑,它的便携性、长时间待机、笔式输入、图形显示等特点,有效地解决了困扰数字化测图数据采集中的诸多问题。

(2)全站仪。

全站仪是由测距仪、电子经纬仪和微处理器组成的一个智能性测量仪器。全站仪的基本功能是在仪器照准目标后,通过微处理器的控制自动地完成距离、水平方向和天顶距的观测、显示与存储。除这些基本功能外,不同类型的全站仪一般还具有一些各自独特的功能,如平距、高差和目标点坐标的计算等。

(3)数字化仪。

数字化仪是数字化测图系统中的一种图形录入设备。它的主要功能是将图形转化为数据,所以,有时它又被称为图数转换设备。在数字化地形成图工作中,对于已经用传统方法施测过地形图的地区,只要它的精度和比例尺能满足要求,就可以利用数字化仪将其输入到计算机中,经编辑、修补后生成相应的数字地形图。

(4)扫描仪。

扫描仪是以“栅格方式”实现图数转换的设备。所谓栅格方式就是以一个虚拟的格网对图形进行划分,然后对每个格网内的图形按一定的规则进行量化。每一个格网叫做一个“像元”或“像素”。所以,栅格方式数字化实际上就是先将图形分解为像元,然后对像元进行量化。其结果的基本形式是以栅格矩阵的形式出现的。

实际应用时,扫描仪得到的是栅格矩阵的压缩格式,扫描仪一般都支持多种压缩格式(如 BMP、PIF、PCX 等),用户可根据自己的需要进行选择。数字化地形成图中对栅格数据的处理主要有两种方式:一种是利用矢量化软件将栅格形式的数据转换为矢量形式,再供给数字化地形成图软件使用。另一种是在数字化地形成图软件中直接支持栅格形式的数据。目前,国内的数字化地形成图软件还未见有直接支持栅格数据的,因此实际工作中基本上都采用前一种处理方式。

(5)绘图仪。

绘图仪是数字化测图中一种重要的图形输出设备——输出“白纸地形图”,又称“可视地形图”或数字地形图的“硬拷贝”。在数字化测图系统中,尽管能得到数字地形图,且数字地形图具有许多优良的特性,但白纸地形图仍然是不可替代的。一方面是在很多情况下白纸地形图使用更加方便,另一方面利用数字地形图(地形图数据库)得到回放图也是数字地形图质量检查的一个基本依据。因此,在数字化地形图编辑好以后,一般都要在绘图仪上输出白纸地形图。

2)数字化成图软件

数字化地形成图软件是数字化测图系统中一个极其重要的组成部分,软件的优劣直接影响数字化成图系统的效率、可靠性、成图精度和操作的难易程度。

2. 地形点的描述

传统的地形图测绘是用仪器测量水平角、垂直角、距离确定地形点的三维坐标,由绘图员按坐标(或角度与距离)将点展绘到图纸上,然后根据跑尺员的报告和对实际地形的观察,知道了测的是什么点(如房角点),这个(房角)点应该与哪个(房角)点连接,等等,绘图员当场依据展绘的点位按图式符号将地物(房子)描绘出来,就这样一点一点地测和绘,最后经过整饰一幅地形图也就生成了。这个过程实际上已经利用到了三种类型的数据,即空间数据(测点坐标)、属性数据(房子)、拓扑数据(测点之间的连接关系)。数字测图是将野外采集的成图信息经过计算机软件自动处理(自动识别、自动检索、自动连接、自动调用图式符号等),经过编辑,最后自动绘出所测的地形图。因此,对地形点必须同时给出点位信息及绘图信息,以便计算机识别和处理。

综上所述,数字测图中地形点的描述必须具备三类信息:

(1)测点的三维坐标,确定地形点的空间位置,是地形图最基本的原始信息。

(2)测点的属性,即地形点的类型及特征信息,绘图时必须知道该测点是什么点,是地貌特征点还是地物点,如陡坎上的点、房角点、路灯等,才能调用相应的图式符号绘图。

(3)测点的连接关系,据此可将相关的点连成一个地物。

第一项是定位信息,后两项则是绘图信息。测点的点位是用测量仪器在外业测量中测得的,最终以 X、Y、$Z(H)$ 三维坐标表示。在进行野外测量时,对所有测点按一定规则进行编号,每个测点编号在一项测图工程中是唯一的,系统根据它可以提取点位坐标。测点的属性是用地形编码表示的,有编码就知道它是什么类型的点,对应的图式符号怎么样表示。测点的连接信息,是用连接点和连接线型表示的。

野外测量测定了点位后,知道了测点的属性,就可以当场给出该点的编号和编码并记录下来,同时记下该测点的连接信息;计算机成图时,利用测图系统中的图式符号库,只要知道编码,就可以从库中调出与该编码对应的图式符号成图。也就是说,如果测得点位,又知道该测点应与哪个测点相连,还知道它们对应的图式符号,那么,就可以将所测的地形图绘出来。这一少而精、简而明的测绘系统工作原理,正是由面向目标的系统编码、图式符号、连接信息一一对应的设计原则所实现的。

3.数字化测图模式

数字化测图时,野外数据采集的方法按照使用的仪器和数据记录方式的不同可以分为草图法数字测记模式、一体化数字测图模式、GPS RTK 测量模式。

1)草图法数字测记模式

草图法数字测记模式是一种野外测记、室内成图的数字测图方法。使用的仪器是带内存的全站仪,将野外采集的数据记录在全站仪的内存中,同时配画标注测点点号的工作草图,到室内再通过通信电缆将数据传输到计算机,结合工作草图利用数字化成图软件对数据进行处理,再经人机交互编辑形成数字地形图。这种作业模式的特点是精度高、内外业分工明确,便于人员分配,从而具有较高的成图效率。对于具有自动跟踪测量模式的全站仪(也被称为测量机器人),测站可以无人操作,而在镜站遥控开机测量,全站仪自动跟踪、照准、数据记录,还可在镜站遥控进行检查和输入数据。

2)一体化数字测图模式

一体化数字测图模式也称为电子平板测绘模式,是将安装有数字化测图软件的笔记本电脑通过电缆与全站仪连接在一起,测量数据实时传入笔记本电脑,现场加入地理属性和连接关系后直接成图。该测绘模式的笔记本电脑类似于模拟法测图时的小平板,因此,采用笔记本电脑记录模式测图,也被人们称为"电子平板法"测图或"电子图板法"测图。"电子平板法"是一种基本上将所有工作放在外业完成的数字地形测量方法,实现了数据采集、数据处理、图形编辑现场同步完成。随着笔记本电脑价格的降低、质量的减轻、待机时间的延长、抗外界环境的性能增强及笔记本电脑整体性能的提高,该测绘模式在地面数字测图野外数据采集时将会被越来越多的采用。

为了综合上述两种数据采集模式的优点,目前也有采用基于 WindowsCE 操作系统的 PDA(掌上型电脑)作为电子手簿,并在 PDA 上安装与在笔记本电脑上类似的测图系统,从而既可以及时看到所测的全图(实现所测即所现),又可以克服笔记本电脑的一些弱点(如硬件成本高、耗电、携带不方便等)。PDA 的缺陷是屏幕显示尺寸较小,对于较复杂的地区,野外图形显示及编辑时没有笔记本电脑方便。

3)GPS RTK 测量模式

当采用 GPS RTK 技术进行地形细部测量时,仅需一人背着 GPS 接收机在待测点上观测一、二秒钟即可求得测点坐标,通过电子手簿记录(配画草图,室内连码)或 PDA 记录(记录显示图形并连码),由数字地形测图系统软件输出所测的地形图。采用 RTK 技术进行测图时,无需测站点与待测点间通视,仅需一人操作,便可完成测图工作,可以大大提高工作效率。但应注意对 RTK 测量结果的有效检核,且在影响 GPS 卫星信号接收的遮蔽地带,还需将 GPS 与全站仪结合,二者取长补短,更快更简洁地完成测图工作。

随着 RTK 技术的进一步发展、系列化产品的不断改进(更轻便化)以及价格的降低,GPS 测量模式,在比较开阔地区的地形细部测量野外数据采集,将会得到越来越多的应用。

10.2.2 草图法数字测图

用全站仪进行实地测量,将野外采集的数据自动传输到全站仪存储卡内记录,并在现场绘制地形(草)图,到室内将数据自动传输到计算机;人机交互编辑后,由计算机自动生成数字地形图,并控制绘图仪自动绘制地形图。这种方法是从野外实地采集数据的,又称地面数字测图。由于测绘仪器测量精度高,而电子记录又如实地记录和处理,所以地面数字测图是数字测图方法中精度最高的一种,也是城市地区的大比例尺(尤其是1∶500)测图中最主要的测图方法。现在各类建设使城市面貌日新月异,在已建(或将建)的城市测绘信息系统中,多采用野外数字测图作为测量与更新系统,发挥地面数字测图机动、灵活、易于修改的特点,局部测量,局部更新,始终保持地形图的现势性。按草图法全站仪在一个测站采集碎部点的操作过程如下:

(1)测站安置仪器。

在测站上安置全站仪,进行对中、整平,其具体做法与常规测量仪器的对中整平工作相同,仪器对中偏差应小于 5mm。并在测量前量取仪器高,取至毫米。

(2)打开电源。

参照仪器使用说明书中开启电源的方法将全站仪的电源开关打开,显示屏显示,所有点阵发亮,即可进行测量。早期的全站仪还须设置垂直零点:松开垂直度盘制动钮将望远镜上下转动,当望远镜通过水平线时,将指示出垂直零点,并显示垂直角。对于带有内存的全站仪,应在全站仪提供的工作文件中选取一个文件作为“当前工作文件”,用以记录本次测量成果。测量第一个碎部点前应将仪器、测站、控制点等信息输入内存当前工作文件中。

(3)仪器参数设置。

仪器参数是控制仪器测量状态,显示状态数据改正等功能的变量,在全站仪中可根据测量要求通过键盘进行改变,并且所选取的选择项可存储在存储器中一直保存到下次更改为止,不同厂家的仪器参数设置方法有较大差异,具体操作方法参见仪器使用说明书,但数字化测图时一般不需要进行仪器参数设置,使用厂家内部设置即可。

（4）定向。

取与测站相邻且相距较远的一个控制点作为定向点，输入测站点和定向点坐标后由全站仪反算出定向方向的坐标方位角，将全站仪准确照准定向点目标，然后将全站仪水平度盘方向值设置为该坐标方位角值，也可用水平制动和微动螺旋转动全站仪使其水平角为要求的方向值，然后用“锁定”键锁定度盘，转动照准部瞄准定向目标，再用“解锁”键解除锁定状态，完成初始设置。与测站相邻的另一个控制点作为检核点，用全站仪测定该点的位置，算得检核点的平面位置误差不大于 $0.2 \times M \times 10^{-3}$(m)(M 为测图比例尺分母)，高程较差不大于 1/5 等高距。

(5)碎部点坐标测量。

在碎部点放置棱镜，量取棱镜高，取至毫米。全站仪准确照准待测碎部点进行坐标测量，在完成测量后全站仪将根据用户的设置在屏幕上显示测量结果，核查无误后将碎部点的测量数据保存到内存或电子手簿中。

(6)绘制工作草图。

在进行数字测图时，如果测区有相近比例尺的地形图，可利用旧图或影像图并适当放大复制，裁成合适的大小作为工作草图，在没有合适的地形图作为工作草图的情况下，应在数据采集时绘制工作草图。草图上应绘制碎部点的点号、地物的相关位置、地貌的地性线、地理名称和说明注记等。绘制时，对于地物、地貌，原则上应尽可能采用地形图图式所规定的符号绘制，对于复杂的图式符号可以简化或自行定义。草图上标注的测点编号应与数据采集记录中测点编号严格一致，地形要素之间的相关位置必须准确。地形图上需注记的各种名称、地物属性等，草图上也必须标记清楚正确。草图可按地物相互关系一块块地绘制，也可按测站绘制，地物密集处可绘制局部放大图。

（7）结束测站工作。

重复 5、6 两步直到完成一个测站上所有碎部点的测量工作。在每个测站数据采集工作结束前，还应对定向方向进行检测。检测结果不应超过定向时的限差要求。

按照草图法数字测记模式在野外采集了数据后，将全站仪通过电缆连接到计算机，经过数据通信将全站仪内存的数据传输到计算机，生成符合数字化成图软件格式的数据文件，就可以用成图软件在室内绘制地形图了。在人机交互方式下根据草图调用数字化成图软件定制好的地形图图式符号库进行地形图的绘制和编辑，生成数字化地形图的图形文件。

人机交互编辑形成的数字地形图图形文件可以用磁盘储存和通过绘图仪绘制地形图。计算机制图一般采用联机方式，将计算机和绘图仪直接连接，计算机处理后的数据和绘图指令送往绘图仪绘图。

绘图过程中，计算机的数据处理和图形的屏幕显示处理基本相同。但由于绘图仪有它本身的坐标系和绘图单位，因此需将图形文件中的测量坐标转换成绘图仪的坐标。驱动绘图仪绘图可以利用绘图仪的基本图形指令，如抬笔、落笔，绘直线段、折线和圆弧等指令。

打印机是测量成果报表的输出设备。此外，打印机也可以打印图形，这时将打印机设置为图形工作方式。打印机绘制的图形精度低，仅是一种粗略的图解显示，也可绘制工作草图，用于核对检查。

10.2.3 等高线自动绘制

等高线是在建立数字地面模型的基础上由计算机自动勾绘的，计算机勾绘的等高线能够达到相当高的精度。

数字地面模型是地表形态的一种数字描述，简称 DTM（Digital Terrain Model）。DTM 是以数字的形式按一定的结构组织在一起，表示实际地形特征的空间分布，也就是地形形状大小和起伏的数字描述。数字表示方式包括离散点的三维坐标（测量数据），由离散点组成的规则或不规则的格网结构，依据数字地面模型及一定的内插和拟合算法自动生成的等高线（图）、断面（图）、坡度（图）等等。

DTM 的核心是地形表面特征点的三维坐标数据和一套对地表提供连续描述的算法。最基本的 DTM 至少包含了相关区域内平面坐标 (x,y) 与高程 z 之间的映射关系，即

$$z=f(x,y) \qquad x,y \in \text{DTM 所在区域} \tag{10-2}$$

通过 DTM 可得到有关区域中任一点的地形情况，计算出任一点的高程并获得等高线。DTM 的应用极其广泛，它可以以最终产品的形式直接应用于工程设计、城镇规划等领域，计算区域面积，划分土地，计算土方工程量，获取地形断面和坡度信息等，也是数字地形图和地理信息系统的一种基础性资料，更确切地说本身就是数字地形图中描述地形起伏的一种形式。

在数字测图系统中，地面起伏的可视化表达方式主要是等高线。在大比例数字测图系统的开发中必须解决如何用观测平面位置和高程的地形碎部点生成等高线的问题。一般的方法是先利用地形碎部点建立某种形式的 DTM，然后利用 DTM 内插出等高线。

数字测图系统自动绘制等高线的步骤：

（1）建立 DTM；

（2）内插等高线上的点；

（3）跟踪等高线上的点以形成等高线；

（4）对已形成的等高线进行光滑。

建立 DTM 是绘制等高线的基础。建立 DTM 的方法与 DTM 的形式密切相关。在大比例数字测图系统中，由于精度、速度等方面的原因，一般采用不规则三角网的形式，直接利用原始离散点建立数字高程模型。三角网法直接利用原始数据，对保持原始数据精度，引用各种地形线信息非常有用；尤其是对于地面测量获得的数据，其数据点大多为地形特征点、地物点，它们的位置含有重要的地形信息。对于数字测图直接利用原始离散点建立数字高程模型是比较合适的。

习题 10

1. 测图前有哪些准备工作？控制点展绘后，怎样检查其正确性？

2. 简述全站仪测绘法在一个测站测绘地形图的工作步骤。

3. 为了确保地形图质量，应采取哪些主要措施？

4. 根据图 10－11 上各碎部点的平面位置和高程，试勾绘等高距为 1m 的等高线。图中点划线表示山脊线，虚线表示山谷线。

5. 何谓大比例尺数字地形图？

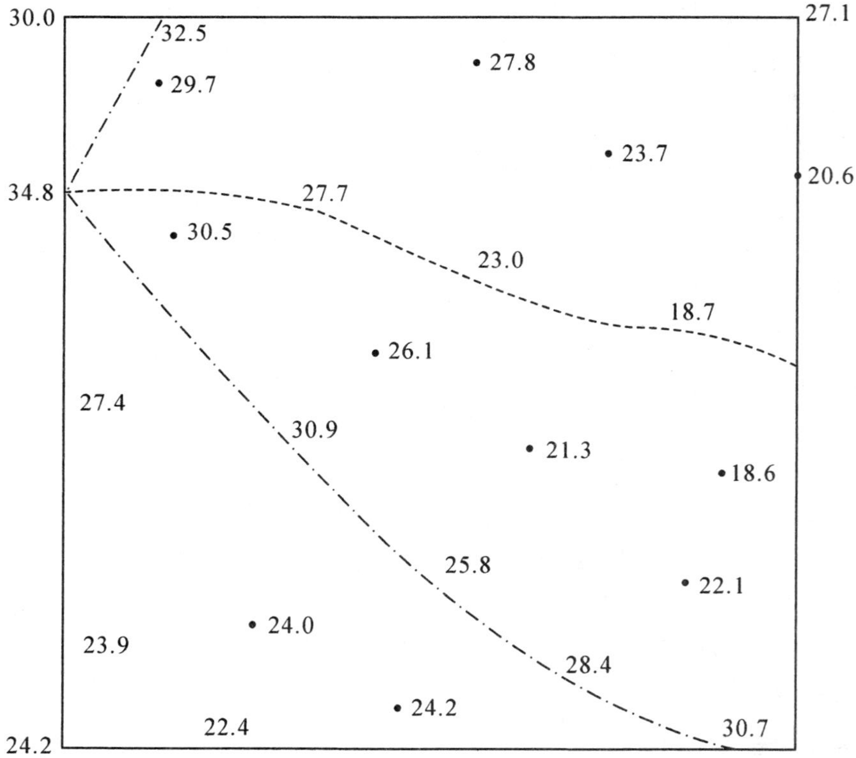

图 10－11　勾绘等高线练习

第 11 章　测设的基本工作

测设工作是根据工程设计图纸上待建的建筑物、构筑物的轴线位置、尺寸及其高程，算出待建的建筑物、构筑物的轴线交点与控制点（或原有建筑物的特征点）之间的距离、角度、高差等测设数据，然后以控制点为根据，将待建的建筑物、构筑物的特征点（或轴线交点）用测量方法在实地标定出来，作为施工的依据。

测设工作的实质是点位的测设。测设点位的基本工作是测设已知水平距离、测设已知水平角和测设已知高程。

11.1 已知水平距离、水平角和高程的测设

11.1.1 已知水平距离的测设

已知水平距离的测设，是从地面上一个已知点出发，沿给定的方向，量出已知（设计）的水平距离，在地面上定出另一端点的位置。其测设方法如下：

1. 一般方法

如图 11－1 所示，设 A 为地面上已知点，D 为已知（设计）的水平距离，要在地面上沿给定 AB 方向上测设出水平距离 D，以定出线段的另一端点 B。具体作法是从 A 点开始，沿 AB 方向用钢尺拉平丈量，按已知设计长度 D 在地面上定出 B' 点的位置。为了校核，应再量取 AB' 之间的水平距离 D'，计算差值 $\delta = D - D'$ 和相对误差，若相对误差在容许范围（1/3000～1/5000）内，则将端点 B' 加以改正，求得 B 点的最后位置，使 AB 两点间水平距离等于已知设计长度 D，改正数即为 δ，当 δ 为正时，向外改正；反之，则向内改正。若相对误差超出容许范围应重新定出 B' 点的位置。

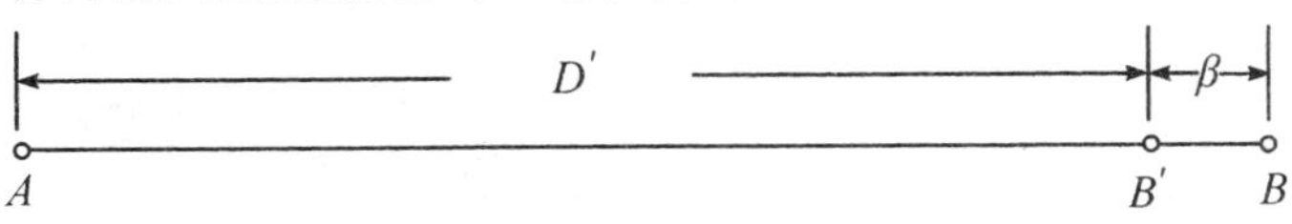

图 11－1　测设已知水平距离

2. 精密方法

当测设精度要求较高时，可按设计水平距离 D，用前述方法在地面上概略定出 B' 点，然后按第 4 章介绍的精密量距方法，测量 AB' 的距离，并加尺长、温度和倾斜三项改正，求

出 AB′的精确水平距离 D' 。若 D' 与 D 不相等，则按其差值 $\delta = D - D'$ 沿 AB 方向以 B' 点为准进行改正。当δ为正时，向外改正；反之，则向内改正。

[例 11－1]已知设计水平距离 D_{AB} 为 25.000m，试在地面上由 A 点测设 B 点。现用 30m 钢尺按一般方法测得 B' 点，经测量 $D_{AB'}$ 为 25.008m，钢尺的检定实长为 29.996m，检定温度 $t_0 = 20℃$，量测时温度 $t = 8℃$，A、B 两点间高差为 0.65m。则可求得三项改正数：

尺长改正 $$\Delta l_d = \frac{29.996 - 30}{30} \times 25.008 = -0.003m$$

温度改正 $$\Delta l_t = 1.25 \times 10^{-5} \times (8 - 20) \times 25.008 = -0.004m$$

倾斜改正 $$\Delta l_h = -\frac{0.65^2}{2 \times 25.008} = -0.008m$$

则 AB' 的精确平距 $D' = D_{AB'} + \Delta l_d + \Delta l_t + \Delta l_h = 24.993$ m，$\delta = D - D' = 0.007$ m，故 B' 点应沿 AB' 方向向外移动 7mm，得到正确的 B 点，此时 AB 的水平距离正好为 25.000m。

另外，精密方法也可以根据已给定的水平距离 D，先反求沿地面应量出的 D_0 值。由钢尺的尺长方程式、测设时温度 t 以及 AB 两点间的高差 h 可求得三项改正数。则

$$D_0 = D - \Delta l_d - \Delta l_t - \Delta l_h \tag{11-1}$$

再根据 D_0 值来确定直线端点 B 的位置。

3. 全站仪测设已知水平距离

如图 11－2，安置全站仪于 A 点，瞄准已知方向，按全站仪的水平距离测量功能键测量两点之间的平距，沿此方向移动棱镜位置，显示值基本接近需测设的距离 D（一般不超过 2cm），定出 B' 点安置棱镜，再次测量平距得到 D'，计算 D' 与应测设的已知水平距离 D 之差 $\delta = D - D'$ 。根据 δ 的符号在实地用小钢尺沿已知方向改正 B' 至 B 点，并在木桩上标定其点位。为了检核，应将棱镜安置于 B 点，再实测 AB 的水平距离，与已知水平距离 D 比较，若不符合要求，应再次进行改正，直到测设的距离符合限差要求为止。

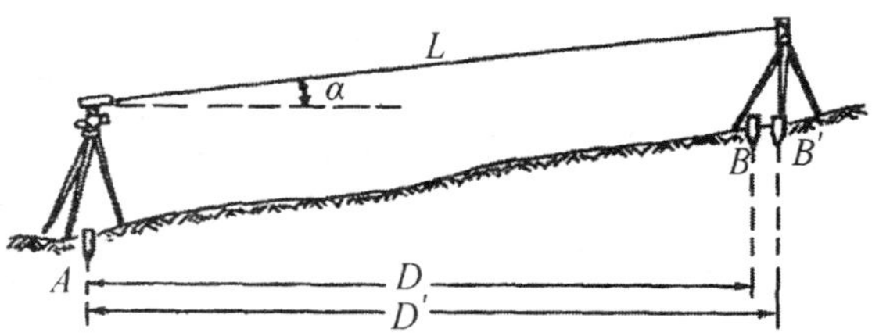

图 11－2 全站仪测设已知水平距离

11.1.2 已知水平角的测设

已知水平角的测设，就是在已知角顶点并根据该角一已知边方向标定出另一边方向，使两方向的水平夹角等于已知角值。测设方法如下。

1. 一般方法

当测设水平角的精度要求不高时，可用盘左、盘右取中的方法测设，如图 11－3 所示。设地面已知方向 AB，A 为角顶，β 为已知角值，AC 为欲定的方向线。为此，在 A 点安置经纬仪或全站仪，对中、整平，用盘左位置照准 B 点，经纬仪调节水平度盘变换手轮，使

水平度盘读数为 $0°00'00''$，全站仪则置零，转动照准部使水平度盘读数为 β 值，按视线方向定出 C' 点。然后用盘右位置重复上述步骤，定出 C'' 点。取 $C'C''$ 连线的中点 C，则 AC 即为测设已知角值为 β 的另一方向线，$\angle BAC$ 即为测设的 β 角。

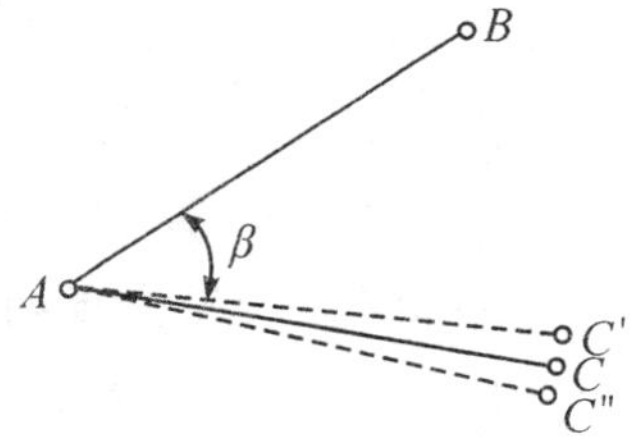

图 11－3　一般方法测设水平角

2. 精确方法

当测设水平角的精度要求较高时，可先用一般方法按已知角值测设出 AC 方向线（图 11－4），然后对 $\angle BAC$ 进行多测回水平角观测，其观测值平均值为 β'。则 $\Delta\beta=\beta-\beta'$，根据 $\Delta\beta$ 及 AC 边的长度 D_{AC}，可以按下式计算垂距 CC_0：

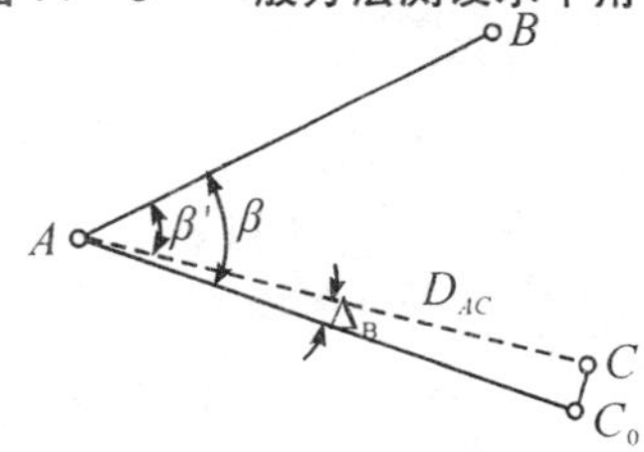

图 11－4　精确测设水平角

$$CC_0=D_{AC}\cdot\tan\Delta\beta=D_{AC}\cdot\frac{\Delta\beta''}{\rho''}\qquad(11-2)$$

从 C 点起沿 AC 边的垂直方向量出垂距 CC_0，定出 C_0点。则 AC_0即为测设角值为 β 时的另一方向线。必须注意，从 C 点起向外还是向内量垂距，要根据 $\Delta\beta$ 的正负号来决定。若 $\beta'<\beta$，即 $\Delta\beta$ 为正值，则从 C 点向外量垂距，反之则向内改正。

例如，$\Delta\beta=\beta-\beta'=+48''$，$D_{AC}=120.000\text{m}$，则

$$CC_0=120.000\times\frac{+48''}{206265''}=0.0279\text{m}$$

过 C 点作 AC 的垂线，在 C 点沿垂线方向向 $\angle BAC$ 外侧量垂距 0.0279m，定出 C_0点，则 $\angle BAC_0$即为要测设的 β 角。

11.1.3 已知高程的测设

已知高程的测设是利用水准测量的方法，根据附近已知水准点，将设计高程测设到地面上。

如图 11－5，已知水准点 A 的高程 H_A为 32.481m，测设于 B 桩上的已知设计高程 H_B为 33.500m。测设方法有两种：

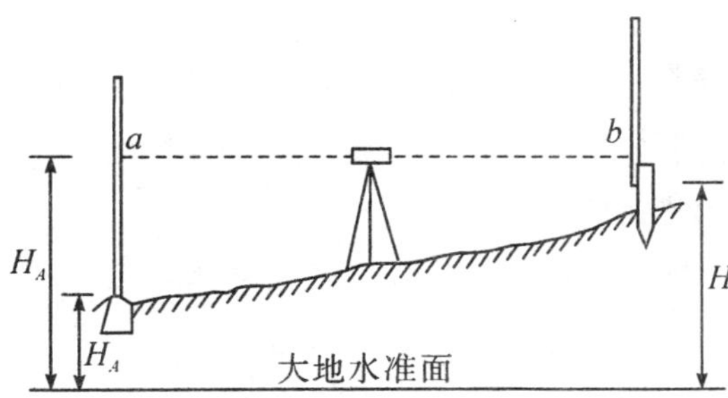

图 11－5　测设已知高程

（1）水准仪在 A 点上的后视读数 a 为 1.842m，则 B 桩的应读前视读数 b 为

$$b=(H_A+a)-H_B=32.481+1.842-33.500=0.823\text{m}$$

将水准尺沿 B 桩的侧面上下移动，当水准尺上的读数刚好为 0.823m 时，紧靠尺底在 B 桩上画一红线，该红线的高程 H_B 即为 33.500m。

(2)按水准测量方法将水准尺立于 B 桩顶，测出桩顶高程，例如桩顶高程为 33.672m，计算与设计高程的差值为 -0.172m，用小钢尺向下量取 0.172m 在 B 桩上画一红线，该红线的高程 H_B 即为 33.500m。

当向较深的基坑和较高的建筑物上测设已知高程时，除用水准尺外，还需借助悬吊钢尺传递高程的方法来进行。

如图 11-6，设已知水准点 A 的高程为 H_A，要在基坑内侧测出 B 点的高程位置。现悬挂一根带重锤的钢卷尺，零点在下端。先在地面上安置水准仪，后视 A 点读数 a，前视钢尺读数 b；再在基坑内安置水准仪，后视钢尺读数为 c，前视 B 点读数为 d，则木桩顶面 B 点高程 H_B 为

$$H_B = H_A + a - (b - c) - d \tag{11-3}$$

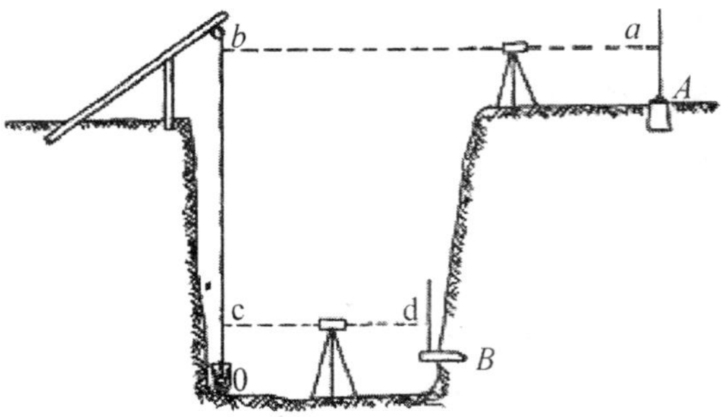

图 11-6　向深基坑传递高程

然后，根据传递到基坑内侧的高程点 B，用上述方法测设基坑设计高程或其它设计高程位置。

当向高处测设时，如图 11-7 所示，向高建筑物 B 处测设高程 H_B，则可于该处悬吊钢尺，钢尺零端朝下，上下移动钢尺，使水准仪的中丝对准钢尺零端(0 分划线)，当钢尺上端分划线读数为 b，且 $b = H_B - (H_A + a)$ 时，则该分划线所对应位置即为测设的高程 H_B。为了校核，可采用改变悬吊位置后，再用上述方法测设，两次较差不应超过 ±3mm。

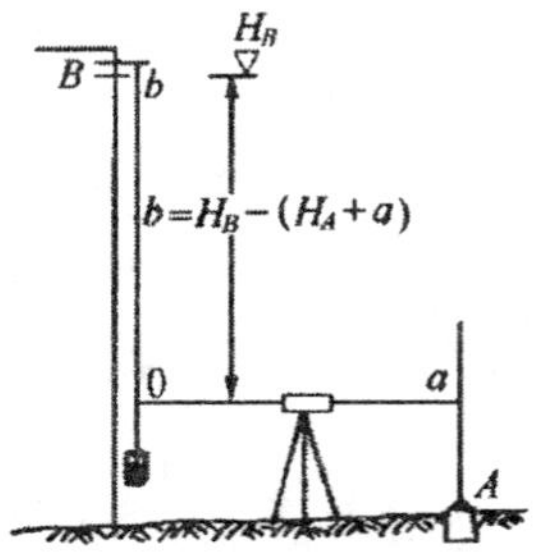

图 11-7　向高处测设高程

11.2 点的平面位置测设方法

测设点的平面位置方法：直角坐标法、极坐标法、角度交会法、距离交会法等。采用哪种方法，应根据施工控制网的形式、控制点的分布情况、地形情况、现场条件及待建建筑物的测设精度要求等因素确定。

11.2.1 直角坐标法

直角坐标法是根据已知点与待定点的纵横坐标之差，测设地面点平面位置。它适用于施工控制网为建筑方格网或建筑基线的形式，且量距方便的场地。如图 11-8 所示，设 I、II、III、IV 为建筑场地的建筑方格网点，a、b、c、d 为需测设的某厂房的四个角点，根据设计图上各点坐标，可求出建筑物的长度、宽度及测设数据。现以 a 点为例，说明测设

方法。

欲将 a 点测设于地面，首先根据 I 点的坐标及 a 点的设计坐标算出纵横坐标之差：

$$\Delta x = x_a - x_{\mathrm{I}} = 620.00 - 600.00 = 20.00\mathrm{m}$$
$$\Delta y = y_a - y_{\mathrm{I}} = 530.00 - 500.00 = 30.00\mathrm{m}$$

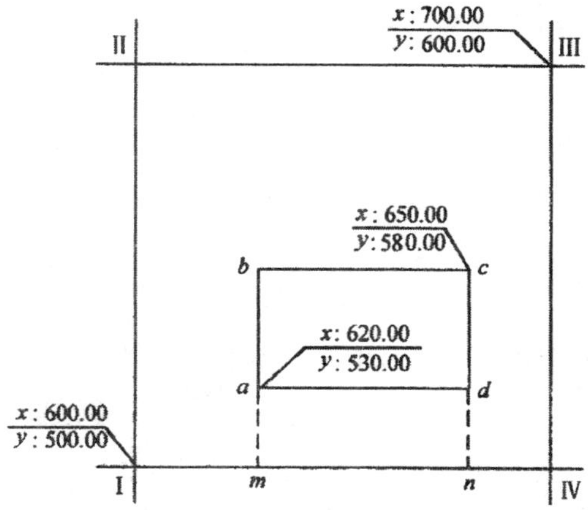

图 11-8　直角坐标法

然后安置经纬仪于 I 点上，瞄准 IV 点，沿 I IV 方向测设长度 Δy(30.00m)，定出 m 点；搬仪器于 m 点，瞄准 IV 点，向左侧设 90°角，得 ma 方向线，在该方向上测设长度 Δx(20.00m)，即得 a 点在地面上的位置。用同样的方法可测设建筑物其余各点的位置。最后，应检查建筑物四角是否等于 90°，各边是否等于设计长度，其误差均应在限差以内。

11.2.2 极坐标法

极坐标法是根据已知水平角和水平距离测设地面点的平面位置，它是常用的测设方法，但要求量距方便。如图 11-9 所示，1、2 是建筑物轴线交点，A、B 为附近的控制点。1、2、A、B 点的坐标均为已知，欲测设 1 点，需按坐标反算公式求出测设数据 β_1 和 D_1：

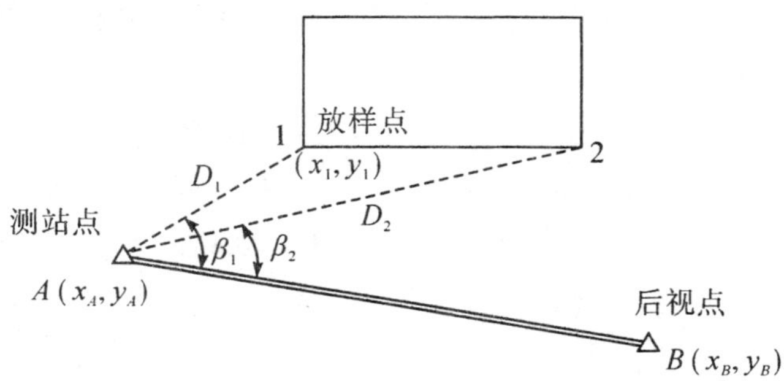

图 11-9　极坐标法

$$\alpha_{A1} = \arctan\frac{y_1 - y_A}{x_1 - x_A}, \qquad \alpha_{AB} = \arctan\frac{y_B - y_A}{x_B - x_A}$$

则
$$\beta_1 = \alpha_{AB} - \alpha_{A1}$$
$$D_1 = \sqrt{(x_1 - x_A)^2 + (y_1 - y_A)^2}$$

[例 11-2]已知 $x_1 = 370.000\mathrm{m}$，$y_1 = 458.000\mathrm{m}$，$x_A = 348.758\mathrm{m}$，$y_A = 433.570\mathrm{m}$，$\alpha_{AB} =$

103°48′48″，求测设数据β_1和D_1。

$$\alpha_{A1} = \arctan \frac{y_1 - y_A}{x_1 - x_A} = \arctan \frac{458.000 - 433.570}{370.000 - 348.758} = 48°59'34''$$

$$\beta_1 = \alpha_{AB} - \alpha_{A1} = 103°48'48'' - 48°59'34'' = 54°49'14''$$

$$D_1 = \sqrt{(370.000 - 348.758)^2 + (458.000 - 433.570)^2} = 32.374\text{m}$$

测设时，在A点安置经纬仪，瞄准B点，向左测设β_1角，由A点起沿视线方向测设距离D_1，即定出1点。同样，在B点安置仪器，可定出2点。最后丈量1、2两点间的水平距离与设计长度进行比较，其误差应在限差以内。

11.2.3 全站仪极坐标法

用全站仪极坐标法测设点位平面位置十分方便，且工作效率高，尽管全站仪有不同的型号或品种，但其基本过程是相同的，现以图11－9为例，简述用全站仪极坐标法测设点位平面位置的过程。

(1)在A点安置全站仪，对中整平，开机自检并初始化，输入当时的气温和气压，将测量模式切换到“放样”；

(2)输入测站点A点的坐标，瞄准另一控制点(后视点)B点并输入B点的坐标，也可以直接输入A到后视点B的坐标方位角；

(3)输入放样点1点的设计坐标，全站仪能自动计算出测站点A至放样点1的坐标方位角和水平距离。转动照准部，屏幕上显示出当时视线方向与测设方向之间的夹角值，当数值接近0时，制动照准部，转动水平微动螺旋，使该夹角值显示为0，此时的视线方向即为测设方向$A1$方向；

(4)观测员用对讲机指挥位于1点附近的持镜员，将棱镜立于测设的$A1$方向的视线上，按“测设”键，全站仪即显示当前实际距离与$A1$设计距离的差值，一般差值为正表示棱镜应向着测站方向移动，差值为负表示棱镜应远离测站方向移动，应注意棱镜应严格沿着测设的$A1$方向移动(可由观测者指挥)

(5)持镜员根据差值(当差值在2m以内时)，可用小钢卷尺沿测设方向量出移动距离，观测员再按“测设”键重新观测，如此反复趋近，直至距离差值显示为0，此时立棱镜点即为要测设的放样点1点，随即在地上或木桩顶上作出标志。

全站仪极坐标法可在同一测站测设多个放样点，仅重复(3)～(5)步操作即可。

11.2.4 角度交会法

角度交会法适用于测设点离控制点较远或量距较困难的场合。如图11－10所示，测设点P和控制点A、B的坐标均已知。根据坐标反算出测设数据β_1和β_2。

测设时，在A、B两点同时安置经纬仪，分别测设出β_1和β_2角，两视线方向的交点即为测设点P。为了保证交会点的精度，实际工作中还应从第三个控制点C，测设β_3定出CP方向线作为校核。若三方向不交于一点，会出现一个示误三角形，当示误三角形边长在限差以内，可取示误三角形重心作为测设点 P。两个交会方向所形成的夹角 γ_1、γ_2 应不小于 30°或不大于 150°。

11.2.5 距离交会法

距离交会法适用于测设点离两个控制点较近（一般不超过钢尺一整尺长），且地面平坦，便于量距的场合。如图 11－11 所示，根据测设点 P_1、P_2 和控制点 A、B 的坐标，可求出测设数据 D_1、D_2、D_3、D_4。

测设时，使用两把钢尺，使各尺的零刻线分别对准 A、B 点，将钢尺拉平，分别测设水平距离 D_1、D_2，其交点即为测设点 P_1。同法测设 P_2。为了校核，实地量测 P_1、P_2 水平距离与其测设长度比较，其误差应在限差以内。此法测设精度较低。

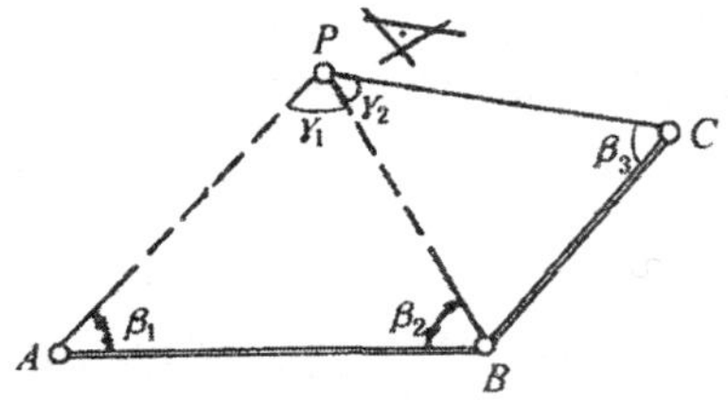

图 11－10　角度交会法

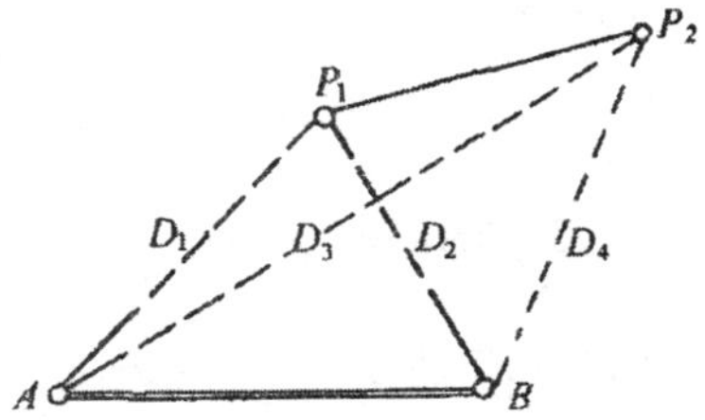

图 11－11　距离交会法

11.3 已知坡度线的测设

在平整场地、铺设管道及修筑道路等工程中，经常需要在地面上测设设计坡度线。坡度线的测设是根据附近水准点的高程、设计坡度和坡度端点的设计高程，采用水准测量的方法将坡度线上各点的设计高程标在地面上。

测设方法有水平视线法和倾斜视线法两种。

11.3.1 水平视线法

如图 11－12 所示，A、B 为设计坡度线的两端点，其设计高程分别为 H_A、H_B，AB 设计坡度 i_{AB}，为使施工方便，要在 AB 方向上，每隔距离 d 定一木桩，并在木桩上标定出坡度线，以便于施工。施测方法如下：

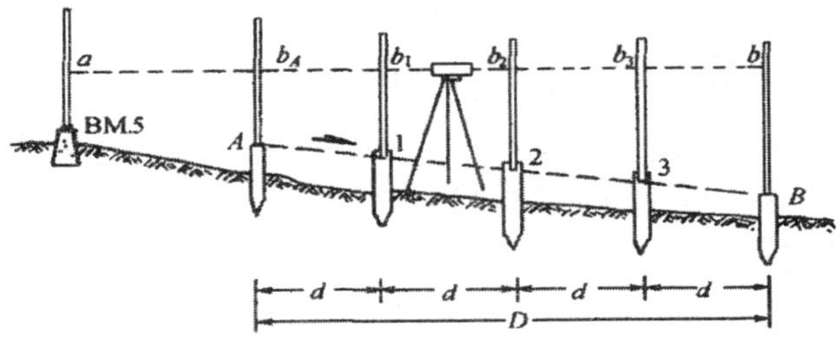

图 11－12　水平视线法放坡

（1）沿 AB 方向，用钢尺定出间距为 d 的中间点 1、2、3 的位置，并打下木桩。

(2)计算各桩点的设计高程:

第 1 点的设计高程　　$H_1 = H_A + i_{AB} \cdot d$

第 2 点的设计高程　　$H_2 = H_1 + i_{AB} \cdot d$

第 3 点的设计高程　　$H_3 = H_2 + i_{AB} \cdot d$

B 点的设计高程　　$H_B = H_3 + i_{AB} \cdot d$

或　　$H_B = H_A + i_{AB} \cdot D$ (检核)

坡度 i 有正有负,计算设计高程时,坡度应连同其符号一并运算。

(3)安置水准仪于水准点附近,后视读数为 a,得仪器视线高程 $H_{视} = H_{BM.5} + a$,然后根据各点设计高程计算测设各中间点的应读前视尺读数

$$b_j = H_{视} - H_j \qquad (j = 1,2,3)$$

(4)将水准尺分别贴靠在各木桩的侧面,上下移动水准尺,直至尺读数为 b_j 时,便可沿水准尺底面画一横线,各木桩上横线连线即为 AB 设计坡度线。

11.3.2 倾斜视线法

如图 11-13 所示,A、B 为坡度线的两端点,其水平距离为 D,A 点的高程为 H_A,要沿 AB 方向测设一条坡度为 i_{AB} 的坡度线,则先根据 A 点的高程,坡度 i_{AB} 及 A、B 两点间的水平距离计算出 B 点的设计高程,再按测设已知高程的方法,将 A、B 两点的高程测设在地面的木桩上。然后将水准仪安置在 A 点上,使基座上一个脚螺旋在 AB 方向上,其余两个脚螺旋的连线与 AB 方向垂直,量取仪器高 i,再转动 AB 方向上的脚螺旋,使十字丝中丝对准 B 点水准尺上的读数值等于仪器高 i,此时,仪器的视线与设计坡度线平行。在 AB 方向的中间各点 1、2、3……的木桩侧面立尺,上、下移动水准尺,直至尺上读数等于仪器高 i 时,沿尺子底面在木桩上画一红线,则各木桩红线的连线就是设计坡度线。

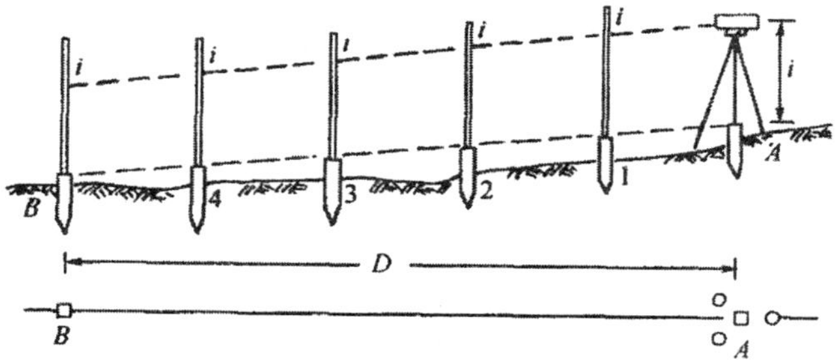

图 11-13　倾斜视线法放坡

如果设计坡度较大,超出水准仪脚螺旋所能调节的范围,则可用经纬仪测设,其方法相同。

11.4 测设直线

在施工过程中,经常需要在两点之间测设直线或将已知直线延长,由于现场条件不同和要求不同,有多种不同的测设方法,应根据实际情况灵活应用。现介绍两种常用的

测设方法。

11.4.1 延长直线

地面上已有直线 AB 两端点，现要从 B 点开始，将直线 AB 延长到 C。一般采用经纬仪正倒镜取中法延长直线。如图 11－14 所示，将经纬仪安置在 B 点，对中整平，盘左瞄准 A 点，制动照准部，倒转望远镜在地面上定出 C_1 点，松开照准部，盘右再瞄准 A 点，制动照准部，再倒转望远镜在地面上定出 C_2 点（C_1 与 C_2 点也可能重合），取 C_1C_2 连线的中点即为 C 点，C 点就位于 AB 直线的延长线上。

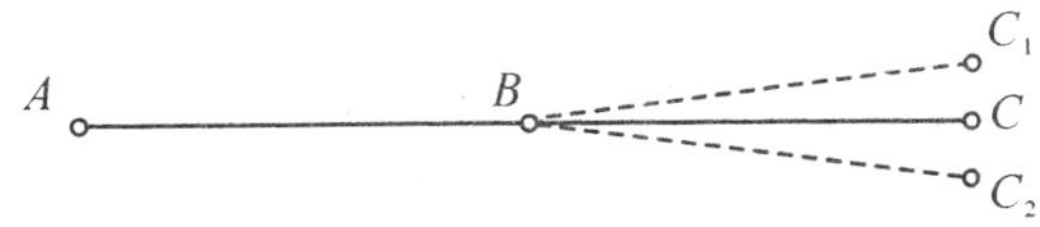

图 11－14　延长直线

11.4.2 两点间测设直线

如图 11－15 所示，当地上 A、B 两点之间有障碍物影响通视，或者在 A、B 点位上不能安置仪器时，首先观测者应目视两端点 A、B 的位置，估计在 A、B 连线上的中间点 O' 处安置经纬仪（整平），按延长直线的方法，将 AO' 直线延长到 B'，根据 B 与 B' 之间的偏差，将 O' 点向直线一侧移动，使 $OO'=\frac{1}{2}BB'$，得到 O 点，然后将经纬仪移至 O 点（对中、整平），按上法重复进行，直至 AOB 在同一直线上为止。

如果仪器不在 AB 连线的中间，则可估计（也可丈量）距离 AO'、AB 数值，根据相似三角形对应比例关系计算 $OO'=\frac{AO'}{AB'}BB'$。

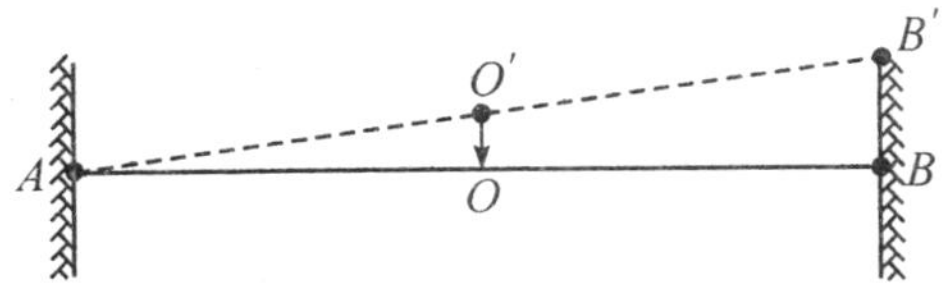

图 11－15　两点间测设直线

习题 11

1. 测设的基本工作有哪几项？测设与测量有何不同？

2. 测设点的平面位置有几种方法？各适用于什么情况？

3. 要在坡度一致的倾斜地面上设置水平距离为 126.000m 的线段，已知线段两端的高差为 3.60m（预先测定），所用 30m 钢尺的鉴定长度是 29.993m，测设时的温度 $t=10℃$，鉴定时的温度 $t_0=20℃$，试计算用这根钢尺在实地沿倾斜地面应量的长度。

4. 如何用一般方法测设已知数值的水平角？

5. 已测设直角 AOB，并用多个测回测得其平均角值为 90°00′48″，又知 OB 的长度为

150.000m，问在垂直于 OB 的方向上，B 点应该向何方向移动多少距离才能得到 90°00′00″的角？

6. 如图 11－16 所示，已知 $\alpha_{AB}=300^{0}04'00''$，$x_A=14.22m$，$y_A=86.71m$；$x_1=34.22m$，$y_1=66.71m$；$x_2=54.14m$，$y_2=101.40m$。试计算仪器安置于 A 点，用极坐标法测设 1 与 2 点的测设数据及检核角 γ、检核长度 D_{1-2}，并简述测设点位过程。

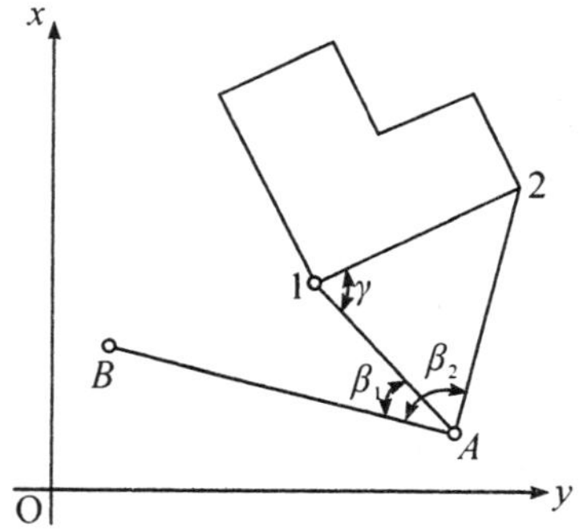

图 11－16　极坐标法放样点位

7. 利用高程为 9.531m 的水准点 A，测设设计高程为 9.800m 的室内 ±0.000 标高，水准仪安置在合适位置，读取水准点 A 上水准尺读数为 1.035m，问水准仪瞄准 ±0.000 处水准尺，读数应为多少时，尺底高程就是 ±0.000 标高位置？

第 12 章　建筑工程施工测量

12.1 概述

12.1.1 建筑工程施工测量的目的和内容

建筑工程施工测量的目的就是将设计图纸上的建筑物、构筑物的平面位置和高程或三维坐标，按设计要求，用前面测设的基本工作介绍的测量方法和一定的精度在施工场地上确定下来，并设置标志作为施工的依据。

建筑工程施工测量贯穿于整个施工过程中，其主要内容包括：

(1)施工前建立施工控制网。施工现场上有各种建(构)筑物，且分布较广，往往又不是同时开工兴建，为保证各个建(构)筑物的平面和高程位置都符合设计要求，互相连成统一的整体，建筑工程施工测量和测绘地形图一样，也要遵循“从整体到局部，先控制后碎部”的原则。即先在施工现场建立统一的平面控制网和高程控制网，然后以此为基础，测设出各个建筑物和构筑物的位置。

(2)施工中进行建筑物定位、基础放线和工程施工中各道工序的细部测设，如基础模板的定位、构件和设备安装的定位等。

(3)工程竣工后，为了便于管理、维修和扩建，还必须绘制竣工平面图。

(4)有些高大或特殊的建筑物，在施工期间和建成后还要定期进行沉降、倾斜和水平位移等变形观测，掌握变形规律，为建筑物的安全运营和维护管理提供资料。

12.1.2 建筑工程施工测量的精度要求

建筑工程施工测量应根据建筑物的大小、用途、使用的材料及施工方法的不同，采用不同的施工测量精度。例如，高层建筑物的测设精度高于低层建筑物，钢结构建筑物测设的精度高于钢筋混凝土的建筑物等。由于施工测量贯穿于施工全过程，施工测量工作直接影响工程质量及施工进度，所以测量人员必须了解设计内容、性质及对测量工作的精度要求，熟悉有关图纸，了解施工的全过程，密切配合施工进度进行工作。建筑工程施工测量的检核工作十分重要，必须采用各种不同的方法加强外业和内业的检核工作，确保施工测量的质量。

12.1.3 施工坐标系与测量坐标系的坐标转换

为便于进行建筑物的放样，一般在施工场地建立坐标轴与建筑物主轴线相一致或平行的施工坐标系（亦称建筑坐标系）。由于施工坐标系与测量坐标系往往不一致，所以施工测量前往往需要进行施工坐标系与测量坐标系的坐标换算。

如图 12－1 所示，设 XOY 为测量坐标系，$X'O'Y'$ 为施工坐标系，x_0、y_0 为施工坐标系的原点 O' 在测量坐标系中的坐标，α 为施工坐标系的纵轴 $O'X'$ 在测量坐标系中的方位角。设已知 P 点的施工坐标为（x'_p, y'_p），则可按下式将其换算为测量坐标（x_p, y_p）：

$$\left.\begin{aligned} x_p &= x_0 + x'_p\cos\alpha - y'_p\sin\alpha \\ y_p &= y_0 + x'_p\sin\alpha + y'_p\cos\alpha \end{aligned}\right\} \tag{12-1}$$

若已知 P 点的测量坐标（x_p, y_p），则可将其换算为施工坐标（x'_p, y'_p）：

$$\left\{\begin{aligned} x'_p &= (x_p - x_0)\cos\alpha + (y_p - y_0)\sin\alpha \\ y'_p &= -(x_p - x_0)\sin\alpha + (y_p - y_0)\cos\alpha \end{aligned}\right. \tag{12-2}$$

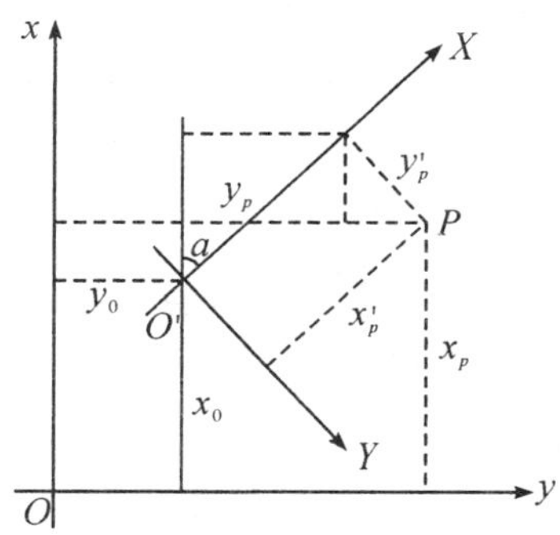

图 12－1 施工坐标与测量坐标的转换

12.2 施工场地的控制测量

12.2.1 概述

相对于测图控制网来说，施工控制网具有控制范围小、控制点密度大、精度要求高、使用频繁等特点。在勘测阶段所建立的测图控制网，由于当时设计位置尚未确定，所以无法考虑满足施工测量精度与密度的要求，而且在施工现场，由于大量的土方填挖，原来布置的测图控制点往往会被破坏掉。因此，在施工前应在建筑场地重新建立施工控制网，以供建筑物的施工放样和变形观测等使用。

建筑施工现场多为地面与高空各工种交叉作业，地面情况变动很大，再加上动力机械及车辆来往频繁。因此，测量控制点的埋设应特别稳固，且不被损坏，并要妥善保护，经常检查，如有损坏应及时修复。在高空或危险地段施测时，应采取安全措施，以防事故发生。

在大中型建筑场地上，施工控制网一般布设成矩形或正方形的格网，称为建筑方格网。当建筑物面积不大、结构又不复杂时，只需布置一条或几条基线作为平面控制，称为建筑基线。由于建立方格网比较困难，点位易被破坏，目前也常用导线或导线网作为施工测量的平面控制网。

建筑场地的高程控制多采用水准测量方法。一般用三、四等水准测量方法测定各水准点的高程。当布设的水准点不够用时，建筑基线点、建筑方格网点以及导线点也可兼做高程控制点。

12.2.2 建筑基线

1. 建筑基线的布设

建筑基线应临近建筑物并与其主要轴线平行，以便使用比较简单的直角坐标法来进行建筑物的放样。建筑基线点最少应由3点构成，以便检查和校核基线。通常建筑基线可布置成三点直线形、三点直角形、四点T字形和五点十字形，如图12-2所示。建筑基线主点间应相互通视，边长为100~400m，点位应便于永久保存。

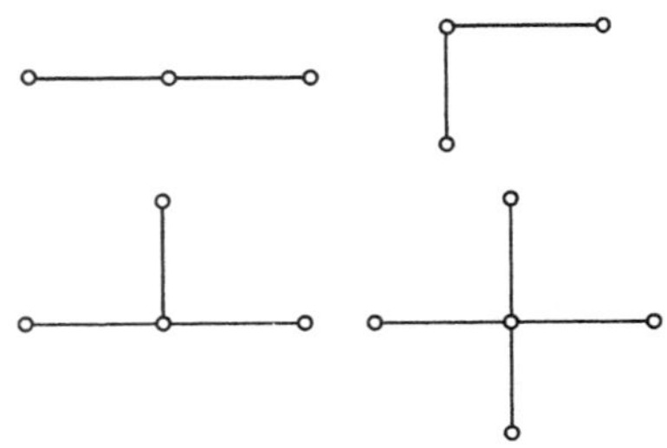

图12-2 建筑基线的几种形式

2. 建筑基线的测设

建筑基线点的定位是根据测量控制点来测设的。首先将测量控制点的测量坐标换算成施工坐标。图12-3中，N_1、N_2、N_3为测量控制点，A、O、B为建筑基线点，按坐标反算公式计算出放样元素β_1、D_1、β_2、D_2、β_3、D_3，然后用全站仪以极坐标法测设A、O、B点的概略位置A'、O'、B'，再用混凝土桩把A'、O'、B'标定下来。桩的顶部常设置一块100mm×100mm的钢板（厚度一般5~10mm）供调整点位用。由于存在测量误差，三个基线点一般不在一条直线上，因此要在O'点上安置全站仪或经纬仪，精确地测量$\angle A'O'B$的角值，如果它和180°之差超过±10″时应进行调整。调整的方法如下：

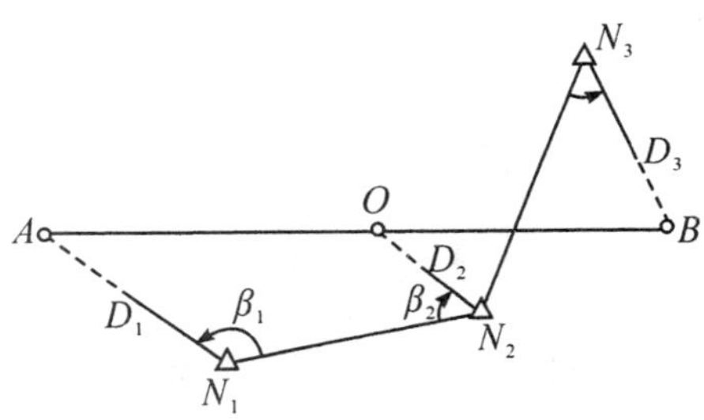

图12-3 建筑基线点的测设

（1）调整一端点（A或B）。如图12-4所示，调整A'点至A点，使三点为一直线，调整值δ为

$$\delta = \frac{180^\circ - \beta}{\rho''} \cdot a \tag{12-3}$$

（2）调整中点。如图12-5所示，调整O'至O点，使三点为一直线，调整值δ为

$$\delta = \frac{a \cdot b}{a + b} \cdot \frac{(180 - \beta)}{\rho''} \tag{12-4}$$

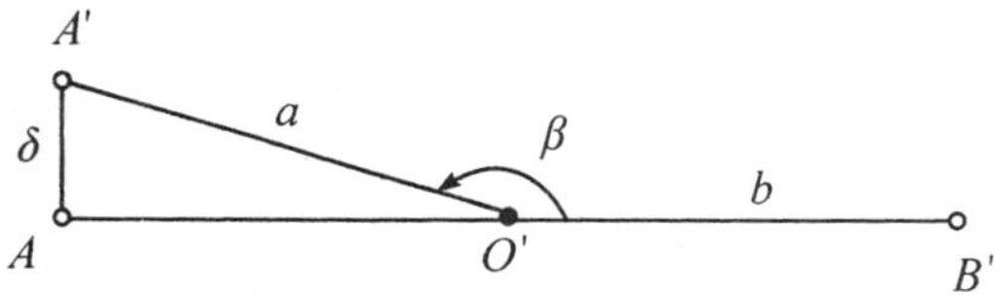

图 12-4　调整一端点

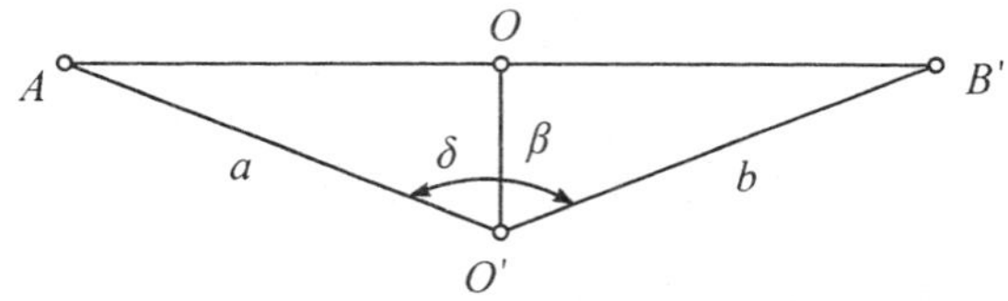

图 12-5　调整中点

(3)调整三点。调整时 A'、O'、B' 三点应进行微小的移动使之成一直线。如图 12-6 所示,设三点在垂直于轴线的方向上移动一段微小的距离 δ,则 δ 值可按下式计算:

$$\delta = \frac{a \cdot b}{a + b} \cdot (90 - \frac{\beta}{2}) \frac{1}{\rho''} \tag{12-5}$$

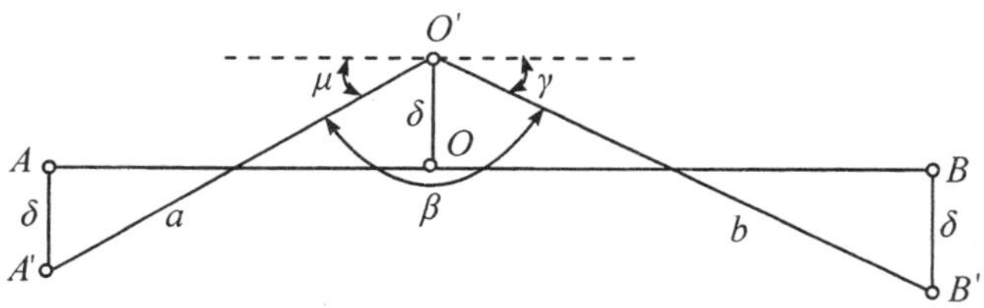

图 12-6　长轴线的点位调整

在图 12-6 中,由于 μ、γ 均很小,故有:

$$\frac{\gamma}{\mu} = \frac{a}{b}, \frac{\gamma + \mu}{\mu} = \frac{a + b}{b} \tag{12-6}$$

顾及 $\mu + \gamma = 180° - \beta$,有

$$\mu = \frac{b}{a + b} 180° - \beta = \frac{2\delta}{a}\rho'' \tag{12-7}$$

上式稍加整理即可得式(12-5)。

12.2.3 建筑方格网

建筑方格网的设计应根据建筑物设计总平面图上的建筑物和各种管线的布设,并结合现场的地形情况而定。设计时应先选定方格网的主轴线,后设计其他方格点。格网可设计成正方形或矩形,如图 12-7 所示。

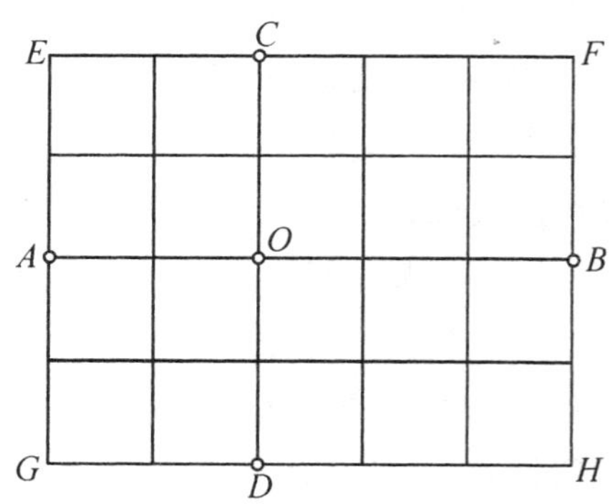

图 12-7　建筑方格网

建筑方格网布设时应注意以下几点:

(1) 方格网的主轴线应布设在整个场区中部,并与总平面图上的主要建筑物的基本轴线一致或平行;

(2) 方格网的转折角应为 90°;

(3) 方格网的边长一般为 100~200m,边长的相对误差一般为 1/10000~1/20000;

(4) 方格网的边应保证通视,点位标石应埋设牢固,以便能长期保存。

12.3 民用建筑施工测量

12.3.1 建筑物的定位

建筑物的定位就是确定待建的建筑物在施工场地上的具体位置，并设置标志作为施工的依据，通常是将建筑物外廓各轴线的交点测设在地面上，然后可根据这些点进行细部位置的放样，如测设桩基的桩位，也可根据外廓轴线，用石灰在地面上撒出基槽开挖边线，以便开挖。实际操作时可在轴线的交点处打一木桩，再在木桩顶部精确测出交点的位置，并在桩顶上钉上小钉作为标志，然后根据建筑物平面图，将其内部开间的所有轴线都一一测出，最后应检查房屋各轴线之间的距离，其误差不得超过轴线长度的 1/2000。根据设计图纸上建筑物的位置关系、场地条件和施工控制网的布设情况，建筑物定位有下列四种方法。

1. 根据建筑红线定位

在城市建设中，新建建筑物均由规划部门给设计或施工单位规定建筑物的边界位置。由城市规划部门批准并经测定的具有法律效用的建筑物边界线，称为建筑红线。建筑红线一般与道路中心线相平行。

图 12 – 8 中，Ⅰ、Ⅱ、Ⅲ 三点设为地面上测设的场地边界点，其连线 Ⅰ – Ⅱ、Ⅱ – Ⅲ 称为建筑红线。建筑物的外廓轴线 AO 、OB 就是根据建筑红线来测设的。由于建筑物外廓轴线和建筑红线平行或垂直，所以用直角坐标法来测设轴线交点就比较方便。当 A 、O 、B 三点在地面上标出后，应在 O 点架设经纬仪，检查 AOB 是否等于 90°。OA 、OB 的长度也要进行实量检验，如误差在容许范围内，即可作出合理的调整。

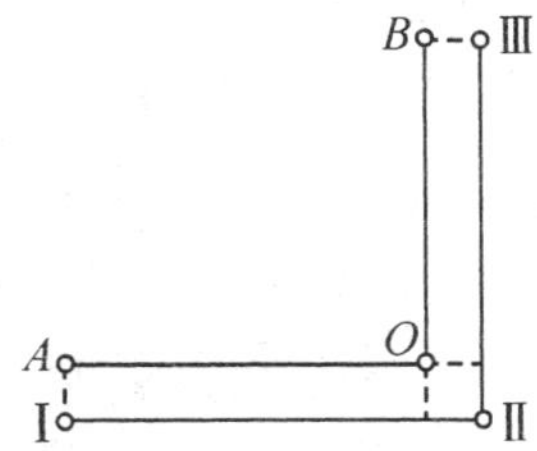

图 12 – 8　根据建筑红线定位

2. 根据现有建筑物定位

在现有建筑群内新建或扩建时，设计图上通常给出拟建的建筑物与原有建筑物或道路中心线的位置关系数据，建筑物外廓轴线就可根据给定的数据在现场测设。图 12 – 9 中所表示的是几种常见的情况，画有斜线的为现有建筑物，未画斜线的为拟建的建筑物。图 12 – 9(a) 中拟建的建筑物外廓轴线 AB 在现有建筑物轴线 MN 的延长线上。测设直线 AB 的方法如下：先作 MN 的垂线 MM' 及 NN' ，并使 $MM' = NN'$ ，然后在 M' 处架设经纬仪作 $M'N'$ 的延长线 $A'B'$（使 $N'A' = d_1$ ），在 A' 、B' 处架设经纬仪作垂线可得 A 、B 两点，其连线 AB ，即为所要确定的直线。一般也可以用线绳紧贴 MN 进行穿线，在线绳的延长线上定出 AB 直线。图 12 – 9(b) 是按上法定出 O 点后转 90°，根据有关数据定出 AB 直线。图 12 – 9(c) 中，拟建的建筑物平行于原有的道路中心线，其测设方法是先定出道路中心线位置，然后用经纬仪测设垂线和量距，定出拟建建筑物的外廓轴线。

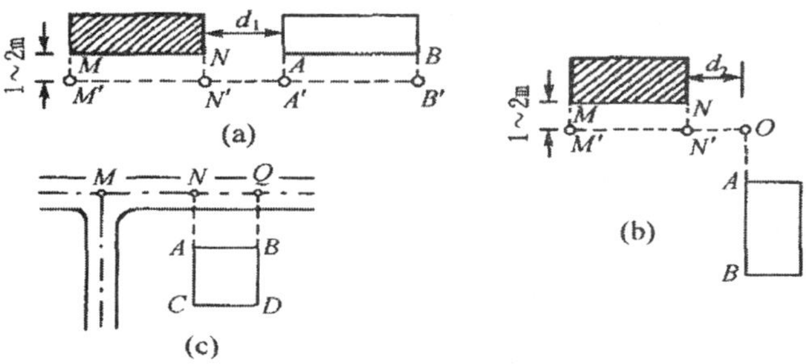

图 12-9　根据现有建筑物定位

3．根据建筑方格网定位

在施工现场有建筑方格网或建筑基线控制时，可根据建筑物各轴线交点的坐标利用第 11 章介绍的直角坐标法来测设建筑物轴线交点。

4．根据测量控制点定位

在施工场地已有测量控制点（导线点）时，可根据这些控制点及建筑物各轴线交点的设计坐标反算出测设数据，应利用第 11 章介绍的极坐标法、角度交会法或距离交会法等方法进行定位。

12.3.2 轴线控制桩的测设

施工开槽或打桩时，轴线桩要被挖掉。为方便施工，一般在基槽开挖或打桩前，采用在基槽外各轴线的延长线上测设轴线控制桩的方法，作为开槽后各阶段施工中确定轴线位置的依据。房屋轴线的控制桩又称引桩。在建筑物施工中，引桩是向上层投测轴线的依据，为便于向上投点，应尽可能在较远的地方测定。在多层建筑物施工中，引桩一般设置在基槽开挖边线 2m 以外的地方。当建筑物为高层时，由于采用箱形基础和筏式基础较多，基坑一般较深，轴线控制桩应设置在距基坑的距离不小于坑深 1.5 倍处，且桩点定位精度要求较高。如附近有固定建筑物，除测定引桩外，最好把轴线投测到建筑物上。在一般小型建筑物放线中，引桩多根据轴线桩测设；在大型建筑物放线时，为了保证引桩的精度，一般都是先测引桩，再根据引桩测设轴线桩。

12.3.3 基础施工测量

1．基槽抄平

建筑施工中的高程测设，又称为抄平。为了控制基槽的开挖深度，当基槽挖到离槽底设计高 0.3～0.5m 时，应用水准仪在槽壁上测设一些水平的小木桩（水平桩），计算木桩的上表面离槽底的设计高程的差数（图 12-10）。必要时，可沿水平桩的上表面拉上白线绳，作为清理槽底和打基础垫层时掌握高程的依据。高程点的测量容许误差为 ±10mm。

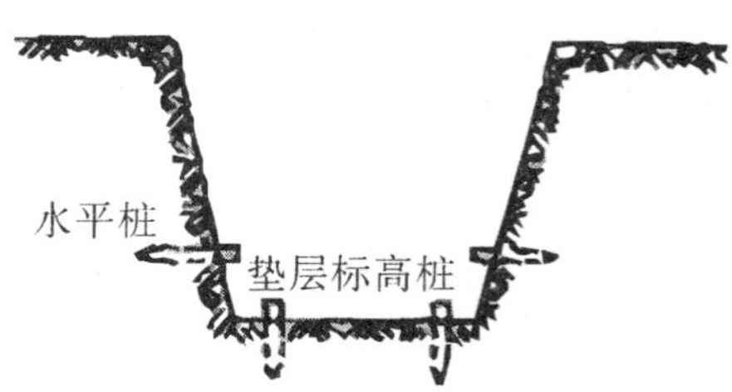

图 12-10　基槽高程测设

2．垫层中线投测与高程控制

垫层打好以后，根据轴线控制桩，用经纬仪把轴线投测到垫层上，然后在垫层上用墨线弹出墙中心线和基础边线，以便砌筑基础。垫层高程可以在槽壁弹线，或者在槽底钉入小木桩进行控制，若垫层上支有模板，则可直接在模板上弹出高程控制线。

3．防水层抄平与轴线投测

当基础墙砌筑到 ±0 位置下一层砖时，应用水准仪测设防水层的高程，其测量容许误差为 ±5mm。防水层做好后，根据轴线控制桩进行投点，其投点容许误差为 ±5mm。然后将墙轴线和墙边线用墨线弹到防水层面上，并延伸和标注到基础墙的立面上。

12.3.4 主体施工测量

1．多层建筑物的轴线投测

在建筑墙身砌筑过程中，为了保证建筑物轴线位置正确，可用经纬仪把轴线投测到各层楼板边缘或柱顶上。每层楼板中心线应测设长线（列线）1 ~2 条，短线（行线）2 ~3 条，其投点容许误差为 ±5mm。然后根据由下层投测上来的轴线，在楼板上分间弹线。如图 12 – 11 所示，投测时，把经纬仪安置在轴线控制桩上，后视首层墙底部的轴线标志点，用正倒镜取中的方法，将轴线投到上层楼板边缘或柱顶上。当各轴线投到楼板上之后，要用钢尺实量其间距作为校核，其相对误差不得大于 1/2000。经校核合格后，方可开始该层的施工。为了保证投测质量，使用的仪器一定要经检验校正，安置仪器时一定要严格对中、整平。为了防止投点时仰角过大，经纬仪距建筑物的水平距离要大于建筑物的高度，否则应采用正倒镜延长直线的方法将轴线向外延长到建筑物的总高度以外，或附近的多层或高层建筑屋顶面上，并可在轴线上安置经纬仪，以首层轴线为准，逐层向上投测。

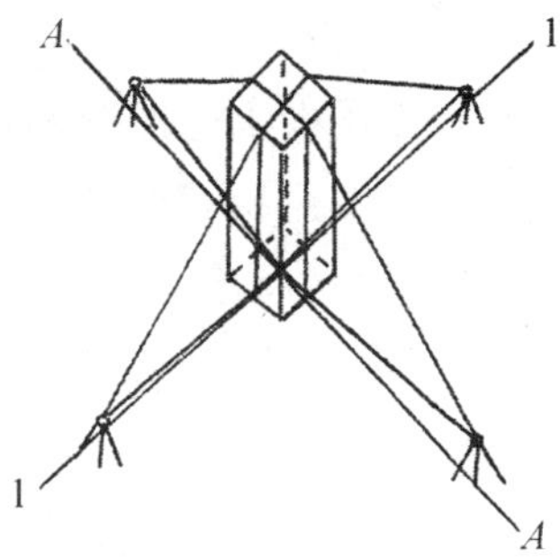

图 12 – 11　经纬仪竖向投测轴线

2．高层建筑物轴线的竖向投测

高层建筑物施工测量中的主要问题是控制垂直度，即将建筑物基础轴线准确地向高层引测，并保证各层相应的轴线位于同一竖直面内，控制竖向偏差，使轴线向上投测的偏差值不超限。

1）外控法

外控法是在建筑物外部，利用经纬仪，根据建筑物的轴线控制桩来进行轴线的竖向投测。高层建筑物的基础工程完工后，经纬仪安置在轴线控制桩上，将建筑物主轴线精确地投测到建筑物底部，并设立标志，以供下一步施工与向上投测之用。随着建筑物的升高，要逐层将轴线向上投测传递。外控法（图 12 – 11）向上投测建筑物轴线时，是将经纬仪安置在远离建筑物的轴线控制桩上，分别以正、倒镜两次投测点的中点，得到投测在该层上的轴线点。按此方法分别在建筑物纵、横主轴线的控制桩上安置经纬仪，就可在同一层楼面上投测出轴线点。楼面上纵、横轴线点连线构成的交点，即是该层楼面的施工控制点。

当建筑物楼层增至相当高度（一般为10层以上）时，经纬仪向上投测的仰角增大，投点精度会随着仰角的增大而降低，且观测操作也不方便。因此必须将主轴线控制桩引测到远处的稳固地点或附近大楼的屋面上，以减小仰角。为了保证投测质量，使用的经纬仪必须经过严格的检验校正，尤其是照准部水准管轴应严格垂直仪器竖轴。安置经纬仪时必须使照准部水准管气泡严格居中。

2）内控法

高层建筑物轴线的竖向投测目前大多使用重锤或铅垂仪等仪器，利用内控法来进行。根据使用仪器的不同，内控法有吊线坠法、准直仪法、激光经纬仪法等。

（1）吊线坠法。一般用于高度在50～100m的高层建筑施工中。可用10～20kg重的特制线坠，用直径0.5～0.8mm钢丝悬吊，以首层地面上靠近高层建筑结构四周的轴线点为准，逐层向上悬吊引测轴线和控制结构的竖向偏差。在用此法施测时，要采取一些必要措施，如用铅直的塑料管套着钢丝，将吊线坠的位置放在建筑物内部，以防风吹，并采用专用观测设备，以保证精度。

（2）准直仪法（天顶、天底准直仪）。准直仪又称垂准仪，置平仪器上的水准管气泡后，仪器的视准轴即处于铅垂位置，可以据此进行向上或向下投点。若采用内控法，首先应在建筑物底层平面轴线桩位置预埋标志，其次在施工时要在每层楼面相应位置处都预留孔洞，供铅垂仪照准及安放接收屏之用（图12－12）。

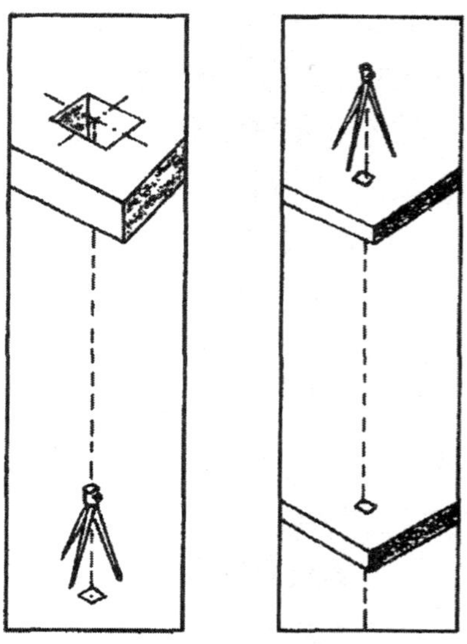
（a）　（b）

图12－12　铅垂仪投点

（3）激光经纬仪法。激光经纬仪是利用配套的激光附件装配在经纬仪上组成的仪器。激光附件由激光目镜、光导管、氦氖激光器和激光光源组成。

激光经纬仪使用时是将仪器安置在地面控制点上，严格对中、整平，接通电源，即可发出激光，在楼板的预留孔上放一激光接收靶，看到激光后通过对讲机指挥仪器操作员调节激光光斑大小，旋转经纬仪一周，取光斑轨迹的中心即可。

另外，用经纬仪或全站仪加上弯管目镜亦可进行内投法投测。

3. 高程传递

在建筑物施工中，要由下层梯板向上层传递高程，以便使楼板、门窗口、室内装修等工程的高程符合设计要求。高程传递一般可采用以下几种方法进行：

（1）利用钢尺直接丈量。在高程精度要求较高时，可用钢尺沿某一墙角自±0起向上直接丈量，把高程传递上去。然后根据由下面传递上来的高程，作为该层墙身砌筑和安装门窗、过梁及室内装修、地坪抹灰时掌握高程的依据。

（2）吊钢尺法。在楼梯间悬吊钢尺（钢尺零点朝下），用水准仪读数，把下层高程传到上层。如图12－13所示，二层楼面的高程 H_2 可根据一层楼面高程 H_1 计算求得：

$$H_2 = H_1 + a + (c - b) - d \tag{12-8}$$

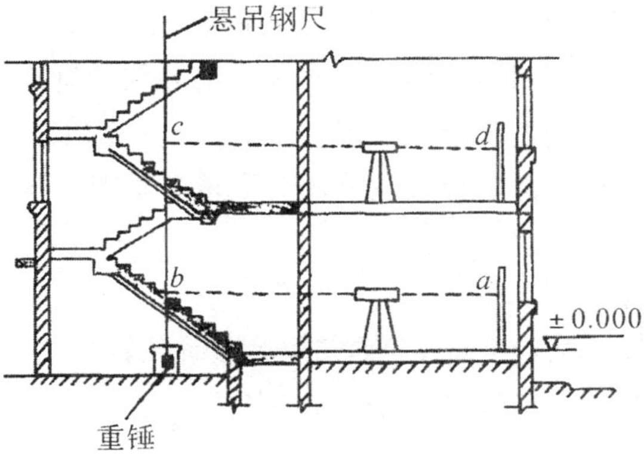

图 12－13　吊钢尺法传递高程

（3）普通水准测量法。使用水准仪和水准尺，按普通水准测量方法沿楼梯间也可将高程传递到各层楼面。

12.4 工业厂房施工测量

12.4.1 工业厂房柱列轴线的测设

厂房柱列轴线的测设工作是在厂房控制网的基础上进行的。

如图 12－14 所示，P、Q、R、S 是厂房矩形控制网的四个控制点，A、B、C 和①、②、…、⑨等轴线均为柱列轴线，其中定位轴线 B 轴和⑤轴为主轴线。柱列轴线的测设可根据柱间距和跨间距用钢尺沿矩形网四边量出各轴线控制桩的位置，并打入大木桩，钉上小钉，作为测设基坑和施工安装的依据。为此，要先设计厂房控制网角点和主要轴线的坐标，根据建筑场地的控制测设这些点位，然后按照厂房跨距和柱列间距定出柱列轴线。测设后，检查轴线间距，其误差不得超过 1/2000。

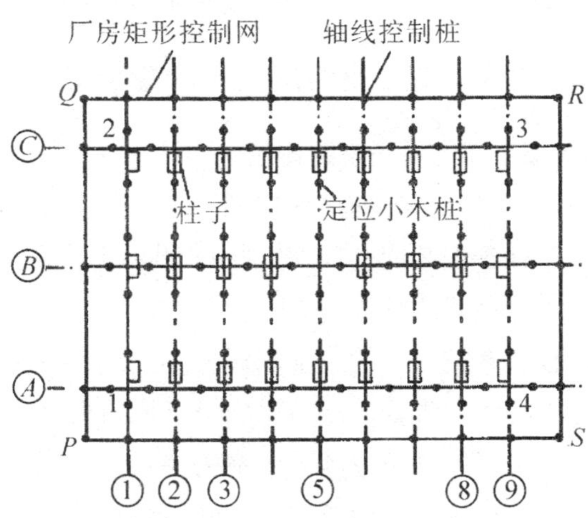

图 12－14　柱列轴线与柱基的测设

最后，依据中心轴线用石灰在地面上撒出基槽开挖边线。由于施工时中心桩会被挖掉，因此，一般在基槽外各轴线的延长线上测设轴线（一般距 1.0～1.5m）的引桩，作为开挖后各施工阶段各主轴线定位的依据。

12.4.2 工业厂房柱基施工测量

1. 柱基的测设

柱基测设就是根据基础平面图和基础大样图的有关尺寸，把基坑开挖的边线用白灰标示出来以便开挖。为此，安置两台经纬仪在相应的轴线控制桩（如图 12－14 中的 A、B、C 和①、②等点）上交出各柱基的位置（即定位轴线的交点）。

在进行柱基测设时，应注意定位轴线不一定都是基础中心线，有时一个厂房的柱基类型不一，尺寸各异，放样时应特别注意。

2. 基坑的高程测设

当基坑挖到一定深度时，应在坑壁四周离坑底设计高程 0.3～0.5m 处设置几个水平桩，参看图 12－10，作为基坑修坡和清底的高程依据。此外还应在基坑内测设出垫层的高程，即在坑底设置小木桩，使桩顶面恰好等于垫层的设计高程。

3. 基础模板的定位

打好垫层以后，根据坑边定位小木桩，用拉线的方法，吊垂球把柱基定位线投到垫层上，用墨斗弹出墨线，用红漆画出标记，作为柱基立模板和布置基础钢筋网的依据。立模时，将模板底线对准垫层上的定位线，并用垂球检查模板是否竖直。最后将柱基顶面设计高程测设在模板内壁。拆模后，用经纬仪根据控制桩在杯口面上定出柱中心线（图 12－15），再用水准仪在杯口内壁定出 ±0 标高线，并画出“▼”标志，以此线控制杯底标高。

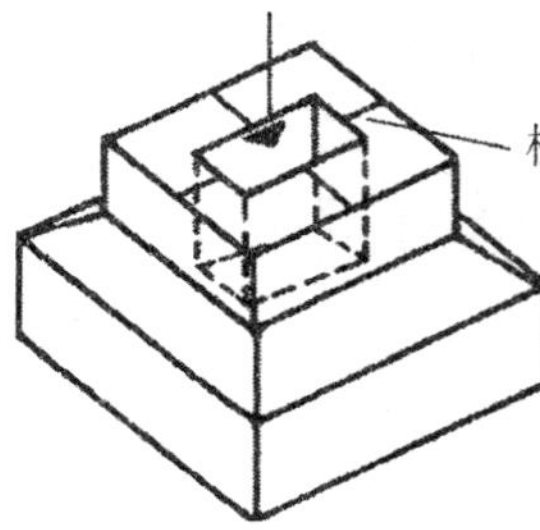

图 12－15　杯形基础

12.4.3 工业厂房构件的安装测量

1. 厂房柱子安装测量

1）柱子安装前的准备工作

柱子安装前，应对基础中心线及其间距、基础顶面和杯底标高等进行复核，再把每根柱子按轴线位置进行编号，并检查各尺寸是否满足图纸设计要求，检查无误后才可弹以墨线。在柱子上的三个侧面，弹上柱子中心线，并根据牛腿面设计高程，用钢尺量出柱下口水平线的位置。然后用柱子上弹的高程线与杯口内的高程线比较，以确定每一杯口内的抄平层厚度。过高时应凿去一层，用水泥砂浆抹平，过低时用细石混凝土补平。最后再用水准仪进行检查，其容许误差为 ±3mm。

2）柱子安装测量

柱子安装的要求是保证其平面和高程位置符合设计要求，柱身铅直。预制的钢筋混凝土柱子插入杯形基础的杯口后，应使柱子三面的中心线与杯口中心线对齐吻合，用木楔或钢楔作临时固定，如有偏差可用锤敲打楔子拨正，其容许偏差小于 $H/1000$（其中：H

为柱长,单位:米)。然后用两台经纬仪安置在约 1.5 倍柱高距离的纵、横两条轴线附近,同时进行柱身的竖直校正(图 12－16)。

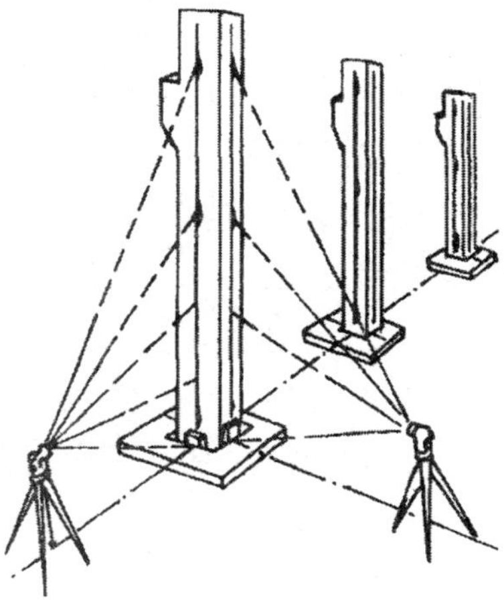

图 12－16　柱子的竖直校正

经过严格检验校正的经纬仪在整平后,其视准轴上、下转动成一竖直面。据此,可用经纬仪作柱子竖直校正,先用纵丝瞄准柱子根部的中心线,制动照准部,缓缓抬高望远镜,观察柱子中心线偏离纵丝的方向,指挥用钢丝绳拉直柱子,直至从两台经纬仪中观测到的柱子中心线从下而上都与十字丝纵丝重合为止。然后在杯口与柱子的隙缝中浇入混凝土,以固定柱子的位置。

3）校正柱子时应注意的两个问题

(1)在施工现场进行柱子校正测量时,由于施工现场障碍物多,或因柱子间距短,仪器无法仰视,故往往将仪器偏离柱中心线一边来进行校正较为方便。但这种做法只能在柱子上下中心点在同一垂直面上时应用,如果柱子上下中心点不在同一垂直面上,就不能用此法。

(2)吊装和校正柱子都是露天作业,受到风吹日晒的影响。如某工程项目曾发生一列柱子校正后隔了一天全部发生偏斜,超过了允许误差范围的情况,查找原因,发现在夏天柱子一直受阳光曝晒,使朝阳面和背阳面温差过大所至。这种情况是由于发生在焊接过程中,吊车梁、房架等都还没有完全安装就位、焊接好而发生的。

2．吊车梁安装测量

吊车梁的安装测量主要是保证吊车梁中线位置和梁的标高满足设计要求。

1）吊车梁安装时的高程测量

吊车梁顶面的标高应符合设计要求。用水准仪根据水准点检查柱子上所画 ±0.000 标志的高程,其误差不得超过 ±5mm。如果误差超限,则以检查结果作为修平牛腿面或加垫块的依据。并改正原 ±0.000 高程位置,重新画出该标志。

2）吊车梁安装时的中线测量

根据厂房控制网的控制桩或杯口柱列中心线,按设计数据在地面上定出吊车梁中心线的两端点(图 12－17 中 A 、A' 和 B 、B'),打大木桩标志。然后用经纬仪将吊车梁中心线投测到每个柱子的牛腿面的侧边上,并弹以墨线,投点容许误差为 ±3mm,投点时如果与有些柱子的牛腿不通视,可以从牛腿面向下吊垂球的方法解决中心线的投点问题。吊装时,应使吊车梁中心线与牛腿上中心线对齐。

3．吊车轨道安装测量

吊车轨道安装测量的目的是保证轨道中心线、轨顶标高均符合设计要求。

1)在吊车梁上测设轨道中心线

当吊车梁安装以后,再用经纬仪从地面把吊车梁中心线(亦即吊车轨道中心线)投到吊车梁顶上，如果与原来画的梁顶几何中心线不一致，则按新投的点用墨线重新弹出吊车轨道中心线作为安装轨道的依据。

由于安置在地面中心线上的经纬仪不可能与吊车梁顶面通视，因此一般采用中心线平移法，如图 12-17 所示，在地面平行于 AA' 轴线、间距为 1m 处测设 EE' 轴线。然后安置经纬仪于 E 点，瞄准 E' 点进行定向。抬高望远镜，使从吊车梁顶面伸出的长度为 1m 的直尺端正好与纵丝相切，则直尺的另一端即为吊车轨道中心线上的点。

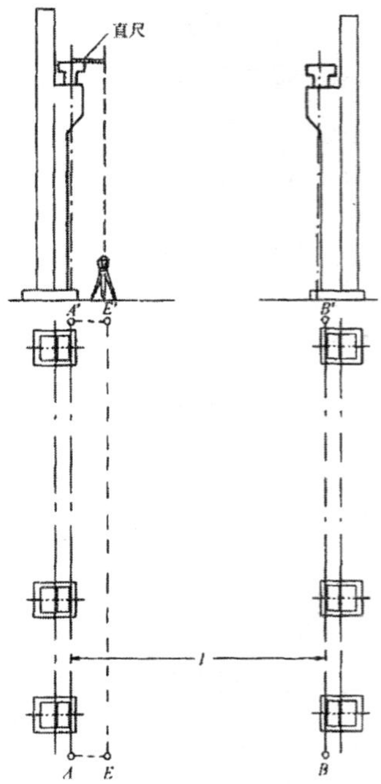

图 12-17　吊车梁及轨道安装测量

然后用钢尺检查同跨两中心线之间的跨距 l，与其设计跨距之差不得大于 10mm。经过调整后用经纬仪将中心线方向投到特设的角钢或屋架下弦上，作为安装时用经纬仪校直轨道中心线的依据。

2）吊车轨道安装时的高程测量

在轨道安装前，要用水准仪检查梁顶的高程。每隔 3m 在放置轨道垫块处测一点，以测得结果与设计数据之差作为加垫块或抹灰的依据。在安装轨道垫块时，应重新测出垫块高程，使其符合设计要求，以便安装轨道。梁面垫块高程的测量容许误差为 ±2mm。

3）吊车轨道检查测量

轨道安装完毕后，应全面进行一次轨道中心线、跨距及轨道高程的检查，以保证能安全架设和使用吊车。

12.5 建筑物的变形观测

为保证工程建筑物在施工、使用和运行中的安全，以及为建筑设计积累资料，通常需要对工程建筑物及其周边环境的稳定性进行观测，这种观测称之为建筑物的变形观测。变形观测的主要内容包括沉降观测、倾斜观测、位移观测和裂缝观测等。

12.5.1 沉降观测

1. 水准点和沉降观测点的设置

作为建筑物沉降观测的水准点一定要有足够的稳定性，同时为了保证水准点高程的正确性和便于相互检核，水准点一般不得少于三个，并选择其中一个最稳定的点作为水准基点。水准点必须设置在受压、受震的范围以外，冰冻地区水准点应埋设在冻土深度线以下 0.5m。水准点和观测点之间的距离应适中，相距太远会影响观测精度，相距太近又会影响水准点的稳定性，从而影响观测结果的可靠性，通常水准点和观测点之间的距离以 60 ~ 100m 为宜。

进行沉降观测的建筑物、构筑物上应埋设沉降观测点。观测点的数量和位置,应能全面反映建筑物、构筑物的沉降情况。一般观测点是均匀设置的,但在荷载有变化的部位、平面形状改变处、沉降缝的两侧、具有代表性的支柱和基础上、地质条件改变处等,应加设足够的观测点。沉降观测点的埋设可参看图 12 - 18。

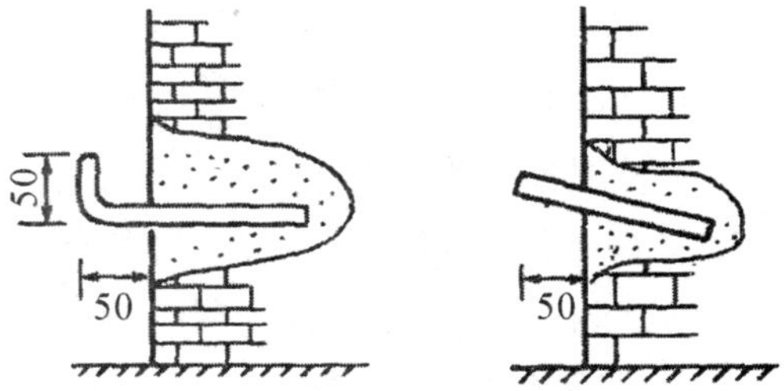

(a) ϕ20螺纹钢筋 (b) 角钢

图 12 - 18 沉降观测点埋设

2. 沉降观测的一般规定

(1) 观测周期。一般待观测点埋设稳固后,且在建(构)筑物主体开工前,即进行第一次观测。在建筑物主体施工过程中,一般为每盖 1 ~ 2 层观测一次;大楼封顶或竣工后,一般每月观测一次,如果沉降速度减缓,可改为 2 ~ 3 个月观测一次,直到沉降量 100d 不超过 1mm 时,观测才可停止。

(2) 观测方法和仪器要求。对于多层建筑物的沉降观测,可采用 S_3 水准仪用普通水准测量方法进行。对于高层建筑物的沉降观测,则应采用 S_1 精密水准仪,用二等水准测量方法进行。为了保证水准测量的精度,观测时视线长度一般不得超过 50m,前、后视距离要尽量相等。

(3) 沉降观测的工作要求。沉降观测是一项较长期的连续观测工作,为了保证观测成果的正确性,应尽可能做到"三固定":①固定观测人员;②固定的仪器;③按规定的日期、方法及既定的路线、测站进行观测。

3. 沉降观测的成果整理

每次观测结束后,应检查记录中的数据和计算是否准确,精度是否合格,然后把各次观测点的高程,列入成果表中,并计算两次观测之间的沉降量和累计沉降量,同时也要注明观测日期和荷载情况,为了更清楚地表示沉降、荷重、时间三者的关系,还要画出各观测点的沉降、荷重、时间关系曲线图(图 12 - 19)。

4. 沉降观测中常遇到的问题及其处理

1) 曲线在首次观测后即发生回升现象

在第二次观测时即发现曲线上升,至第三次后,曲线又逐渐下降。发生此种现象,一般都是由于首次观测成果存在较大误差所引起的。此时,应将第一次观测成果作废,而采用第二次观测成果作为首测成果。

2) 曲线在中间某点突然回升

发生此种现象的原因,多是因为水准基点或沉降观测点被碰所致,如水准基点被压低,或沉降观测点被撬高,此时,应仔细检查水准基点和沉降观测点的外形有无损伤。若众多沉降观测点出现此种现象,则水准基点被压低的可能性很大,此时可改用其他水准点作为水准基点来继续观测,并再埋设新水准点,以保证水准点个数不少于三个;若只有一个沉降观测点出现此种现象，则多是该点被撬高；若观测点被撬后已活动，则需另行埋设新点，若点位尚牢固，则可继续使用，对于该点的沉降量计算，则应进行合理处理。

3）曲线自某点起渐渐回升

此种现象一般是由于水准基点下沉所致。此时，应根据水准点之间的高差来判断出最稳定的水准点，以此作为新水准基点，将原来下沉的水准基点废除。另外，埋在裙楼上的沉降观测点，由于受主楼的影响，有可能会出现属于正常的渐渐回升现象。

4）曲线的波浪起伏现象

曲线在后期呈现微小波浪起伏现象，其原因是测量误差所造成的。曲线在前期波浪起伏之所以不突出，是因为下沉量大于测量误差的原因；但到后期，由于建筑物下沉极微或已接近稳定，因此在曲线上就出现测量误差比较突出的现象。此时，可将波浪曲线改成水平线，并适当地延长观测的间隔时间。

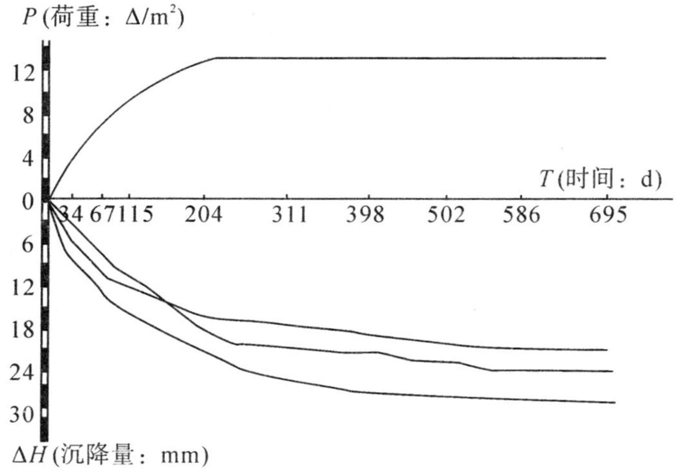

图 12－19　沉降曲线图

12.5.2 位移观测

位移观测是测定建筑物（基础以上部分）在平面上随时间而移动的大小及方向。位移观测首先要在建筑物旁埋设测量控制点，再在建筑物上设置位移观测点。

1．角度前方交会法

对于位移观测点离控制点较远或量距较困难的场合可以利用前方交会法对观测点进行角度观测，计算观测点的坐标，由两期之间的坐标差计算该点的位移大小及方向。

2．基准线法

有些建筑物只要求测定某特定方向上的位移量，如大坝在水压力方向上的位移量，这种情况可采用基准线法进行水平位移观测。观测时，先在位移方向的垂直方向上建立一条基准线，如图 12－20 所示，A 、B 为控制点，P 为观

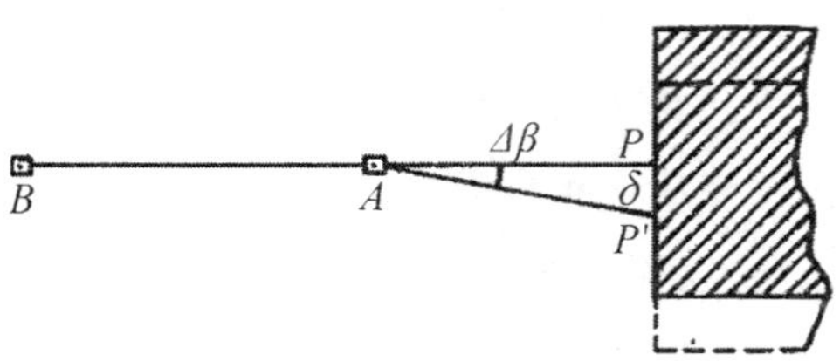

图 12－20　基准线法观测水平位移

测点，只要定期测量出观测点 P 与基准线 AB 的角度变化值 $\Delta\beta$（$\Delta\beta = \beta' - \beta$），其位移量可按式（12－9）计算：

$$\delta = D_{AP} \cdot \frac{\Delta\beta''}{\rho''} \tag{12-9}$$

式中，D_{AP} 为 A、P 两点间水平距离。

12.5.3 倾斜观测

建筑物产生倾斜的原因主要有地基承载力不均匀，建筑物体型复杂，形成不同荷载；施工未达到设计要求，承载力不够；受外力作用（例如风荷、地下水抽取、地震等）。建筑物倾斜观测是利用水准仪、经纬仪、垂球或其他专用仪器来测量建筑物的倾斜度 α。

1. 水准仪观测法

建筑物的倾斜观测可采用精密水准测量的方法，如图 12－21 所示，定期测出基础两端点的不均匀沉降量 Δh，再根据两点间的距离 L，即可算出基础的倾斜度 α：

$$\alpha = \frac{\Delta h}{L} \tag{12-10}$$

如果知道建筑物的高度 H，则可推算出建筑物顶部的倾斜位移值 δ：

$$\delta = \alpha \cdot H = \frac{\Delta h}{L} \cdot H \tag{12-11}$$

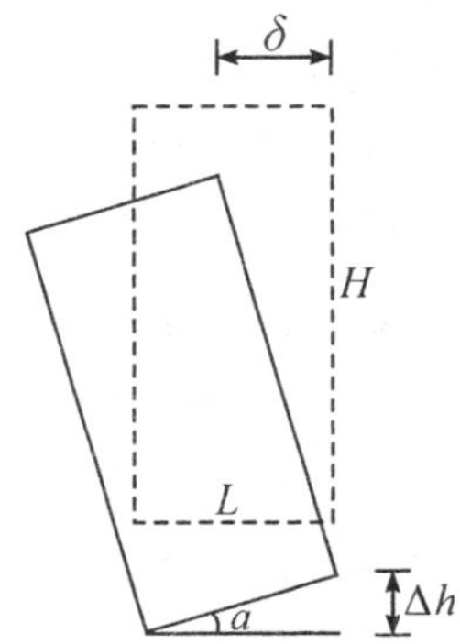

图 12－21 基础倾斜观测

2. 经纬仪观测法

利用经纬仪测量出建筑物顶部的倾斜位移值 δ，再根据式（12－11）可计算出建筑物的倾斜度 α：

$$\alpha = \delta / H \tag{12-12}$$

此法为利用经纬仪投影法测量建筑物顶部的倾斜位移值 δ，如图 12－22 所示，用两架经纬仪交会投点的方法，将建筑物向外倾斜的一个上部角点投影至平地，量取与下面角点的倾斜位移值 δ。

3. 悬挂垂球法

此法是测量建筑物上部倾斜的最简单方法，适合于内部有垂直通道的建筑物。从上部挂下垂球，根据上、下在同一位置上的点，直接测定倾斜位移值 δ。再根据公式（12－12）计算倾斜度 α。

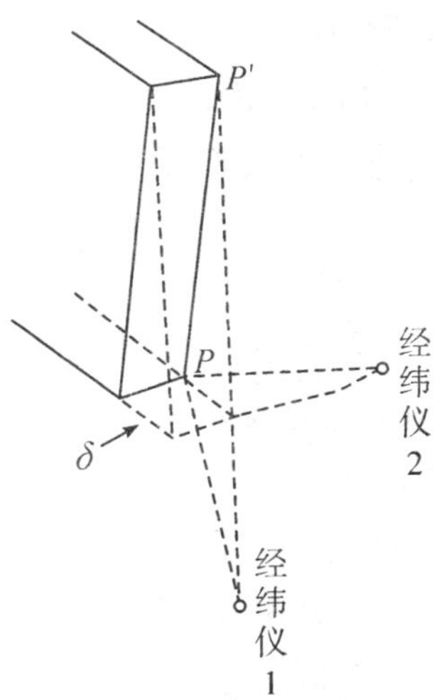

图 12－22 经纬仪投影法观测倾斜

12.5.4 裂缝观测

一旦发现建筑物有裂缝，除了要增加沉降观测的次数外，应立即进行裂缝变化的观测。为了观测裂缝的发展情况，要在裂缝处设置观测标志。如图 12－23 所示，将长约

100mm，直径约 10 mm 左右的钢筋头插入，并使其露出墙外约 20 mm 左右，用水泥砂浆填灌牢固。两钢筋头标志间距离不得小于 150 mm。待水泥砂浆凝固后，用游标卡尺量出两金属棒之间的距离，并记录下来。以后如裂缝继续发展，则金属棒的间距会不断增大。定期测量两棒的间距并进行比较，即可掌握裂缝发展情况。

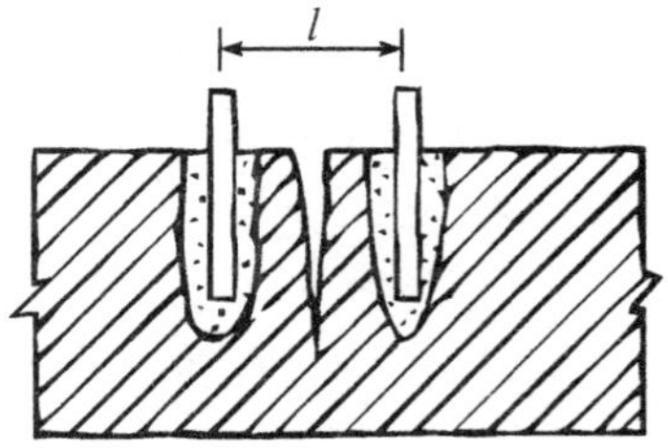

图 12－23　裂缝观测

12.5.5 基坑支护工程监测

高层建筑物大都设有地下室，施工时会出现深基坑工程。从地表开挖基坑的最简单办法是放坡大开挖，既经济又方便。在城市，由于施工场地狭窄，不可能采用放坡开挖施工，而常采用深基坑支护措施，其目的是保证在挖土时边壁的稳定。基坑支护结构的变形以及基坑对周围建筑物的影响，目前尚不能根据理论计算准确地得到定量的结果，因此，对基坑支护工程的现场监测就显得十分必要。现场监测所取得的数据，与预测值相比较，能可靠地反映工程施工所造成的影响，能较准确地以量的形式反映这种影响的程度。现场监测数据还能为基坑施工及周围环境保护的技术决策和采取应变措施提供有效的依据。基坑支护工程的沉降监测同“建筑物的沉降观测”部分，这里仅介绍基坑支护工程水平位移监测方法。

1）视准线法

结合到施工工地的特点，对支护工程多采用视准线法。

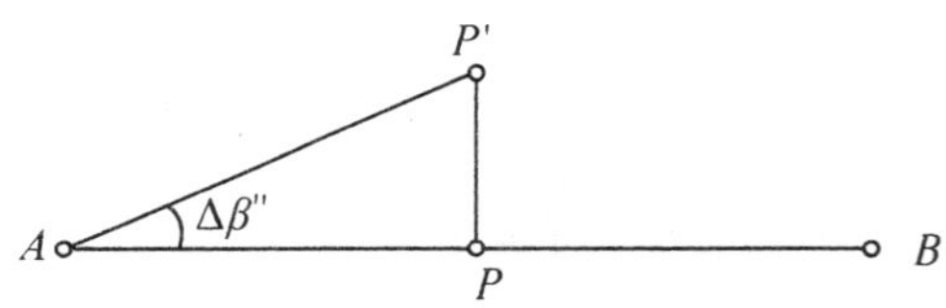

图 12－24　视准线法测定水平位移

如图 12－24 所示，建立一条基线 AB，利用精密经纬仪测定小角 $\Delta\beta''$，从而可计算出 P 点的水平位移值 Δ_P，即：

$$\Delta_P = \frac{\Delta\beta''}{\rho''}S \tag{12-13}$$

式中，S 是测站点 A 到观测点 P 之间的水平距离，$\rho'' = 206265$。

在视准线测小角法中，平距 S 只需丈量一次，在以后的各期观测中，可认为其值不变，因此，这种方法简便易行，在施工场地被广泛采用。但此法也有缺点，对于一般的长方形基坑需要布设四条基线进行观测。一方面，安置经纬仪的次数多，会大大降低工作效率；另一方面，在城市市区工地施工现场，要想布设四条基线比较困难。

2）全站仪监测法

（1）观测原理。对任何形状的基坑现场，用全站仪来监测只需建立一条基准线 AB（图 12－25），其测量原理：对某测点 i，利用全站仪同时测定水平角 β_i 和水平距离 D_i，则可利用观测值（β_i, D_i）来计算出该点的施工坐标值（x_i, y_i），即：

$$\begin{aligned} x_i &= x_A + D_i\cos(\alpha_{AB} + \beta_i) \\ y_i &= y_A + D_i\sin(\alpha_{AB} + \beta_i) \end{aligned} \tag{12-14}$$

式中，x_i,y_i 为基准点 A 的施工坐标值；α_{AB} 为基准线 AB 的方位角。两期结果之差（Δx_i，Δy_i）即是该期间内 i 点的水平位移，其中 Δx_i 为南北轴线方向的位移值，Δy_i 为东西轴线方向的位移值。

（2）注意事项。

①基准点 A 最好做成带有强制对中装置的观测墩，这样可以消除对中误差，同时提高了工作效率，而且在繁杂的工地上也易于得到保护。

②基准方向至少选两个，如 B 和 C，每次观测时可以检查基准线 AB 与 AC 间夹角 β，以便间接检查 A 点的稳定性；另外，B 点和 C 点应选取尽可能远离基坑的建筑物上的明显标志点。

③观测点应做在圈梁上，应稳固且尽可能明显；如用水泥把小直径钢筋（头部刻划十字）埋在圈梁上，这样可提高水平角 β_i 和平距 D_i 的测量精度，从而提高成果质量。

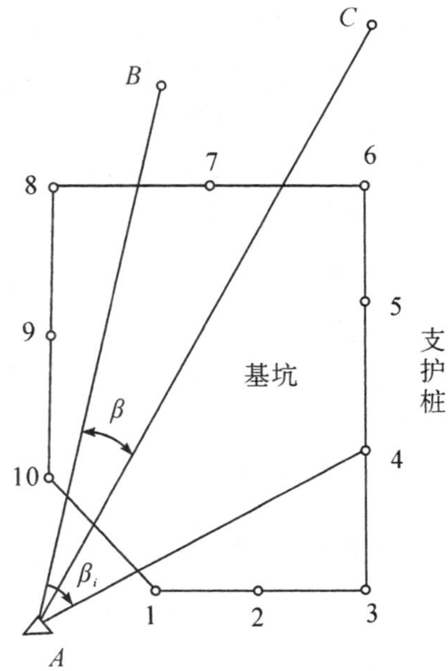

图 12－25　用全站仪观测水平位移

④监测成果应及时反馈，与建设单位、监理单位、施工单位及时沟通，及时解决施工中出现的问题。

12.6 竣工总平面图的编绘

12.6.1 编绘竣工总平面图的意义

竣工总平面图是设计总平面图在施工结束后实际情况的全面反映。设计总平面图与竣工总平面图一般不会完全一致，如在施工过程中可能由于设计时没有考虑到的问题而使设计有所变更，这种临时变更设计的情况必须通过测量反映到竣工总平面图上，因此，施工结束后应及时编绘竣工总平面图，其目的在于：

（1）它是对建筑物竣工成果和质量的验收测量；

（2）便于日后进行各种设施的维修工作，特别是地下管道等隐蔽工程的检查和维修工作；

（3）为企业的扩建提供了原有各项建筑物、地上和地下各种管线及测量控制点的坐标、高程等资料。

编绘竣工总平面图，需要在施工过程中收集一切有关的资料，并对资料加以整理，然后及时进行编绘。为此，在建筑物开始施工时应有所考虑和安排。

12.6.2 竣工总平面图的编绘

在建筑物施工过程中，在每一个单位工程完成后，应该进行竣工测量，并提出该工程的竣工测量成果。对凡有竣工测量资料的工程，若竣工测量成果与设计值之比相差不超过所规定的定位容许误差时，按设计值编绘；否则应按竣工测量资料编绘。对于各种地上、地下管线，应用各种不同颜色的墨线绘出其中心位置，注明转折点及井位的坐标、高程及有关注记。在一般没有设计变更的情况下，墨线绘的竣工位置与按设计原图用铅笔绘的设计位置应该重合。随着施工的进展，逐渐在底图上将铅笔线都绘成墨线。在图上按坐标展绘工程竣工位置时，和在图底上展绘控制点的要求一样，均以坐标格网为依据进行展绘，展点对临近的方格而言，其容许误差为 ±0.3 mm。

另外，建筑物的竣工位置应到实地去测量，如根据控制点采用极坐标法或直角坐标法实测其坐标。外业实测时，必须在现场绘出草图，最后根据实测成果和草图，在室内进行展绘，便成为完整的竣工总平面图。

12.6.3 竣工总平面图的附件

为了全面反映竣工成果，便于管理、维修和日后的扩建或改建，下列与竣工总平面图有关的一切资料，应分类装订成册，作为竣工总平面图的附件保存：

（1）建筑场地及其附近的测量控制点布置图及坐标与高程一览表；

（2）建筑物或构筑物沉降及变形观测资料；

（3）地下管线竣工纵断面图；

（4）工程定位、检查及竣工测量的资料；

（5）设计变更文件；

（6）建设场地原始地形图等。

习题 12

1. 如何根据建筑方格网进行建筑物的定位放线？为什么要设置轴线桩？

2. 建筑基线及矩形控制网如何测设？如图 12－26 所示，测得 $\beta=180°00'42''$。设计 $a=160.000\text{m}$，$b=100.000\text{m}$，试按三种调整方法分别求 A'、O'、B' 三点的调整移动量。

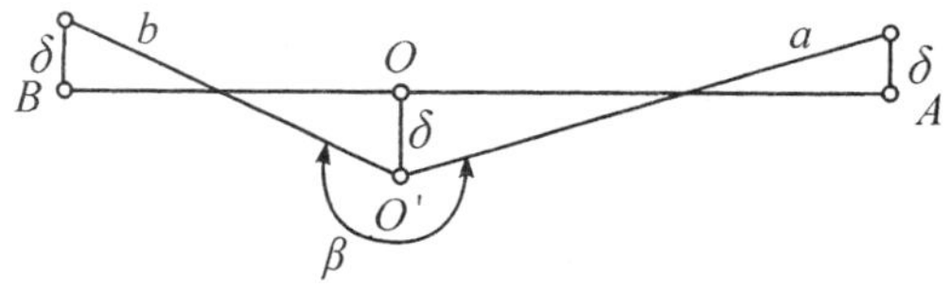

图 12－26　建筑基线调整

3. 对柱子安装测量有何要求？如何进行校正？

4. 如何控制吊车梁安装时的中心线位置和高程？

5. 建筑施工测量中的主要问题是什么？目前常用哪些方法？

6. 建筑施工中如何由下层楼板向上层传递高程？

7. 简述建筑物沉降观测的目的和方法。

8. 为什么要编绘竣工总平面图？竣工总平面图包括哪些内容？

第 13 章　道路与桥梁施工测量

13.1 概　述

道路工程测量包括路线勘测设计测量和道路施工测量两个部分。

路线勘测设计测量，分为初测和定测两项工作。初测工作的任务：沿路线指定的范围内布设导线，测量线路各方案的带状地形图和纵断面图，收集沿线水文、地质等有关资料，为图纸上定线、编制比较方案等初步设计提供依据。定测工作的任务：在选定方案的路线上进行中线测量、纵断面测量、横断面测量以及局部地区的大比例尺地形图测绘等，为路线纵坡设计、工程量计算等道路技术设计提供详细的测量资料。

道路施工测量的主要内容：恢复中线、测设路基边桩和施工控制桩，测设竖曲线等，以作为施工的依据。由于勘测设计测量到施工测量要经过较长时间，部分桩点可能丢失或移动，故施工前应根据原来定线条件复核，恢复和校正好桩点，其方法同中线测量。工程结束后，还应进行竣工测量，以检查工程是否符合设计要求，并为道路竣工后的使用、养护提供必要的资料。

桥梁施工测量的主要内容包括施工控制测量、墩台中心定位、墩台基础及其顶部放样、桥梁上部结构测设、竣工测量和桥梁墩台的沉降位移观测等。

13.2 道路中线测量

道路中线测量就是将初步设计的道路中心线测设到实地上，作为测绘地形图和纵、横断面图的基础，以及施工放样的依据。道路中心线的平面线型，一般由直线和曲线组成（图 13－1），曲线常由圆曲线和缓和曲线组成。中线测量包括：测设中线各交点（JD）和转点（ZD）、量距和钉桩、测量路线各偏角（α）、测设圆曲线等。

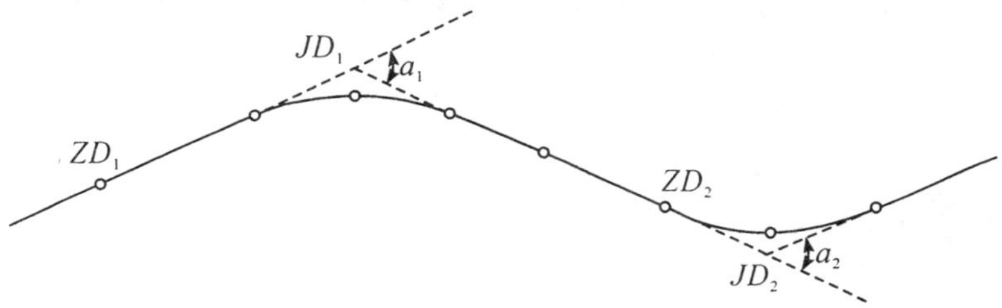

图 13－1　道路平面线型

13.2.1 交点和转点的测设

线路上两相邻直线方向的相交点称为交点，也叫转向点，如图 13－1 中的 JD 点。在实地测设出路线的交点后，就可定出两交点间直线线路中心线的位置，所以交点（包括起点和终点）是详细测设中线的控制点。一般先在初测的带状地形图上进行纸上定线，然后再实地标定交点位置。

定线测量中，当相邻两交点互不通视或直线较长时，需要测定转点（ZD），以便在交点测量转折角和直线量距时作为照准和定线的目标。直线上一般每隔 300m 设一转点，另外在路线和其他道路交叉处，以及路线上需设置桥、涵等构筑物处也要设置转点。

1. 交点的测设

1）根据与地物的关系测设交点

如图 13－2 所示，JD_1 的位置已在地形图上选定，可先在图上量出 JD_1 到两房角和电杆的距离，在现场根据相应的地物，用距离交会法测设出 JD_1 。

2）根据导线点和交点的设计坐标测设交点

根据已知导线点坐标和交点坐标反算出有关测设数据，按极坐标法、角度交会法或距离交会法测设交点。如图 13－3 所示，根据导线点 A、B 和交点 JD_2 三点的坐标，计算出坐标方位角 α_{BA} 、α_{BJD_2} 和 B 点到 JD_2 点的距离 D，根据 $\beta = \alpha_{BJD_2} - \alpha_{BA}$ 和 D 值，按极坐标法测设 JD_2 。

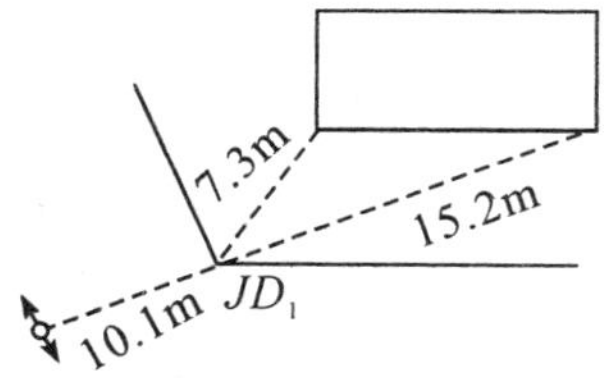

图 13－2　根据地物测设交点

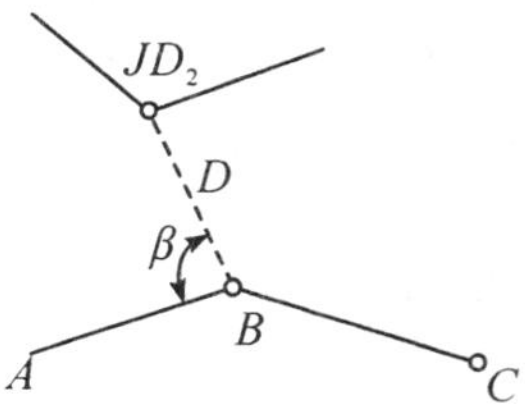

图 13－3　按坐标测设交点

2. 转点的测设

当两交点相距较远但尚能通视或已有转点需加密时，可采用经纬仪直接定线或经纬仪正倒镜分中法测设转点；当相邻两交点互不通视时，可用下述方法测设转点。

1）两交点间设转点

如图 13－4 所示，JD_4 、JD_5 为相邻而互不通视的两个交点，首先在 JD_4 与 JD_5 之间初步设定一转点 ZD' ，然后将经纬仪置于 ZD' ，用正倒镜分中法延长直线 $JD_4 - ZD'$ 至 JD_5' 。量出 JD_5' 与 JD_5 的偏差为 f ，用视距法测量 ZD' 至 JD_4 、JD_5 的距离为 a 、b ，则 ZD' 应横向移动的距离 e 可按下式计算：

$$e = \frac{a}{a + b}f \tag{13-1}$$

将 ZD' 按 e 值移至 ZD 。

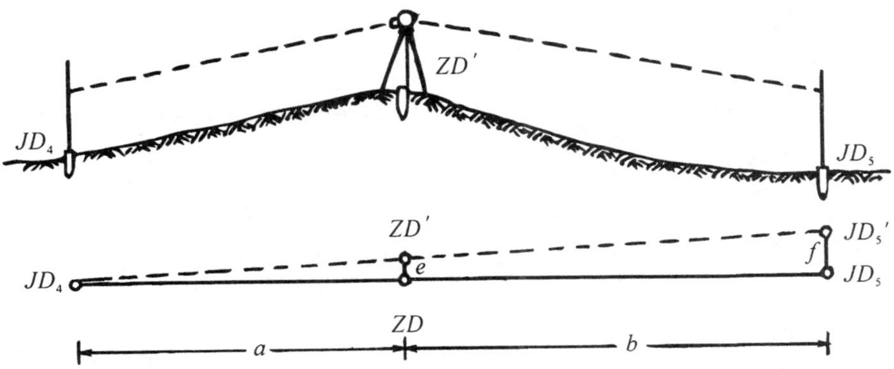

图 13－4　两交点间设转点

2）延长线上设转点

如图 13－5 所示，JD_7、JD_8 互不通视，可在其延长线上初定转点 ZD'。将经纬仪置于 ZD'，用正倒镜照准 JD_7，并以相同竖盘位置俯视 JD_8，在 JD_8 点附近得两点后取其中点得 JD_8'。若 JD_8' 与 JD_8 重合或偏差值 f 在容许范围之内，即可将 ZD' 作为转点。否则应重设转点，量出 f 值，测出距离 a、b，则 ZD' 应横向移动的距离 e 可按下式计算：

$$e = \frac{a}{a-b}f \qquad (13-2)$$

将 ZD' 按 e 值移至 ZD。

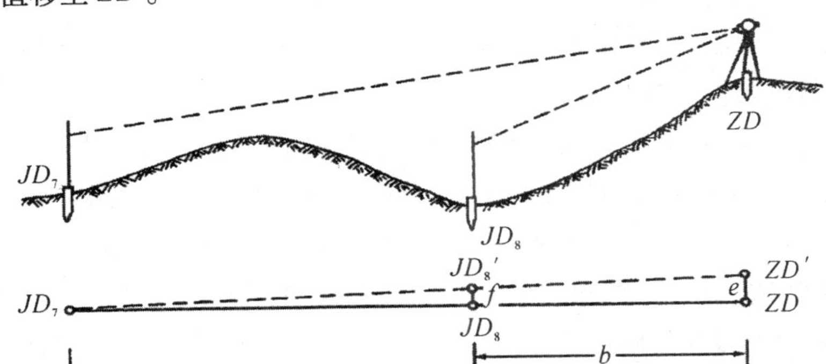

图 13－5　延长线上设转点

13.2.2 路线转角的测定

转角又称偏角，是路线由一个方向偏转至另一方向时，偏转后的方向与原方向间的水平夹角，常用 α 表示（图 13－6）。偏角有左右之分，偏转后方向位于原方向左侧的，称左偏角 $\alpha_{左}$，位于原方向右侧的称右偏角 $\alpha_{右}$。在路线测量中，通常是观测路线前进方向的右转折角 β，再按下式计算偏角：

$$\begin{aligned} \alpha_{右} &= 180° - \beta \\ \alpha_{左} &= \beta - 180° \end{aligned} \qquad (13-3)$$

右转折角的观测通常用精度不低于 J_6 型经纬仪以测回法观测一测回，两半测回角度之差的不符值视公路等级而定，一般不应超过 ±40″。

根据曲线测设的要求，在右角测定后，要求在不变动水平度盘位置的情况下，定出 β 角的分角线方向 $JD-C$（图 13－7），并钉桩标志，以便测设曲线的中点。设测角时，后视方向的水平度盘读数为 a，前视方向的读数为 b，分角线方向的水平度盘读数为 c。由于 $\beta = a - b$，则

$$c = b + \beta/2 \quad 或 \quad c = (a + b)/2 \tag{13-4}$$

在角度观测后，还须用测定相邻交点间的距离，以供中桩量距人员检核之用。

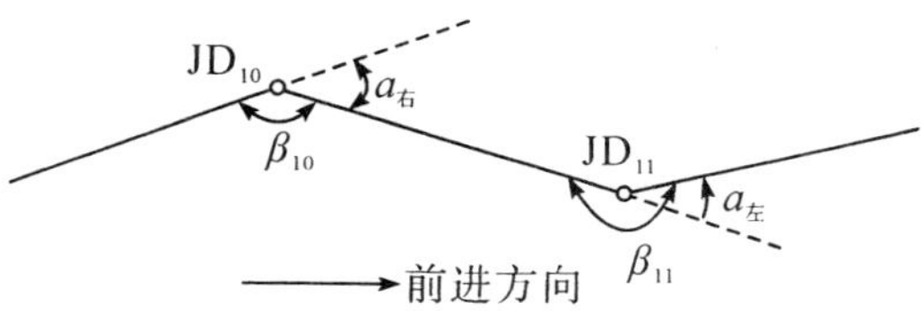

图 13－6　路线转角与偏角

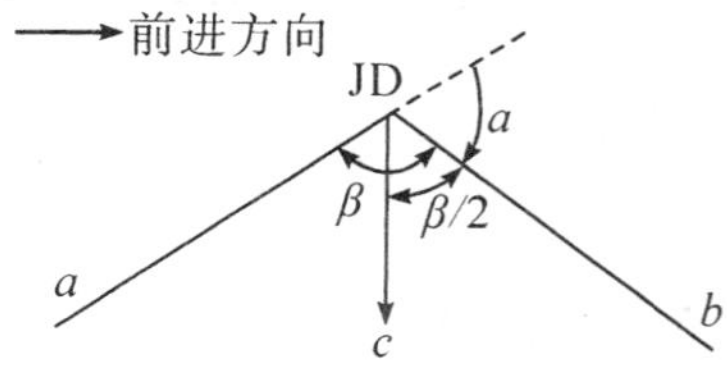

图 13－7　定分角线方向

13.2.3 里程桩的设置

里程桩的设置可以标定路线中线的位置和长度，并作为施测路线纵横断面的依据。在路线交点、转点及转角测定之后，即可进行实地量距、设置里程桩、标定中线位置。里程桩的设置是在中线丈量的基础上进行的。丈量工具视道路等级而定，等级高的公路，宜用测距仪或钢尺；简易公路，可用皮尺或绳尺。里程桩分为整桩和加桩两种（图 13－8），每个桩的桩号表示该桩距路线起点的里程。如某加桩距路线起点的距离为 5146.70m，其桩号记为 K5＋146.70（K5 表示 5km，146.70 表示 146.70m）。

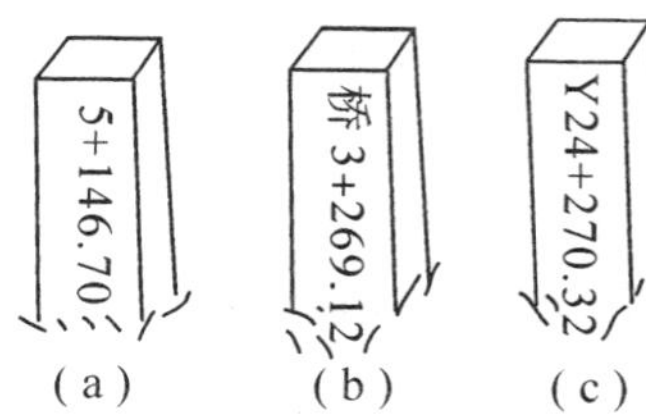

图 13－8　里程桩

整桩是由路线起点开始，每隔 10m、20m 或 50m 的整倍数设置的里程桩。加桩分为地形加桩、地物加桩、曲线加桩和关系加桩（图 13－8 中的（b）、（c））。地形加桩是指沿中线地面起伏变化、横向坡度变化处，以及天然河沟处所设置的里程桩；地物加桩是指沿中线有人工构筑物的地方，如桥梁、涵洞处，路线与其他公路、铁路、渠道、高压线等交叉处，拆迁建筑物处，以及土壤地质变化处加设的里程桩；曲线加桩是指曲线上设置的主点桩，如圆曲线起点（ZY）、圆曲线中点（QZ）、圆曲线终点（YZ），分别以汉语拼音缩写为代号（我国公路采用汉语拼音的缩写名称见表 13－1）；关系加桩是指路线上的转点（ZD）桩和交点（JD）桩。

钉桩时，对于交点桩、转点桩、曲线主点桩、重要地物加桩（如桥梁、隧道位置桩），均应打下断面为 6cm×6cm 的方桩，桩顶钉以中心钉，桩顶露出地面约 2cm，在其旁钉一个 2cm×6cm 的指示桩。交点的指示桩应钉在圆心和交点连线处约 20cm 处，字面朝向交点。曲线主点的指示桩字面朝向圆心。其余里程桩一般使用扁桩，一半露出地面，以便书写桩号，桩号要面向路线起点方向。

表 13－1　公路桩位汉语拼音缩写

标志名称	简称	汉语拼音缩写	英语缩写
交点	交点	*JD*	*IP*
转点	转点	*ZD*	*TP*
圆曲线起点	直圆点	*ZY*	*BC*
圆曲线中点	曲中点	*QZ*	*MC*
圆曲线终点	圆直点	*YZ*	*EC*
公切点	公切点	*GQ*	*CP*
第一缓和曲线起点	直缓点	*ZH*	*TS*
第一缓和曲线终点	缓圆点	*HY*	*SC*
第二缓和曲线起点	圆缓点	*YH*	*CS*
第二缓和曲线终点	缓直点	*HZ*	*ST*

如遇局部地段改线或分段测量，以及事后发现丈量或计算错误等，均会造成路线里程桩号不连续，称为断链。桩号重叠的叫长链，桩号间断的叫短链。发生断链时，应在测量成果和有关设计文件中注明，并在实地钉断链桩。断链桩不要设在曲线内或构筑物上，桩上应注明路线来向、去向的里程和应增减的长度。一般在等号前后分别注明来向、去向里程，如 2＋426.31＝2＋500.00，短链 73.69m。

13.3 圆曲线的测设

路线由一个方向转到另一个方向时，须用曲线加以连接。曲线的形式较多，圆曲线是最常用的一种平面曲线，圆曲线的半径 R 根据地形条件和工程要求选定。根据所测路线偏角 α，圆曲线的半径 R，计算圆曲线的测设数据。

圆曲线的测设分两步进行：先测设曲线主点，即曲线的起点（ZY）、中点（QZ）和终点（YZ），再依据主点按规定桩距测设曲线上各细部点（副点）。

13.3.1 圆曲线主点测设

1. 主点测设元素计算

如图 13－9 所示，设交点 JD 的偏角为 α（右偏角），曲线半径为 R，则曲线主点的测设元素切线长 T、曲线长 L 和外矢距 E 的计算公式如下：

切线长
$$T = R \cdot \tan \frac{\alpha}{2} \tag{13-5}$$

曲线长
$$L = R \cdot \alpha \cdot \frac{\pi}{180} \tag{13-6}$$

外矢距
$$E = R\left(\sec \frac{\alpha}{2} - 1\right) \tag{13-7}$$

切曲差
$$D = 2T - L \tag{13-8}$$

式中，偏角 α 以度（°）为单位，T、E 用于设置主点，T、L、D 用于计算里程。

2. 主点桩号计算

主点桩号是根据交点桩号推算出来，由图 13－9 可知：

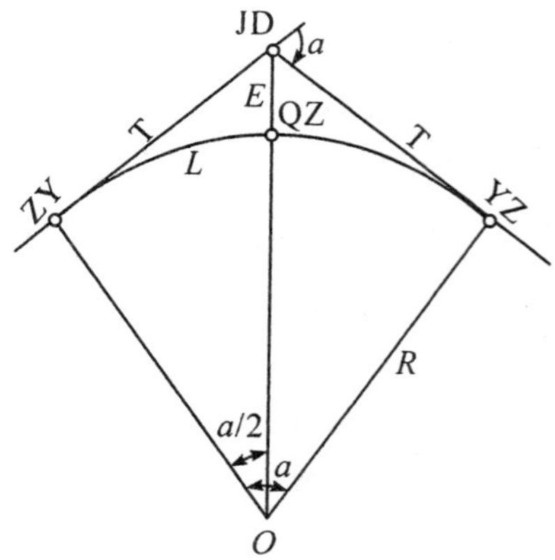

图 13－9　圆曲线元素

$$ZY\text{ 桩号} = JD\text{ 桩号} - T$$

$$QZ\text{ 桩号} = ZY\text{ 桩号} + \frac{L}{2}$$

$$YZ\text{ 桩号} = QZ\text{ 桩号} + \frac{L}{2}$$

为避免计算错误，应进行检核计算：

$$JD\text{ 桩号} = YZ\text{ 桩号} - T + D$$

［例 13－1］已知 JD 的桩号为 K2＋684.28，偏角 $\alpha = 34°36'$（右偏），设计圆曲线半径 $R = 150\text{m}$，求各测设元素及主点桩号。

［解］测设元素：

$$T = 150 \times \tan 17°18' = 46.720\ \text{m}$$

$$L = 150 \times 34°36' \times \pi \div 180° = 90.582\ \text{m}$$

$$E = 150 \times (\sec 17°18' - 1) = 7.107\ \text{m}$$

$$D = 2 \times 46.720 - 90.582 = 2.858\ \text{m}$$

主点桩号：

	JD	K2 ＋ 684.280	
－	T	46.720	
	ZY	K2 ＋ 637.560	
＋	$L/2$	45.291	
	QZ	K2 ＋ 682.851	
＋	$L/2$	45.291	
	YZ	K2 ＋ 728.142	
－	T	46.720	
＋	D	2.858	
	JD	K2 ＋ 684.280	（计算无误）

3. 主点的测设

1）测设曲线起点

安置经纬仪于 JD 点，照准起点方向上相邻的一个交点或转点，沿此方向测设切线长 T，得曲线起点的位置，打下起点桩 ZY。

2)测设曲线终点

经纬仪仍安置于 JD 点,将望远镜照准终点方向上相邻的一个交点或转点,沿此方向测设切线长 T ,得曲线终点,打下曲线终点桩 YZ 。

3)测设曲线中点

从 JD 点起沿分角线方向量取外矢距 E ,打下曲线中点桩 QZ 。

13.3.2 圆曲线的细部测设

当地形变化不大,且圆曲线的长度小于 40m 时,测设圆曲线的三个主点就能满足设计和施工的需要。如果地形变化大,或者圆曲线较长时,仅有三个主点不能确切地反映圆曲线的形状,就需要依据主点按照一定的桩距,在曲线上测设整桩和加桩,这项工作称为圆曲线细部点(副点)测设。按《公路勘测规范》的规定确定桩距的取值。

圆曲线细部点测设的方法,应结合现场地形情况、道路精度要求以及使用仪器情况合理选用,常用的方法有以下几种。

1.偏角法

偏角法测设圆曲线细部点是以曲线起点或终点至曲线上任一点 P_i 的弦线与切线 T 之间的弦切角 Δ_i(偏角)和弦长 c ,按极坐标法来确定 P_i 点的位置,如图 13-10 所示。

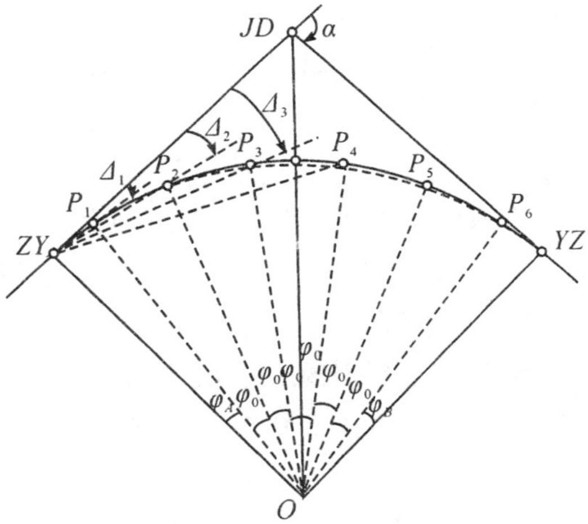

图 13-10　偏角法测设圆曲线

1)计算公式

根据几何原理,弦与切线所夹之角等于该弦所对圆心角的一半,即偏角 Δ 应等于相应弧长 l 或弦长 c 所对的圆心角 φ 的一半,则 Δ、l、c 和曲线半径的关系为

$$\Delta = \frac{1}{2}\varphi = \frac{l}{2R} \cdot \frac{180^\circ}{\pi} \qquad (13-9)$$

$$c = 2R\sin\Delta \qquad (13-10)$$

圆心角 φ 所对圆弧 l 与弦长 c 之差简称弧弦差,计算式为

$$\delta = l - c = l - 2R\sin\left(\frac{l}{2R}\rho''\right) = \frac{l^3}{24R^2} \qquad (13-11)$$

偏角法测设曲线,一般采用整桩号法,按规定的弧长 l_0(20m、10m 或 5m)设桩。由于曲线起、终点多为非整桩号,除首、尾段的弧长小于 l_0 外,其余桩距均为 l_0 。

设 P_1 点为圆曲线上的第一个整桩,它与圆曲线起点 ZY 间的弧长为 l_A ,所对的圆心角和偏角为 φ_A 和 Δ_A ,P_{n-1} 点为圆曲线上的最后一个整桩,它与圆曲线终点 YZ 间的弧长为 l_B ,所对的圆心角和偏角为 φ_B 和 Δ_B ,P_1 至 P_{n-1} 点的整桩弧长均为 l_0 ,所对的圆心角和偏角为 φ_0 和 Δ_0 ,由于偏角 Δ 与曲线上起点至某桩的弧长成正比,可得

P_1 点　　$\Delta_1 = \dfrac{\varphi_A}{2} = \Delta_A$

P_2 点 $\quad \Delta_2 = \frac{\varphi_A + \varphi_0}{2} = \Delta_A + \Delta_0$

P_3 点 $\quad \Delta_3 = \frac{\varphi_A + 2\varphi_0}{2} = \Delta_A + 2\Delta_0$

⋮ $\quad$ ⋮

YZ 点 $\quad \Delta_{YZ} = \frac{\varphi_A + n\varphi_0 + \varphi_B}{2} = \Delta_A + n\Delta_0 + \Delta_B$

$$\Delta_{YZ} = \frac{\alpha}{2}\text{（用于检核）}$$

式中，n 为整弧段个数。

由于用偏角法测设曲线上各桩，所量距离为弦长而非弧长，因此必须顾及弧弦差 δ（表 13－2），一般以差值小于 1cm 为好。

表 13－2　曲线弧弦差 δ　（单位：m）

弧　长	曲　线　半　径（R）		
	50	100	200
20	0.133	0.033	0.008
10	0.017	0.004	0.001
5	0.002	0.001	0.000

［例 13－2］按［例 13－1］的曲线元素（R ＝150m）及桩号，取整桩距 l_0 ＝20m，算得 Δ_A ＝0°27′58″，Δ_0 ＝3°49′11″，Δ_B ＝1°33′17″，c_0 ＝19.985m，曲线测设数据列于表 13－3。

2）测设步骤

按上表数据用偏角法测设圆曲线上细部点的操作步骤如下：

（1）将经纬仪安置在圆曲线起点 ZY 点，盘左照准 JD 点，使水平度盘读数为 0°00′00″。

（2）顺时针方向转动照准部，使水平度盘读数为 Δ_1 ＝0°27′58″，沿此方向从 ZY 点量弧长 l_1 的弦长 c_1 ＝2.44m，定曲线上第一个整桩 P_1。

（3）顺时针方向转动照准部，使水平度盘读数为 Δ_2 ＝4°17′09″，从 P_1 点量整弧 l_0 的弦长 c_0 与视线方向相交，得 P_2 点。依次类推，测设出各整桩点。

（4）检核：观测者将水平度盘读数放在 8°39′00″（$\alpha/4$）时，应能看到 QZ 桩。当测设至 YZ 点时，可用 $\alpha/2$ 及 ln 所对弦长 Cn 进行检核，其闭合差一般不得超过如下规定：

半径方向（横向）　±0.10m

切线方向（纵向）　±L/1000（L 为曲线长）

表 13－3　圆曲线偏角法测设数据

曲线里程桩号	弧　长/m	偏 角 值	弦　长/m
ZY　2＋637.56		0°00′00″	
	2.44		2.440
P_1　2＋640		0°27′58″	
	20.00		19.985
P_2　2＋660		4°17′09″	
	20.00		19.985
P_3　2＋680		8°06′20″	
	2.85		2.851
QZ　2＋682.85		8°39′00″	
	17.15		17.140
P_4　2＋700		11°55′31″	
	20.00		19.985
P_5　2＋720		15°44′42″	
	8.14		8.140
YZ　2＋728.14		17°17′59″	

2. 切线支距法(直角坐标法)

切线支距法是以圆曲线起点(ZY)或终点(YZ)为原点，切线为 x 轴，过原点的半径方向为 y 轴，根据计算的圆曲线上各点的坐标 x 、y ，在实地测设曲线上各桩点 P_i ，如图 13－11 所示。测设时分别从曲线的起点和终点向中点各测设曲线的一半。一般采用整桩距法设桩，即按规定的弧长 l_0 (20 m、10m、5m)，桩距为整数，桩号多为零数设桩。

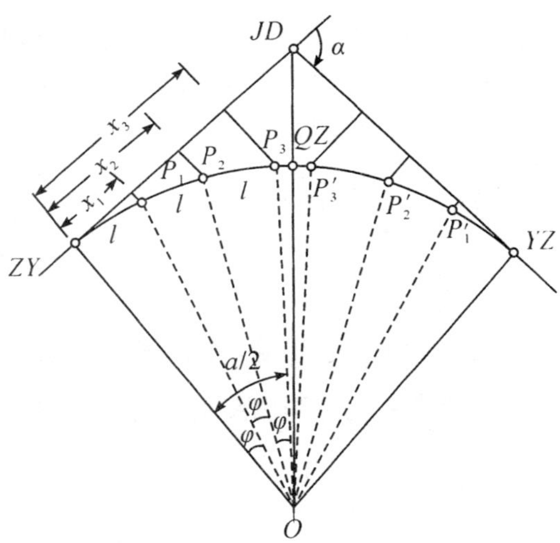

图 13－11　切线支距法测设圆曲线

设 l_i 为待测点至原点间的弧长，φ_i 为 l_i 所对的圆心角，R 为半径。待定点 P_i 的坐标按下式计算：

$$\left.\begin{aligned} x_i &= R \cdot \sin_i \\ y_i &= R(1-\cos_i) \end{aligned}\right\} \quad (13-12)$$

式中：$\varphi_i = \dfrac{l_i}{R} \cdot \dfrac{180°}{\pi}$，　$i = 1,2,3\cdots$

施测步骤如下：

(1) 用钢尺从 ZY(或 YZ)点开始沿切线方向量取 P_i 点的横坐标 x_i 得垂足 N_i，用测钎作标记。

(2)在各垂足点 N_i 上作切线方向的垂直线，可安置经纬仪测设 90°得到，沿垂直线方向用钢尺量出纵坐标 y_i，定出曲线点 P_i。

用此法测设的 QZ 点位应与测设主点时所定的 QZ 点相符，以此作为检核。该法宜用于平坦开阔地区，使用工具简单，且有测点点位误差不累积的优点。

3. 极坐标法

如果使用全站仪测设圆曲线，则可计算出圆曲线主点和细部点的坐标，根据控制点或路线交点、转点等已知点坐标和圆曲线主点及细部点坐标，反算出极坐标法的测设数据。全站仪安置在已知点上按极坐标法测设圆曲线，具有测设速度快、精度高、操作方便等优点，已成为生产单位常用的方法。

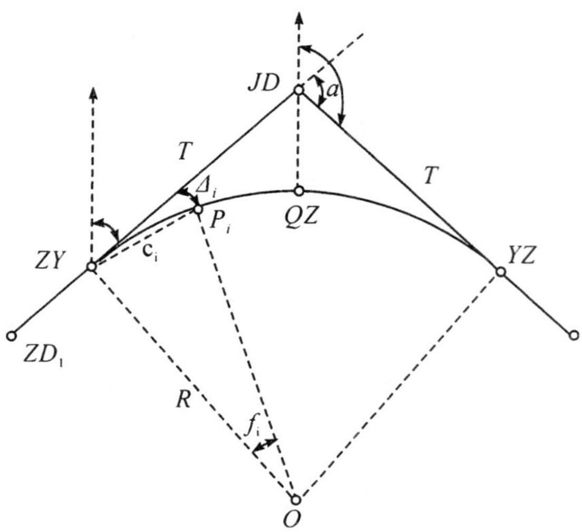

图 13－12　极坐标法测设圆曲线

如图 13－12 所示的路线右偏角为 α，已知路线的交点和转点的坐标为 $JD(x_{JD}, y_{JD})$、$ZD_1(x_{ZD_1}, y_{ZD_1})$、$ZD_2(x_{ZD_2}, y_{ZD_2})$，由 ZD_1 和 JD 的坐标反算出切线 ZY 至 JD 的坐标方位角为 A_1，由 JD 和 ZD_2 的坐标切线反算出 JD 至 YZ 的坐标方位角为 A_2，且有 $A_2 = A_1 + \alpha$。根据 JD 点的坐标、切线长 T 和坐标方位角 A_1、A_2 计算圆曲线起点 ZY 和终点 YZ 的坐标如下：

$$\begin{cases} x_{ZY} = x_{JD} - T \cdot \cos A_1 \\ y_{ZY} = y_{JD} - T \cdot \sin A_1 \\ x_{YZ} = x_{JD} + T \cdot \cos A_2 \\ y_{YZ} = y_{JD} + T \cdot \sin A_2 \end{cases} \tag{13－13}$$

圆曲线上任意细部点的坐标可用偏角弦长法计算。

设圆曲线起点至曲线上任意一点 P_i 的偏角为 Δ_i，弧长为 l_i，弦长为 c_i，所对的圆心角为 φ_i，则

$$\Delta_i = \frac{1}{2}\varphi_i = \frac{l_i}{2R} \cdot \frac{180°}{\pi} \tag{13－14}$$

$$c_i = 2R\sin\Delta_i \tag{13－15}$$

圆曲线起点 ZY 至曲线上任意一点 P_i 的方位角为

$$A_i = A_1 + \Delta_i \tag{13－16}$$

根据 ZY 点的坐标、弦长 c_i 和方位角 A_i 可计算圆曲线任意一点 P_i 的坐标为

$$\begin{cases} x_{P_i} = x_{ZY} + c_i \cdot \cos A_i \\ y_{P_i} = y_{ZY} + c_i \cdot \sin A_i \end{cases} \tag{13-17}$$

以上是路线为右偏角时的计算公式，如果路线为左偏角时方位角的计算应为

$$A_i = A_1 - \Delta_i \tag{13-18}$$

圆曲线主点和细部点的坐标也可在设计图上直接量取。

当遇到在曲线起点和交点不能安置仪器或视线不通视时，圆曲线的测设不能按常规方法进行，应根据现场情况，采用其他相应的方法。详见参考文献[8]。

13.4 缓和曲线的测设

当车辆从直线驶入圆曲线后，为了减小离心力对车辆行驶安全的影响，曲线上的路面要做成外侧高、内侧低呈单向横坡的形式，即弯道超高。为了符合车辆行驶的轨迹，使超高由零逐渐增加到一定值，即在直线与圆曲线之间插入一段半径由无穷大逐渐变化到圆曲线半径 R 的曲线，这种曲线称为缓和曲线。缓和曲线的线型有回旋曲线，三次抛物线，双扭线等，目前多采用回旋曲线作为缓和曲线。我国交通部颁发的《公路工程技术标准》(JTJ 1—81)中规定：缓和曲线采用回旋曲线，缓和曲线的长度应等于或大于表 13－4 的规定。

表 13－4　缓和曲线长度表

公路等级	高速公路		一级		二级		三级		四级	
地形	1 平原微丘	2 山岭重丘	1	2	1	2	1	2	1	2
缓和曲线长度/m	100	70	85	50	70	35	50	25	35	20

13.4.1 缓和曲线的特性和公式

1. 缓和曲线的特性

如图 13－13 所示，A 为缓和曲线的起点，其曲率 $K_A = 0$；B 为终点，其曲率等于圆曲线的曲率，$K_B = 1/R$；l_0 为曲线全长。设 P 为曲线上任意一点，至曲线起点相应弧长为 l，曲率半径为 ρ。由于曲率变化是连续而均匀的，且随弧长增大而增加，则 P 点的曲率应为

$$K_P = \frac{1}{R} \cdot \frac{l}{l_0}$$

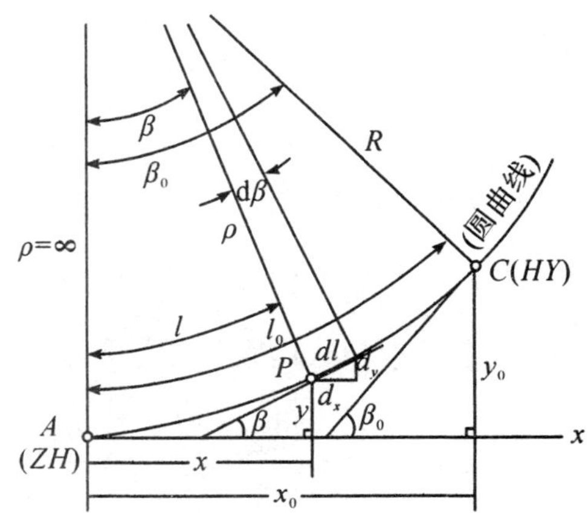

图 13－13　缓和曲线的特性与公式

$$\rho = \frac{1}{K_P} = \frac{Rl_0}{l} \quad 或 \quad \rho l = Rl_0 = c$$

(13 - 19)

式中，c 为常数，表示缓和曲线的半径变化率，它与车速 V（km/h）有关，目前我国采用：

公路：$c = 0.035\ V^3$

铁路：$c = 0.09808\ V^3$

由此可知，缓和曲线的特性是曲线上任一点的曲率半径 ρ 与该点至起点的弧长 l 成反比。

公路缓和曲线的全长：

$$l_0 = 0.035\frac{V^3}{R} \tag{13-20}$$

测设时，l_0 可根据公路的等级和圆曲线半径从曲线表中查得。

2. 缓和曲线的参数方程

如图 13 - 13 所示，设曲线上任一点 P 处的切线与起点切线的交角为 β，称为切线角。切线角 β 值与缓和曲线弧长 l 所对的中心角相等。在 P 处取一微分弧段 $\mathrm{d}l$，所对的中心角为 $\mathrm{d}\beta$，则

$$\mathrm{d}\beta = \frac{\mathrm{d}l}{\rho} = \frac{l \cdot \mathrm{d}l}{c}$$

积分得

$$\beta = \frac{l^2}{2c} = \frac{l^2}{2Rl_0}（弧度） \qquad 或 \quad \beta = \frac{l^2}{2Rl_0} \cdot \frac{180°}{\pi}（度） \tag{13-21}$$

当 $l = l_0$ 时，则

$$\beta_0 = \frac{l_0}{2R}（弧度） \tag{13-22}$$

设曲线起点 ZH 点为坐标原点，过 ZH 点的切线为 x 轴，ZH 点的半径为 y 轴，任意一点 P 的坐标为 x、y，则微分弧段 $\mathrm{d}l$ 在坐标轴上的投影为

$$\mathrm{d}x = \mathrm{d}l \cdot \cos\beta$$

$$\mathrm{d}y = \mathrm{d}l \cdot \sin\beta$$

将 $\cos\beta$、$\sin\beta$ 按级数展开

$$\cos\beta = 1 - \frac{\beta^2}{2!} + \frac{\beta^4}{4!} + \cdots$$

$$\sin\beta = \beta - \frac{\beta^3}{3!} + \frac{\beta^5}{5!} + \cdots$$

将（13 - 21）式代入上述展开式，则 $\mathrm{d}x$、$\mathrm{d}y$ 可写成

$$\mathrm{d}x = \left[1 - \frac{1}{2}\left(\frac{l^2}{2Rl_0}\right)^2 + \frac{1}{24}\left(\frac{l^2}{2Rl_0}\right)^4 - \cdots\right]\mathrm{d}l$$

$$\mathrm{d}y = \left[\frac{l^2}{2Rl_0} - \frac{1}{6}\left(\frac{l^2}{2Rl_0}\right)^3 + \frac{1}{120}\left(\frac{l^2}{2Rl_0}\right)^5 - \cdots\right]\mathrm{d}l$$

积分,略去高次项得

$$\begin{cases} x = l - \dfrac{l^5}{40R^2 l_0{}^2} \\ y = \dfrac{l^3}{6Rl_0} \end{cases} \tag{13-23}$$

当 $l = l_0$ 时,则缓和曲线终点(HY)的坐标为

$$\begin{cases} x_0 = l_0 - \dfrac{l_0{}^3}{40R^2} \\ y_0 = \dfrac{l_0{}^2}{6R} \end{cases} \tag{10-24}$$

13.4.2 带有缓和曲线的圆曲线主点测设

1. 曲线测设元素计算

如图 13－14 所示,当直线和圆曲线间插入缓和曲线段时,为使缓和曲线起点位于切线上,应将原有的圆曲线向内移动距离 p ,这时切线增长了距离 q 值。一般称 p 为圆曲线内移值, q 为切线增值。公路勘测中,一般采用圆心不动的平行移动方法,即未设置缓和曲线时的圆曲线为弧 FG,其半径为($R + p$);插入两段缓和曲线弧 AC 、BD 时,圆曲线向内移,其保留部分为弧 $CMD = L'$,半径为 R ,所对中心角为($\alpha - 2\beta_0$)。测设时必须满足的条件为: $2\beta_0 \leqslant \alpha$,否则,应缩短缓和曲线长度或加大曲线半径,直至满足条件。由图可知

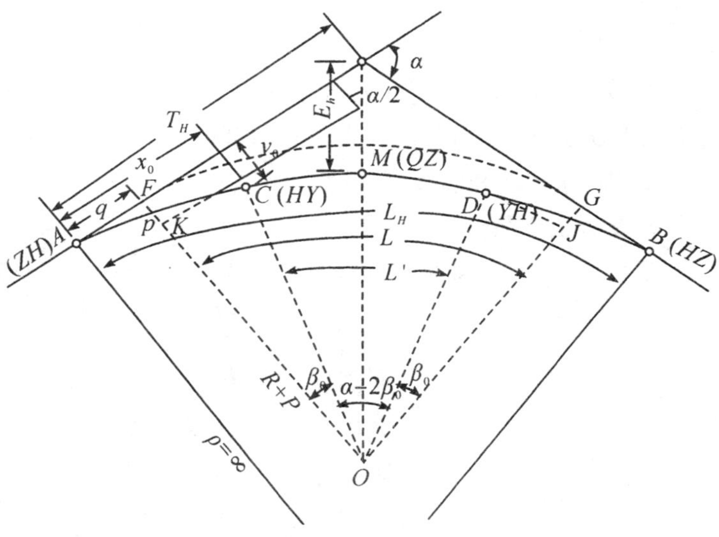

图 13－14　缓和曲线图

$$p + R = y_0 + R\cos\beta_0$$

则
$$p = y_0 - R(1 - \cos\beta_0)$$

将 $\cos\beta_0$ 展开为级数,略去高次项,并按式(13－22)、式(13－24)将 β_0 和 y_0 代入,则

$$p = \frac{l_0{}^2}{6R} - \frac{l_0{}^2}{8R} = \frac{l_0{}^2}{24R} = \frac{1}{4}y_0 \tag{13-25}$$

$q = AF = BG$,且有以下关系式: $q = x_0 - R\sin\beta_0$ 。

将 $\sin\beta_0$ 展开成级数,略去高次项,再按式(13－22)、式(13－24)把 β_0 、x_0 代入,则

$$q = l_0 - \frac{l_0^{\ 3}}{40R^2} - \frac{l_0}{2} + \frac{l_0^{\ 3}}{48R^2} = \frac{l_0}{2} - \frac{l_0^{\ 3}}{240R^2} \approx \frac{l_0}{2} \tag{13-26}$$

圆曲线上设置缓和曲线后，应将圆曲线和缓和曲线作为一个整体考虑，如图 13-14，计算测设元素的公式如下：

切线长

$$T_H = (R+p)\tan\frac{\alpha}{2} + q = T + t \tag{13-27}$$

曲线长

$$L_H = R(\alpha - 2\beta_0)\frac{\pi}{180°} + 2l_0 = L + l_0 \tag{13-28}$$

外矢距

$$E_H = (R+p)\sec\frac{\alpha}{2} - R = E + e \tag{13-29}$$

切曲差

$$D_H = 2T_H - L_H = D + d \tag{13-30}$$

当按设计要求确定了转向角 α、圆曲线半径 R、缓和曲线全长 l_0 后，即可按以上各式求出曲线元素值，也可从曲线表中查取圆曲线元素 T、L、E、D，再查取缓和曲线尾加数 t、l_0、e、d 即可求得缓和曲线诸元素。

2. 曲线主点测设

根据交点 JD 已知里程和计算的曲线元素值，按下式计算出各主点里程：

$$\left.\begin{array}{ll}
\text{直缓点} & ZH = JD - T_H \\
\text{缓圆点} & HZ = ZH + l_0 \\
\text{曲中点} & QZ = HY + L'/2 \\
\text{圆缓点} & YH = QZ + L'/2 \\
\text{缓直点} & HZ = YH + l_0 \\
\text{检　核} & JD = HZ - T_H + D_H
\end{array}\right\} \tag{13-31}$$

式中，L' 为 HY 至 YH 的弧长。

如图 13-14 所示，主点 ZH、HZ、QZ 的测设方法同圆曲线主点的测设。HY 及 YH 点通常根据缓和曲线终点坐标值 x_0、y_0 用切线支距法设置。

3. 曲线细部测设

1）切线支距法

该法与上节介绍的测设圆曲线的切线支距法基本相同，它以缓和曲线起点（ZH）或终点（HZ）为坐标原点，以过原点的切线为 x 轴，过原点的半径为 y 轴，利用缓和曲线和圆曲线段上各点的坐标 x、y 来测设

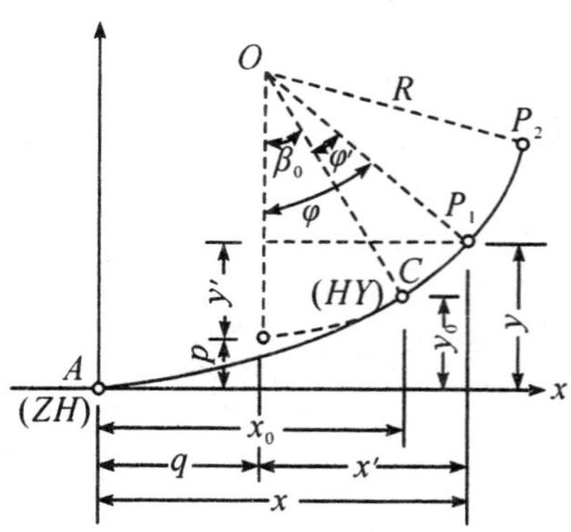

图 13-15　切线支距法测设缓和曲线

曲线，如图 13－15 所示。

缓和曲线段上各点坐标可按式(13－23)求得。

圆曲线部分各点坐标的计算，因坐标原点是缓和曲线起点，可先按圆曲线公式计算出坐标 x'、y' 再分别加上 q、p 值，即可得到圆曲线上任一点 p 的坐标：

$$\begin{cases} x = x' + q = R \cdot \sin\varphi + q \\ y = y' + p = R(1 - \cos\varphi) + p \end{cases} \tag{13-32}$$

2)极坐标法

目前工程上常采用任意点(控制点)设站的极坐标法测定曲线桩点，由缓和曲线特征点(ZH、HZ)坐标，根据现场实际需要，按任意弧长增加值，灵活计算出缓和曲线点及其平行线点坐标，并进行详细测设。

如图 13－16 所示，以缓和曲线起点 ZH 点或曲线终点 HZ 点为坐标原点，以过原点的切线为 y' 轴，过原点的半径为 x' 轴，缓和曲线上任一微分段 dl 与对应的 dx'、dy' 有下列关系：

$$\begin{cases} dx' = dl \cdot \cos\beta \\ dy' = dl \cdot \sin\beta \end{cases}$$

两边积分得：

$$\begin{cases} x' = \int_0^l \cos\beta \cdot dl \\ y' = \int_0^l \sin\beta \cdot dl \end{cases} \tag{13-33}$$

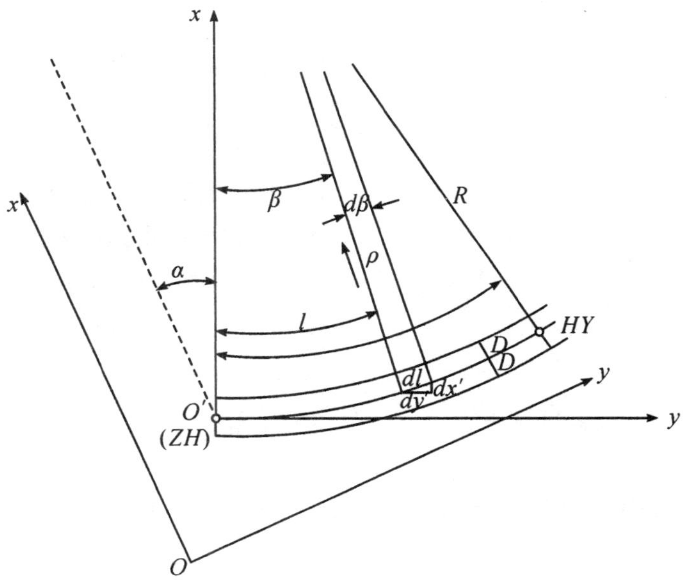

图 13－16　极坐标法测设缓和曲线

弧长 l 与半径 ρ 的关系

$$d\beta = \frac{dl}{\rho}$$

弧长 l 与圆曲线半径 R 及缓和曲线长度 l_0 的关系(其中 c 为常数)

$$c = R \cdot l_0 = \rho \cdot l$$

故

$$d\beta = \frac{l dl}{R \cdot l_0}$$

两边积分得

$$\beta = \frac{l^2}{2Rl_0} \tag{13-34}$$

将式(13－34)代入式(13－33)得：

$$\begin{cases} x' = \int_0^l \cos \dfrac{l^2}{2Rl_0} \cdot \mathrm{d}l \\ y' = \int_0^l \sin \dfrac{l^2}{2Rl_0} \cdot \mathrm{d}l \end{cases}$$

展开得

$$\begin{cases} x' = l - \dfrac{l^5}{40R^2 l_0^2} + \dfrac{l^9}{3456R^4 l_0^4} - \cdots \\ y' = \dfrac{l^3}{6Rl_0} - \dfrac{l^7}{336R^3 l_0^3} + \dfrac{l^{11}}{42240R^5 l_0^5} - \cdots \end{cases}$$

实际工作中,只保留上式的前两项,即

$$\begin{cases} x' = l - \dfrac{l^5}{40R^2 l_0^2} \\ y' = \dfrac{l^3}{6Rl_0} - \dfrac{l^7}{336R^3 l_0^3} \end{cases} \tag{13-35}$$

设坐标原点(ZH 点或 HZ 点)在测量坐标系的坐标为 x_0、y_0,ZH 点(或 HZ 点)切线的坐标方位角为 α_{ZH}(或 α_{HZ}),x' 轴的坐标方位角为 α,则

$$\alpha = \alpha_{ZH} \pm 90° \quad 或 \quad \alpha = \alpha_{HZ} \pm 90°$$

$$\begin{cases} x = x_0 + x' \cdot \cos\alpha - y' \cdot \sin\alpha \\ y = y_0 + y' \cdot \sin\alpha + x' \cdot \cos\alpha \end{cases} \tag{13-36}$$

缓和曲线上任一点的矢距方位角为

$$\alpha' = \alpha - \beta + 180° \tag{13-37}$$

式中,当 ZH 至 HY 段时 $Z=1$,当 HZ 至 YH 段时 $Z=-1$。

据式(13-36)得缓和曲线内侧和外侧平行线坐标:

$$\begin{cases} x_{内} = x + D \cdot \cos\alpha' \\ y_{内} = y + D \cdot \sin\alpha' \end{cases} \qquad \begin{cases} x_{外} = x + D \cdot \cos(\alpha' \pm 180°) \\ y_{外} = y + D \cdot \sin(\alpha' \pm 180°) \end{cases} \tag{13-38}$$

13.5 路线纵、横断面测量

路线纵断面测量又称路线水准测量,其任务是测量路线上各里程桩(即中桩)的地面高程,绘制中线纵断面图,供路线纵坡设计、计算中桩填挖尺寸时使用。

路线横断面测量是测定各中桩两侧垂直于中线方向的地面高程,绘制横断面图,供线路基础设计、计算土石方量及施工时放样边桩时使用。

13.5.1 路线纵断面测量

为了保证测量精度和便于成果检查,根据"由整体到局部"的测量原则,路线水准测量可分两步进行:首先进行高程控制测量,即沿线路方向设置若干水准点,建立高程控制,称为基平测量;然后根据基平测量布设的水准点,分段进行中桩水准测量,测定各里

程桩的地面高程，称为中平测量。

1. 基平测量

基平测量一般可结合勘测设计阶段已布设的水准点，沿靠近路线中线的方向布设高程控制点（水准点），其位置应选在地基稳固、易于引测以及施工时不易遭破坏的地方。

水准点分永久性和临时性两种，永久性的水准点设置应视工程需要而定，在路线起点和终点、大桥两岸、隧道，以及需要长期观测高程的重点工程附近均应布设。临时性水准点布设密度一般在重丘陵和山区，每隔 0.5 ~ 1km 设置一个，在平原和微丘地区，每隔 1 ~ 2km 埋设一个。此外，在中小型桥梁、涵洞以及停车场等工程集中的地段也应设点。

基平测量时，应将起始水准点与附近国家水准点进行连测，以获得绝对高程。在沿线水准测量中，也应尽可能与附近国家水准点连测，以便获得更多的检核条件。若路线附近没有国家水准点或引测有困难时，可参考地形图上量得的一个高程，作为起始水准点的假定高程。

基平测量一般按四等水准的精度要求进行，可采用一台水准仪在水准点间作往返观测，也可使用两台水准仪按四等水准精度的要求作单程观测。

2. 中平测量

中平测量是以基平测量布设的相邻两个水准点为一测段，从一个水准点出发，沿路线适当位置设置转点（ *TP* ）传递高程，用视线高法逐点测定路线上各中桩的地面高程，并附合到下一个水准点上。中平测量只作单程观测，可按普通水准测量精度要求进行。

观测时，将水准仪安置于水准点（转点）与转点（水准点）中间，首先读取后、前视水准点（转点）的尺上读数，再读取后、前视两点间所有中桩地面点的尺上读数，这些中桩点称为中间点，中间点的立尺由后视点立尺人员来完成。

由于转点起传递高程的作用，因此转点尺应立在尺垫、稳固的桩顶或坚石上，尺上读数至 mm，视线长一般不应超过 120m。中间点尺上读数至 cm（高速公路测设规定读至 mm），要求尺子立在紧靠桩边的地面上。

当路线跨越河流时，还需测出河床断面、洪水位和常水位高程，并注明年、月，以便为桥梁设计提供资料。

如图 13 – 17 所示，水准仪置于 I 站，后视水准点 *BM*. 1 ，前视转点 *TP*. 1 ，将读数记入表 13 – 5 中“后视”、“前视”栏内，然后观测 *BM*. 1 与 *TP*. 1 间的各个中桩，将立于后视点 *BM*. 1 上的水准尺依次立于 0 + 000、+ 050、…、+ 140 等各中桩地面上，读数分别记入“中视”栏。

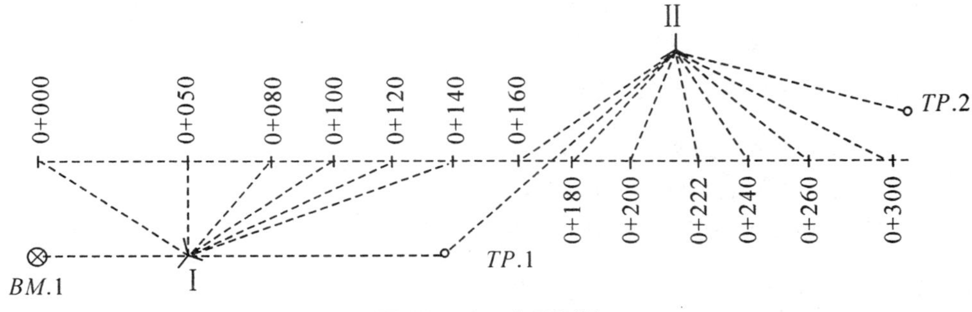

图 13 – 17　中平测量

表 13－5　路线纵断面测量记录

测点	水准尺读数/m			视线高程 /m	高　程 /m	备注
	后视	中视	前视			
BM. 1	1.897			30.326	28.429	基平 *BM*. 1 高程 28.429m
0＋000		1.32			29.01	
＋050		1.63			28.70	
＋080		1.02			29.31	
＋100		0.34			29.99	
＋120		0.63			29.70	
＋140		0.28			30.05	
TP. 1	1.562		1.105	30.783	29.221	
＋160		1.47			29.31	
＋180		1.74			29.04	
＋200		1.63			29.15	
＋222		1.42			29.36	
＋240		0.93			29.85	
＋260		1.03			29.75	
＋300		1.27			29.51	
TP. 2	1.743		1.266	31.260	29.517	
……	……	……	……	……	……	
K1＋260						基平 *BM*. 2 高程 32.646m
BM. 2			0.268		32.627	

检核：$f_{h容} = \pm 50\sqrt{1.26} = \pm 56\text{mm}$

$f_h = 32.627 - 32.646 = -0.019\text{m} = -19\text{mm}$

$H_{BM.2} - H_{BM.1} = 32.627 - 28.429 = 3.838\text{m}$

$\Sigma a - \Sigma b = (1.897 + 1.562 + 1.743 + \cdots) - (1.105 + 1.266 + \cdots + 0.268) = 3.838\text{m}$

仪器搬至Ⅱ站，后视转点 *TP*. 1，前视转点 *TP*. 2，然后观测 *TP*. 1 与 *TP*. 2 间的各个中桩。用同法继续向前观测，直至附合到水准点 *BM*. 2，完成一测段的观测工作。

每一站的各项计算依次按下列公式进行：

(1)视线高程＝后视点高程＋后视读数

(2)转点高程＝视线高程－前视读数

(3)中桩高程＝视线高程－中视读数

各站记录后应立即计算各点高程，直至下一个水准点为止，计算出 *BM*. 2 的测量高程 $H'_{BM.2}$，并计算高差闭合差 $f_h = H'_{BM.2} - H_{BM.2}$，若 $f_h \leqslant f_{h容} = \pm 50\sqrt{L}$ mm，则符合要求，不需进行闭合差的调整，而以原计算的各中桩点地面高程作为绘制纵断面图的数据。否则，应予重测。

3. 纵断面图的绘制与施工量计算

纵断面图表示了中线方向上地面的高低起伏情况，可在图上进行纵坡设计，它是路线设计和施工中的重要资料。

纵断面图是以中桩的里程为横坐标，以中桩的高程为纵坐标进行绘制的。常用的里程比例尺有 1∶2000 和 1∶1000。为了明显地表示地面起伏，一般取高程比例尺为里程比例尺的 10 倍或 20 倍。例如里程比例尺用 1∶2000，则高程比例尺取 1∶200 或 1∶100。

图 13 - 18 为道路纵断面图，图的上半部，从左至右绘有贯穿全图的两条线，细折线表示中线方向的地面线，是根据中平测量的中桩地面高程绘制的；粗折线表示纵坡设计线。此外，上部还注有水准点编号、高程和位置；竖曲线示意图及其曲线元素；桥梁的类型、孔径、跨数、长度、里程桩号和设计水位；涵洞的类型、孔径和里程桩号；其他道路、铁路交叉点的位置、里程桩号和有关说明等。图的下部几栏表格，注记有关测量及纵坡设计的资料。在图纸左面自下而上填写直线与曲线、桩号、填挖土、地面高程、设计高程、坡度与距离栏。上部纵断面图上的高程按规定的比例尺注记，首先要确定起始高程（如图中 0 + 000 桩号的地面高程）在图上的位置，且参考其他中桩的地面高程，以使绘出的地面线处在图纸上适当位置。现以图 13 - 18 为例说明各栏内容的计算与绘制方法。

（1）桩号：自左至右按规定的里程比例尺标注中桩的桩号。桩号标注的位置表示了纵断面图上各中桩的横坐标位置。

（2）地面高程：在对应于各中桩桩号的位置注上地面高程，并在纵断面图上按各中桩的地面高程，用规定的高程比例尺画虚线，依次点出其相应的位置，用细直线连接各相邻点位，即得中线方向的地面线。

（3）直线与曲线：应按里程桩号标明路线的直线部分和曲线部分。曲线部分用直角折线表示，上凸表示路线右偏，下凹表示路线左偏，并注明交点编号及其桩号和曲线半径，在不设曲线的交点位置，用锐角折线表示。

（4）纵坡设计：在上部地面线部分进行纵坡设计。设计时要考虑施工时土石方工程量最小、填挖方尽量平衡及小于限制坡度等道路有关技术规定。

（5）坡度与距离：分别用斜线或水平线表示设计坡度的方向，线上方注记坡度数值（以百分比表示），下方注记坡长，水平线表示平坡。不同的坡段以竖线分开。某段的设计坡度值按下式计算：

$$设计坡度 = (终点设计高程 - 起点设计高程)/平距$$

（6）设计高程：分别填写相应中桩的设计路基高程。某点的设计高程按下式计算：

$$设计高程 = 起点高程 + 设计坡度 \times 起点至该点的平距$$

［例 13 - 3］0 + 000 桩号的设计高程为 28.48m，设计坡度为 +1.27%（上坡），则桩号 0 + 120 的设计高程为

$$28.48 + 1.27/100 \times 120 = 30.00\text{m}$$

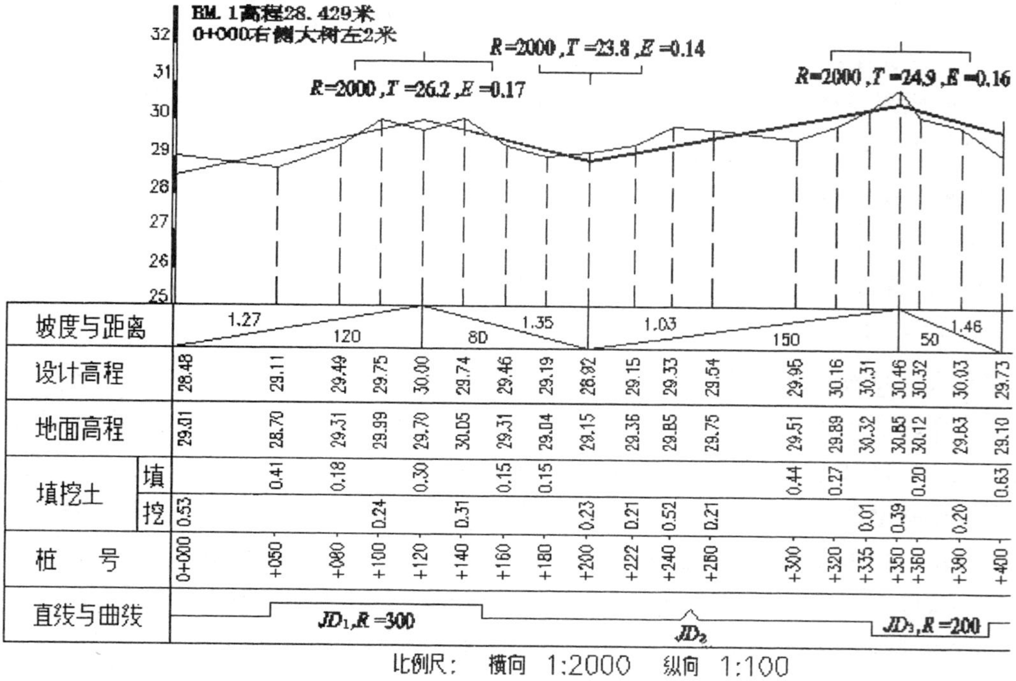

图 13－18 路线纵断面图

(7)填挖土：填写各中桩处填挖高度。按下式进行填挖高度的计算：

$$某点的填挖高度=该点设计高程-该点地面高程$$

式中求得的填挖高度，正号为填土高度，负号为挖土深度。地面线与设计线的交点称为不填不挖的“零点”，零点也给以桩号，可由图上直接量得，以供施工放样时使用。

13.5.2 路线横断面测量

横断面测量的主要任务就是测定中桩两侧垂直于中线方向地面变坡点间的平距和高差，并绘制横断面图，供路基、边坡、特殊构造物的设计、土石方计算和施工放样之用。线路上所有百米桩、整桩和加桩一般都应测量横断面。横断面测量的宽度，应根据中桩填挖高度、边坡大小以及有关工程的特殊要求而定，一般自中线两侧各测 10～30m。高差和平距一般准确到 0.05～0.1m 可满足工程要求，故横断面测量多采用简易工具和方法，以提高工效。

1. 横断面方向的测定

1）直线段横断面方向的测定

直线段横断面方向一般采用方向架测定。方向架如图 13－19 所示，为一简易测量工具，由一根长约 1.2m 的竖木杆支承两根相互垂直的横木杆构成，横木杆中线的两端各钉有一个瞄准用的小钉。使用时将方向架置于中桩上，以其中一方向如 aa' 对准路线前方（或后方）某一中桩，则另一方向 bb' 即为横断面的施测方向。

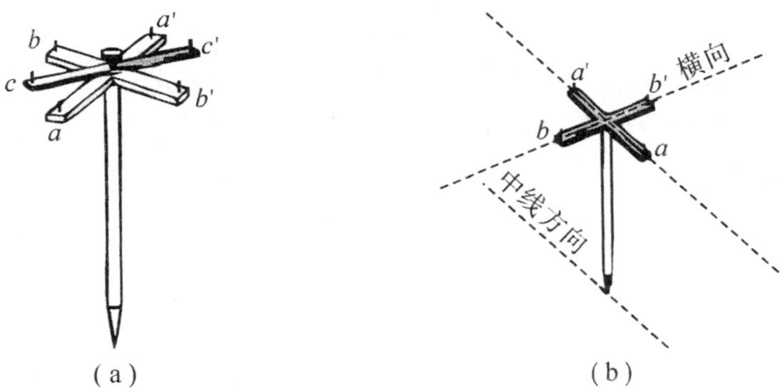

图 13-19 方向架

2）圆曲线段横断面方向的测定

圆曲线段横断面方向为过桩点指向圆心的半径方向。如图 13-20 所示，当欲测定横断面的中桩 P_i 与前、后桩点的间距不等时，可在方向架上安装一个能转向的定向杆 cc' 来施测。首先将方向架安置在 ZY（或 YZ）点，用 aa' 杆瞄准 JD，即为切线方向，这时与其垂直的 bb' 杆方向指向圆心，即是过 ZY（或 YZ）点的横断面方向；旋松定向杆 cc' 的制动钮，转动定向杆 cc' 瞄准欲测定横断面方向的中桩 P_i，并固紧其位置。然后，搬方向架于中桩 P_i，以 bb' 杆瞄准 ZY（或 YZ），按"同弧两端弦切角相等"的定理，可知定向杆 cc' 所指的方向就是圆心方向，即是中桩 P_i 的横断面方向。

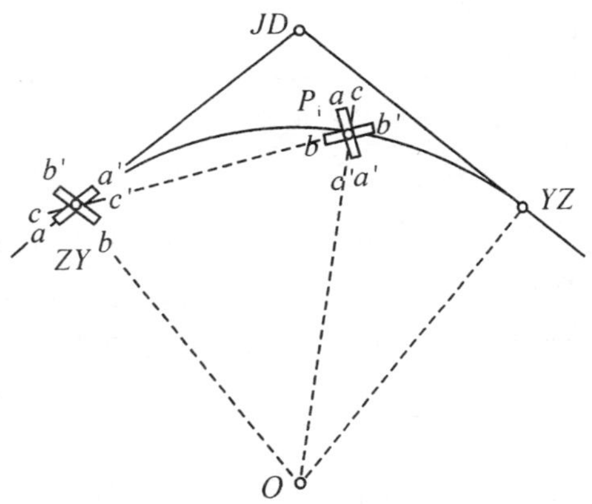

图 13-20 曲线上定横断面方向

可用上述测定中桩 P_i 横断面方向的方法来测定下一个中桩的横断面方向。

2. 横断面的测量方法

横断面上中桩的地面高程已在纵断面中平测量时测得，横断面上变坡点相对于中桩的平距和高差可用下述方法测定。

1）标杆皮尺法

如图 13-21 所示，在中桩 K3+200 处，1、2、3、…为其横断面方向上的变坡点。施测时，以中桩为起始点，标杆立于低点处，分别向两侧分段量取。例如测量 1 点，将标杆立于中桩点，皮尺靠中桩点拉平至地面点 1，读取平距 8.1m，皮尺截于标杆上的数值 0.6m，即为 1 点相对于中桩地面的高差。同法可测出 1～2、2～3…等相邻点间的平距和高差，直至所需宽度为止。中桩一侧测定后再测另一侧。此法简

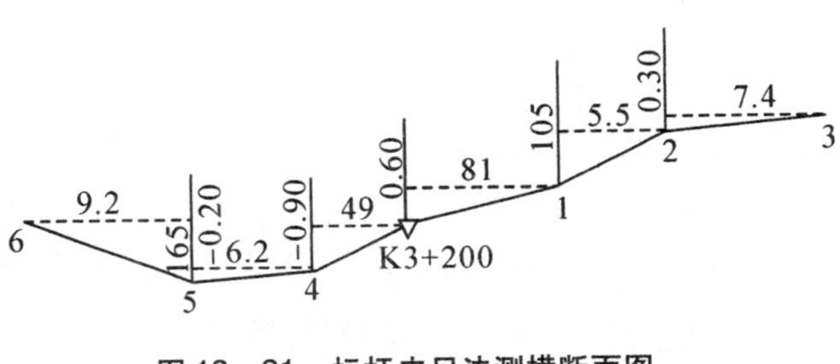

图 13-21 标杆皮尺法测横断面图

便，但精度较低，适用于测量山区等级较低的公路。

记录表格如表 13－6，表中按路线前进方向分左侧和右侧，中间一列填写桩号，由下向上依次填写。分数中分母表示测段平距，分子表示测段两端点的高差。高差为正号表示上坡，负号表示下坡。

表 13－6 标杆皮尺法测横断面记录

左 侧/m	桩 号	右 侧/m
…… ……	……	…… ……
$\frac{+1.80}{6.1}$ $\frac{+0.65}{5.2}$ $\frac{-0.50}{3.3}$ $\frac{-1.95}{6.9}$	3＋400	$\frac{+1.05}{4.2}$ $\frac{+2.15}{6.7}$ $\frac{0.95}{7.3}$ $\frac{+0.50}{2.1}$
$\frac{+1.65}{9.2}$ $\frac{-0.20}{6.2}$ $\frac{-0.90}{4.9}$	3＋200	$\frac{+0.60}{8.1}$ $\frac{+1.05}{5.5}$ $\frac{+0.30}{7.4}$

2）水准仪皮尺法

当横断面精度要求较高，施测横断面较宽且高差变化不大时，可采用水准仪皮尺法。如图 13－22 所示，在横断面方向附近安置水准仪，以中桩地面高程点为后视点，以中桩两侧横断面方向变坡点为前视点，分别测量变坡点的高程，水准尺读数至 cm，用皮尺分别量出各立尺点到中桩的平距，记录格式见表 13－7。

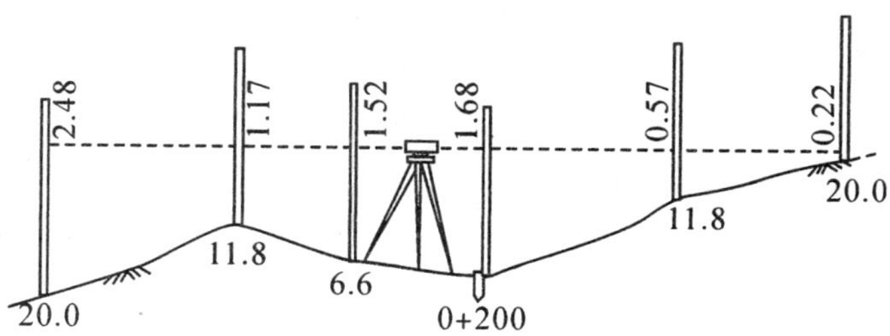

图 13－22 水准仪测横断面

实测时，若仪器安置得当，一站可同时施测若干个横断面。

表 13－7 用水准仪测横断面记录

$\frac{\text{前视读数/m}}{\text{距离(m)}}$（左侧）	$\frac{\text{后视读数/m}}{\text{桩号}}$	$\frac{\text{前视读数/m}}{\text{距离/m}}$（右侧）
$\frac{2.48}{20.00}$ $\frac{1.17}{11.8}$ $\frac{1.52}{6.6}$	$\frac{1.68}{0+200}$	$\frac{0.57}{11.8}$ $\frac{0.22}{20.0}$

3）经纬仪视距法

在地形复杂、横坡较陡的地段，可采用经纬仪视距法测出横断面方向上各变坡点至中桩的水平距离与高差。施测时，将经纬仪安置在中桩上，量出仪器高 i，瞄准各变坡点所立视距尺，分别读取上、下、中三丝的读数和竖直角，即可现场计算出水平距离与高差。

4）全站仪法

将全站仪安置在中桩上可以迅速方便地测出横断面方向上各变坡点至中桩的水平距离与高差，该方法适用于任何地形，且精度及效率高。目前全仪站路线纵横断面测量一体化技术已广泛应用，详见参考文献[8]。

3. 横断面图的绘制

横断面图绘制时，平距和高程取同一比例尺（通常取 1∶100 或 1∶200）。

目前公路测量中，一般都采用纵横断面测量软件记录，再由计算机成图，也可按表 13－6、表 13－7 形式在野外记录、室内绘图。绘制时，先在图纸上标定好中桩位置，由中桩开始，分左、右两侧逐一按各测点间的平距和高差绘制于图上，用细直线连接相邻各点即得横断面地面线，如图 13－23 所示。绘出横断面图后，可根据纵断面图上该中桩的设计高程，将路基断面设计线（粗线）画于横断面图上，从而可算出填挖面积，进而计算土石方量。

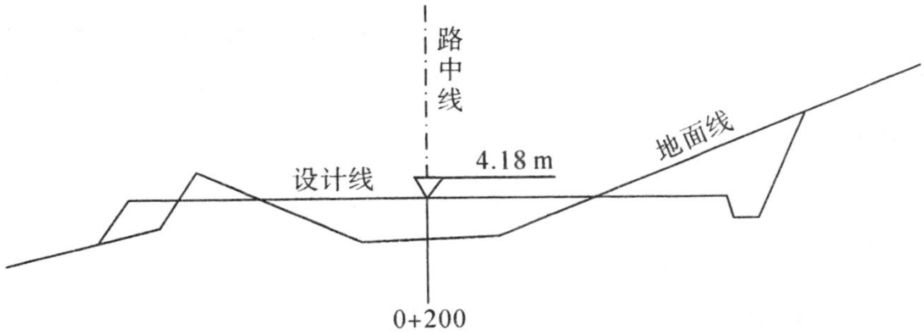

图 13－23　路基横断面图

13.6 道路施工测量

道路施工测量的主要工作：恢复道路中线、测设施工控制桩、测设路基边桩和测设竖曲线等。

13.6.1 恢复道路中线的测量

由于从路线勘测到开始进行施工要经过较长一段时间，在此期间有部分桩点会被碰动或丢失，为了保证线路中线位置准确可靠，施工前应根据原来定线条件进行一次复核测量，将丢失和碰动的桩点恢复和校正好，以满足施工的需要。其方法与中线测量相同。

13.6.2 施工控制桩的测设

在施工开挖过程中，线路中桩要被挖掉，为了在施工中能控制中线位置，就要选择在施工中不易受到破坏和干扰，且便于引用和易于保存桩位的地方，测设施工控制桩。常用的测设方法有平行线法和延长线法两种。

1）平行线法

平行线法是在路基以外距线路中线等距离处测设两排平行于中线的施工控制桩。如图 13－24 所示，此法多用在地势平坦、直线段较长的路段。为了施工方便，控制桩的间距一般取 20m。

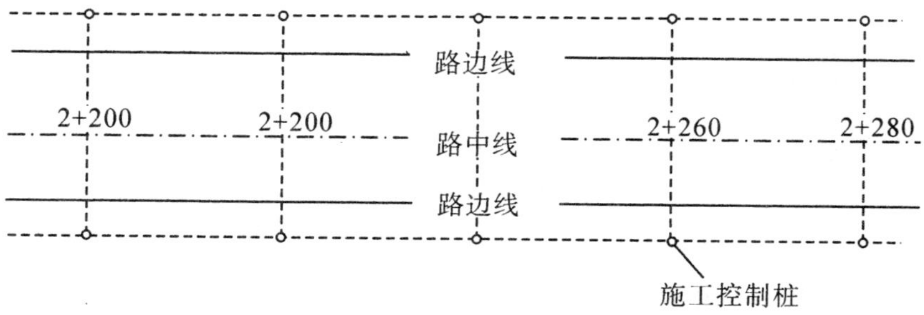

图 13－24　平行线法定施工控制桩

2）延长线法

延长线法主要用于控制交点 *JD* 桩的位置，如图 13－25 所示，在道路转折处的中线延长线上以及曲线中点 *QZ* 至交点 *JD* 的延长线上分别设置施工控制桩。延长线法多用在地势起伏较大、直线段较短的山区公路。为了便于控制交点 *JD* 桩的位置，应量出控制桩到 *JD* 的距离。

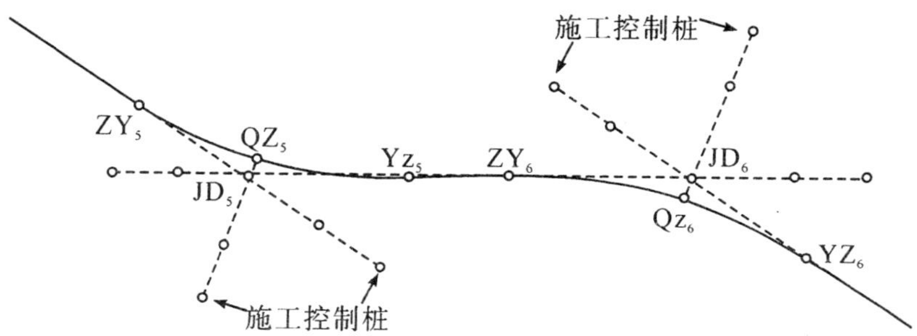

图 13－25　延长线法定施工控制桩

13.6.3 路基边桩与边坡的测设

1. 路基边桩的测设

路基施工前，要将设计的每一个横断面的路基边坡线与原地面的交点，在实地用木桩标定出来。该点对于设计路堤为坡脚点，对于设计路堑为坡顶点。边桩的位置由两侧边桩至中桩的平距来确定。常用的边桩测设方法如下：

1）图解法

直接在绘有路基设计断面的横断面图上量取中桩至边桩的平距，然后在实地用皮尺沿横断面方向量出该长度并用木桩标定出来。在填挖方不大时，使用此法较多。

2）解析法

根据路基填土高度或挖土深度、路基宽度、边坡设计坡度及横断面的地形情况，先计算出路基中心桩至边桩的距离，然后在实地沿横断面方向测设该距离定出路基边桩。具体方法按下述两种情况进行：

（1）平坦地段的路基边桩测设。图 13－27 为填土路堤，坡脚桩至中桩的距离 *D* 应为

$$D = \frac{B}{2} + m \times H \tag{13-39}$$

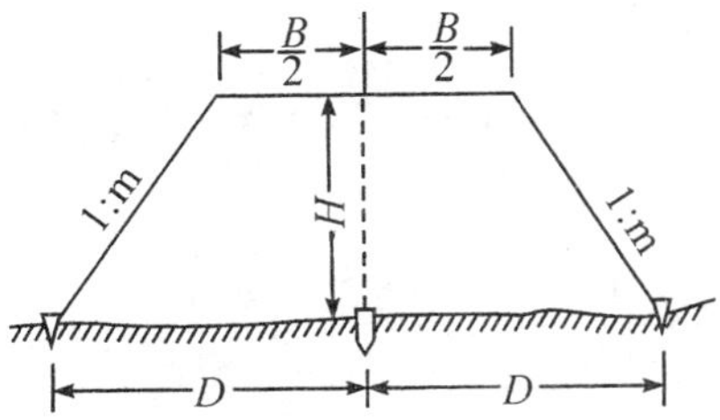

图 13－26　填土路堤

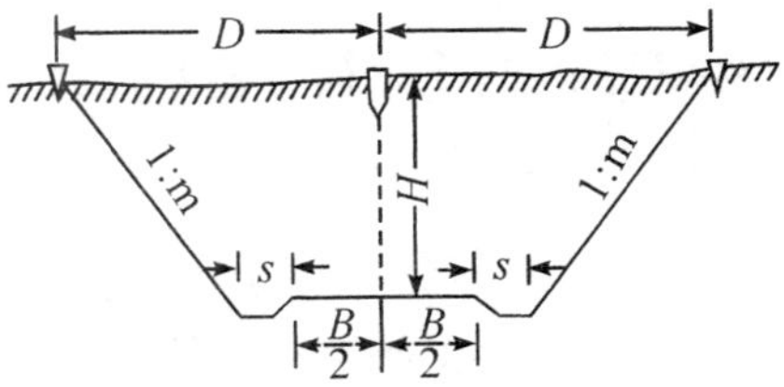

图 13－27　挖方路堑

图 13－27 为挖方路堑，坡顶桩至中桩的距离 D 为

$$D = \frac{B}{2} + s + m \times H \tag{13－40}$$

两式中，：B 为路基宽度；m 为边坡设计坡度；H 为填挖高度；s 为路堑边沟顶宽。

以上是断面位于直线段时求算 D 值的方法。若断面位于弯道上有加宽时，按上述方法求出 D 值后，还应在加宽一侧的 D 值中加上加宽值。

(2)倾斜地段的路基边桩测设。在倾斜地段，边桩至中桩的平距随着地面坡度的变化而变化。如图 13－28 所示，路基坡脚桩至中桩的平距 $D_{上}$、$D_{下}$分别为

$$D_{上} = \frac{B}{2} + m(H - h_{上})\ ,\quad D_{下} = \frac{B}{2} + m(H + h_{下}) \tag{13－41}$$

如图 13－29 所示，路堑坡顶至中桩的平距 $D_{上}$、$D_{下}$分别为

$$D_{上} = \frac{B}{2} + s + m(H + h_{上})\ ,D_{下} = \frac{B}{2} + s + m(H - h_{下}) \tag{13－42}$$

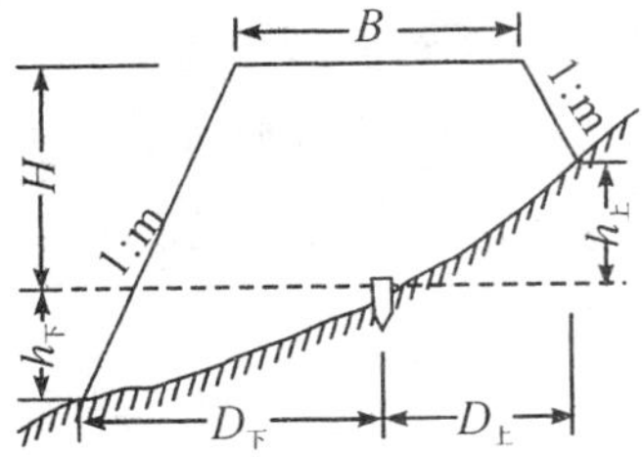

图 13－28　斜坡上路堤

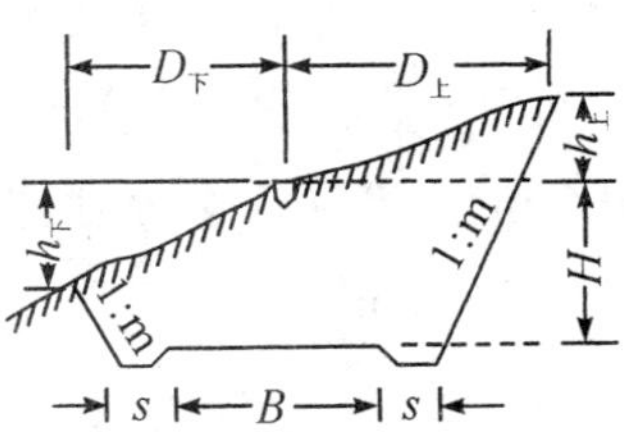

图 13－29　斜坡上路堑

两式中，$h_{上}$、$h_{下}$分别为上、下侧坡脚(或坡顶)至中桩的高差。其中 B 、s 和 m 都是已知的，因此 $D_{上}$、$D_{下}$随 $h_{上}$、$h_{下}$而变化。由于边桩位置事先不能确定，所以 $h_{上}$、$h_{下}$均为未知数。实际测设中，采用“逐点趋近法”，在现场边测边标定，其测设步骤如下：

① 根据地面实际情况，在有路基设计断面的横断面图上用图解法，初步确定边桩至中桩的平距 $D_{估}$，按估计值定出实地估计桩位；

② 测出估计位置与中桩地面间的高差，按此高差用式(13－41)或式(13－42)计算出与其对应的边桩至中桩的平距 D，如 D 与 $D_{估}$接近，则估计桩位就是实际边桩桩位；

③ 如 D 与 $D_{估}$不相符，则重新估计边桩位置。若 $D > D_{估}$，则将原估计桩位向路基外侧移动，反之则向路基内侧移动；

④ 重复以上工作，逐渐趋近，直到计算值与估计值相符或非常接近为止，从而定出边桩位置。

2. 路基边坡的测设

测设出边桩后，为了保证路基填挖边坡能按设计要求进行，应把设计边坡在实地标定出来，以方便施工。

(1) 用竹杆、绳索测设边坡。当路堤填土不高时，可用一次挂线。如图 13－30 所示，O 为中桩，A、B 为路基边桩，$CD = B$ 为路基宽度。测设时先在地面上定出 C、D 两点，使 $CO = DO$ 为路基宽度的一半，然后在 C、D 处竖立竹杆，于高度等于中桩填土高度 H 处 C'、D' 用绳索连接，同时由 C'、D' 用绳索连接到边桩 A、B 上，即得设计边坡。

当路堤填土较高时，可采用分层挂线。如图 13－31 所示，在每层挂线前都应当标定中线并对层面适当抄平。

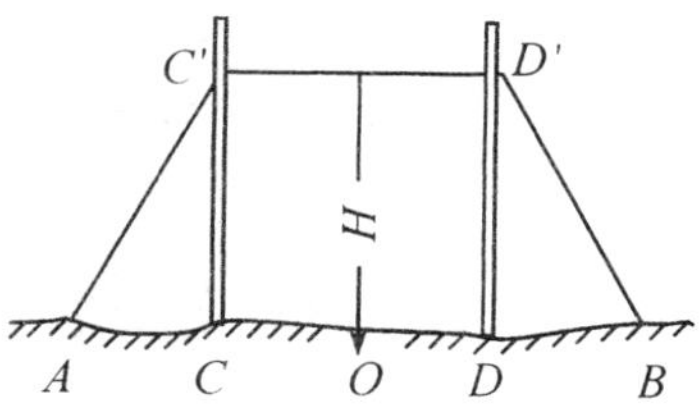

图 13－30 用竹竿、绳索放边坡

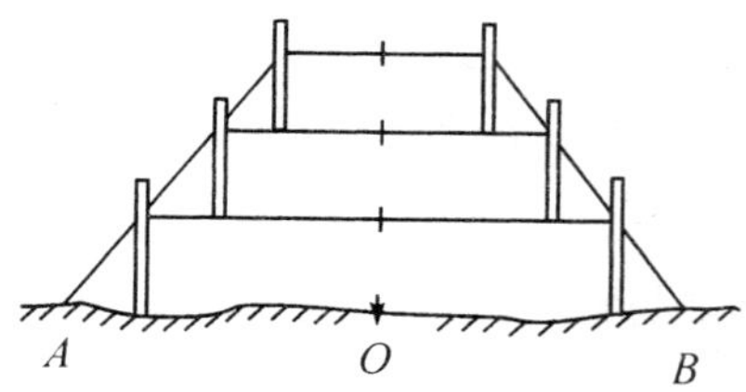

图 13－31 分层挂线放边坡

(2) 用边坡样板测设边坡。施工前按照设计边坡制作好边坡样板，施工时，按照边坡样板进行测设。

13.6.4 竖曲线的测设

为了保证行车的平稳和满足视距的要求，在道路纵断面的变坡处也应用圆曲线将两段纵坡连接起来，即在路线竖直面内设置竖向曲线，这种曲线称为竖曲线。竖曲线按其变坡点在曲线的上方或下方分别称为凸形和凹形竖曲线。如图 13－32 所示，分别为凸形竖曲线和凹形竖曲线。

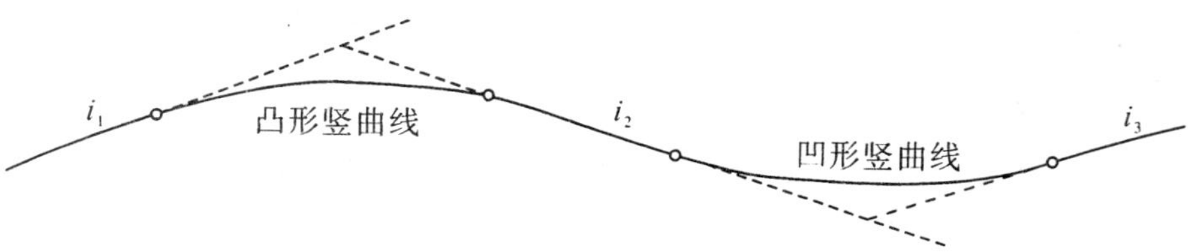

图 13－32 竖曲线

测设竖曲线时，根据路线纵断面图设计中所设计的竖曲线半径 R 和相邻坡道的坡度 i_1、i_2，计算测设数据。如图 13－33 所示，竖曲线的测设元素有切线长 T、曲线长 L 和外矢距 E，计算可用平曲线的计算公式：

$$\begin{cases} T = R\tan\dfrac{\alpha}{2} \\ L = R\dfrac{\alpha}{\rho} \\ E = R\left(\sec\dfrac{\alpha}{2} - 1\right) \end{cases} \tag{13-43}$$

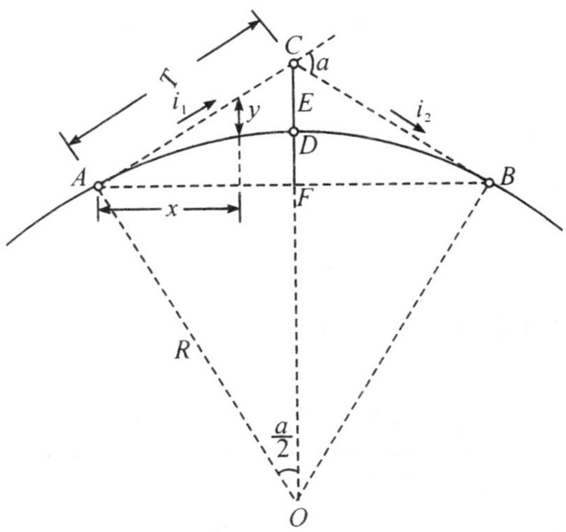

图 13-33　竖曲线测设元素

由于竖曲线的坡度转折角 α 很小，计算公式可近似简化，即

$$\alpha = (i_1 - i_2)\rho$$

$$\tan\frac{\alpha}{2} \approx \frac{\alpha}{2\rho}$$

因此

$$T = \frac{1}{2}R(i_1 - i_2) \tag{13-44}$$

$$L = R(i_1 - i_2) \tag{13-45}$$

$$E = \frac{T^2}{2R} \tag{13-46}$$

在测设竖曲线细部点时，通常按直角坐标法计算出竖曲线上某细部点 P 至竖曲线起点或终点的水平距离 x 和到切线的纵距 y。由于竖曲线的转折角 α 很小，故 x 值与 P 点至竖曲线起点或终点的曲线长度 T 很接近，因此可用其代替。而纵距 y（标高改正值）计算式为

$$y = \frac{x^2}{2R} \tag{13-47}$$

上式中 y 值在凸形竖曲线中为负号，在凹型竖曲线中为正号。求出 y 后，可根据设计坡道的坡度，计算得切线坡道在 P 点处的坡道高程，再加上（凹型竖曲线）或减去（凸形竖曲线）相应点上的标高改正值 y，即可得到竖曲线上 P 点处的设计高程。

竖曲线起、终点的测设方法与圆曲线相同，而竖曲线上辅点的测设，实质上是在曲线范围内的里程桩上测设竖曲线的高程。因此实际工作中，测设竖曲线多与测设路面高程桩一起进行。

[例 13-4] 测设一凹形竖曲线，已知 $i_1 = -1.262\%$，$i_2 = +0.288\%$，变坡点的桩号为 K6+760，高程为 28.80m，欲设置 $R = 4000$m 的竖曲线，试计算测设元素、起点、终点的桩号和高程，曲线上每 10m 间距里程桩的标高改正数和设计高程。

［解］：按上述公式求得：$T=31.00\mathrm{m}$，$L=62.00\mathrm{m}$，$E=0.12\mathrm{m}$，竖曲线起、终点的桩号和高程分别为

起点桩号 = K6 +（760 − 31.00）= K6 + 729.00

终点桩号 = K6 +（729.00 + 62.00）= K6 + 791.0

起点坡道高程 28.80 + 31.00 × 1.262% = 29.19 m

终点坡道高程 28.80 + 31.00 × 0.288% = 28.89 m

按 $R=4000$ m 和相应的桩距 x，即可求得竖曲线上各桩的标高改正数 y，计算结果列于表 13 − 8。

表 13 −8　竖曲线各桩高程计算

桩　号	至起点、终点距离 x/m	标高改正数 y/m	坡道高程 /m	竖曲线高程 /m	备　注
K6 + 729			29.19	29.19	竖曲线起点
K6 + 740	↓11.0	0.02	29.05	29.07	$i_1=-1.262\%$
K6 + 750	21.0	0.06	28.92	28.98	
K6 + 760	31.0	0.12	28.80	28.92	变坡点
K6 + 770	21.0	0.06	28.83	28.89	$i_2=+0.288\%$
K6 + 780	↑11.0	0.02	28.85	28.87	
K6 + 791			28.89	28.89	竖曲线终点

13.7 桥梁施工测量

现代桥梁无论是钢梁还是钢筋混凝土梁，按其桥轴线长度不同可分为特大型（> 500m）、大型（100 ~ 500m）、中型（30 ~ 100m）、小型（8 ~ 30m）四类。不同类型的桥梁其施工测量的方法及精度要求也不相同。

桥梁勘测设计阶段的一项主要工作就是根据线路走向、地形、地质、河床等情况选定桥位，并在河流两岸线路中线上埋设控制桩，两岸控制桩的连线即为桥轴线，两控制桩之间的水平距离为桥轴线长度。桥梁施工测量主要内容：以桥轴线为基础建立施工控制网（平面，高程）、测定桥轴线长度、桥墩台中心定位、墩台基础及其顶部放样、桥梁上部结构测设、竣工测量和桥梁墩台的沉降位移观测等。

桥长常用光电测距仪或全站仪直接测定，当受外界条件限制不能直接测定时，可实测三角网中的基线长度用间接方法求得，而水中桥墩的位置大多用方向交会法测设。

13.7.1 桥梁平面控制测量

桥梁平面控制测量，可以采用三角测量、边角测量、导线测量或 GPS 测量的方法建立。目前用得较多的是在 AB 轴线的两侧分别布设一条闭合导线，形成如图 13 − 34 所示的双闭合导线网图形，此外也可采用如图 13 − 35 所示的常规三角网图形作为桥梁控制

网，其中图 13－35(a)为大地四边形，图 13－35(b)为双三角形，图 13－35(c)为双大地四边形，图中 AB 为桥梁轴线，双线为实测边长的基线。桥梁控制网的布设，除满足控制测量本身的要求外，还要求控制点选在不被水淹、不受施工干扰的地方；不实测桥长的桥轴线应与基线一端连接，成为控制网的一条边；同时要求两岸中线上的 A、B 两点选在与桥台相距不远处，便于桥台放样；基线一般不少于两条，基线应选在岸上平坦开阔处，并尽可能与桥轴线相垂直，基线长度宜大于桥轴线长度的 0.7 倍。当布设成边角网或 GPS 网时，可适当放宽网形的限制，但控制网的精度必须满足表 13－10 相应的技术要求。

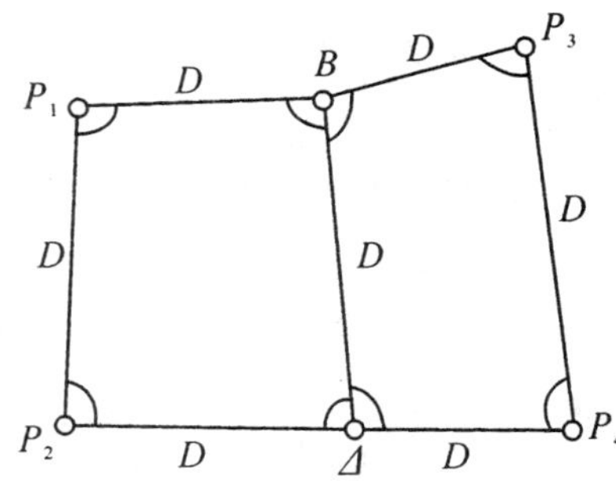

图 13－34　桥梁双闭合导线网

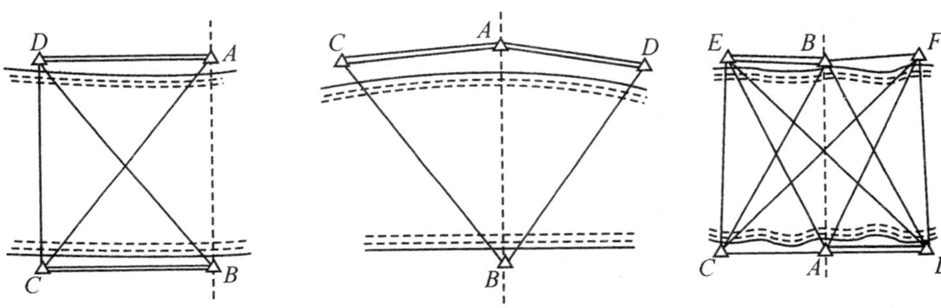

(a)大地四边形　　(a)双三角形　　(c)双大地四边形

图 13－35　桥梁三角网

按照《公路桥位勘测设计规程》规定，公路桥梁三角网的主要技术要求列于表13－9。

表 13－9　桥位三角网主要技术要求

等 级	桥轴线长 m	测角中误差 (″)	桥轴线相对 中误差	基线相对 中误差	三角形最大 闭合差(″)
二	>5 000	±1.0	1/130 000	1/260 000	±3.5
三	2 001 ~ 5 000	±1.8	1/70 000	1/140 000	±7.0
四	1 001 ~ 2 000	±2.5	1/40 000	1/80 000	±9.0
五	501 ~ 1 000	±5.0	1/20 000	1/40 000	±15.0
六	201 ~ 500	±10.0	1/10 000	1/20 000	±30.0
七	<200	±20.0	1/5 000	1/10 000	±60.0

13.7.2 桥梁高程控制测量

桥梁施工高程控制网应采用水准测量的方法建立。水准点应埋设在桥址附近安全稳固、便于观测之处，对于地质条件较差或易被破坏的地段，应加设辅助水准点或明、暗标志。为了在两岸建立统一的高程系统，需要将高程由河的一岸传递到另一岸。当过河视线较长时，使得照准标尺读数精度较低，特别是由于前、后视距相差悬殊，使得水准仪

的 i 角误差和地球曲率、大气折光的影响都会增加，这时可采用过河水准测量的方法解决。

1. 过河水准地点选择

过河水准测量应尽量选在桥梁附近河宽最窄、便于设站的河段处进行，视线距水面的高度宜大于3m，并尽可能有较高的视线高度，标尺与仪器点应尽量等高。

两岸测站点和立尺点可布成图 13－36 所示的"Z"字形图形或类似图形。图中 I、II 为测站点，A、B 为立尺点，要求 $IA = IIB$，且 IA、IIB 均不得小于 10m。

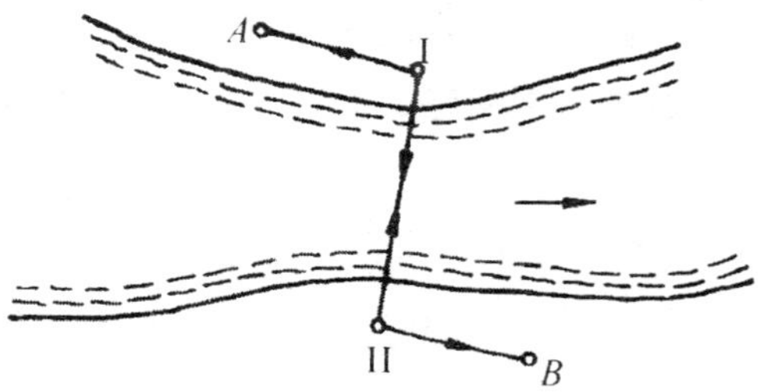

图 13－36 过河水准测量的测站和立尺点

2. 过河水准测量的方法

当视线长度（河宽）在200m 以内时，可用一般水准测量方法进行测量，每测回观测方法如下：

（1）先在 A 与 I 的中间等距处安置水准仪，用同一标尺按水准测量方法，测定 AI 的高差 h_{AI}；

（2）搬仪器于 I 点，精密整平仪器后，瞄准本岸 A 点上的近标尺，按中丝读取标尺基、辅分划各一次；

（3）将仪器瞄准对岸 Ⅱ 点上的远标尺，调焦后用胶布将调焦螺旋固定（确保不受触动），按中丝读取标尺基、辅分划各两次，计算 A Ⅱ 的高差 $h_{AⅡ}$；

（4）在确保调焦螺旋不受触动的要求下，立即过河，将仪器搬到对岸 Ⅱ 点上，A 点上标尺移到 I 点安置，精密整平仪器后，先瞄准对岸 I 点上的远标尺，按中丝读取标尺基、辅分划各两次；

（5）再瞄准本岸 B 点上的近标尺，去除胶布调焦后按中丝读取标尺基、辅分划各一次，计算 IB 的高差 h_{IB}；

（6）最后将仪器安置在 Ⅱ、B 中间等距处，用同一标尺按水准测量方法，测定 Ⅱ B 的高差 $h_{ⅡB}$。

以上（1）、（2）、（3）为上半测回观测，（4）、（5）、（6）为下半测回观测。

则一测回高差

$$h_{AB} = (h'_{AB} - h'_{BA})/2 \tag{13-48}$$

式中

$$\begin{cases} h'_{AB} = h_{AⅡ} + h_{ⅡB} \\ h'_{BA} = -(h_{AI} + h_{IB}) \end{cases} \tag{13-49}$$

按国家三、四等水准测量规范规定，过河水准测量一般应施测两个测回，测回间高差互差：三等不大于 ±8mm，四等不大于 ±16mm，取其平均值作为最后成果。

过河水准测量的观测时间最好选在风力微弱、气温变化较小的阴天进行；晴天观测时，应在日出后 1 小时开始至 9 时 30 分，下午自 15 时起至日落前 1 小时止。

当河面较宽(河宽 300～500m)，水准仪读数有困难时，此时可采用微动觇板法，将特制的可活动觇板装在水准尺上(图 13－37)，由观测者指挥上下移动觇板，直至觇板红白分界线与十字丝中横丝相重合为止，由立尺者直接读取并记录标尺读数。其观测程序和计算方法同上。

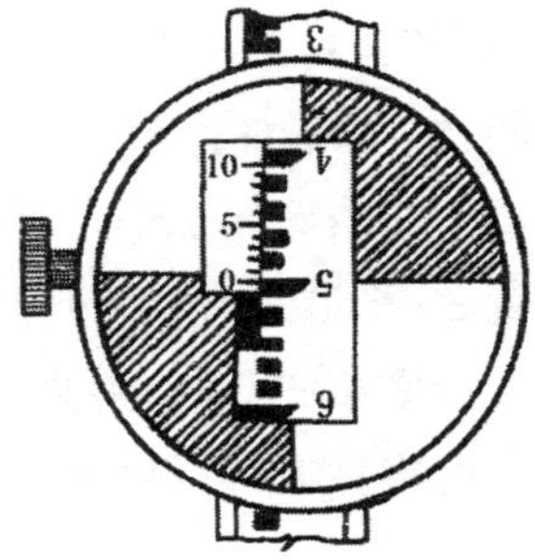

图 13－37　特制觇板

过河高程传递也可以使用全站仪按三角高程测量的方法进行。为有效地抵消地球曲率和大气垂直折光的影响，可采用对向观测的方法，取对向观测所得高差的平均值作为两点间的高差。

13.7.3 方向交会法测设桥墩位置

桥梁墩台定位测量是桥梁施工测量中的关键性工作。水中桥墩基础(墩底)一般采用浮运法施工，目标处于浮动中的不稳定状态，在其上无法使测量仪器稳定，因此墩底测设一般采用方向交会法。在已经稳固的墩台基础上定位时，可以采用直接法、方向交会法、距离交会法或极坐标法。

1. 直接法

直接法适用于中小型直线桥梁的墩台测设。如图 13－38 所示，首先在桥轴线控制点 A 点安置全站仪，瞄准 B 点定出桥轴线方向，根据设计桥墩的距离，即可测设出桥轴线控制点 A、B 之间各桥台中心的位置；然后将全站仪安置在 B 点按同样的方法再次测设出各桥台中心的位置，两次测设的桥台中心位置误差应小于 2 cm，取平均位置作为桥台中心。

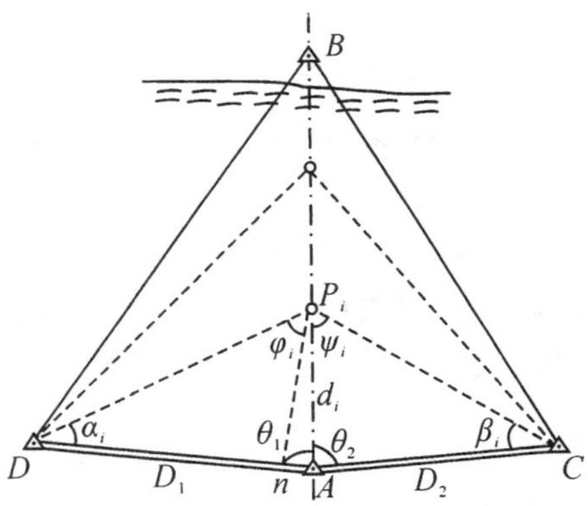

图 13－38　方向交会法测设桥墩位置

2. 方向交会法

如图 13－38 所示，根据桥墩中心的设计坐标和控制点的坐标，按坐标反算求得交会法测设的角度 α_i、β_i 及 d_i，即可按方向交会法进行桥墩中心 P_i 的测设。d_i 为桥轴线控制点 A 至桥墩中心 P_i 的水平距离，可作为校核。

实际测量时，为保证精度，应从三个方向交会。如图 13－39 所示，在 A、C、D 三点各安置一台经纬仪。安置于 A 站的仪器瞄准 B 点，标出桥轴线方向，安置于 C、D 两站的仪器，均后视 A 点，以正倒镜分中法测设 α_i、β_i，在桥墩处的人员分别标定出由 A、C、D 三测站测设的方向线。由于测量误差的影响，由 A、C、D 三个测站测设的方向线不会交于一点，而构成一个误差三角形。若误差三角形在桥轴线上的边长不大于规定数值(放样墩底为 2.5cm，放样墩顶为 1.5cm)，则取 C、D 两站测设方向线交点 P_i'，在桥轴线上的投影 P_i 作放样的墩位中心。

理论与实践证明，交会精度与交会角 γ 有关。如图 13－40 所示，当 γ 角在 90°～110° 范围内时，交会精度最高。因此，在选择基线和布网时应尽可能使角 γ 在 80°～130°之间，但不得小于 30°或不得大于 150°。

在桥墩施工中，方向线交会需经常进行，为了准确、迅速进行交会，可在取得 P_i 点位置后，将通过 P_i 点的交会方向线延长到彼岸设立标志。标志设好后，应进行检核。这样，交会墩位中心时，可直接瞄准彼岸标志进行交会，而无需拨角。若桥墩砌高后阻碍视线，则可将标志移设到墩身上。

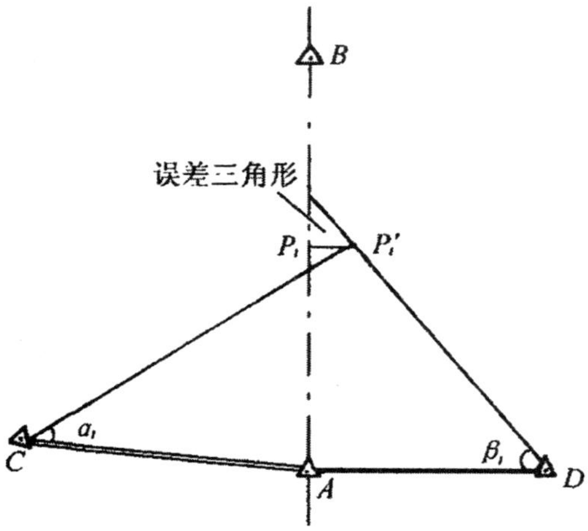

图 13－39　误差三角形

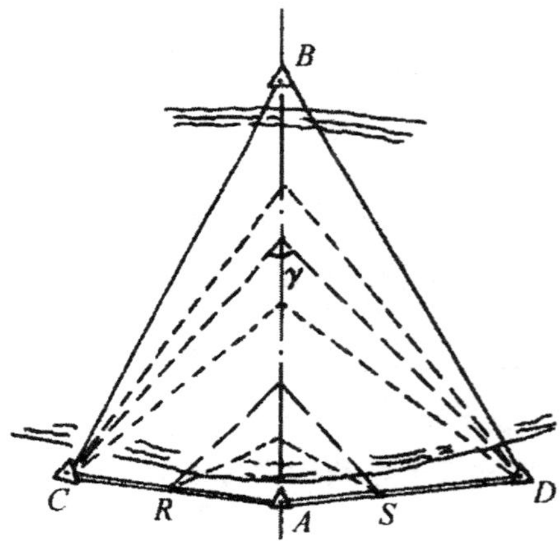

图 13－40　交会精度与交角 γ 的关系

13.7.4 大型斜拉桥施工测量

斜拉桥是一种墩塔高、主梁跨度大的高度超静定结构体系的桥梁，如图 13－41 所示。施工测量的主要任务是要满足高塔柱的垂直度、索道管三维竖向坐标的精密定位、主梁线性和形体等要求。近年来，仅长江上就修建多座大型斜拉桥。

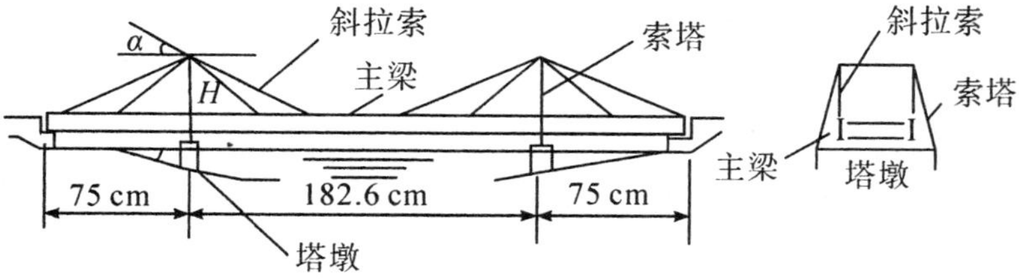

图 13－41　现代大型斜拉索桥示意图

斜拉桥施工测量的主要内容：①建立足够精度、合理密度的施工控制网；②基础施工测量（围堰定位和接高测量、钻孔桩定位和斜度测量、钻孔内灌注时的高程测量等）；③桥墩承台和墩身施工测量（桥墩中心定位、测设其几何形体等）；④高塔墩垂直度测量；⑤索道管精密定位；⑥主梁施工测量；⑦竣工测量；⑧在桥梁交付使用前，配合桥梁结构的动、静载试验，测定塔柱在不同荷载下的偏移及桥梁的挠度等变形监测。详见参考文献[16]。

习题 13

1. 简述道路中线测量任务是什么？包括哪些主要工作？

2. 已知圆曲线交点 JD 里程桩号为 K2 + 362.96，右偏角 $\alpha_{右}$ 为 28°28′00″，欲设置半径为 300m 的圆曲线，计算圆曲线诸元素 T 、L 、E 、D ，并计算圆曲线各主点的里程桩号。

3. 简述圆曲线主点测设方法。

4. 已知缓和曲线交点 JD 里程桩号为 K3 + 637.56，偏角 $\alpha_{右}$ 为 19°28′00″，拟设置半径为 300m 的圆曲线，在圆曲线两端各用一长度为 60m 的缓和曲线连接，求 β_0 ，x_0 ，y_0 ，p ，q ，T_H ，L_H ，E_H ，D_H ，并计算缓和曲线各主点的桩号。

5. 某凹形竖曲线，$i_1 = -3\%$ ，$i_2 = 2\%$ ，变坡点桩号为 K3 + 340，其设计高程为 100.00m，竖曲线半径 $R = 1000$m。试求竖曲线测设元素及起、终点的桩号和高程，曲线上每 10m 间距整桩的设计高程。

第14章 地下工程施工测量

14.1 概述

地下工程包括铁路、公路、水利等工程的地下隧道、城市地铁、人防工程、过江底或海底隧道以及地下军事设施等。虽然各工程性质、结构和地质条件不同,但在施工过程中,一般都要先由地面通过洞口或竖井开始,到地下开挖隧道,然后再进行各种地下建(构)筑物的施工。在长距离的地下隧道施工中,为了加快施工进度,一般由隧道的两端洞口对向开挖,或者通过斜井、平洞、竖井等形式增加多个掘进工作面,如图14-1所示,a为平洞,b为斜井,c为竖井。

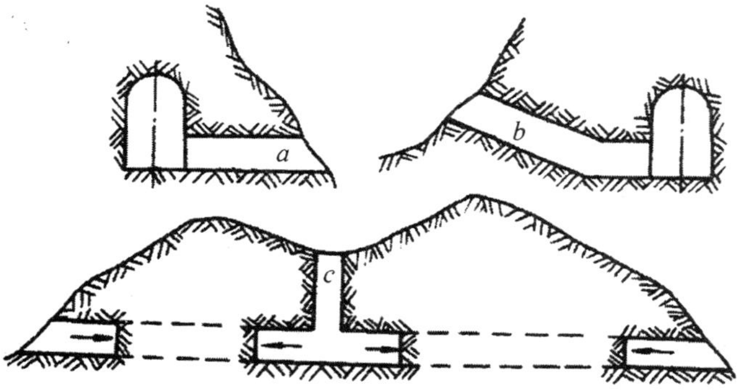

图14-1 隧道的开挖

地下工程施工测量的任务是先在地面建立平面与高程控制网,精确测定洞口、进口、坑口等处控制点的平面位置和高程;随着隧道的开挖,将地面上控制点的坐标、方向及高程通过洞口或竖井联系测量传递到地下洞内,作为地下控制测量的依据;然后进行地下平面与高程控制测量,以指导隧道开挖,保证隧道按设计的精度要求贯通,同时也按设计要求进行地下建(构)筑物的放样。

地下工程施工测量的精度要求,应根据工程的性质、隧道的长度和施工的方法而定。例如,对向开挖的地下隧道工程,在贯通面处的贯通误差,包括纵向贯通误差、横向贯通误差和高程(竖向)贯通误差三部分。其中主要是横向贯通误差和高程贯通误差。据《铁路测量技术细则》规定,当铁路隧道长度小于4km时,其横向贯通误差的限差为

±100mm,高程贯通误差的限差为±50mm,这表明地下工程施工测量要求有较高的精度。由于工程的复杂和重要性,施工周期较长,如有一时疏忽或粗差,将会造成不可挽回的重大损失。所以地下工程施工测量应认真仔细做好,并采取多种措施做好复核工作,以便及时发现粗差加以改正,确保工程质量。

14.2 地面平面与高程控制测量

地面平面与高程控制测量的任务是测定各洞口(井口)控制点的坐标和高程,作为向洞内引测坐标、方向、高程的依据。平面控制测量常用方法有中线法,精密导线法,三角锁(网)法及 GPS 定位技术等。高程控制测量主要采用水准测量的方法。目前,光电测距三角高程测量可以代替三、四等水准测量。

14.2.1 地面平面控制测量

1. 中线法

中线法是采用线路定测时打中线的方法,把线路中线点的位置每隔适当距离用控制桩标定在洞顶上,如图 14-2 所示。图中 A、B 为隧道中线上的两个洞口控制点,由于地形条件,A、B 两点之间不通视。中线法的目的就是要在 AB 直线的方向上,在地面洞顶上标出 C、D 点位,作为向洞内引测方向的依据。一般采用延长直线逐渐趋近法。

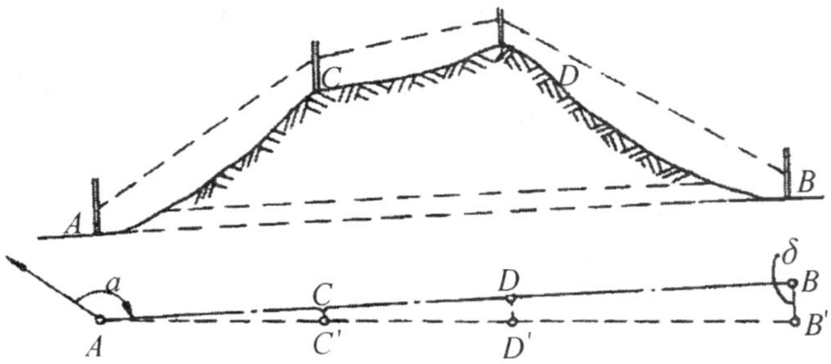

图 14-2　中线法

具体做法如下:

(1)将经纬仪安置在 A 点,根据 AC'距离和 AB 概略方位角 α_{AB}(可在地形图上量取),定出 C' 点,在 C' 点用正倒镜取中法延长 AC' 至 D',同法在 D' 点延长 $C'D'$ 至 B' 点,实地量取 BB' 的长度为 δ,此外可用地形图上量取 AC'、$C'D'$、$D'B'$ 的距离,则图 14-2 中的 DD' 的长度 δ' 可用下式求得:

$$\delta' = \frac{\delta}{AB'}AD' \tag{14-1}$$

式中,$AB' = AC' + C'D' + D'B'$,$AD' = AC' + C'D'$。

(2)从 D' 点沿垂直于 AB' 方向量取 δ' 定出 D 点,将经纬仪安置在 D 点,后视 B 点,正倒镜取中法延长直线 BD 至 C 点,再用同法将经纬仪安置 C 点,延长直线到 A 点,若与原 A 点不重合,则移动 C 点,依此法直到 C、D 两点都在 AB 直线上为止。施工时,将经纬

仪安置在 A 点或 B 点，分别后视 C 点或 D 点，向洞内引测中线，以指导开挖。

中线法适用于短距离的直线形隧道，其方法简单。但对于山岭或较长的隧道，尤其是曲线隧道，采用该法十分困难，其精度较低。

2. 精密导线法

地面精密导线法通常采用光电测距导线。导线应布设成闭合或附合形式或者多环闭合的导线网形式，并应将洞口（井口）控制点纳为导线点，如图 14 – 3 所示。为了减少隧道横向贯通误差，直线隧道的导线应沿两洞口连线方向布设成直伸形式，当两端为曲线的隧道，导线沿曲线切线方向布设，若隧道整个为曲线时，应沿两洞口的连线方向布设。对于地面导线测量精度，根据不同工程性质及隧道长度等情况而定。

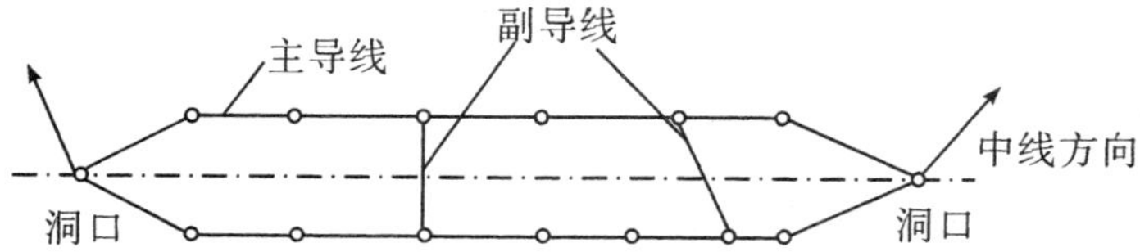

图 14 – 3　主副导线闭合环地面控制

3. GPS 定位技术

用 GPS 定位技术建立地下工程地面平面控制网（GPS 网），只需在隧道洞口（或竖井、斜井、平洞口）布设控制点。对于直线隧道洞口点应选在线路中线上，另外再在地面布设至少两个定向控制点，并要求定向控制点与洞口控制点通视。对于曲线隧道，除洞口点外，还应把曲线上的主要点（例如始、终点）包括在网中。GPS 网点布设除与常规方法要求相同外，特别要注意点位环境应适宜于 GPS 接收机观测。图 14 – 4 为某隧道布设的 GPS 网，图中 A、B 为洞口，其连线方向为隧道中线。

图 14 – 4　GPS 控制网

14.2.2 地面高程控制测量

地面高程控制测量主要采用水准测量的方法，其任务是测定各隧道洞口（斜井、竖井、平洞口）附近控制点的高程。水准测量时，以线路定测时的水准点高程作为起始高程，将各洞口水准点连成闭合或附合水准路线，每个洞口至少应埋设两个水准点。地面水准测量的精度要求及等级的确定，取决于隧道的长度以及隧道地段的地形情况，即取决于两洞口间水准路线的长度。

对于地形困难地区，采用光电测距三角高程测量方法（往返观测）进行地面高程控制测量，可以代替三、四等水准测量。

14.2.3 隧道进洞测量

1. 直线隧道进洞

地面控制测量完成后，即可进行隧道的进洞开挖。隧道开挖初期，进洞的施工方向是由洞外控制点引进的临时中线点控制的，当临时中线延伸 1 至 2 个正式中线点距离后，则可在此基础上进行导线测量，作为地下施工控制。下面介绍直线按隧道中线方向进洞（正洞）的方法。

进洞施工前，首先要根据地面控制测量中所得的洞口控制点的坐标与其他控制点的连线方向，来推算指导开挖方向的放样数据。如图 14－5(a)所示，两洞口 A、B 都在隧道中线上，则可以按极坐标法反算出两个坐标方位角 α_{AB} 与 α_{AN}，则放样数据 $\beta = \alpha_{AB} - \alpha_{AN}$，$AB$ 之间的距离 D 为

$$D = \sqrt{(X_B - X_A)^2 + (Y_B - Y_A)^2} \tag{14-2}$$

具体测设时，在 A 点安置经纬仪，后视 N 点，拨角 β，即得进洞的中线方向，此为拨角法。如果 A 点不在隧道的中线上，如图 14－5(b)所示，可根据直线的转点 ZD 与 B 点的坐标以及 A 点的坐标，计算出 β、D。具体测设时，首先在 A 点安置经纬仪，后视 ZD 点，拨角 β，在此方向上量距 D，定出中线点 A'，再将经纬仪安置在 A' 点指导进洞方向，此为移桩法。

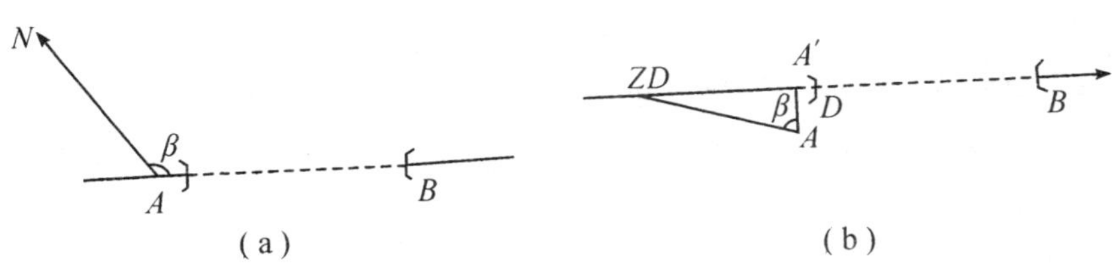

图 14－5　正洞中线法

2. 曲线隧道进洞

曲线隧道进洞的关系较为复杂，曲线进洞都要计算曲线元素及曲线上各主点在隧道施工坐标系内的坐标，详见参考文献[16]。

14.3 竖井联系测量

城市地铁、山岭隧道或过江隧道等地下工程施工中，除采用开挖平洞、斜井等方法外，常采用开挖竖井的方法增加工作面。为了保证地下各相向开挖面的精确贯通，应将地面控制点的坐标、方向及高程通过竖井传递到井下，作为地下洞内控制测量的依据，这项工作称为竖井联系测量。它包括竖井定向测量和竖井高程传递。

14.3.1 竖井定向测量

将地面控制点的坐标、方向通过竖井传递到井下，并使地上和地下同处于同一坐标系统，这项工作称为竖井定向测量。目前常用以下几种定向测量方法。

1.竖直导线定向法

图14-6是在城市地铁工作竖井或出土井内,采用竖直导线定向法布设的立面视图。由近井点A开始,根据现场条件及竖井结构形式,宜沿工程轴线方向布设竖直导线点,导线边的竖直角应小于30°,竖直导线点宜埋设带有强制对中装置的内外架式的金属吊篮,地下导线点B、B_1处应埋设带有强制对中装置的固定观测墩。

近井控制点A应与地面至少两个控制点(A_1、A_2)点连测,保证方向传递的精度。

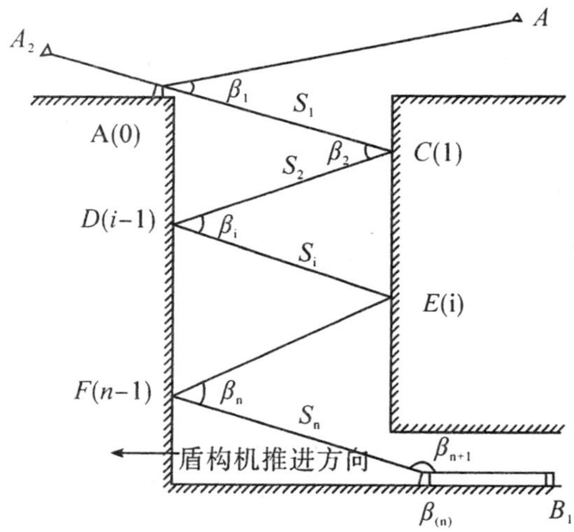

图14-6 竖直导线定向法布设立面视图

竖直导线定向法宜采用双轴补偿的全站仪(I或II级)观测角度,导线边应往返测量。由图可知,由地面传递至地下定向边BB_1的坐标方位角α_{BB_1}为

$$\alpha_{BB_1} = \alpha_{AA_1} + \sum_{i=1}^{n+1}(-1)^{i-1}\beta_i + (n-1)\cdot 180° \qquad (14-3)$$

式中,α_{AA_1}为地面控制网已知坐标方位角;β_i为竖直导线观测的水平角。

传递至地下洞口B点坐标X_B、Y_B为

$$\begin{cases} X_B = X_A + \sum_{i=1}^{n} D_i \cdot \cos\alpha_{i-1,i} \\ Y_B = Y_A + \sum_{i=1}^{n} D_i \cdot \cos\alpha_{i-1,i} \end{cases} \qquad (14-4)$$

式中,D_i为竖直导线的观测平距;$\alpha_{i-1,i}$为竖直导线$i-1$,i边的坐标方位角;X_A、Y_A为近井点已知坐标。

由式(14-3)计算坐标时应注意坐标系的统一,不统一时应先进行坐标换算。

2.联系三角形定向法

如图14-7所示,在井筒内挂两条垂线O_1、O_2,A点为近井的控制点,C点为地下导线的定向点,则地上地下形成两个狭长的三角形AO_1O_2和CO_1O_2,O_1O_2为公共边,通常称为联系三角形。在地面观测角α_1及连接角ω_1,并丈量三角形a_1、b_1、c_1,在地下观测角α_2及连接角ω_2,并丈量三角形边长a_2、b_2、c_2,β_1、β_2两角由计算求出,则可根据导线$A-O_2O_1-C$计算出地下定向点C的坐标及CD定向边的坐标方位角α_{CD}为

$$\alpha_{CD} = \alpha_{AB} + \omega_1 + \beta_1 - \beta_2 + \omega_2 \pm i \cdot 180° \tag{14-5}$$

$$\begin{cases} X_C = X_A + c_1\cos\alpha_{AO_2} + b_2\cos\alpha_{O_2C} \\ Y_C = Y_A + c_1\sin\alpha_{AO_2} + b_2\sin\alpha_{O_2C} \end{cases} \tag{14-6}$$

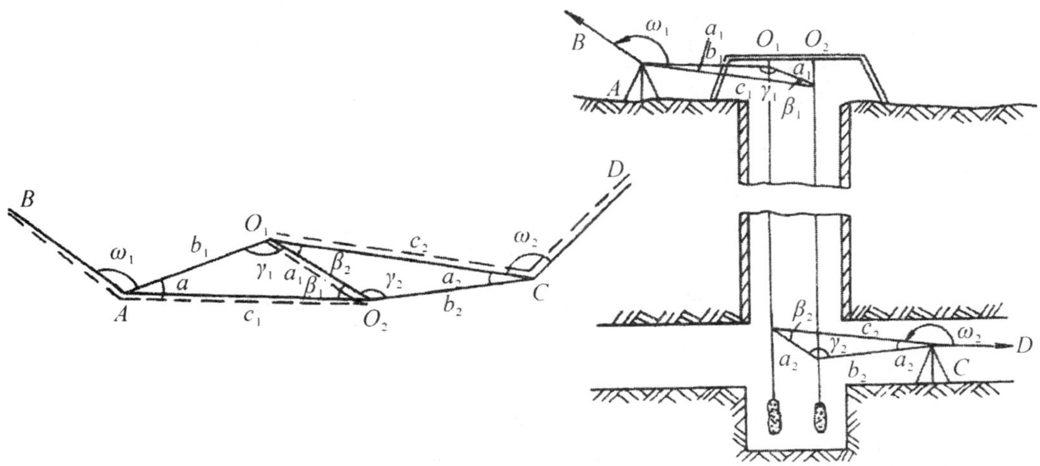

图 14-7　联系三角形定向法

为了提高定向精度，两垂线间的距离应尽量大一些（应大于 5m），α_1、α_2 应尽量小一些，不应大于 3°，b/a 的数值应大约等于 1.5，观测时角度用 J_2 经纬仪观测 6 个测回，取平均值，边长用检定过的钢尺丈量 4 次取平均值，应考虑尺长与温度改正，井上井下丈量两垂线间距之差不应大于 2mm，两垂线间实量间距与按余弦定理计算的间距之差值也不应超过 2mm。

3. 铅垂仪、陀螺经纬仪联合定向法

铅垂仪、陀螺经纬仪联合定向法是在地面采用激光或光学铅垂仪向井下投测坐标，在地下用陀螺经纬仪测定定向边的方位角，再用全站仪在地面和地下测定铅垂仪的坐标和定向边的边长。要求使用的仪器、标牌和测距棱镜应相互配套。

4. 铅垂仪投点法

图 14-8 为采用铅垂仪投点法布设原理略图，图中 A_1、A_2 为地面平面网控制点，B、G 为投测井孔上方井架中心，井架分为内、外架，内架中心 B、G 处焊有一个 20cm 见方钢板，并有一个孔径略大于全站仪基座螺旋直径的孔洞。

地下 C、F、D、E 等点尽可能埋设带有强制对中装置的观测墩或内外架式金属吊篮。注意在埋设 C 与 B 点及 F 与 G 点时应使他们位于同一铅垂线上，以利于向上投测。

使用 2″级以上的激光铅垂仪，安置在 C、F 点，整平后按操作要求向上竖向投测，在井口内架中心孔处安置基座，整平后按激光的红光点位置指挥微动基座，使基座中心刚好位于红光点处，固定基座，安上照准标牌与棱镜。在控制点 A_1 安置全站仪测角 β_1、β_2 及量距 D_1、D_5。在地下定向边 D、E 点安置全站仪测角 β_3、β_4 及量距 D_2、D_3、D_4。一般角度观测 4 测回（左、右角），边长往返测量 4 测回。

首先根据地面控制点 A_1、A_2 及观测量 β_1、β_2、D_1、D_5 计算得投测点 C、F 的坐标，然后

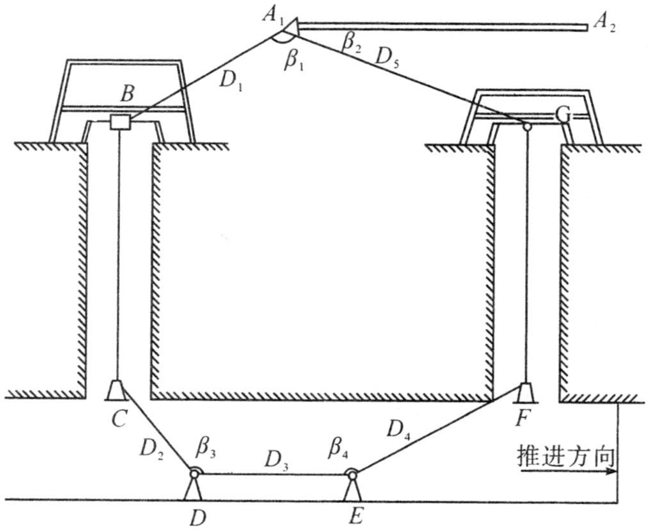

图 14－8　铅垂仪投点法布设略图

按照无定向单导线计算原理，求得地下定向边的坐标方位角 α_{DE} 和定向点 D、E 的坐标值，并评定相应精度。此法为两井定向，在城市地铁测量中经常采用。

14.3.2 竖井高程传递

竖井高程传递的任务是将地面近井水准点的高程通过竖井传递到井下，作为地下洞内水准测量的依据，并使地上、地下建立统一的高程系统。目前常用水准仪配合悬吊钢尺（或钢丝）的方法进行高程传递，也可以用水准仪与高精度测距仪联合进行高程传递，现分别介绍如下。

1. 水准仪与悬吊钢尺法

如图 14－9 所示，竖井内悬吊经检定后的钢尺，零点朝下，下端挂一锤球，置于油桶中，以使稳定。两台水准仪分别在地上、地下观测，读取水准尺读数 a、d，读取钢尺上读数 b、c。每次应独立观测三测回，每一测回间应变动仪器高度。三个测回测得地上、地下水准点的高差较差应小于 3mm，然后取平均值作为本次高差最后结果。在计算时应考虑钢尺尺长改正数与温度改正数。

地下水准点 B 的高程 H_B 为

$$H_B = H_A + a - (b - c) - d + \Delta l_d + \Delta l_t \tag{14-7}$$

式中，Δl_d 为尺长改正数，$\Delta l_d = \dfrac{\Delta l}{l_0} \times (b - c)$；

Δl_t 为温度改正数，$\Delta l_t = 1.25 \times 10^{-5} \times (b - c) \times (t_{均} - t_0)$，$t_{均}$为井上、井下平均温度。

在矿山竖井高程传递时，由于竖井很深，可采用细钢丝悬吊，此时地面上应设置比长器，如图 14－9 中地面上 $m-n$ 为比长器标志。

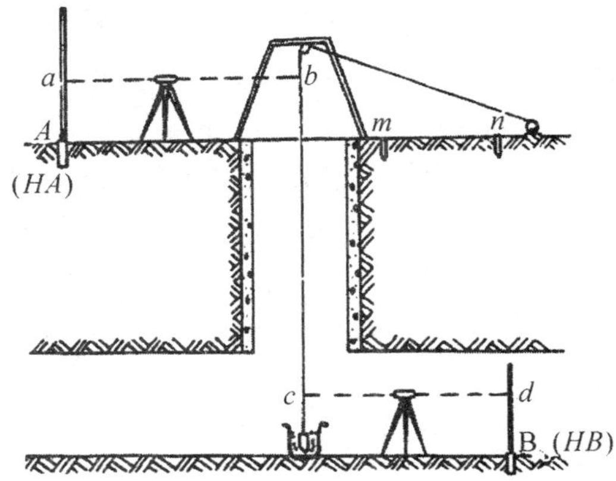

图14－9　竖井高程传递(悬吊钢尺)

2. 水准仪与测距仪联合传递法

如图14－10所示,在井上支架上安置测距仪,装配一托架,使测距仪照准头朝下,竖直瞄准井底安置的棱镜,测得竖直距离为D_H。然后井上、井下分别安置水准仪,测得地上水准点A相对于测距仪照准头转动中心的高差$a-b$,以及井下待测水准点B相对于反射棱镜面的高差$c-d$。则待测水准点B的高程H_B为

$$H_B = H_A + (a-b) - D_H + (c-d) \tag{14-8}$$

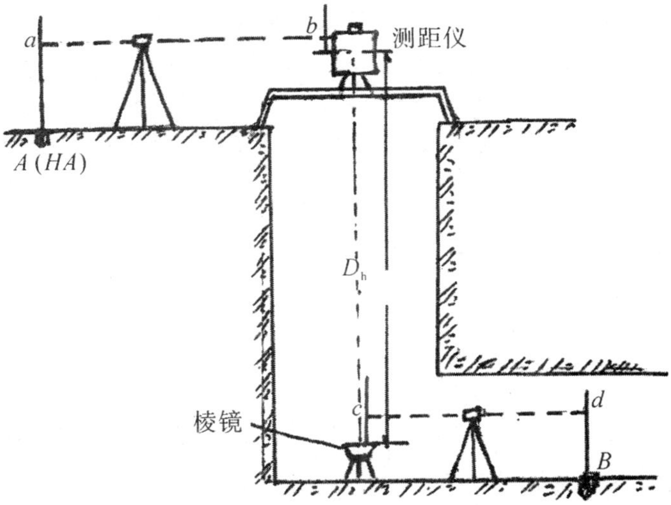

图14－10　测距仪高程传递

14.4 地下洞内施工控制测量

地下洞内施工控制测量包括地下导线测量和地下水准测量以及洞内开挖施工测量等。它的任务是指导隧道开挖,确保贯通,同时作为洞内地下建(构)筑物放样的依据。

14.4.1 地下导线测量

地下隧道掘进过程中,以支导线的形式布设地下导线。一般采用分级布设的方法,

先布设边长 25 ~ 50m 的施工导线，当隧道向前延伸一定长度后，布设边长 50 ~ 100m 的基本导线。当隧道开挖较长距离后，布设边长为 150 ~ 800m 的主要导线。每次测定“新点”时，要对以前的“旧点”进行复核。

地下施工导线角度观测 1 ~ 2 个测回，测角中误差应在 ±6″以内。地下基本导线角度测量宜用 2″级全站仪施测，左右角分别观测 2 测回，左右角平均值之和与 360°较差应小于 6″。边长往返观测各 2 测回，往返观测平均值较差应小于 7mm。地下主要导线的测角与量距精度要求与基本导线相当。有时地下导线也可采用施工导线与主要导线两级布设形式。

14.4.2 地下水准测量

地下水准测量是以洞口（井下）水准点为高程依据，沿着坑道或斜井隧道将高程向洞内引测，求得洞内各水准点高程。地下水准测量路线一般与地下导线路线相同，可采用原地下导线点作为地下水准点，水准点的位置可埋设在隧道底板或顶板上。在隧道贯通前，地下水准路线为支水准路线，需要往返观测进行检核。

地下水准测量的等级和使用水准仪主要根据两开挖洞口间洞外水准路线的长度确定。

有时，地下水准测量采用倒尺法传递高程，如图 14 – 11 所示。此时高差计算公式仍为后视读数减前视读数，但对于倒尺读数应取负值代入计算。

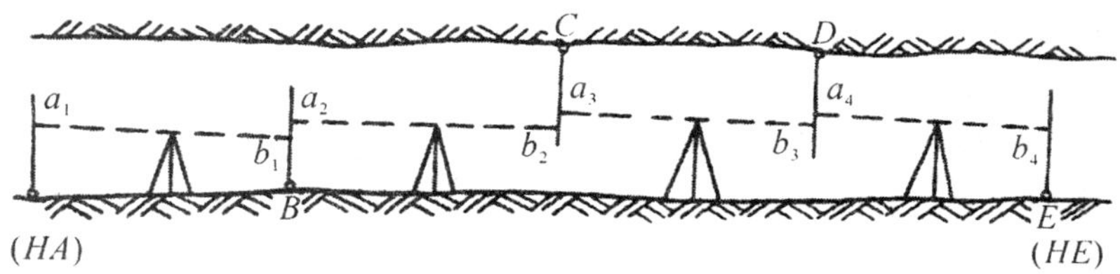

图 14 – 11　地下水准测量

如图 14 – 11 中，E 点高程

$$H_E = H_A + (a_1 - b_1) + [a_2 - (-b_2)] + [(-a_3) - (-b_3)] + [(-a_4) - b_4] \tag{14-9}$$

为了检查地下洞口水准点的稳定性，应定期根据地面水准点进行复核，若水准点无变动，则取各次高差平均值作为高差成果，若发现水准点变动，则应取最近一次的测量成果。

14.4.3 洞内开挖施工测量

1. 洞内开挖方向的标定

对于直线隧道施工，常用中线法指导掘进方向。如图 14 – 12 所示，P_1、P_2 为地下导线点，A、B 为待测设的隧道中线点，测设数据 $\beta_2 = \alpha_{P_2-A} - \alpha_{P_2-P_1}$，$\beta_A = \alpha_{A-B} - \alpha_{A-P_2}$，$D_1$ 均由 P_1、P_2、A 点坐标反算得到。

求得测设数据后，将经纬仪安置于 P_2 点，后视 P_1 点，拨角 β_2，并在视线方向上量距 D_1，即得中线点 A。然后在 A 点安置经纬仪，后视 P_2，拨角 βA，即得中线方向。随着隧道逐渐向前延伸，A 点离开开挖面越远，则必须在开挖面处埋设新的中线点 B，一般每掘进 20m 左右，设置一个新中线桩。此时将经纬仪安置于 B 点，后视 A 点，用正倒镜取中法继续向前标出中线方向，以指导开挖。

随着激光技术的发展，在中线法隧道掘进中，可在中线上安置激光经纬仪或激光导向仪来指示中线方向，因仪器发射一束可见光，具有直观性强、标定距离长、便于自动化施工的优点，所以在隧道施工中被广泛使用。

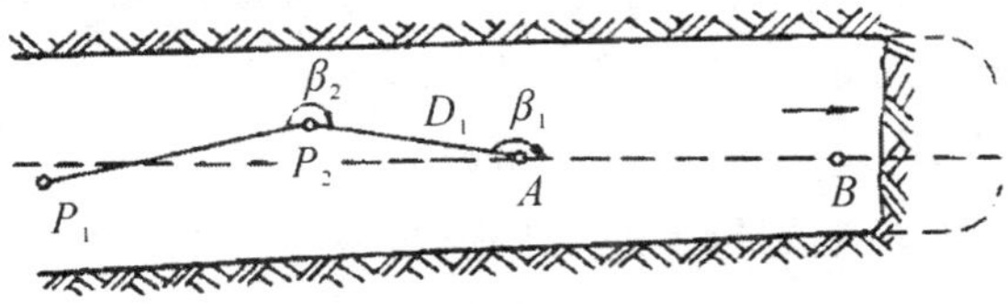

图 14－12　中线测设

如遇到曲线隧道施工，应先计算出曲线元素以及曲线上各主点在隧道施工坐标系内的坐标，曲线元素计算参阅第 13 章。如图 14－13 所示，ZD_1、ZD_2、ZD_3、ZD_4 为切线上的隧道施工控制网的控制点，其坐标均已精确测出，这时可由这四个控制点的坐标计算出两切线间的偏角 α，由 α 和设计半径 R 按曲线元素公式计算出切线总长 T 与曲线总长 L。再按 ZD_2、ZD_3 的坐标及两切线的方位角计算出 JD 点的坐标。然后由 T 算得 ZY 与 YZ 的坐标，并由外矢距 E 算出曲线中点 QZ 的坐标，这样就将曲线上的几个主点纳入了施工坐标体系内。

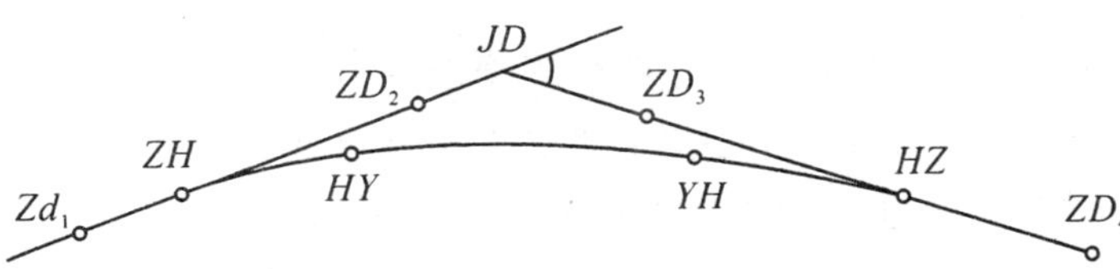

图 14－13　曲线隧道

曲线细部放样可按第 13 章中所述的方法测设中线桩，也可用下述的逐点搬站偏角法测设。如图 14－14 所示，把曲线总长平分成 n 等分 l，则 $l=L/n$，每等分所对应的圆心角为

$$\varphi=\frac{\alpha}{n} \tag{14-10}$$

对应的弦长为

$$c=2R\sin\frac{\varphi}{2} \tag{14-11}$$

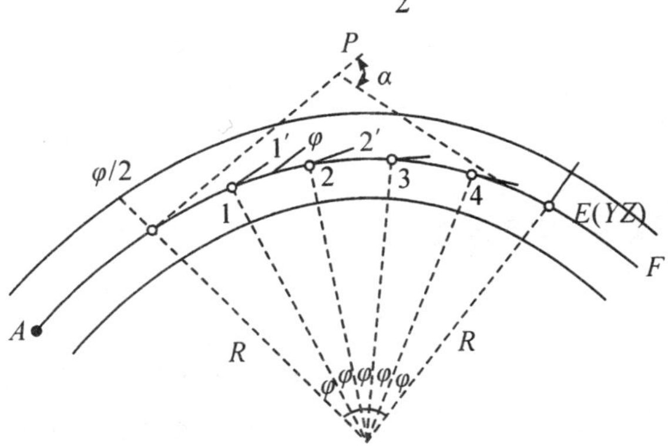

图 14－14　曲线细部放样

测设时仪器安置于 ZY 点，后视 A 点，水平度盘为 0°00′00″，倒镜为圆曲线的切线方向，然后仪器旋转 $\varphi/2$ 角，则视线为 B1′方向，沿该方向量距离 c 即得到 1 点。随着隧道延伸，仪器安置于 1 点，后视 B 点，倒镜为 11′方向，仪器旋转 φ 角，得 12′方向，沿该方向量距离 c 得 2 点。以后各点测设方法与测设 2 点相同，直至终点。

2. 腰线测设

为了控制隧道的标高与坡度，以及开挖断面放样，通常采用腰线法。当高程由洞口水准点引入洞内后，如图 14－15 所示，水准仪后视水准点 A，读取后视读数 α，则可算出仪器的视线高程，再根据腰线上 C、D 的设计高程，分别求出 C、D 两点与仪器视线间的高差 h_1、h_2，根据 h_1、h_2 便可在边墙上定出 C、D 点，两点连线即为腰线。它可指导隧道底板和顶板的施工。

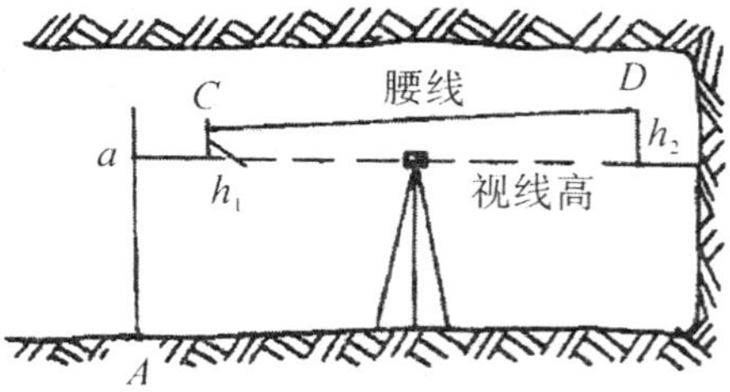

图 14－15 腰线测设

3. 开挖断面的放样

地下隧道施工中，每爆破一次后，都必须把隧道的开挖断面放到开挖面上，以供开挖人员安排炮眼，准备下一次的爆破。如图 14－16 所示，开挖断面的放样是在中垂线 AB 和腰线 CD 的基础上进行的，它包括两边侧墙和拱顶两部分放样工作。侧墙的放样是以中垂线 AB 为准，向两边量取宽度的一半，用红漆或白灰标出，即为侧墙线。拱形部分可根据计算或图解数据放出圆弧上 1′、2′、3′等点，然后连成圆弧。

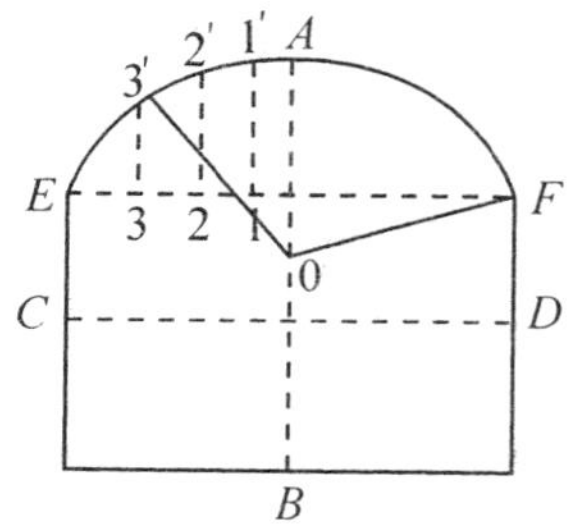

图 14－16 开挖断面放样

14.5 隧道贯通误差的测定与调整

隧道贯通后，应及时进行贯通测量，测定隧道实际的横向、纵向和竖向（高程）贯通误差。若贯通误差在允许范围以内，认为施工测量工作达到了预期目的。但是由于存在着贯通误差，尽管它们在允许范围以内，仍将影响隧道断面扩大及衬砌工作的进行。因此，我们应该采取适当方法将贯通误差加以调整，从而获得一个对行车没有不良影响的隧道中线，并作为扩大断面、修筑衬砌以及建（构）筑物放样的依据。

14.5.1 贯通误差的测定方法

1. 中线法

隧道贯通后，从相向的两个方向各自向贯通面延伸中线，并在贯通面处各钉一临时桩 A、B，如图 14－17 所示。丈量 A、B 之间距离，即为隧道实际的横向贯通误差，A、B 两点的里程之差，即为隧道实际的纵向贯通误差。

2. 导线法

当采用地下导线作洞内控制的隧道，如图 14－18 所示，从相向的两个方向，根据地下导线控制点对钉设在贯通面处的临时桩点 A，测定其两组不同的坐标值，其中 Y 坐标之差值即为实际的横向贯通误差，而 X 坐标之差值为实际的纵向贯通误差。在临时桩点 A 点安置经纬仪测量角度 α，可求得导线的角度闭合差（也称方位角贯通误差）。

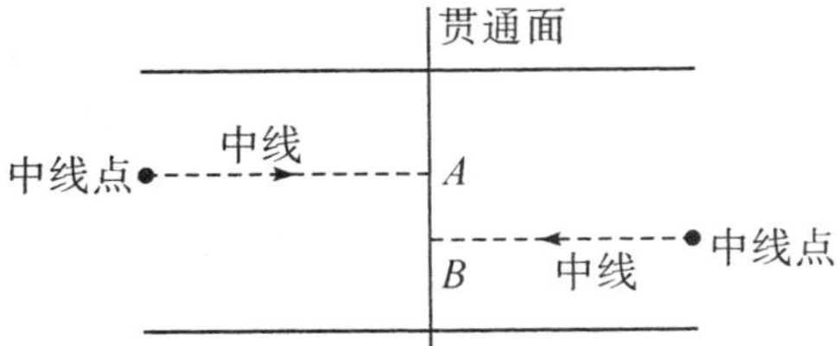

图 14－17　中线法

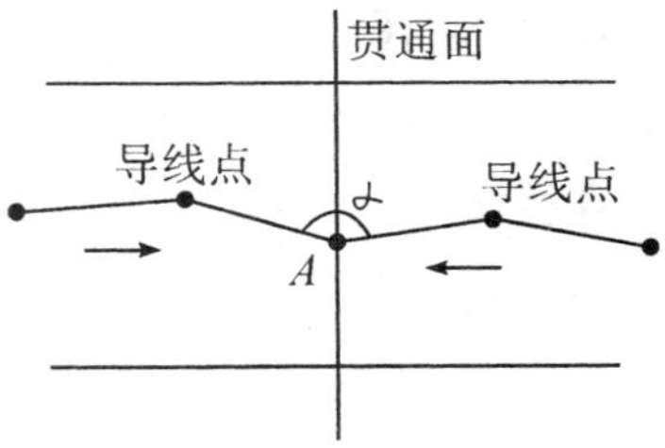

图 14－18 导线法

3. 水准测量法

从隧道两端洞口水准点向洞内各自进行水准测量，分别测出贯通面处同一水准点高程，其高程之差数即为实际的竖向（高程）贯通误差。

14.5.2 贯通误差的调整

调整贯通误差的工作，原则上应在隧道未衬砌地段上进行，不再牵动已衬砌地段的中线，以防减少限界而影响行车。对于曲线隧道还应注意尽量不改变曲线半径和缓和曲线长度，否则需经上级批准。在中线调整后，所有未衬砌地段的工程，均应以调整后的中线指导施工。

对于直线隧道中线调整：可在未衬砌地段上采用折线法调整；对于地下导线作为洞内控制，且贯通误差采用导线法测定的，可将实测的导线角度闭合差平均分配到该段贯通导线的各导线角上，按简易平差后的导线角计算该段导线各导线点坐标，求得坐标闭合差，再按导线边长成比例分配坐标闭合差，即得到各导线点调整后的坐标，它可作为洞内未衬砌地段隧道中线点放样的依据。

对于曲线隧道贯通误差的调整：当贯通面位于圆曲线上，且调整地段又全部在圆曲线上，可采用调整偏角法进行调整；当贯通面位于曲线始（终）点附近时，可先采用"调整圆曲线长度法"，然后再采用"调整曲线始终点法"进行调整。

对于竖向（高程）贯通误差的调整：采用由贯通面两端分别引测的高程平均值，作为调整后的高程。洞内未衬砌地段的各水准点高程，根据水准路线的长度，高程贯通误差按比例分配，求得调整后的高程，作为洞内施工放样的依据，详见参考文献[16]。

14.6 隧道竣工测量

隧道竣工后，应进行竣工测量。竣工测量一般包括中线测量、高程测量和横断面测量。其目的是检查主要结构物及线路位置是否符合设计要求，并提供竣工资料，为将来工程检修和设备安装等提供测量控制点，也是编制竣工文件和竣工图的重要内容。

1. 中线测量

隧道竣工测量时，先检测中线点，从一端洞口检测至另一端洞口。检测时，在直线地段每50m、曲线地段每20m或需要加测断面处，打下临时桩并加以标志。检测已设好的中线桩，核对施工时已设标石的里程及偏离中线的程度。当中线统一检测闭合后，于直线地段每200m埋设一个永久性中线桩，曲线地段在主点埋设永久性中线桩。中线测量精度要求与复测时精度要求相同。

2. 高程测量

在中线统一检测闭合后，进行高程测量。水准点应每千米埋设一个，短于1km的隧道应至少埋设一个，宜在两端洞门附近各设一个水准点，附合在洞外水准点上，平差后确定各点高程。全线应采用统一高程系统。高程测量精度要求与复测时精度要求相同。

在竣工测量后，应对隧道的永久性中线点用混凝土包埋金属标志。在采用地下导线控制的隧道内，可利用原有中线点或根据调整后的中线点埋设。直线上永久性中线点，每隔200m埋设一个，曲线上应在缓和曲线的起终点各埋设一个，在曲线中部，可根据通视条件适当增加。在隧道边墙上要画出永久性中线点的标志，洞内水准点也应在边墙上画出标志。

3. 横断面测量

隧道竣工后，应在直线地段每50m、曲线地段每20m或需要加测断面处测绘隧道的实际净空。城市地铁规定直线段每隔10m，曲线段每隔5m，以及曲线主点等处需测绘横断面。测量时均以线路中线为准，包括测量隧道的拱顶高程、起拱线宽度、轨顶水平宽度、铺底或抑拱高程等，如图14－19所示。横断面测量主要是检查横向尺寸，其方法有极坐标法、支距法、摄影或激光扫描等。

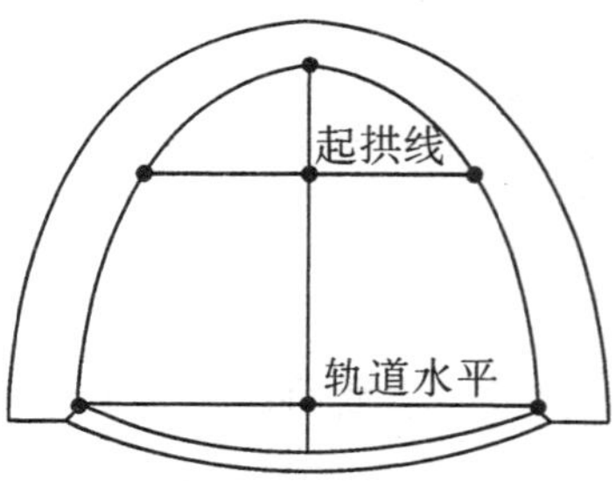

图14－19　隧道净空断面

竣工测量后要求提供以下图表：隧道长度表、净空表、隧道回填断面图、水准点表、中线桩表、断链表、坡度表。最后要上交竣工测量全部资料，并撰写施工测量技术总结。

习题14

1. 地下工程施工测量的任务是什么？地面平面控制测量的方法有哪几种？
2. 为什么要进行竖井联系测量？有哪几种方法？
3. 何谓隧道贯通误差？在隧道贯通后，如何测定其实际值？

附录　测量课间实验指导

实验一　水准仪的使用

一、目的要求

1. 了解 DS_3 水准仪的构造、功能以及各部件的名称和作用，掌握其使用方法。
2. 了解三脚架的构造、作用和使用方法。
3. 了解水准尺的刻划、标注规律，熟悉水准尺上的读数方法。
4. 掌握水准仪的安置、粗平、瞄准、精平与读数的操作过程。

二、仪器工具

DS_3 水准仪 1 台、三脚架 1 个、记录板 1 块、红黑面水准尺 1 ~ 2 根、尺垫 1 ~ 2 个。

三、实验安排

实验时间为 2 学时，学生分组实验，每组 3 ~ 4 人，1 人操作仪器、1 人记录、1 ~ 2 人扶尺，测完轮换。

四、实验内容

1. 练习 DS_3 水准仪的安置和各部件的使用。
2. 练习瞄准水准尺。
3. 练习水准尺读数。

五、操作步骤

1. 安置仪器

操作仪器的同学在选好的测站点 A 上打开三脚架，松开脚架制动螺旋，按观测者的身高调节三脚架腿的高度，拧紧制动螺旋，安放三脚架架脚与地面大约成 70°左右，三个脚尖大致成等边三角形，三脚架的架头大致水平，如果是松软的土地上安置仪器，要将三脚架的三个脚尖踩入土中,使脚架稳定。然后从仪器箱中取出水准仪,平稳地安放在三脚架头上,一手握住仪器,一手立即将三脚架连接螺旋旋入仪器基座的中心螺孔内,适度旋紧,防止仪器从架头上摔下来。启箱取出仪器前应看清仪器在箱中的位置,以免装箱时发生困难。

记录的同学做好记录准备,填写表头各项;扶尺的同学在离仪器 20m 左右位置土质坚实处 *B*、*C* 点(2 人扶尺时)放置尺垫,并将尺垫踩实,水准尺竖直立在尺垫半球顶最高点,黑面朝向仪器。

2. 粗平

用圆水准器进行仪器粗平。如附录图 1(a)所示,外围三个圆圈为脚螺旋,中间为圆水准器,虚线圆圈代表气泡所在位置。首先用双手按箭头所指方向转动脚螺旋 1、2,使圆气泡移到这两个脚螺旋连线方向的中间,然后再按附录图 1 (b)中箭头所指方向,用左手转动脚螺旋 3,使圆气泡居中(即位于小黑圆圈中央)。在整平的过程中,气泡移动的方向与左手大拇指转动脚螺旋时的移动方向一致。如有需要可重复以上两个步骤,直至圆水准器气泡完全居中。

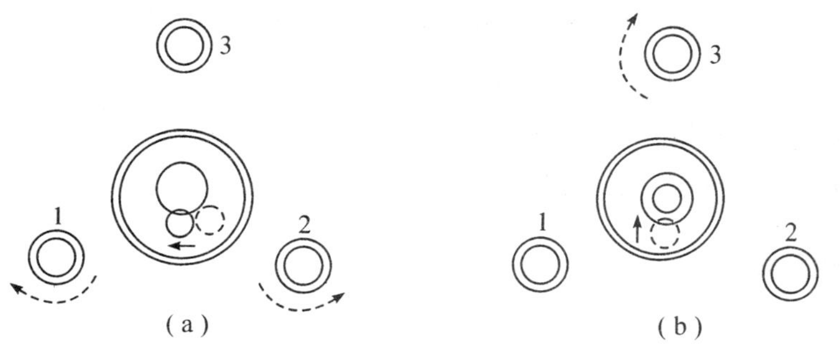

附录图 1　圆水准器整

3. 瞄准

首先将望远镜对着明亮的背景,转动目镜调焦螺旋,使望远镜内的十字丝像十分清晰(此后同一个同学瞄准不同目标时不需要再调目镜调焦螺旋),然后松开制动螺旋,转动望远镜,用望远镜筒上方的缺口和准星瞄准水准尺(黑面),大致进行物镜调焦使在望远镜内能看到水准尺的像。此时立即制紧制动螺旋,转动水平微动螺旋,使十字丝的竖丝对准水准尺或靠近水准尺的一侧,如附录图 2 所示,可检查水准尺在左右方向是否倾斜。再转动物镜调焦螺旋使水准尺的分划像十分清晰,眼睛在目镜端略作上下移动,检查目标的实像与十字丝平面之间是否有相对移动,如有应重新进行物镜调焦,反复进行直到消除视差。

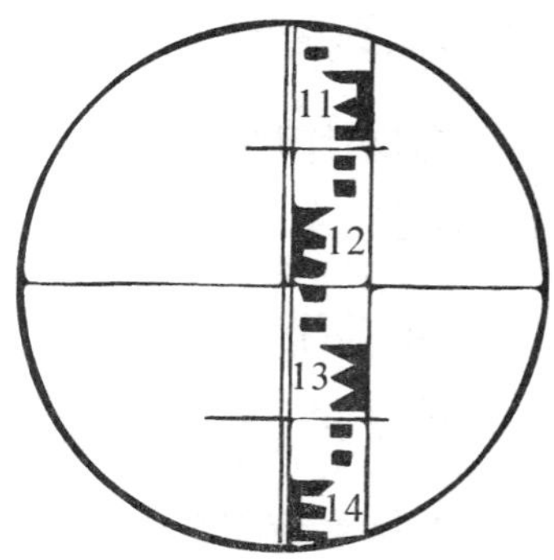

附录图 2　瞄准水准尺与读数

4. 精平

转动位于目镜下方的微倾螺旋,从气泡观察窗内看到符合水准气泡严密吻合(气泡居中),如附录图 3 所示。此时视线即为水平视线。由于圆水准器灵敏度较低,当瞄准某一目标精平后，仪器转到另一目标时，符合水准气泡将会有微小的偏离（不吻合）。因此在进行水准测量中，务必记住每次瞄准水准尺进行读数时，都应先转动微倾螺旋，使符合水准气泡严密吻合后，才能在水准尺上读数。如使用自动安平水准仪此步骤可省略，无需精平操作（下同），但安置仪器后应按一下自动安平补偿装置的检查按钮，确保自动安平补偿功能有效。

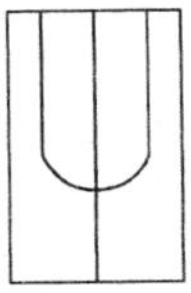

附录图3 水准气泡的符合

5. 读数

仪器精平后，应立即用十字丝的中丝在黑面水准尺上读数。对于倒像望远镜，读数时应从上往下读，即从小数向大数读。观测者应先估读水准尺上毫米数（小于一格的估值），然后读出米、分米及厘米值，一般应读出四位数，不足1m的读数，第1位补0。读数应迅速、果断、准确。读数后应立即重新检视符合水准气泡是否仍旧居中，如仍居中，则读数有效；否则应重新使符合水准气泡居中后再读数。记录者应准确无误地将读数记入附录表1中记录手簿相应栏内，并清晰地回报读数。

黑面尺读数后，扶尺的同学转动水准尺，红面朝向仪器。操作仪器的同学仪器精平后，再次用十字丝的中丝在红面水准尺上读数，记录者记录读数并回报，计算黑红面读数之差“K＋黑－红”应小于5mm，K为红黑面常数差4687或4787。

综上所述，本次实验操作步骤归纳如下：

仪器安置→粗平→瞄准黑面尺→精平→读数→瞄准红面尺→精平→读数

每人应完成1～2组观测，每组同学应轮流完成仪器操作、记录和扶尺工作。

六、注意事项

1. 注意人身安全和仪器安全，选择安全场地安置仪器和立尺，仪器安放到三脚架头上务必旋紧连接螺旋，防止仪器从架头上摔落。仪器安置后无论是否操作必须有人看护，做到人不离仪器，并防止行人或车辆碰动仪器。

2. 每次读数前，必须使水准管气泡居中。

3. 瞄准目标必须消除视差。

4. 记录数字若有错误，不得涂改，也不可用像皮擦拭，而应在错误数字上划一斜线，将改正之数记于其上，米位、分米位不准连环涂改，厘米位、毫米位不能更改。

5. 各项记录须于测量进行时立即记下，不可另纸记录，事后誊写、伪造和转抄。

附录表 1　水准仪的使用测量记录手簿

时间________地点________天气________班级________小组________ 仪器型号________

测站	点号	水准尺读数/mm		K+黑-红/mm	测量/记录	备 注
		黑面	红面			
A	*B*	1279	5969	-3	测量:张三	*K*=4687
	C	0986	5671	+2	记录:李四	(示例)
					测量:	*K*=
					记录:	
					测量:	*K*=
					记录:	
					测量:	*K*=
					记录:	
					测量:	*K*=
					记录:	
					测量:	*K*=
					记录:	
					测量:	*K*=
					记录:	
					测量:	*K*=
					记录:	
					测量:	*K*=
					记录:	
					测量:	*K*=
					记录:	
					测量:	*K*=
					记录:	
					测量:	*K*=
					记录:	

实验二　普通水准测量

一、目的要求

1. 了解水准测量的原理，掌握普通水准测量的施测方法、步骤。
2. 练习闭合或附合水准路线连续水准测量施测和数据记录、计算方法。
3. 掌握闭合或附合水准路线的高差闭合差调整和高程计算方法。

二、仪器工具

DS_3水准仪1台、三脚架1个、记录板1块、红黑面水准尺2根、尺垫2个。

三、实验安排

实验时间为2学时，学生分组实验，每组4～5人，1人操作仪器、1人记录、2人扶尺，每站测完轮换。

四、实验内容

在校园测量实验场地布设一条闭合水准路线，设置1起点作为已知水准点BM. A，选定3个待定点B、C、D，如附录图4所示，每人测1～2站，每组按连续水准测量法测量该闭合水准路线，确定各个待定点高程。

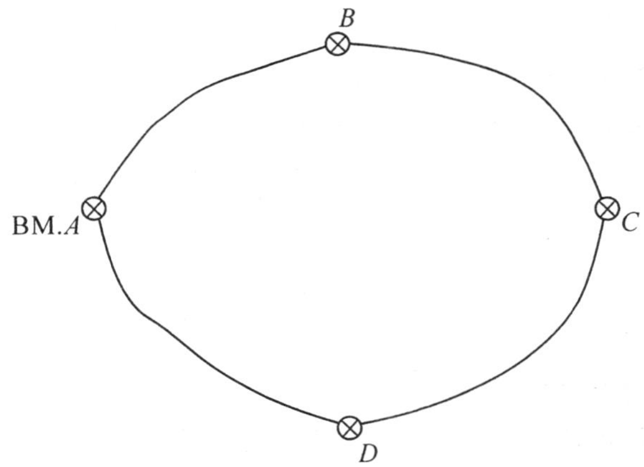

附录图4　闭合水准路线

五、操作步骤

1. 在地面合适位置打一小铁钉，或选择一突起且坚固处（如路牙、台阶等）用记号笔标记或贴一标签纸，设置为已知水准点BM. A，设已知高程为H_A = 20.000m，如果校园布设有适合课间实验的高程控制点也可充分利用。

2. 从已知点BM. A出发，在选定的一条闭合水准路线上确定3个待定点B、C、D的位置，用记号笔标记或贴一标签纸，作为课间实验练习也可将放置尺垫的转点设为待定点，两点间长度根据地形情况以 1 ~2 测站、每站仪器到水准尺的视线长度 10 ~30 m 为宜。

3. 从已知点 BM. A 出发，每人测 1 ~2 站（每人仪器操作时间控制在 15 分钟以内），扶尺同学 1 在后视点 BM. A 立尺，扶尺同学 2 在前视点待定点 B 立尺，如果 BM. A 到待定点 B 需要测 2 站，则在前进方向合适位置设转点 TP. 1，这时扶尺同学 2 在转点 TP. 1 立尺，操作仪器同学用目估或步测法估测前后视距离，安置水准仪在二立尺点中间，尽量保持前后视大致相等，起点和待定点不放尺垫，转点放置尺垫，扶尺同学均将黑面朝向仪器。

4. 操作仪器同学按下列实验操作步骤完成 1 个测站的水准测量工作：

仪器安置→粗平→瞄准后视黑面尺→精平→读数→瞄准前视黑面尺→精平→读数

记录者应准确无误地将读数记入附录表 2 中记录手簿相应栏内，并清晰地回报读数。

5. 第 1 测站施测完毕，检核无误后，操作仪器同学（可换人操作）将水准仪连同脚架搬迁至第 2 站，同样用目估或步测法估测前后视距离，安置水准仪在二立尺点中间。扶尺同学 1 将水准尺从 BM. A 点移至下一立尺点（待定点或转点）成为前视点，扶尺同学 2 将水准尺黑面转向第 2 站仪器，由第 1 站的前视点变为第 2 站的后视点，按上述实验操作步骤完成第 2 个测站的水准测量工作。

6. 依此类推观测整条水准路线其他各测站，直至回到起点 BM. A。每人应完成 1 ~2 站观测，每组同学应轮流完成仪器操作、记录和扶尺工作。

7. 全路线施测完毕，应做线路检核，计算前视读数之和（ Σa ）、后视读数之和（ Σb ）、高差之和（ Σh ）等，检核计算是否正确。

8. 计算闭合水准路线高差闭合差 $f_h = \Sigma h$，并根据测站数计算容许误差 $f_{h容} = \pm 12\sqrt{n}$（mm），判断成果是否合格，符合要求则可进一步计算各测段高差改正数、改正后高差和待定点高程，如果未设置待定点标志，则可计算转点高程。

六、注意事项

1. 水准仪的安置应尽量保持前、后视距离大致相等，操作仪器的同学和跑前视点的同学均可用步测法估测前后视距离。

2. 在水准仪瞄准、读数时，水准尺必须立直，在观测过程中不得碰动仪器和尺垫。

3. 转点必须放置尺垫，已知点和待定点不能放尺垫。每一站测量、记录、计算、检核未完成，仪器不能搬站，后视点尺垫也不能移动；仪器搬站时，前视点变为后一站的后视点，应确保尺垫不能移动。

4. 瞄准目标必须消除视差，每次读数前，必须使水准管气泡居中。

5. 测量记录手簿中各项记录、计算数据应填写完整。

附录表 2　普通水准测量记录手簿

时间________地点________天气________班级________小组________ 仪器型号________

测站	点号	水准尺读数/mm		高 差 /m	改正后高差/m	高程 H /m	备 注
		后视	前视				
1	BM. A	1826		+0.462			测量:张三
	TP. 1		1364				
2	TP. 1	1878		+0.589			记录:李四（示例）
	B		1289				
							测量:
							记录:
							测量:
							记录:
							测量:
							记录:
							测量:
							记录:
							测量:
							记录:
Σ							
计算与校核		$\sum a - \sum b =$ $f_{h容} = \pm 12\sqrt{n}(mm) =$ $\sum n =$ $-\frac{f_h}{\sum n} =$		$f_h = \sum h =$　　$f_{h容}$（符合要求） 或　$f_{h容} = \pm 40\sqrt{L}(\mathrm{mm}) =$ 或　$\sum L =$ 或　$-\frac{f_h}{\sum L} =$			

实验三　光学经纬仪的使用

一、目的要求

1. 了解 DJ_6 光学经纬仪的构造、功能以及各部件的名称和作用，掌握主要部件的使用方法。

2. 掌握光学经纬仪对中、整平、瞄准和读数的方法。

二、仪器工具

DJ_6 光学经纬仪 1 台、三脚架 1 个、记录板 1 块、测钎 1 ~ 2 根。

三、实验安排

实验时间为 2 学时，学生分组实验，每组 3 ~ 4 人，1 人操作仪器、1 人记录，测完轮换。

四、实验内容

1. 练习经纬仪的对中、整平和各部件的使用。
2. 练习瞄准目标、水平度盘和竖直度盘的读数方法。

五、操作步骤

1. 安置仪器

在地面合适位置打一小铁钉或用记号笔在地面划一十字标志，或贴一张划有十字标志的标签纸，设置为测站点，如果校园布设有适合课间实验的控制点也可充分利用。

操作仪器的同学在选好的测站点上打开三脚架，松开脚架制动螺旋，按观测者的身高调节三脚架腿的高度，拧紧制动螺旋，安放三脚架架脚与地面大约成 70°左右，三个脚尖大致成等边三角形，三脚架的架头大致水平，架头的中心大致对准测站标志，然后从仪器箱中取出经纬仪，平稳地安放在三脚架头上，一手握住仪器，一手立即将三脚架连接螺旋旋入仪器基座的中心螺孔内，适度旋紧，防止仪器从架头上摔下来。启箱取出仪器前应看清仪器在箱中的位置，以免装箱时发生困难。

记录的同学做好记录准备，填写表头各项；另一个同学在离仪器 30m 左右位置放置测钎，测钎应竖直立在目标点上。

2. 对中和整平

经纬仪对中的目的是使仪器的中心与测站点（标志中心）处于同一铅垂线上；整平的目的是使仪器的竖轴竖直，使水平度盘处于水平位置。本次实验用光学对中器对中，误差可控制在 1mm 以内。

对中和整平操作步骤如下：

(1)粗对中。眼睛观察光学对中器,调节对中器的目镜调焦螺旋,转动(或拉出、推进)对中器目镜,使地面影像清晰;双手握紧二个三角架架腿稍微抬起,轻轻地移动三脚架使对中标志基本对准测站点的中心,能看见标志影像粗略位于对中器小圆圈(或十字分划线)中心,轻缓地放下二个三角架架腿,踩稳仪器。

(2)精对中。转动基座上的三个脚螺旋使对中器中心对准地面标志中心,看见地面标志影像准确地位于对中器小圆圈中心。

(3)粗平。此时仪器圆水准气泡偏离,左手大拇指按住三脚架内支架顶部,其余 4 个手指握紧三角架架腿外支架,右手旋松三脚架制动螺旋后大拇指也按住三脚架内支架顶部,其余 4 个手指握紧三角架架腿外支架,两手合力轻缓地升降脚架腿,使圆水准气泡居中,随即拧紧制动螺旋,操作过程中须注意脚架尖位置不能移动。

(4)精平。转动照准部,使长气泡和任意两个脚螺旋平行,转动这两个脚螺旋,使管水准气泡居中(附录图 5(a)),转动照准部 90°,转动第 3 个脚螺旋,使长气泡居中(附录图 5(b))。精平过程会破坏上述的对中关系。

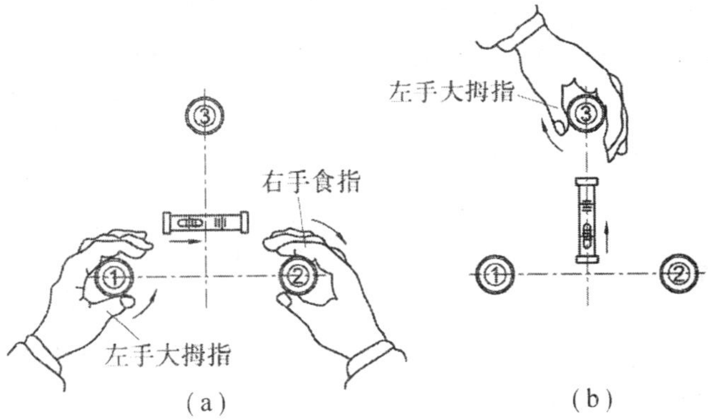

附录图 5　脚螺旋精平

(5)再次精对中。旋松仪器与三脚架中心连接螺旋 1 ~ 2 圈,眼睛观察光学对中器,在架头上平移仪器(注意,不要有旋转运动),使对中标志准确对准地面标志,拧紧连接螺旋。对中过程会略微破坏上述的整平关系,因此对中整平需反复进行数次。

(6)检查对中整平情况。检查仪器在任意方向的对中整平情况,如不符合要求重复步骤(4)、(5)。直至对中误差在 1mm 以内(第 1 次练习可放宽至 3mm),气泡居中(在任意方向气泡偏差不超过一格),则仪器对中和整平完成。

3. 瞄准和读数

望远镜瞄准目标的操作步骤如下:

(1)目镜对光。松开望远镜制动螺旋和水平制动螺旋,将望远镜对向明亮的背景(如白墙、天空等,注意不要对向太阳),转动目镜调焦螺旋使十字丝清晰。

(2)粗瞄目标。使竖盘位于望远镜的左侧即盘左位置,用望远镜上的粗瞄器瞄准目标测钎,旋紧制动螺旋,转动物镜调焦螺旋使目标清晰,旋转水平微动螺旋和望远镜微动螺旋,精确瞄准目标。可用十字丝纵丝的单线平分目标,也可用双线夹住目标,见附录图 6。

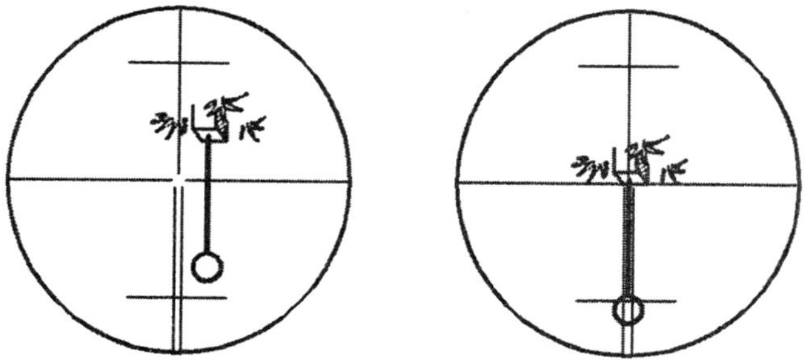

附录图 6　水平角测量瞄准照准标志的方法

(3)读数。读数时先打开度盘照明反光镜,调整反光镜的开度和方向,使读数窗亮度适中,旋转读数显微镜的目镜使刻划线清晰,然后分别读取水平度盘和竖直度盘读数,竖盘读数前应旋转竖盘指标管水准器微动螺旋使竖盘指标管水准气泡居中。记录者应准确无误地将读数记入附录表 3 中记录手簿相应栏内,并清晰地回报数字。

(4)盘右。松开望远镜制动螺旋和水平制动螺旋,使竖盘位于望远镜的右侧即盘右位置,再次瞄准盘左时的相同目标,测钎的相同部位,读取水平度盘和竖直度盘读数,竖盘读数前同样应旋转竖盘指标管水准器微动螺旋使竖盘指标管水准气泡居中。

4. 完成任务

小组每个同学应轮流完成仪器操作、记录工作,每人应完成仪器安置,1 ~ 2 目标的瞄准、水平度盘和竖直度盘的读数观测。

六、注意事项

1. 经纬仪安置时应使三脚架的架头大致水平,架头的中心大致对准测站标志,否则超出范围会导致对中和整平的困难。

2. 仪器开箱取出仪器前应看清仪器在箱中的安放位置,以便仪器使用完毕按原样装箱。

3. 仪器安放到三脚架头上务必随即旋紧连接螺旋,防止仪器从架头上摔落,精确对中旋松仪器连接螺旋,在完成对中后也应随即拧紧连接螺旋。仪器上各种螺旋不宜拧得很紧,以免滑丝。在转动照准部和望远镜前,均应先松开水平制动螺旋和望远镜制动螺旋。仪器安置后无论是否操作必须有人看护,做到人不离仪器,并防止行人或车辆碰动仪器。

4. 粗瞄目标读数前要消除视差。

5. 本次实验主要是练习竖盘读数,垂直角计算方法未介绍时可暂不计算。

附录表3　经纬仪的使用测量记录手簿

时间________地点________天气________班级________小组________ 仪器型号________

测站	目标	盘位	水平度盘读数	盘左－(盘右±180°)	竖盘读数	垂直角	备注
			(°　′　″)	(°　′　″)	(°　′　″)	(°　′　″)	
O	A	左	78　32　18	－00　00　06	87　47　36	＋2　12　24	测量:张三
		右	258　32　24		272　12　18	＋2　12　18	
	B	左	181　52　06	00　00　12	96　26　42	－6　26　42	记录:李四(示例)
		右	1　51　54		263　33　24	－7　26　36	
		左					测量:
		右					
		左					记录:
		右					
		左					测量:
		右					
		左					记录:
		右					
		左					测量:
		右					
		左					记录:
		右					
		左					测量:
		右					
		左					记录:
		右					

实验四　测回法水平角、垂直角观测

一、目的要求

1. 掌握测回法水平角、垂直角测量原理。
2. 掌握测回法水平角、垂直角观测、记录和计算方法。

二、仪器工具

DJ_6光学经纬仪 1 台、三脚架 1 个、记录板 1 块、测钎 2 根。

三、实验安排

实验时间为 2 学时,学生分组实验,每组 3 ~4 人,1 人操作仪器、1 人记录,测完轮换。

四、实验内容

小组每个同学完成仪器安置、一测回水平角和竖直角的观测。

五、操作步骤

在校园实习场地面合适位置布设 O 、A 、B 三点,如附录图 7 所示,设 O 为测站点,A 、B 为观测目标,用测回法观测 OA 与 OB 两个方向之间的水平角 β 和 A 、B 二点竖立的测钎顶部垂直角,具体步骤如下:

附录图 7　测回法水平角观测

(1)安置仪器于测站 O 点,对中、整平,在 A 、B 两点竖立测钎。

(2)盘左位置,先瞄准左目标 A ,旋转水平微动螺旋,用望远镜十字丝纵丝的单线平分测钎,然后再旋转望远镜微动螺旋,用十字丝的中丝切于测钎顶部,读取水平度盘读数,记录到附录表 4 －1 记录表相应栏内,转动竖盘水准管微动螺旋使竖盘水准管气泡居中,读取竖盘读数记录到附录表 4 －2 记录表相应栏内,接着松开照准部水平制动螺旋和望远镜制动螺旋,顺时针旋转照准部瞄准右目标 B ,读取水平度盘读数和竖盘读数,记录到记录表相应栏内,并计算半测回角值。以上为上半测回观测。

(3)松开望远镜制动螺旋和水平制动螺旋,转动照准部,倒转望远镜,盘右位置,先瞄准右目标 B ,读取水平度盘读数,记录到附录表 4 －1 记录表相应栏内,读取竖盘读数并记录到附录表 4 －2 记录表相应栏内;接着松开照准部水平制动螺旋,转动照准部,同法瞄准左目标 A ,读取水平度盘读数和竖盘读数记录到记录表相应栏内,并计算半测回角值。以上称为下半测回。

上半测回和下半测回构成一测回。若水平角上下半测回角值差≤40″,观测合格,取上下半测回角度的平均值作为一测回的角值 β；垂直角则计算一测回平均角值和指标差。

(4)小组每个同学应轮流完成仪器操作、记录工作,每人应完成仪器安置,一测回水平角和竖直角的观测。

六、注意事项

1. 测钎应尽力竖直立在目标点上,望远镜瞄准目标时尽量瞄准测钎底部。

2. 每次竖盘读数前都应转动竖盘水准管微动螺旋使竖盘水准管气泡居中。

3. 在转动照准部和望远镜前,均应先松开水平制动螺旋和望远镜制动螺旋。仪器上各种螺旋不宜拧得很紧,以免滑丝。

4. 盘右观测时先瞄准右目标 B 。水平角计算时盘左盘右都是用右目标 B 水平度盘读数减左目标 A 水平度盘读数,如计算出现负值,应将计算结果加 360°,使水平角值在 0°~360°之间。

附录表 4－1　测回法水平角测量记录手簿

时间________地点________天气________班级________小组________ 仪器型号________

<table>
<tr><th rowspan="2">测站</th><th rowspan="2">盘位</th><th rowspan="2">目标</th><th>水平度盘读数</th><th>半测回角值</th><th>一测回平均角值</th><th rowspan="2">备　注</th></tr>
<tr><th>(°　′　″)</th><th>(°　′　″)</th><th>(°　′　″)</th></tr>
<tr><td rowspan="4">O</td><td rowspan="2">左</td><td>A</td><td>0　03　24</td><td rowspan="2">79　17　06</td><td rowspan="4">79　17　09</td><td rowspan="4">测量:张三
记录:李四
(示例)</td></tr>
<tr><td>B</td><td>79　20　30</td></tr>
<tr><td rowspan="2">右</td><td>A</td><td>180　03　36</td><td rowspan="2">79　17　12</td></tr>
<tr><td>B</td><td>259　20　48</td></tr>
<tr><td rowspan="4"></td><td rowspan="2"></td><td></td><td></td><td rowspan="2"></td><td rowspan="4"></td><td rowspan="4">测量:
记录:</td></tr>
<tr><td></td><td></td></tr>
<tr><td rowspan="2"></td><td></td><td></td><td rowspan="2"></td></tr>
<tr><td></td><td></td></tr>
<tr><td rowspan="4"></td><td rowspan="2"></td><td></td><td></td><td rowspan="2"></td><td rowspan="4"></td><td rowspan="4">测量:
记录:</td></tr>
<tr><td></td><td></td></tr>
<tr><td rowspan="2"></td><td></td><td></td><td rowspan="2"></td></tr>
<tr><td></td><td></td></tr>
<tr><td rowspan="4"></td><td rowspan="2"></td><td></td><td></td><td rowspan="2"></td><td rowspan="4"></td><td rowspan="4">测量:
记录:</td></tr>
<tr><td></td><td></td></tr>
<tr><td rowspan="2"></td><td></td><td></td><td rowspan="2"></td></tr>
<tr><td></td><td></td></tr>
<tr><td rowspan="4"></td><td rowspan="2"></td><td></td><td></td><td rowspan="2"></td><td rowspan="4"></td><td rowspan="4">测量:
记录:</td></tr>
<tr><td></td><td></td></tr>
<tr><td rowspan="2"></td><td></td><td></td><td rowspan="2"></td></tr>
<tr><td></td><td></td></tr>
</table>

附录表 4－2　测回法垂直角测量记录手簿

时间________地点________天气________班级________小组________ 仪器型号________

测站	目标	盘位	竖盘读数 (° ′ ″)	垂直角 半测回角值 (° ′ ″)	垂直角 一测回角值 (° ′ ″)	竖盘指标差 (″)	备注
O	A	左	71　12　36	18　47　24	18　47　12	－12	测量:张三
		右	288　47　00	18　47　00			
	B	左	96　18　42	－6　18　42	－6　18　51	－09	记录:李四(示例)
		右	263　41　00	－6　19　00			
							测量:
							记录:
							测量:
							记录:
							测量:
							记录:
							测量:
							记录:

实验五 全站仪的使用

一、目的要求

1. 了解全站仪的性能以及各部件的名称和作用，掌握主要部件的使用方法。
2. 掌握全站仪的基本操作方法。

二、仪器工具

全站仪 1 台、三脚架 1 个、带觇牌的反光棱镜 1 套、记录板 1 块。

三、实验安排

实验时间为 2 学时，学生分组实验，每组 3 ~ 4 人，1 人操作仪器、1 人记录，测完轮换。

四、实验内容

完成全站仪的安置、开机、一测回水平角、垂直角的观测和距离测量。

五、操作步骤

本书实验指导以苏州一光生产的 RTS322R5 型全站仪为例介绍实验操作步骤，其他型号的全站仪主要部件的作用和操作方法基本相同，但操作面板上的按键设置和功能都不一样，需由指导教师现场介绍其主要功能和操作方法，并作示范测量。

1. 安置仪器

操作仪器的同学在选好的测站点上打开三脚架，松开脚架制动螺旋，按观测者的身高调节三脚架腿的高度，拧紧制动螺旋，安放三脚架架脚与地面大约成 70°左右，三个脚尖大致成等边三角形，三脚架的架头大致水平，架头的中心大致对准测站标志，然后从仪器箱中取出全站仪，全站仪比较重，应一手握着全站仪手柄，一手托着基座，平稳地安放在三脚架头上，一手握住仪器，一手立即将三脚架连接螺旋旋入仪器基座的中心螺孔内，适度旋紧，防止仪器从架头上摔下来。在测站上将仪器进行对中、整平，其具体做法与常规测量仪器的对中整平工作相同。

记录的同学做好记录准备，填写表头各项；另一个同学在离仪器 30m 左右位置安置带觇牌的反光棱镜，并进行对中和整平。

2. 开机

参照仪器使用说明书中开启电源的方法将全站仪的电源开关打开。按[POWER]键开机后，仪器进入自检模式，后续各个操作及界面如附录图 8 所示。

(1)仪器自检后自动进入右图界面显示。

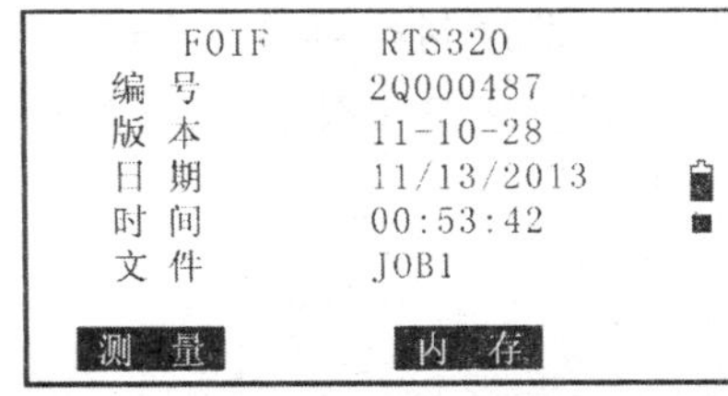

(2)按[F1]键选择(测量)进入测量模式。

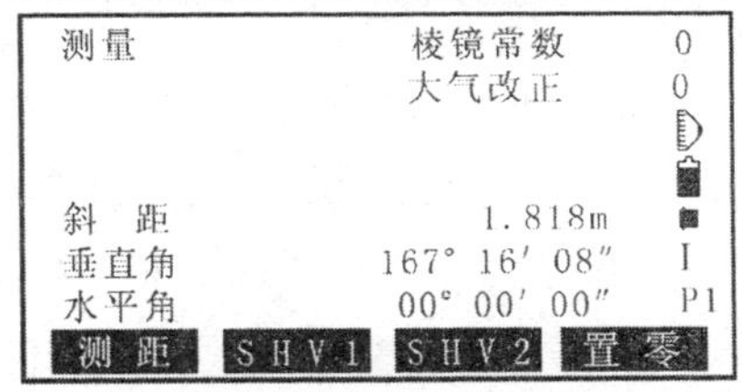

(3)仪器工作状态下,按下[POWER]键,出现如右图的显示,按[F3](是)键,则仪器关机,按[F4](否)键则返回原界面。

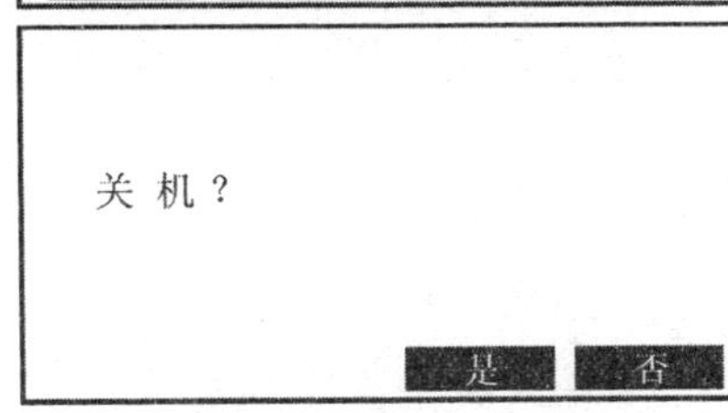

附录图 8 开关机界面

3. 两点间角度测量

利用水平角置零功能“置零”测定两点间的夹角,该功能可将任何方向的值设置为零。具体的操作步骤如附录图 9 所示。

(1)按右图所示,仪器盘左瞄准目标点 *A* 觇牌中心。

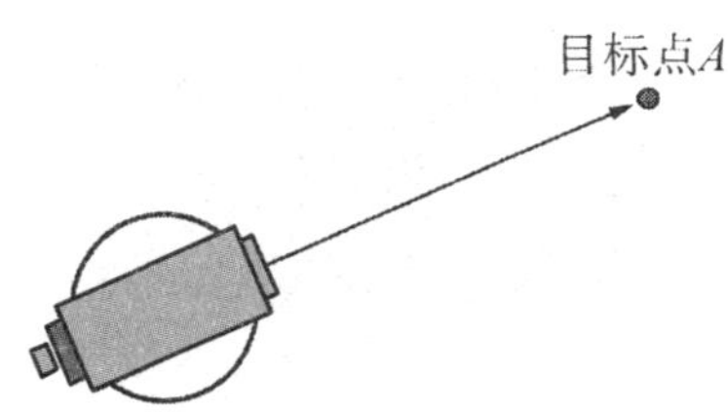

(2)在测量模式第 1 页菜单下按[F4](置零)键,此时(置零)开始闪动。

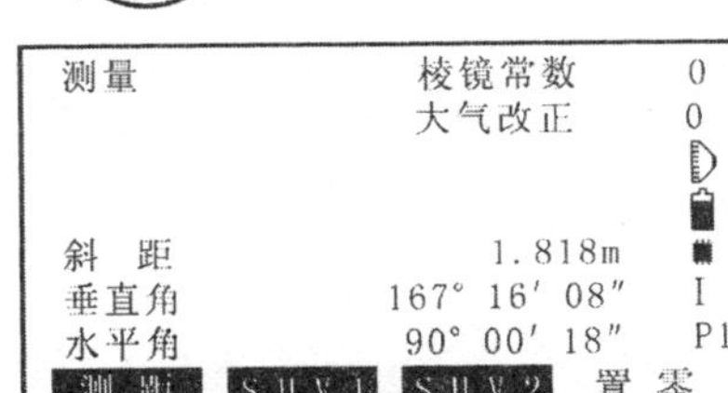

(3)再次按[F4](置零)键,此时目标点 *A* 方向值已设置为零,读取水平度盘读数 00°00′00″和竖盘读数(垂直角)并记录。

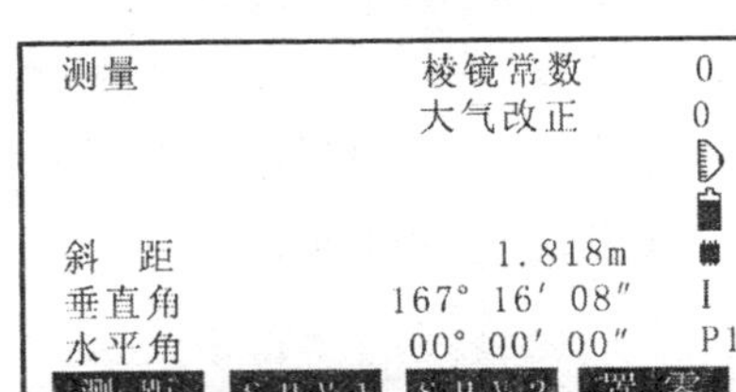

附录图 9(a) 两点间角度测量步骤

(4)瞄准目标点 B 觇牌中心，读取水平度盘读数36°05′19″和竖盘读数(垂直角)并记录。

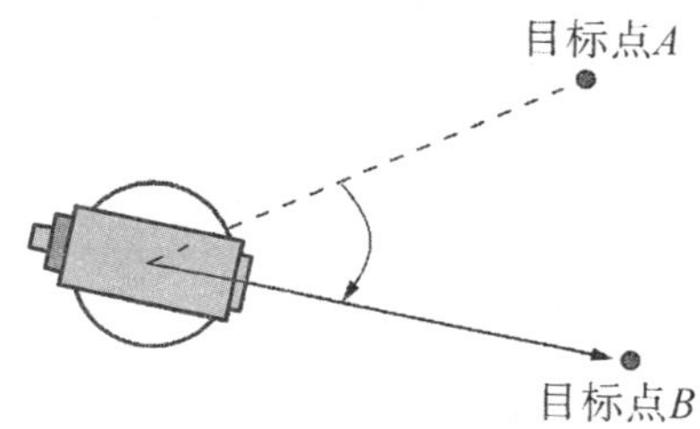

(5)如右图中所示的显示的水平角36°05′19″即为两个目标点之间的盘左水平夹角。

(6)盘右位置，先瞄准右目标 B，后瞄准左目标 A，读取水平度盘读数和竖盘读数记录到记录表相应栏内，并计算半测回角值。

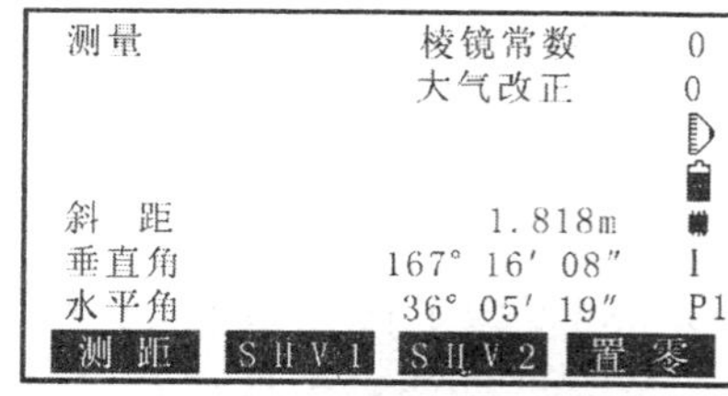

附录图9(b)　两点间角度测量步骤

4.距离测量

具体的操作步骤如附录图10所示。

(1)照准目标反光棱镜中心，进入测量模式第一页。

(2)按[F1](测距)键开始距离测量。测距开始后，仪器闪动显示测距模式，棱镜常数改正值，气象改正值等信息。

(3)一声短响后屏幕上显示出斜距的测量值。

(4)按[F4](停)键停止距离测量。按[F2](SHV1)键可使距离值的显示在斜距、平距和高差之间切换。

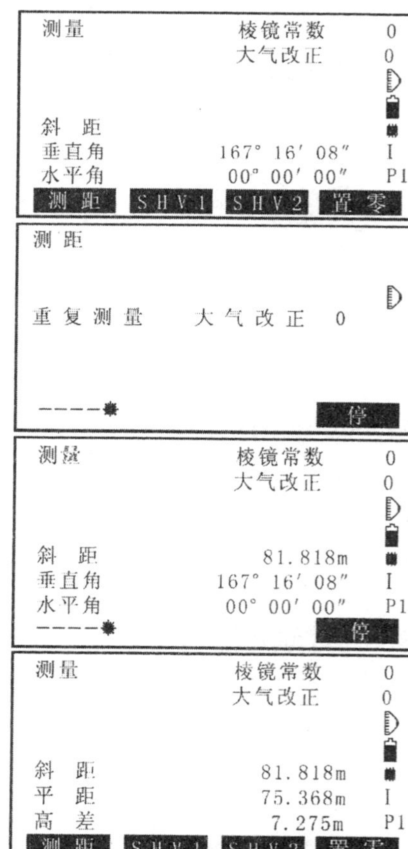

附录图10　距离测量步骤

5.完成任务

小组每个同学应轮流完成全站仪的安置、开机、一测回水平角、垂直角的观测和距离测量。

六、注意事项

1. 全站仪属于贵重仪器，使用时请小心谨慎，注意仪器安全，需在老师的指导下进行仪器操作。仪器安置后无论是否操作必须有人看护，做到人不离仪器，并防止行人或车辆碰动仪器。

2. 目标点上安置带觇牌的反光棱镜也应对中和整平。

3. 距离测量结束后及时按[F4]（停）键停止，以节省电源。

4. 垂直角读数与仪器垂直角显示模式有关，本次实验主要是练习竖盘读数。

附录表 5　全站仪的使用测量记录手簿

时间________地点________天气________班级________小组________ 仪器型号________

测站	盘位	目标	水平角读数 (° ′ ″)	半测回角值 (° ′ ″)	一测回平均角值 (° ′ ″)	垂直角读数 (° ′ ″)	距离 /m	备注
O	左	*A*	00 00 00	36 05 19	36 05 20	87 16 08	75.368	测量:张三
		B	36 05 19			272 43 38	69.076	
	右	*A*	180 00 06	36 05 22				记录:李四（示例）
		B	216 05 28					
								测量:
								记录:
								测量:
								记录:
								测量:
								记录:
								测量:
								记录:

实验六　极坐标法测设点位

一、目的要求

1. 了解极坐标法测设点位的测量原理。

2. 掌握极坐标法测设点位测设数据的计算方法。

3. 掌握极坐标法实地测设地面点的平面位置的测设方法。

二、仪器工具

经纬仪 1 台、三脚架 1 个、钢尺或皮尺 1 把、记录板 1 块、测钎 2 根、记号笔(粉笔)1 支。

三、实验安排

实验时间为 2 学时，学生分组实验，每组 3 ~ 4 人。

四、实验内容

根据指导教师给定的已知控制点数据和设计点数据，每个同学完成 2 个设计点测设数据的计算并在实地用极坐标法测设 2 个设计点的平面位置。

五、操作步骤

1. 计算测设数据

如附录图 11 所示，1、2 是建筑物轴线交点，A、B 为附近的控制点。由指导教师给定 1、2 点的图上设计坐标和 A、B 点的已知坐标，可按下列坐标反算公式计算出设计点 1 测设数据 β_1 和 D_1，同理可计算出点 2 测设数据 β_2 和 D_2

$$\alpha_{A1} = \arctan\frac{y_1 - y_A}{x_1 - x_A}, \qquad \alpha_{AB} = \arctan\frac{y_B - y_A}{x_B - x_A}$$

则 $\beta_1 = \alpha_{AB} - \alpha_{A1}$，$\beta'_1 = 360° - \beta_1$，$D_1 = \sqrt{(x_1 - x_A)^2 + (y_1 - y_A)^2}$

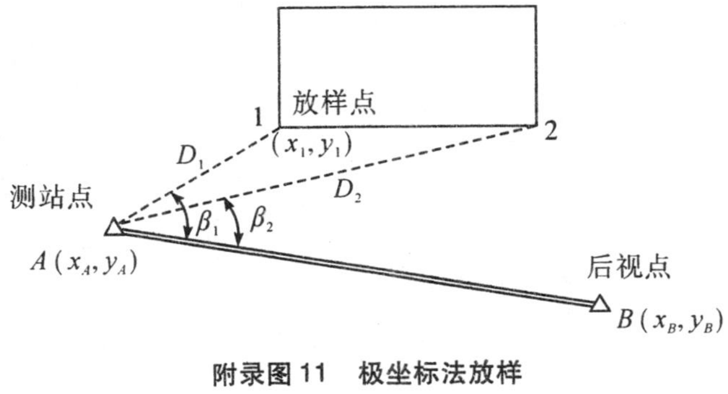

附录图 11　极坐标法放样

2. 测设

在 A 点安置经纬仪，对中整平后盘左瞄准 B 点，设置水平度盘读数为00°00′00″，松开水平制动螺旋，顺时针旋转照准部至水平度盘读数为 $\beta'_1 = 360° - \beta_1$ 附近，拧紧水平制动螺旋，旋转水平微动螺旋，精确得到水平度盘读数为 β'_1，测设出 β_1 角；仪器操作的同学指挥量距同学由 A 点起沿视线方向测设距离 D_1，定出 1 点。同样，在 B 点安置仪器，可定出 2 点。最后丈量 1、2 两点间的水平距离与设计长度进行比较，其误差应在限差 5cm 以内。

3. 完成任务

小组每个同学应轮流用极坐标法测设 2 个设计点的平面位置。

六、注意事项

1. 实验前每名同学均应独立计算测设数据，如果指导教师给定了二个已知控制点之间的坐标方位角，则不需要计算 a_{AB}，但应画草图确认方位角的方向以及已知控制点和设计点之间的位置关系。

2. 如果待放样的设计点是位于已知点 A、B 方向的右侧，则不需要计算 $\beta'_1 = 360° - \beta_1$，直接测设 β_1 角。

3. 测设距离 D 时应由 A 点地面标志起沿视线量取，要确保视线不能变动，水平制动和水平微动都要保持不变，望远镜微动螺旋可以调节。

附录表 6　极坐标法测设点位测量记录手簿(示例)

时间________地点________天气________班级________小组________ 仪器型号________

<table>
<tr><td colspan="2" rowspan="2">点　名</td><td colspan="2">坐　标</td><td rowspan="2">坐标方位角
(°　′　″)</td><td rowspan="2">水平距离
D/m</td><td rowspan="2">备 注</td></tr>
<tr><td>X/m</td><td>Y/m</td></tr>
<tr><td rowspan="2">控制点</td><td>A</td><td>100.00</td><td>100.00</td><td rowspan="2">10　00　00</td><td rowspan="2"></td><td rowspan="2">已知点</td></tr>
<tr><td>B</td><td></td><td></td></tr>
<tr><td rowspan="2">设计点</td><td>1</td><td>103.35</td><td>107.46</td><td>65　49　01</td><td>8.178</td><td>A－1</td></tr>
<tr><td>2</td><td>102.18</td><td>110.12</td><td>77　50　36</td><td>10.352</td><td>A－2</td></tr>
<tr><td rowspan="3">放样计算</td><td>点名</td><td>测站点</td><td>定向点</td><td>水平夹角 β</td><td>设计距离</td><td>检测距离</td></tr>
<tr><td>1</td><td>A</td><td>B</td><td>55　49　01</td><td rowspan="2">2.906</td><td rowspan="2">2.925</td></tr>
<tr><td>2</td><td>A</td><td>B</td><td>67　50　36</td></tr>
<tr><td>放样示意图</td><td colspan="6">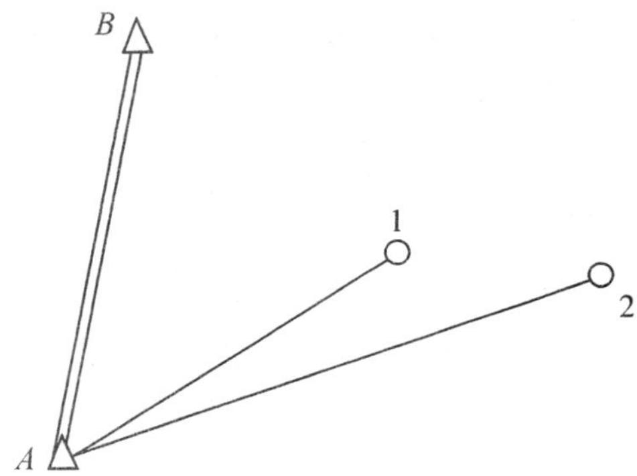</td></tr>
</table>

计算：　　　　测量：　　　　记录：　　　　检核：

参考文献

[1] 中华人民共和国行业标准. 城市测量规范(CJJ /T 8 – 2011). 北京:中国建筑工业出版社,2011.

[2] 中华人民共和国国家标准. 工程测量规范(GB 50026 – 2007). 北京:中国计划出版社,2008.

[3] 中华人民共和国国家标准. 工程测量基本术语标准(GB/T 50228 – 2011). 北京:中国计划出版社,2011.

[4] 中华人民共和国国家标准. 国家三、四等水准测量规范(GB/T 12898 – 2009). 北京:中国标准出版社,2009.

[5] 中华人民共和国国家标准. 国家基本比例尺地图图式第 1 部分:1∶5001∶1000 1∶2000 地形图图式(GB/T 20257.1 – 2007). 北京:中国标准出版社,2007.

[6] 中华人民共和国行业标准. 建筑变形测量规范(JGJ 8 – 2016). 北京:中国建筑工业出版社,2016.

[7] 顾孝烈,鲍峰,程晓军. 测量学. 3 版:上海:同济大学出版社,2006.

[8] 胡伍生,潘庆林. 土木工程测量. 4 版. 南京:东南大学出版社,2013.

[9] 胡伍生. 土木工程测量学. 南京:东南大学出版社,2011.

[10] 李明峰. 测量学. 长沙:湖南地图出版社,2000.

[11] 杨德麟. 大比例尺数字测图的原理方法与应用. 北京:清华大学出版社,1998.

[12] 潘庆林. 高层建筑内控法竖向投测的精度研究. 工程勘察,2001,(3):63 – 65.

[13] 潘庆林. 基于无定向导线实施地下过江顶管工程定位及其精度的研究. 测绘工程,2000,9(2):55 – 58.

[14] 章书寿,陈福山,周国树. 测量学教程. 4 版. 北京:测绘出版社,2011.

[15] 覃辉. 土木工程测量. 上海:同济大学出版社,2004.

[16] 胡伍生,潘庆林,黄腾. 土木工程施工测量手册. 2 版. 北京:人民交通出版社,2011.

[17] 南京工业大学测绘工程教研室. 测量学. 北京:国防工业出版社,2011.